これで合格 受験のポイント

新 ザ・測量士補

國澤正和【著】

出題問題の解説と基礎知識の整理

弘文社

はじめに

◎　測量とは

本書は，測量士補国家試験の受験テキストです。測量士・測量士補試験は，測量法及び同施行令に基づいて国土地理院が実施する国家試験です。試験に合格すれば，それぞれ測量士又は測量士補となる資格を取得できます。

測量とは，地上あるいは空間の諸点の相対的な位置関係，つまり地表の形状等の地理空間情報（位置情報，地理情報）を取得する作業をいう。測量法によれば，「測量とは，土地の測量をいい，地図の調製及び測量用写真の撮影を含む（第３条）」と規定されている。また，「基本測量・公共測量(注１)に従事する技術者は，**測量士**又は**測量士補**でなければならない。**測量士**は，測量に関する作業計画を作製し又は実施する。**測量士補**は，作業計画に従い測量に従事する」（第48条）とその任務を定めている。このように，測量士・測量士補の資格は，測量に従事するすべての技術者に必要となります。

◎　測量士補試験について

測量士・測量士補の資格については，学歴と実務経験によって与えられる他に，学歴・実務経験・年齢・性別に関係なく国家試験に合格した者に与えられます。

測量士・測量士補の国家試験は，毎年５月に実施され，基本測量又は公共測量等に従事する測量技術者として，専門的学識及び応用能力（測量士）を有するかどうか，専門的技術（測量士補）を有するかどうかを判定するものです。

測量士補試験は，８科目（P５）から28題が出題されます。出題方式は，５肢択一（マークシート）で「合格基準」は28問中，18問以上の正解です。出題問題は，60%余りが文章問題であり，40%が計算問題です。また，８割以上が過去の問題と類似しており，過去問を学習しておけば十分に対処できます。

本書では，**作業規程の準則**（標準的な作業方法等の規定）(注２)に則して，過去問を科目ごとに整理・分類し，１テーマごとに演習形式で説明しています。本書を受験テキストとして有効に活用され，多くの皆様が測量士補国家試験に合格されることを願っております。

2020年１月　著者しるす

（注１）基本測量・公共測量（P14，P44），（注２）作業規程の準則（P15，P47）

本書の特徴

本書では，測量士補試験内容について，公共測量の「作業規程の準則」に則して項目ごとに説明しています。受験対策としては，出題問題が定形化していることから，各項目ごとの代表的な問題に対応すれば十分です。

なお，序章「測量士補入門」は，測量に関するガイダンス編であり，本章と合わせて学習して下さい。

ポイント１　最近の出題問題を重要問題として配置！

各項目ごとに重要問題を取り上げています。重要度に応じて★★２つ，★１つとしています。無印は基本事項及び出題頻度の少ない事項です。計算問題については，電卓の使用が禁止されていることから，手計算で行って下さい。必要に応じてp343の関数表を利用して下さい。

ポイント２　理解に役立つ豊富な図解・図表！

解説は，できるだけ図解・図表を多くし，理解しやすいように工夫しています。問題をよく読み，出題のポイントを理解し，イメージがわけば解決できます。まずは出題傾向を知り，測量用語に慣れて下さい。

ポイント３　学習のポイント，突破のポイントで知識の整理！

各章の冒頭に（学習のポイント）を示し，学習の目標としています。また，突破のポイントで基礎知識の整理をして下さい。

ポイント４　テキストに目を通し続けることが必勝法！

重要問題を解き，（突破のポイント）で理解し，**関連問題**で確認することにより，確実に実力が付きます。まずは出題問題に慣れ，繰返しTryして下さい。各章の演習問題（確認・予想問題）で６割以上解ければ，一応合格ラインに達したと判断できます。

ポイント５　数学公式一覧・索引の活用で知識の整理！

付録に，測量に必要な数学公式一覧及び重要用語の索引を載せています。基礎数学の理解と測量用語など，不明な点があれば辞書代わりに活用することにより，より一層理解を深めることができます。

測量士補試験科目について

測量士補国家試験は，測量士補となるのに必要な専門的技術を有するかどうかを判定するもので，試験科目の区分は，表１に示す８科目（28題）のとおり。

出題内容は，「**測量に関する法規**」「**ＧＮＳＳ測量を含む多角測量**」など，測量法及び作業規程の準則（公共測量における標準的な作業方法等の規定）に準拠したものとなっている。（受験案内はp344参照）

表１　測量士補の試験科目

科目区分	出題数 （出題番号）	備　考
１．測量に関する法規	４題 （No１～No４）	第１章参照 測量法，作業規程の準則
２．多角測量 ３．汎（はん）地球測位システム測量（注１）	５題 （No５～No９）	第２章参照 多角測量 TS等観測 GNSS観測
４．水準測量	４題 （No10～No13）	第３章参照
５．地形測量 （GIS（注２）を含む）	３題 （No14～No16）	第４章参照 数値地形測量，GIS（地理情報システム）
６．写真測量	４題 （No17～No20）	第５章参照 空中写真測量，航空レーザ測量等
７．地図編集	４題 （No21～No24）	第６章参照 GIS（注２）を含む地図編集
８．応用測量（注３）	４題 （No25～No28）	第７章参照 路線測量，用地測量，河川測量

（注１）「GNSS（Global Navigation Satellite Systems：汎地球測位システム）とは，人工衛星からの信号を用いて位置を決定する衛星測位システムの総称で，GPS（米国），GLONASS（グロナス）（ロシア），Galileo（ガリレオ）（ヨーロッパ）及び準天頂衛星（日本）等の衛星測位システムがある。GNSS測量においては，GPS，GLONASS及び準天頂衛星システムを適用する」（準則第21条）と規定されている。

（注２）GIS（Geographic Information System）：地理情報システム。

（注３）応用測量とは，基準点測量，水準測量，地形測量及び写真測量などの測量方法を活用し，目的に応じてこれらを組み合せて行う測量をいう。

目　次

□　マスターできたらチェック！

★重要度，２つ，１つ，無印（基本事項・参考事項等）

序章　測量士補入門

第１章　測量に関する法規

第２章　ＧＮＳＳを含む多角測量

（多角測量，汎地球測位システム測量）

第３章　水準測量

第４章　GISを含む地形測量

第5章　写真測量

第6章　GISを含む地図編集

第７章　応用測量

＝付　録＝

地理情報システム（GIS）に関しては，以下を参照して下さい。

地形測量〈重要問題11〉地理情報システム（GIS）1（トポロジー）
(第４章)〈重要問題12〉地理情報システム（GIS）2（レイヤ管理）
〈重要問題13〉地理空間情報
地図編集〈重要問題17〉地理情報システム（GIS）
(第６章)〈重要問題18〉地理空間情報の活用（ネットワーク解析）
〈重要問題19〉地理空間情報（メタデータ）
〈重要問題20〉ハザードマップ

◎　合格へのポイント（正答率を高めるために）

解答は，５肢択一（マークシート）形式であり，「最も適当なものはどれか」（文章問題），「最も近いものはどれか」（計算問題）と指示される。正答率を高めるため，正答でないと判断されるものから順次消していく消去法で解答する。計算問題は概略計算でよい。

序章

測量士補入門

◎　序章では，測量を学習するにあたって，測量全般の概要，受験のための数学及び誤差論等の基本事項について説明します。本章と合せて学習して下さい。

1．測量の定義

測量とは，土地の測量をいい，地球表面上の諸点の関係位置を決める技術である。諸地点の位置は，**測点**において，三角点等の既知点又は座標のx軸からの方向角・方位角と距離及び高低差が分かれば決定できる。

2．基準点測量と細部測量

測量は，その目的に応じた精度が一様に保たれなければならない。広範囲の地域を測量する場合，最初に測量区域全体を覆う基準となる測点の位置及び高さを決定し，この測点に基づいて細部の測量を実施すれば正確さが一様に保たれる。測点間の位置を決める測量を**基準点測量（多角測量）**といい，それに続いて行われる地形・地物の測量を**細部測量**という。

(1)　**基準点測量（多角測量）：**

基準点測量は，トータルステーション（ＴＳ），セオドライト，測距儀（以上，ＴＳ等という）やＧＮＳＳ測量機を用いて，多角方式（結合トラバース）によって，相互の位置関係を決定する。

(2)　**細部測量：**

地形・地物等，細部の位置関係をトータルステーション（ＴＳ），ＧＮＳＳ測量機を用いて決定する。

①選点

②現地測量（外業）

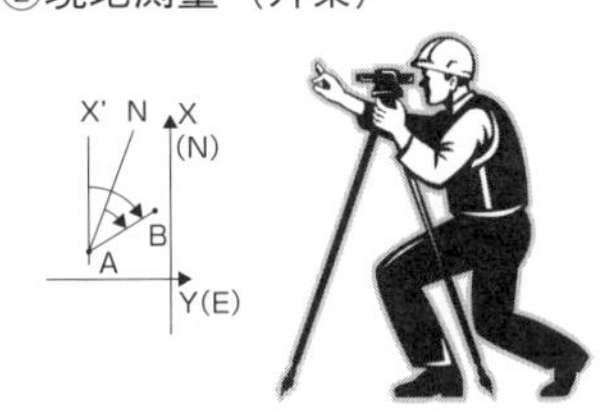

③整理・点検（内業）

④製図・仕上げ

図１　測量の手順

重要問題 1　測量の分類（測量法，作業規程）

重要度★

測量に関する次の文章で，間違っているものはどれか。

1．測地学的測量とは，地球をGRS80回転楕円体として行う測量をいう。
2．平面測量とは，地球を平面と考えて行う測量をいう。
3．測地学的測量では，地球表面の曲率を考慮しない。
4．基本測量，公共測量は，測量法の規定に基づいて行う。
5．公共測量は，作業規程の準則に基づいて行う。

解説

解答 3

(1) 測量区域が小さく，地球の表面を平面とみなしてよいとき，**平面測量**という。測量作業で得られる実距離を**球面距離** S といい，平面直角座標上の**平面距離** s との差が 1 kmにつき0.1mまで許される場合（精度1/1万），半径約10 kmまでの範囲を平面とみなす（P112，平面直角座標）。

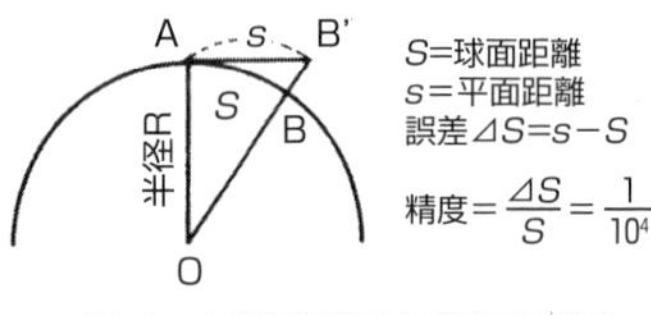

図2　球面距離と平面距離

球面距離と平面距離が等しいとき距離誤差はない！

(2) 測量区域が広くなれば，地球の曲率を考えて測量しなければならない。地球を球体（表1，GRS80楕円体）と考えて行う測量を**測地学的測量**という。

(3) 座標として，小区域の一般測量では**平面直角座標系**（P112）を，広域の測量ではGRS80楕円体を基準面とする**地理学的座標系**（P16）を用いる。

突破のポイント

1．測量法による「測量」の区分

(1) 測量法（第3条）において，「**測量**とは，土地の測量をいい，地図の調整及び測量写真の撮影を含む」と規定されている。実施の主体，費用負担の区分（国，公共団体，民間），規模，精度及び実施の基準から，基本測量，公共測量，基本測量及び公共測量以外の測量の3区分に分ける（P44，測量法）。

① **基本測量**（第4条）：すべての測量の基礎となるもので，国土地理院が行う測量。1等～4等基準点測量，1等～3等水準測量，1/2.5万地形図測量及び1/20万等の地図編集，土地利用図の作成等。

② **公共測量**（第5条）：基本測量以外の測量で，費用の全部若しくは一部を国又は公共団体が補助して実施するものをいう。1級～4級基準点測量，1級～4級水準測量等。

③　**基本測量及び公共測量以外の測量**（第６条）：基本測量・公共測量の測量成果を使用して実施する４条・５条以外の測量。但し，４条・５条とも，建物に関する測量，局地的測量，高度の精度を要しない測量等を除く。

(2)　公共測量を実施する**測量作業機関**（第８条）は，作業を円滑かつ確実に実施するため，**作業規程の準則**（第34条）に基づいて作業計画を立案し，工程管理及び精度管理を総括する者として，**主任技術者**（測量士）を選任しなければならない（準則第９条，実施体制）。

2．測量の手法・目的による分類

(1)　測量は，測量の方法・目的によって分類する。多角測量，水準測量，地形測量，写真測量，地図編集，応用測量等。**作業規程の準則**（以下，準則という）では，基準点測量（基準点測量，水準測量），地形測量及び写真測量及び応用測量（路線測量，河川測量，用地測量）に分類している。

関連問題

公共測量の作業規程を定める場合の注意で，間違っているものはどれか。

1．作業規程は，ある理想を表現するものであるから，最高精度の条件を記載する。

2．作業規程は，実務者の直接の指針となるようにできるだけ具体的に，また，分かりやすく記載する。

3．作業規程は，その測量の目的を確実に満たすために必要な精度をもたせる。

4．基準点測量から製図作業までの各段階における精度は，互いに均衡のとれたものとする。

5．作業規程は，実施した測量成果に対して精度を明らかにする根拠となるものであるから，精度を点検できる処置について考慮しておく。

関連問題の解説　公共測量と作業規程　解答　1

公共測量は，その公共性・重要性を考慮して，信頼できる精度を確保しなければならない。測量法第33条（作業規程，P46）の規定により，**測量計画機関**は，公共測量を実施するときは，観測機械の種類，観測法，計算法等の**作業規程**を定め，国土交通大臣の承認を得て実施しなければならない。この作業規程作成の規範となるものとして，34条で国土交通大臣は，標準的な作業方法等を定め，その規格を統一するため公共測量の**作業規程の準則**（P47）を定めている。

重要問題 2　測量の基準（日本経緯度原点，日本水準原点）　重要度★

測量の基準について，間違っているものはどれか。

1．標高は，東京湾平均海面からの高さで表す。
2．日本水準原点は，東京湾平均海面上＋24.390 0 mである。
3．距離は，準拠楕円体の表面上の値で表す。
4．測量の原点は，日本経緯度原点及び日本水準原点である。
5．楕円体高は，ジオイド面からの高さである。

解説　**解答 5**

(1) **標高**は，測量法により東京湾平均海面を基準面（**ジオイド**）とする高さで表す。**ジオイド**は，静止した海面の高さであり，重力方向に垂直な仮想の面で，地球の密度の相違により回転楕円体に対して凹凸がある。

日本水準原点は，東京湾平均海面上＋24.390 0 mの標高に設けられており，この基準面に基づいて全国の標高を定める。

(2) 楕円体高は，準拠楕円体表面からの高さである（図５）。

突破のポイント

1．測量に用いられる座標系（地心直交座標，地理学的座標）

(1) **地心直交座標**は，地球の重心に原点をとり，直交するX，Y，Z軸により，地形・地物の位置を三次元（x, y, z）で表す座標系をいう（図３）。

(2) **世界測地系**は，地心直交座標の自転軸Z，赤道上の経度０度の子午線と原点を結ぶX軸，X軸から東に90度方向をY軸とする**ITRF94系三次元直交座標**と，**GRS80楕円体**（表１）を併せもつ座標系をいう（P38）。

(3) **球面座標**は，地球を球体とみなし，赤道面と平行な地球表面の平行圏（けん）（緯度 φ（ファイ））と自転軸を通る子午線（経度 λ（ラムダ），グリニッジ天文台を基準）及び球体表面からの高さ（**楕円体高** h）で表す。**地理学的座標系**は，楕円体表面の測地経緯度とジオイドからの高さ（**標高** H）で表す（P33，図１）。

(4) **測量の基準**は，小区域の一般の測量では**平面直角座標系**（P112）が用いられ，広域では準拠楕円体を基準面とする地理学的座標系が用いられる。

2．測量の基準（経緯度原点，水準原点）

(1) **地球の形状及び大きさ**は，南北軸を短軸とした楕円体で，この軸の周りに回転させた回転楕円体は地球に近似しており，**準拠楕円体**という。回転楕円体として，世界測地系のGRS80楕円体を用いる（表１，図３）。

⑵ **位置**は，地理学的経緯度及び平均海面からの高さで表示する。

⑶ **距離及び面積**は，準拠楕円体の表面上の値で表示する。

⑷ **測量の原点**は，日本経緯度原点及び日本水準原点とする（図4，5）。

表1　準拠楕円体

	ベッセル（旧日本測地系）	GRS80（世界測地系）	差
長半径	6 377 397.155 m	6 378 137.00 m	739.84 m
短半径	6 356 078.963 m	6 356 752.31 m	673.35 m

（注） GRS80：Geodetic Reference System 1980
（注） ITRF座標系：国際地球基準座標系
International Terrestrial Reference Frame

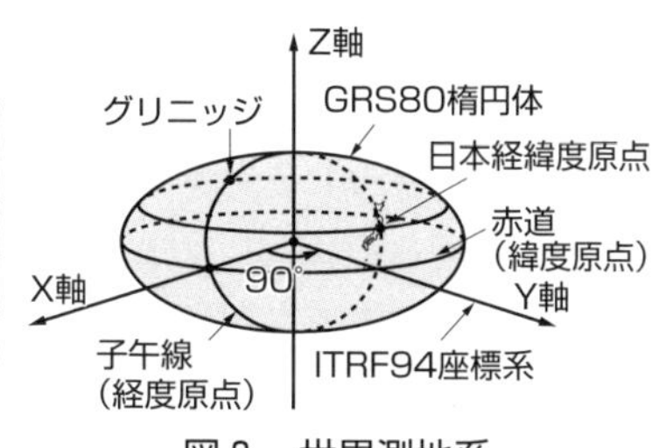

図3　世界測地系

図4　日本経緯度原点

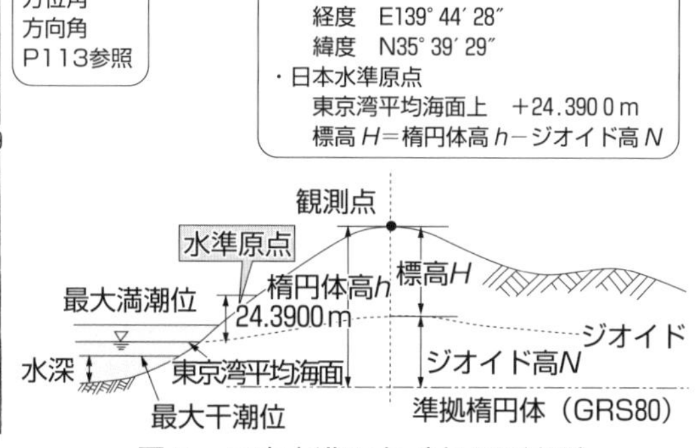

図5　日本水準原点（高さの基準）

関連問題

次の説明のうち，間違っているものはどれか。

1．標高は，楕円体高からジオイド高を引いて求める。
2．各地の標高は，日本水準原点の表示板の基準線を0mとして測定する。
3．三角点は，GRS80楕円体上で，その位置が定められている。
4．日本経緯度原点の方位角は，経緯度原点において，真北を基準に右回りに観測したつくば超長基線電波干渉計観測点までの方位角である。
5．各地における平均海面は，海岸地形の状況，気圧，風向・風力等によって固有の値を示し，東京湾平均海面のジオイドとは一致しない。

関連問題の解説　測量の基準　　　**解答　2**

1．標高＝楕円体高－ジオイド高。2．0 m→＋24.390 0 m。5．P322参照。

重要問題 3　**誤差の種類・観測の種類**　　　　基本事項

次にあげる距離測定のうち，不定誤差はどれか。

1．測尺の長さが正しくないために生じる誤差
2．測尺の傾斜を補正しなかったために生じる誤差
3．測尺を検定する時に用いた張力と異なった張力で測尺を引張って測定したために生じる誤差
4．測尺の温度補正に使用した膨張係数が間違っていたために生じる誤差
5．測尺の読み取り誤差

解説　　　　　　　　　　　　　　　　　　　**解答　5**

(1)　誤差の種類

測定値（観測値）には，常に誤差が含まれる。誤差には，**定誤差**，**不定誤差**及び**過失**の3種類がある。このうち，定誤差と過失は取り除くことができる。不定誤差については，真の値を推定する確率論を用いて数学的に扱う「**誤差論**（最小二乗法）」で処理する（P20）。

(2)　定誤差（累積誤差）

定誤差は，条件が同じであれば，いつも同じ大きさで同じ方向で起こる誤差をいう。誤差の原因がはっきりしているので，外業でその原因を除く，又は内業で測定値を補正する。定誤差の原因を分類すると次のとおり。

① **器械的誤差**：器械・器具の構造上の不備による誤差。使用前に十分に器械・器具の検査・調整を行い，又は観測方法により器械的誤差を消去する。
② **物理的誤差**：観測中の温度変化，光の屈折等の自然現象によって生じる誤差。設問の1，2，3，4がこれに該当する（P74参照）。
③ **個人的誤差**：観測者個人の視覚又は聴覚の癖によって生じる誤差。

(3)　不定誤差（偶然誤差，消し合い誤差）

① 誤差の起こっている原因が不明，又は原因が分っていてもその影響が除去できないものが複雑に重なって生じる誤差で，起こる方向も一定でない。設問の5の「読み取り誤差」がこれに該当する。
② **不定誤差**は，**測定回数の平方根に比例する**。1回の観測に$\pm m$の誤差（m：標準偏差）が生じる場合，n回の観測では誤差の総和は$\pm m\sqrt{n}$となる。

(4)　過　失

観測者の不注意によって生じる誤差で，目盛の読み違い，記帳の誤り，計算上のミス等で，一般には，他の観測値と比べれば判別でき，消去できる。

突破のポイント

1．観測の種類

(1)　**独立観測**：測定値が独立したものであり，他から制約を受けることなく，条件式を満足する必要がない観測である。例えば，テープで２点間の距離を測る場合やセオドライトで１つの角を測る場合等である。

(2)　**条件付観測**：測定値が理論上から決められた条件式（例えば，三角形の内角を測る場合，その内角の和は180°である）を満足する必要がある場合の観測をいう。条件式によって，測定値の補正ができ独立観測に比べて信頼度は高い。

(3)　**直接観測**：距離，角度，高低差等を測距儀，セオドライト等（以上，TS等という）を用いて，直接その値を測定する観測方法をいう。

(4)　**間接観測**：未知量を直接測定して求めるのではなく，他の量を測定して計算によって未知量を求める観測をいう。斜距離と鉛直角の測定により，水平距離・比高を求める測量（P75），ＴＳ等による水準測量（P66），スタジア測量（P127），基線ベクトル差から水平位置を求めるＧＮＳＳ測量（P110）。

2．定誤差の補正

(1)　**定誤差**は，誤差の大きさと方向を知ることにより取り除く（補正）ことができる。定誤差と補正値は，絶対値が等しく方向が反対である。なお，**誤差**とは，測定値と真値（最確値）との差をいい，**補正値**とは真値（最確値）と測定値との差をいう（P21，式（１）参照）。

3．誤差と精度

(1)　精度を表すのに**標準偏差** m_0（P20）を用いる。m_0 が小さいほど精度が良いから，観測状態を点検できる。例えば，距離測量では標準偏差 m_0 と測定距離（最確値）L との比を精度といい，$P=m_0/L$ で表す。

(2)　複数の測定値を得た場合，測定値中の任意の２つを取り出し，その差（**較差**（こうさ）という）を求めたとき，それが大きければ測定値がばらついていることになり，精度が悪い。例えば，角測量の方向法観測では**倍角差・観測差**（P61），水準測量では往復観測値の較差によって観測状態を点検する（P150）。

(3)　**多角（トラバース）測量**では，誤差は測線数 N が多くなれば，あるいは測線長 L が長くなれば大きくなるため，$30''\sqrt{N}$ のように閉合差の許容範囲（P57），あるいは閉合誤差 E と全測線長 ΣL との比（閉合比 $R=E/\Sigma L$）で精度を表す（P90）。

(4)　測量法では，**作業規程の準則**（P43）により，公共測量における標準的な作業方法を定め，その規格を統一し，必要な精度を確保している。

重要問題 4　最確値・標準偏差　　重要度★★

測距儀を用いてある区間を5回測定し，次の結果を得た。

287.645 m,　287.643 m,　287.647 m,　287.649 m,　287.646 m

(1) この区間の最確値はいくらか。

(2) この最確値の標準偏差はいくらか。

解説

(1) **最確値の計算**：式(2)から，最確値Mは次のとおり。

$$M = 287.640\ \mathrm{m} + \frac{5+3+7+9+6}{5} \times \frac{1}{1\,000} = \underline{287.646\ \mathrm{m}}$$

(2) **最確値の標準偏差の計算**：

$$m_o = \sqrt{\frac{[vv]}{n(n-1)}} = \sqrt{\frac{20}{5(5-1)}}$$

$$= \sqrt{1.0} = \underline{1.0\ \mathrm{mm}}$$

なお，測定値の**精度**は，

P＝標準偏差/最確値より，

$P = m_o / M ≒ 1/290\,000$

表2　最確値と標準偏差の求め方

回数n	測定値〔m〕	最確値〔m〕	残差 v〔mm〕	vv
1	287.645	287.646	−1	1
2	287.643	〃	−3	9
3	287.647	〃	+1	1
4	287.649	〃	+3	9
5	287.646	〃	0	0

〔vv〕＝20

突破のポイント

1．誤差の性質・誤差曲線（標準偏差）

(1) 誤差のうち，**定誤差**は補正によって取り除く。**不定誤差**は，誤差論によって合理的に処理する。不定誤差では，次の**誤差の公理**が成り立つ。

① 小さい誤差は，大きい誤差より多く現われる。

② 正の誤差と負の誤差の起こる回数は，ほぼ同じである。

③ 極端に大きい誤差は，ほとんど現われない。

(2) 不定誤差の分布曲線（**誤差曲線**）は，左右対称の**正規分布曲線**となる。**測定値**をℓ，**真値**又は**最確値**をX又はMとすれば，誤差xは，$x = \ell - X$，又は**残差**$v = \ell - M$で定義される。真値X（又はM）を中心として，$X \pm m$（$M \pm m$）の範囲が誤差分布曲線の68%となる大きさ（誤差曲線の変曲点に相当）を**標準偏差（平均二乗誤差）**mという。

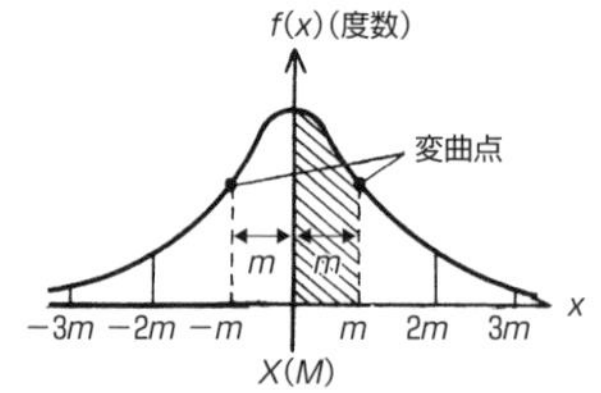

図6　誤差曲線（誤差の分布）

2．軽重率が等しい場合の測定値の取扱い

(1) **最確値**：一般に，測定値の正しい値（**真値** X）は不明な場合が多い。そこで真値に代わるものとして，一群の測定値の算術平均値を用い，これを**最確値**（M）という。この場合，各測定値 ℓ と最確値Mとの差を**残差** v という。

誤差　x ＝測定値 ℓ − 真値 X
残差　v ＝測定値 ℓ − 最確値 M　………式（1）

最確値　$M=\dfrac{\ell_1+\ell_2+\cdots\cdots+\ell_n}{n}=\dfrac{\sum\ell}{n}=\dfrac{[\ell]}{n}$　………式（2）

但し，$\sum\ell=[\ell]=\ell_1+\ell_2+\cdots\cdots+\ell_n$,
n：測定回数

(2) **標準偏差**：各測定値（1観測という）及び最確値の標準偏差 m，m_0は，次のとおり。なお，標準偏差及び**分散**（P341，$V=[vv]/(n-1)$）は，ともに測定値のばらつきを表す。但し，$(n-1)$：標準偏差の推定値（**自由度**）。

1観測の標準偏差　$m=\sqrt{\dfrac{[vv]}{n-1}}$　………式（3）

最確値の標準偏差　$m_0=\dfrac{m}{\sqrt{n}}=\sqrt{\dfrac{[vv]}{n(n-1)}}$　………式（4）

但し，$[vv]=v_1v_1+v_2v_2+\cdots\cdots+v_nv_n$，$n-1$：自由度（P23）

(3) **1観測の標準偏差** mとは，n 個の測定値全体の中で測定値1つ1つが持つ誤差をいう。1回の測定で生じる不定誤差をmとすれば，誤差は測定回数の平方根に比例（P18）するから，n 回の測定では誤差の総和は $m\sqrt{n}$となる。最確値は，測定値の算術平均であるから$m\sqrt{n}$を測定回数 n で割ったものが**最確値の標準偏差** m_0となる（$m_0=m\sqrt{n}/n=m/\sqrt{n}$）。

関連問題

セオドライトを用いて水平角を5回観測した。この結果を平均して得られる最確値の標準偏差はいくらか。

1．1.0″　2．$\sqrt{1.7}$″　3．$\sqrt{3.0}$″
4．$\sqrt{8.5}$″　5．3.5″

回数	測定値
1	30°06′00″
2	30°05′59″
3	30°06′05″
4	30°06′03″
5	30°05′58″

関連問題の解説　**最確値の標準偏差**　**解答 2**

計算は表2に基づいて行う。最確値 M＝30°06′01″，$[vv]$＝34，$m_0=\sqrt{34/5(5-1)}=\sqrt{1.7}$″となる。
（$\sqrt{1.7}=\sqrt{17\times10^{-1}}=\sqrt{17}/\sqrt{10}$＝4.123/3.162＝1.30″）

重要問題 5　軽重率を考えた最確値・標準偏差

重要度★★

A，B 2 点間の距離を同一の測距儀を用いて測定し，次の二つの結果を得た。この結果から求めたA，B 2 点間の距離の最確値はいくらか。

1 回目　平均値＝1 000.010 m　標準偏差＝0.006 m
2 回目　平均値＝1 000.002 m　標準偏差＝0.002 m

1．1 000.003 m　2．1 000.004 m　3．1 000.006 m
4．1 000.008 m　5．1 000.009 m

解説　**解答 1**

(1) **軽重率の計算**：1 回目，2 回目の軽重率及び標準偏差を p_1，p_2 及び m_1，m_2 とすれば，式（6）から次のとおり。

$$p_1 : p_2 = \frac{1}{m_1^2} : \frac{1}{m_2^2} = \frac{1}{(6\times10^{-3})^2} : \frac{1}{(2\times10^{-3})^2} = \frac{1}{6^2} : \frac{1}{2^2} = \frac{1}{36} : \frac{1}{4} = 1 : 9$$

(2) **最確値の計算**：式（8）から，最確値は次のとおり。

$$最確値 M = \frac{p_1\ell_1 + p_2\ell_2}{p_1 + p_2} = 1\,000 + \frac{1\times10 + 9\times2}{1+9} \times \frac{1}{1\,000} = \underline{1\,000.003\ \text{m}}$$

突破のポイント

1．軽重率が異なる場合の測定値の取扱い

(1) **軽重率の定義**：**軽重率（重量）**は，測定値の信用の度合いを示す数値で，その数値が大きい程，信用度は高い。観測条件が異なった測定値の場合は，それぞれの値について軽重率を考えて計算する。軽重率は次による。

① **観測回数による軽重率**：軽重率 p は，観測回数に比例する。
同一器械を用いて観測した距離の測定値及び測定回数が表 3 のとき，3 人の軽重率は次のとおり。

$$p_a : p_b : p_c = n_a : n_b : n_c = 4 : 2 : 6 = 2 : 1 : 3 \quad \cdots\cdots 式（5）$$

表 3　観測回数と軽重率

測定者	測定値	測定回数	軽重率
A	75.352m	$n_a=4$	2
B	75.348m	$n_b=2$	1
C	75.354m	$n_c=6$	3

表 4　標準偏差と軽重率

測定者	測定値	標準偏差	軽重率
A	35° 42′ 30″	$m_a=2''$	36
B	35° 42′ 45″	$m_b=3''$	16
C	35° 42′ 34″	$m_c=4''$	9

② **標準偏差による軽重率**：軽重率 p は，標準偏差の二乗に反比例する。
同一器械を用いて観測した 3 人の測角の標準偏差が表 4 のとき，3 人の軽重率 p は次のとおり。

$$p_a : p_b : p_c = \frac{1}{m_a^2} : \frac{1}{m_b^2} : \frac{1}{m_c^2} = \frac{1}{2^2} : \frac{1}{3^2} : \frac{1}{4^2} = \frac{1}{4} : \frac{1}{9} : \frac{1}{16} = 36 : 16 : 9$$

……式（6）

③　**直接水準測量における軽重率**：軽重率pは，測定距離に反比例する。

水準点A，B，CからF点の標高を求めた場合（図7），3つの測定値の軽重率は表5のとおり（P158）。

$$p_a : p_b : p_c = \frac{1}{L_a} : \frac{1}{L_b} : \frac{1}{L_c} = \frac{1}{4} : \frac{1}{3} : \frac{1}{6} = 3 : 4 : 2$$

………式（7）

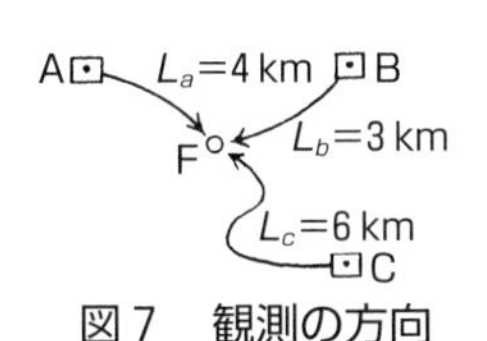

図7　観測の方向

表5　直接水準測量と軽重率

観測方向	距離L	Fの方向	軽重率
A→F	L_a=4 km	8.248 m	3
B→F	L_b=3 km	8.228 m	4
C→F	L_c=6 km	8.235 m	2

〔距離は kmを単位とする〕

2．軽重率を考えた最確値・標準偏差

最確値　$M = \dfrac{p_1\ell_1 + p_2\ell_2 + \cdots\cdots + p_n\ell_n}{p_1 + p_2 + \cdots\cdots + p_n} = \dfrac{[p\ell]}{[p]}$　………式（8）

1観測の標準偏差　$m = \sqrt{\dfrac{[pvv]}{n-1}}$　………式（9）

最確値の標準偏差　$m_0 = \sqrt{\dfrac{[pvv]}{[p](n-1)}}$　………式（10）

但し，$[pvv] = p_1v_1v_1 + p_2v_2v_2 + \cdots\cdots + p_nv_nv_n$，$[p] = p_1 + p_2 + \cdots\cdots + p_n$，

$n-1$：**自由度**（標準偏差の推定値。独立な条件の数。観測の総数から未知数の数を引いたもの）

3．最確値，標準偏差の計算例

表6　水平角の最確値と標準偏差の求め方

観測値ℓ	観測回数	最確値M	残差v	(残差)^2	軽重率p	pvv
80° 20′ 10″	4	80° 20′ 16″	−6	36	4	144
80° 20′ 15″	6	〃	−1″	1	6	6
80° 20′ 20″	2	〃	4″	16	2	32
80° 20′ 25″	3	〃	9″	81	3	243

$[p]$ ＝15　$[pvv]$ ＝425

表3の最確値
M=75.352 m
表4の最確値
M=35° 42′ 35″
表5の最確値
M=8.236 m

最確値 $M = 80°\ 20' + \dfrac{4\times10'' + 6\times15'' + 2\times20'' + 3\times25''}{4+6+2+3} \fallingdotseq \underline{80°\ 20'\ 16''}$

標準偏差 $m_0 = \sqrt{\dfrac{[pvv]}{[p](n-1)}} = \sqrt{\dfrac{425}{15(4-1)}} = \sqrt{9.44} \fallingdotseq \underline{3.1''}$

重要問題６　三角関数と測量　　重要度★★

関数表（P343）を用いて，次の値を求めると次のとおり。

(1)　$\sin 210° = \sin(180° + 30°) = -\sin 30° = -0.5$

(2)　$\cos 210° = \cos(180° + 30°) = -\cos 30° = -\sqrt{3}/2 = -0.86603$

(3)　$\tan 210° = \tan(180° + 30°) = \tan 30° = 1/\sqrt{3} = 0.57735$

(4)　$\sin 150° = \sin(180° - 30°) = \sin 30° = 0.5$

(5)　$\cos 150° = \cos(180° - 30°) = -\cos 30° = -\sqrt{3}/2 = -0.86603$

解説

1．試験では，電卓は使用できない。配布される関数表（P343）を使って計算する。１～100までの平方根と０°～90°までの三角関数が記載されている。

2．**三角関数**：座標の取り方は，数学では縦軸Y，横軸Xに対して，測量では北方向（子午線）を基準とすることから縦軸X，横軸Yとする。角度θは，数学ではX軸より反時計回りを正，測量では時計回りを正とする。θの大きさにより第１～４象限の角という。

3．点P（x, y），動径OP＝r，OPがX軸となす角をθとするとき，PよりX軸に下ろした垂線（対辺，θに対する辺）をy，底辺をxとする。

$$\left.\begin{aligned}\sin\theta &= \frac{y}{r}\ （正弦）\\ \cos\theta &= \frac{x}{y}\ （余弦）\\ \tan\theta &= \frac{y}{x}\ （正接）\end{aligned}\right\}\cdots\cdots\cdots 式（11）$$

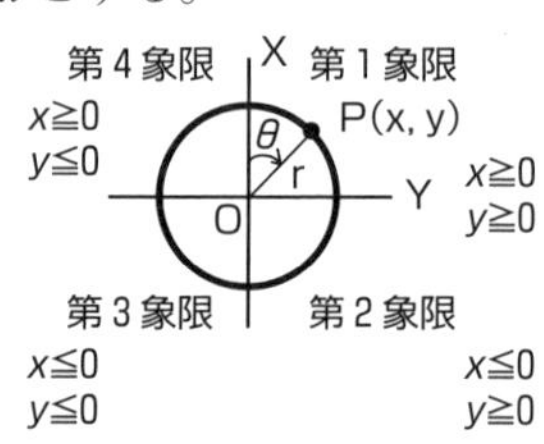

図８　三角関数（測量）

4．単位円（r=1）のとき，

$\sin\theta = y$，$\cos\theta = x$，$\tan\theta = y/x$となり，$\sin\theta$，$\cos\theta$，$\tan\theta$の値の符号は，θがどの象限の角であるかによって決まる。

表７　三角関数の符号

象限	1	2	3	4
$\sin\theta$	＋	＋	－	－
$\cos\theta$	＋	－	－	＋
$\tan\theta$	＋	－	＋	－

	0°	30°	45°	60°	90°	120°	150°
$\sin\theta$	0	$\frac{1}{2}$	$\frac{1}{\sqrt{2}}$	$\frac{\sqrt{3}}{2}$	1	$\frac{\sqrt{3}}{2}$	$\frac{1}{2}$
$\cos\theta$	1	$\frac{\sqrt{3}}{2}$	$\frac{1}{\sqrt{2}}$	$\frac{1}{2}$	0	$-\frac{1}{2}$	$-\frac{\sqrt{3}}{2}$
$\tan\theta$	0	$\frac{1}{\sqrt{3}}$	1	$\sqrt{3}$	∞	$-\sqrt{3}$	$-\frac{1}{\sqrt{3}}$

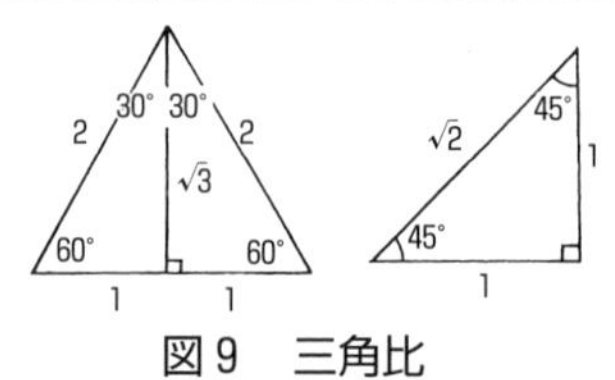

図９　三角比

突破のポイント

(1)　**還元公式**：$\pi=180°$，$r=1$のとき，$\theta=90°$以下の角に変換すると，$P(x,\ y)$は次のとおり。符号は，Pの属する象限によって決まる。

$\cos\theta = x$，$\sin\theta = y$，$\tan\theta = y / x$

① $2n\pi+\theta$とθ（**一般角**）

$\sin(2n\pi+\theta)=\sin\theta$

$\cos(2n\pi+\theta)=\cos\theta$

$\tan(2n\pi+\theta)=\tan\theta$

$(n=0,\ \pm1,\ \pm2,\ \cdots\cdots)$

② $-\theta$とθ（**負角公式**）

$\sin(-\theta)=y'=-y=-\sin\theta$

$\cos(-\theta)=x'=x=\cos\theta$

$\tan(-\theta)=y'/x'=-y/x=-\tan\theta$

sin→sin，cos→cos，tan→tan

③ $\pi\pm\theta$とθ（**補角公式**）

$\sin(\pi\pm\theta)=\mp y'=\mp y=\mp\sin\theta$

$\cos(\pi\pm\theta)=x'=-x=-\cos\theta$

$\tan(\pi\pm\theta)=\mp y/(-x)=\pm\tan\theta$

sin→sin，cos→cos，tan→tan

④ $\pi/2\pm\theta$とθ（**余角公式**）

$\sin(\pi/2\pm\theta)=y'=y=\cos\theta$

$\cos(\pi/2\pm\theta)=\mp x'=\mp x=\mp\sin\theta$

$\tan(\pi/2\pm\theta)=y/(\mp x)=\mp\cot\theta$

sin→cos，cos→sin，tan→cot

………式（12）

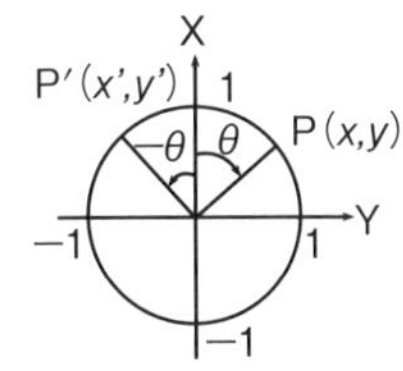

②$-\theta$とθ（負角公式）

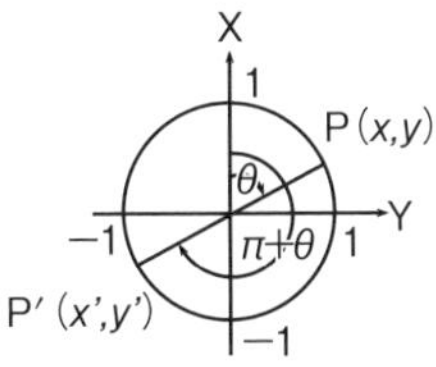

③$\pi\pm\theta$とθ（補角公式）

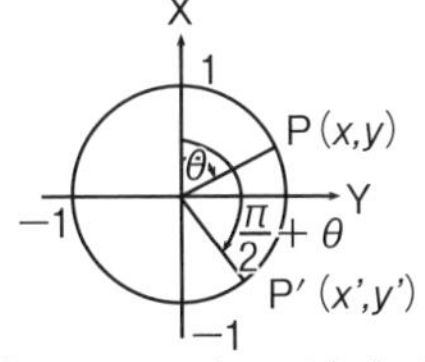

④$\pi/2\pm\theta$とθ（余角公式）

図10　還元公式

関連問題

P343の関数表を使用して，次の値を求めなさい。

1．$\sqrt{500}$　　2．$\sqrt{0.5}$　　3．sin125°　　4．cos125°

関連問題の解説　関数表の使い方

$a\times10^n$（nは偶数）の指数に換算して，100以下の数とする。

1．$\sqrt{500}=\sqrt{5\times10^2}=10\sqrt{5}=\underline{22.3607}$（$\sqrt{5}=2.23607$）

2．$\sqrt{0.5}=\sqrt{50\times10^{-2}}=10^{-1}\sqrt{50}=\underline{0.70711}$（$\sqrt{50}=7.0710$）

還元公式により，90°以下の値とする。

3．$\sin125°=\sin(180°-55°)=\ \sin55°=\underline{0.8195}$又は$\sin(90°+35°)=\cos35°$

4．$\cos125°=\cos(180°-55°)=-\cos55°=\underline{-0.57358}$又は$\cos(90°+35°)=-\sin35°$

重要問題 7　正弦定理・余弦定理，面積計算　　重要度★

(1)　図1において，A，Bから川向こうのPをのぞみ，∠ABP＝42°，∠BAP＝63°を得た。AB＝100 mのとき，APの距離を求めよ。

(2)　図2の，△ABCにおいて，AC＝5 m，AB＝8 m，∠A＝60°のとき，BCを求めよ。

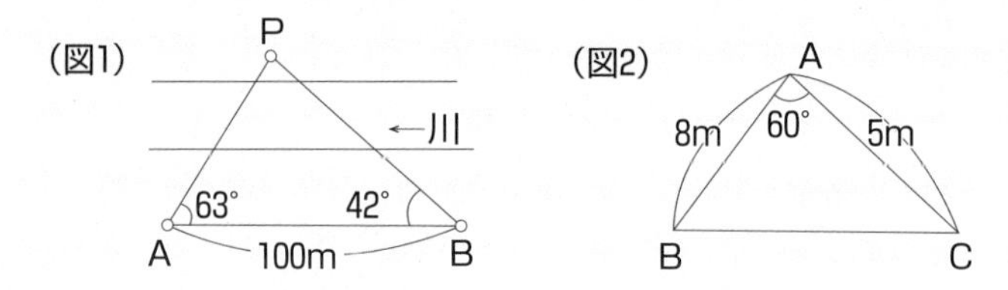

解答

(1)　∠APB＝180°－(63°＋42°)＝75°，正弦定理より

$$\frac{AP}{\sin 42^\circ}=\frac{100}{\sin 75^\circ}$$

$$AP=\frac{\sin 42^\circ}{\sin 75^\circ}\times 100=\frac{0.6691}{0.9659}\times 100 \fallingdotseq \underline{69.2\ \mathrm{m}}$$

(関数表より，sin42°＝0.6691，sin75°＝0.9659)

(2)　余弦定理より

$$BC^2=AC^2+AB^2-2AC\cdot AB\cos 60^\circ=5^2+8^2-2\times 5\times 8\cos 60^\circ=49$$

$$\therefore\quad BC=\sqrt{49}=\underline{7\ \mathrm{m}}$$

突破のポイント

1．正弦定理，余弦定理

(1)　**正弦定理**

$$\frac{a}{\sin A}=\frac{b}{\sin B}=\frac{c}{\sin C}=2R \qquad \cdots\cdots 式(13)$$

(Rは△ABCの外接円の半径)

(2)　**余弦定理**（2辺夾角）

$$\left.\begin{aligned} a^2&=b^2+c^2-2bc\cos A\\ b^2&=c^2+a^2-2ca\cos B\\ c^2&=a^2+b^2-2ab\cos C \end{aligned}\right\} \qquad \cdots\cdots 式(14)$$

図11　余弦・正弦定理

(注) 正弦定理は，多角測量の偏心補正計算に必要となります（P70参照）。

2．面積計算

(1)　準則（用地測量，P310）の規定より，**用地測量**は，土地及び境界等を調査し，用地取得等に必要な資料及び図面を作成する作業をいう。境界測量の成果に基づき，各筆（土地の区画）等の面積を算出する。

(2)　面積計算は，原則として座標法により行う（準則第452条，P314）。ここでは，三角形区分法について説明する。

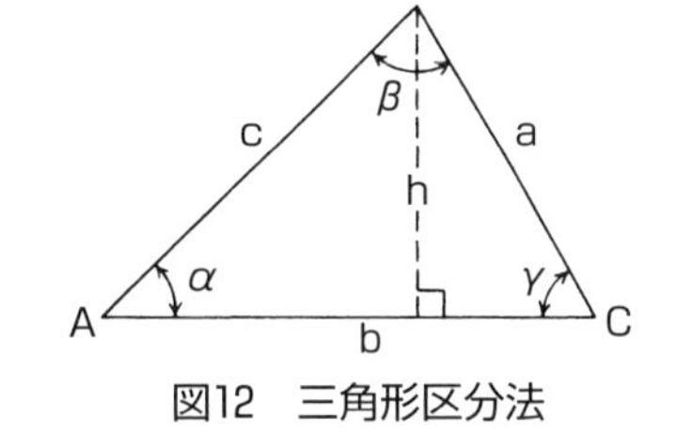

図12　三角形区分法

①　三斜法

面積　$S=\frac{1}{2}bh$　………式（15）

②　三辺法（ヘロンの公式）

三角形の三辺 a，b，c を測定すれば，面積 S は，次のとおり。

$$\left.\begin{aligned}&\text{面積}\quad S=\sqrt{s(s-a)(s-b)(s-c)}\\&\text{但し，}\ s=\frac{1}{2}(a+b+c)\end{aligned}\right\}\quad\cdots\cdots\cdots\text{式（16）}$$

③　2辺とその夾（きょう）角

2辺とその夾角を測定すれば，面積 S は次のとおり。

面積　$S=\frac{1}{2}ab\sin\gamma=\frac{1}{2}bc\sin\alpha=\frac{1}{2}ca\sin\beta$　………式（17）

関連問題

図の四辺形ABCDの面積はいくらか。

1．162.6 m²
2．248.2 m²
3．325.2 m²
4．735.4 m²
5．812.4 m²

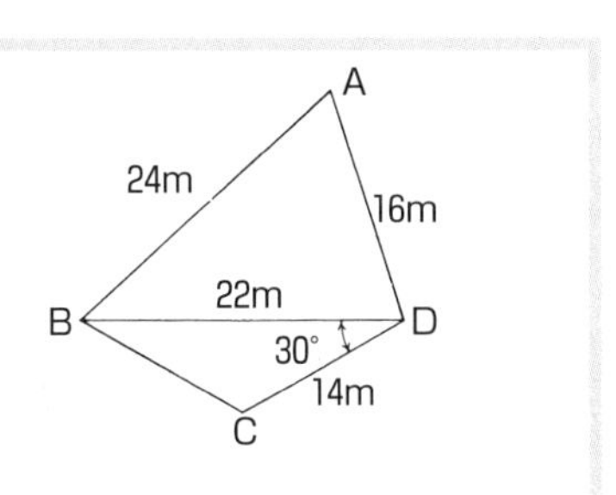

関連問題の解説　面積計算（三角形区分法）　**解答　2**

△ABDの面積は，式（16）から，

$s=\frac{1}{2}(24+16+22)=31\ \text{m}$

$\therefore\triangle\text{ABD}=\sqrt{31(31-24)(31-16)(31-22)}$

$\fallingdotseq171.2\ \text{m}^2$　………①

△DBCの面積は，式（15）から，

$\triangle\text{DBC}=\frac{1}{2}\times22\times14\sin30°$

$=77.0\ \text{m}^2$　………②

四辺形ABCD＝①＋②＝171.2＋77.0＝248.2 m²

重要問題 8　弧度法（ラジアン単位）

重要度★★

セオドライトで図のように測標の心柱を挟んで水平角を観測するとき，心柱の太さは，十字線間隔のおよそ1/3が適当とされている。

十字線間隔 40″のセオドライトを使用して1.5 kmの距離にある測標を観測する場合，心柱の太さはどの位にすればよいか。

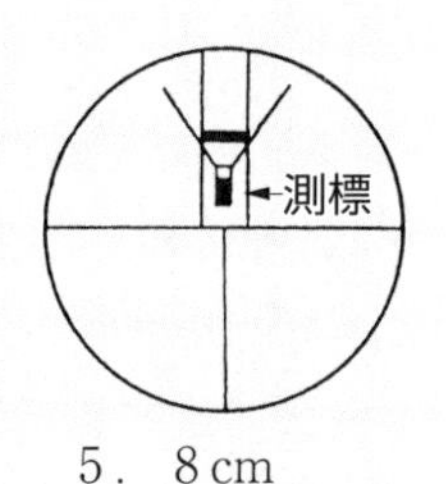

1．7 cm　2．10 cm　3．15 cm　4．12 cm　5．8 cm

解説

解答 2

(1)　セオドライトの望遠鏡の構造は，図14に示すとおり。十字線間隔40″が1.5km先をはさむ弧長ℓは，式（21）から$\ell=aL$（a：ラジアン）

$$\alpha=\rho''\frac{\ell}{L}\qquad \ell=\frac{\alpha L}{\rho''}=\frac{40''\times1.5\times10^3\ \mathrm{m}}{2''\times10^5}$$

∴　$\ell=0.3\ \mathrm{m}=30\ \mathrm{cm}$

(2)　心柱は，弧長ℓの1/3であるから，

心柱の太さ$=\ell/3=30/3=$10 cm

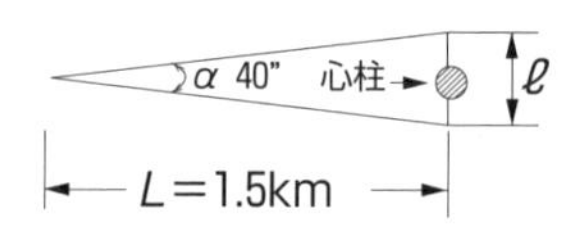

図13　中心角と弧長

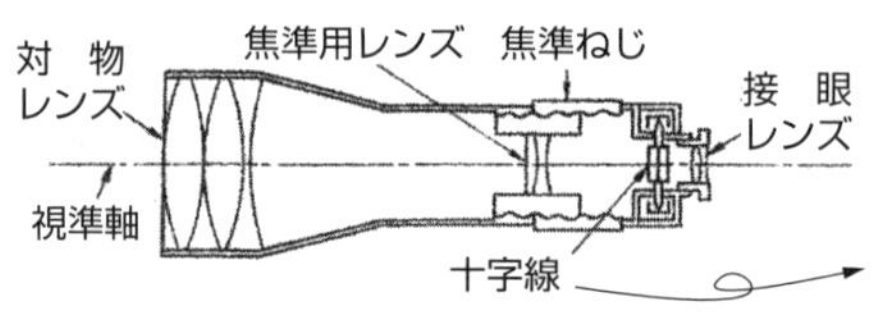

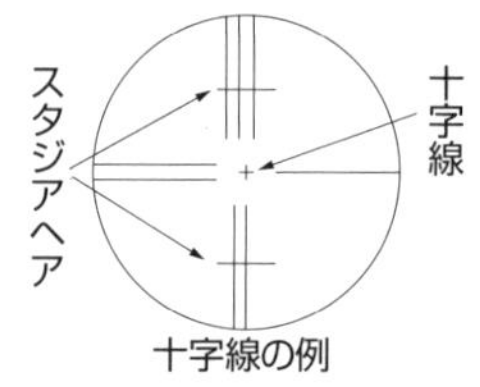

図14　望遠鏡の構造

突破のポイント

1．弧度法（ラジアン）の定義

(1)　1つの円において，中心角θとそれに対する弧の長さℓは比例する。半径Rに等しい弧$\ell=\widehat{AB}$を取り，これに対する中心角θをρ（ロー）とすれば，円周$2\pi R$より

$$\frac{360^\circ}{2\pi R}=\frac{\rho}{R}\quad ∴\quad 1\rho\ [\mathrm{rad}]=\frac{180^\circ}{\pi}$$

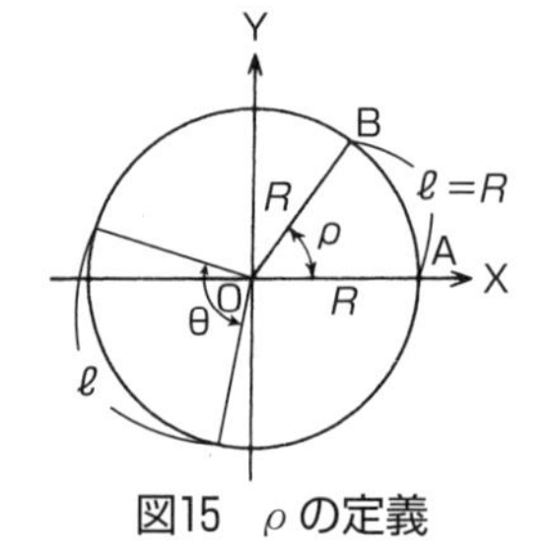

図15　ρの定義

(2)　角ρの大きさは，半径に関係なく一定の値となる。このρを角度の単位に用いたものを**ラジアン単位（弧度法）**という。

$$1\text{ラジアン}=\frac{180^\circ}{\pi},\quad 1^\circ=\frac{\pi}{180}\ [\text{ラジアン}]\qquad\cdots\cdots\cdots\text{式（18）}$$

2．度数法と弧度法との関係

(1)　1ラジアン（ρ）を，度（$\rho°$）・分（ρ'）・秒（ρ''）で表すと，次のとおり。

$$\left.\begin{aligned}\rho° &= 180° / \pi = 57.3° = 57°17'45'' \\ \rho' &= 180° \times 60' / \pi = 3\,438' \\ \rho'' &= 180° \times 60' \times 60'' / \pi = 206\,265'' \fallingdotseq 2'' \times 10^5\end{aligned}\right\} \quad \cdots\cdots\cdots 式（19）$$

(2)　度数法 $\theta°$ から弧度法 α［rad］への換算は，次のとおり。

$$弧度\ \alpha = \frac{度数\theta°}{\rho},\quad 度数\ \theta° = \rho \times 弧度\alpha,\quad \rho = \frac{180°}{\pi}\ より$$

$$\alpha\ [\mathrm{rad}] = \frac{1}{180° / \pi}\theta° = \frac{\pi}{180°}\theta,\quad \theta° = \rho \times \alpha = \frac{180°}{\pi} \times \alpha \quad \cdots\cdots\cdots 式（20）$$

(3)　半径 R の円において，弧の長さ ℓ に対する中心角 α［rad］は，

$$\alpha = \frac{\ell}{R} \qquad \ell = \alpha \cdot R \quad \cdots\cdots\cdots 式（21）$$

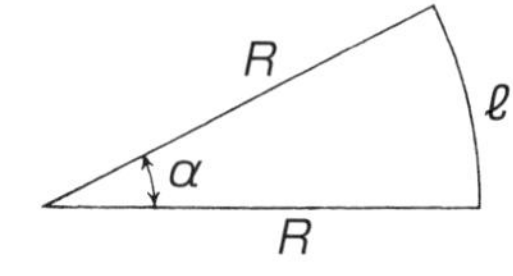

図16　中心角と弧長との関係

度数 $\theta°$ → ラジアン α へ変換
180°/π（$=\rho$）で割る。
ラジアン α → 度数 $\theta°$ へ変換
180°/π（$=\rho$）を掛ける。

(4)　**微小角の三角関数**：α［rad］が微小なとき，テーラ展開式より（P341）

$$\left.\begin{aligned}\sin\alpha &\fallingdotseq \alpha \\ \cos\alpha &\fallingdotseq 1 \\ \tan\alpha &\fallingdotseq \alpha\end{aligned}\right\} \quad \cdots\cdots\cdots 式（22）$$

関連問題

次の問(1)，(2)に答えなさい。但し，円周率 $\pi=3.14$ とする。

(1)　0.81［rad］を度分に換算するといくらか。

(2)　頂点A，B，Cを順に線分で結んだ三角形ABCで辺BC＝6.00 m，∠BAC＝110°，∠ABC＝35°としたとき，辺ACの長さはいくらか。

関連問題の解説　**ラジアン，正弦定理**

(1)　1［rad］＝180°/π＝57.32°より，0.81×57.32°＝46.43°＝<u>46° 26′</u>

(2)　正弦定理より，sin 110°＝cos 20°（還元公式），関数表より求めると

$$\frac{6.00}{\sin 110°} = \frac{AC}{\sin 35°},\quad AC = \frac{\sin 35°}{\cos 20°} \times 6.00 = \underline{3.66\ \mathrm{m}}$$

重要問題 9　ベクトルと測量　　重要度★

平面直角座標系上において，点Pは，点Aから方向角が 310°0′0″，平面距離が1 000.00 mの位置にある。点Aの座標値は，$X=-500.00$ m，$Y=+1\,000.00$ mのとき，点PのX座標及びY座標の値はいくらか。

1．X＝－1 142.79 m　　Y＝ 1 766.04 m
2．X＝　 142.79 m　　Y＝　233.96 m
3．X＝　 142.79 m　　Y＝1 766.04 m
4．X＝　 266.04 m　　Y＝　357.21 m
5．X＝　 266.04 m　　Y＝1 642.79 m

解答 2

ベクトル（大きさと方向を持つ物理量）は，多角測量の座標計算，基線ベクトル計算に用いられる（P111）。

点Pの平面直角座標（P_x，P_y）は，

$P_x=-500.00+1\,000.00\cos 310°\,0'\,0''=\underline{142.79\text{ m}}$

$P_y=1\,000.00+1\,000.00\sin 310°\,0'\,0''=\underline{233.96\text{ m}}$

（注）　還元公式（P342）より

$\cos 310°=\cos(180°+130°)=-\cos 130°=-\cos(180°-50°)=\cos 50°$

$\sin 310°=\sin(180°+130°)=-\sin 130°=-\sin(180°-50°)=-\sin 50°$

突破のポイント

(1)　Oを座標原点とし，2点A，Bの座標を（x_A，y_A，z_A），（x_B，y_B，z_B）とすると，

$\overrightarrow{OA}=(x_A,\ y_A,\ z_A)$，$\overrightarrow{OB}=(x_B,\ y_B,\ z_B)$

$\overrightarrow{OA}+\overrightarrow{AB}=\overrightarrow{OB}$，$\overrightarrow{AB}=\overrightarrow{OB}-\overrightarrow{OA}$ から

$\overrightarrow{AB}=(x_B-x_A,\ y_B-y_A,\ z_B-z_A)$

距離　$AB=\sqrt{(x_B-x_A)^2+(y_B-y_A)^2+(z_B-z_A)^2}$

……式（23）

(2)　2点A，Bの相対差を$\Delta X=(x_B-x_A)$，$\Delta Y=(y_B-y_A)$，$\Delta Z=(z_B-z_A)$とすると，B点のベクトル成分は次のとおり。なお，平面上の場合は，成分Zがない。

移動点の座標＝固定点の座標＋基線ベクトル

$$\begin{vmatrix} X_B \\ Y_B \\ Z_B \end{vmatrix}=\begin{vmatrix} X_A \\ Y_A \\ Z_A \end{vmatrix}+\begin{vmatrix} \Delta X \\ \Delta Y \\ \Delta Z \end{vmatrix}$$

……式（24）

序　章
演習問題

問1　80 mの測線を20 mのテープで測定した。次の場合，誤差はいくらか。

(1)　20 mにつき＋3 mmの定誤差があるとき

(2)　20 mにつき±3 mmの不定誤差があるとき

問2　ある距離を同一条件で5回測定した。最確値とその標準偏差を求めよ。

428.17 m,　　428.20 m,　　428.19 m,　　428.17 m,　　428.18 m

問3　ある測線長を観測して表の結果を得た。最確値とその標準偏差を求めよ。

測定者	測定値	測定回数
A	75.352 m	4
B	75.348 m	2
C	75.354 m	6

問4　F点の標高を求めるため，水準点A，B，Cから水準測量を行って，次の値を得た。F点の平均標高（最確値）及びその標準偏差を求めよ。

既知点の標高	観測方向	高低差	距離
H_A＝ 2.562 m	A→F	＋5.681 m	4 km
H_B＝ 5.243 m	F→B	−2.985 m	3 km
H_C＝10.327 m	C→F	−2.092 m	6 km

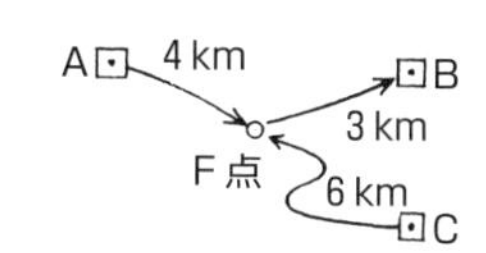

問5　P343の関数表を用いて，次の値を求めよ。

$\sqrt{73000}$，$\sqrt{160}$，$\sqrt{1.7}$，sin145°，cos145°，sin210°，cos210°，sin(−35°)

問6　次の値を求めよ。但し，π＝3.14とする。

(1)　22° 30′ を弧度で表しなさい。

(2)　0.47［rad］を度数で表しなさい。

問7　P343の関数表を用いて，次の値を求めよ。

(1)　51° 12′ 20″ をラジアン単位に換算するといくらか。但し，π＝3.14とする。

(2)　頂点A，B，Cを順に直線で結んだ三角形ABCの辺AB＝6.0 m，辺AC＝3.0 m，∠BAC＝125°のとき，辺BCの長さはいくらか。

解答

問1 (1) 定誤差は測定回数 n=80/20=4に比例する。

∴定誤差 3 mm×4=12 mm。(P18参照)

(2) 不定誤差は，測定回数 n=4の平方根に比例する。

∴不定誤差 ±3 mm×$\sqrt{4}$=±6 mm。(P18参照)

問2 最確値M=428.182 m, $[vv]$=680, 標準偏差$m_o=\sqrt{680/(5\times4)}\fallingdotseq$6 mm。(P20参照)

問3 軽重率$p_a:p_b:p_c$=2：1：3, 最確値M=75.352 m, $[pvv]$=28,

標準偏差$m_o=\sqrt{28/(6\times2)}\fallingdotseq$1.5 mm。(P23参照)

表 最確値，標準偏差

測定者	測定値[m]	最確値[m]	残差v[mm]	vv	軽重率p	pvv
A	75.352	75.352	0	0	2	0
B	75.348	〃	−4	16	1	16
C	75.354	〃	2	4	3	12

〔pvv〕=28

問4 H_Fの標高，A→F=8.243 m，B→F=8.228 m，C→F=8.235 m,

軽重率 $p_a:p_b:p_c$=3：4：2，最確値M=8.235 m,

標準偏差 $m_0=\sqrt{388/(9\times2)}\fallingdotseq$5 mm。(P23参照)。

問5 (P25参照)

① $\sqrt{730000}=\sqrt{73\times10^4}=10^2\sqrt{73}=854.4$

② $\sqrt{160}=\sqrt{16\times10}=4\sqrt{10}=4\times3.162=12.648$

③ $\sqrt{1.7}=\sqrt{17\times10^{-1}}=\sqrt{17}/\sqrt{10}=4.123/3.162=1.30$

④ $\sin145^\circ=\sin(180^\circ-35^\circ)=\sin35^\circ=0.57358$

⑤ $\cos145^\circ=\cos(180^\circ-35^\circ)=-\cos35^\circ=-0.81915$

⑥ $\sin210^\circ=\sin(180^\circ+30^\circ)=-\sin30^\circ=-0.5$

⑦ $\cos210^\circ=\cos(180^\circ+30^\circ)=-\cos30^\circ=-0.86603$

⑧ $\sin(-35^\circ)=-\sin35^\circ=-0.57358$

問6 (P28参照)

(1) $\dfrac{\pi}{180^\circ}\times22.5^\circ=0.393$〔rad〕

(2) $\dfrac{180^\circ}{\pi}\times0.47=26.943^\circ=26^\circ56'35''$

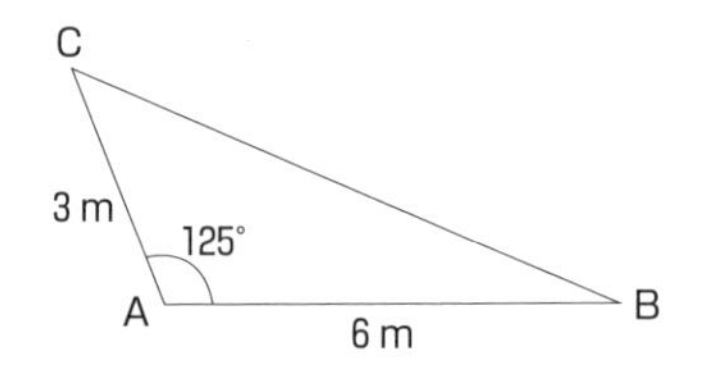

問7 (P28参照)

(1) 51° 12′ 20″=51.205°，式 (19) より

$\dfrac{\pi}{180^\circ}\times51.205^\circ=0.893$〔rad〕

(2) 余弦定理 (P26) より

$BC=\sqrt{AB^2+AC^2-2AB\cdot AC\cos125^\circ}$

$=\sqrt{6^2+3^2-2\times6\times3\times\cos125^\circ}\fallingdotseq\sqrt{66}=8.12\ \mathrm{m}$

(関数表より，$\cos125^\circ=\cos(90^\circ+35^\circ)=-\sin35^\circ=-0.57358$)

第1章

測量に関する法規

1．この章では，測量を実施する上で必要な測量法及び作業規程の準則について学習する。
2．測量法は，土地の測量について実施の基準を定め，測量の重複を除き，測量の正確さを確保することを目的とする。
3．作業規程の準則は，公共測量の標準的な作業方法を定め，規格を統一し，必要な精度を確保することを目的とする。
4．地球の形状をGRS80楕円体とし，位置は地理学的経緯度，平均海面に基づいて求める。

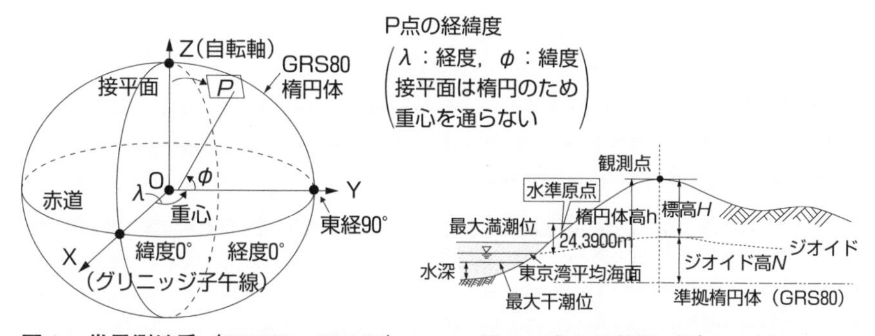

図1　世界測地系（GRS80・ITRF94）

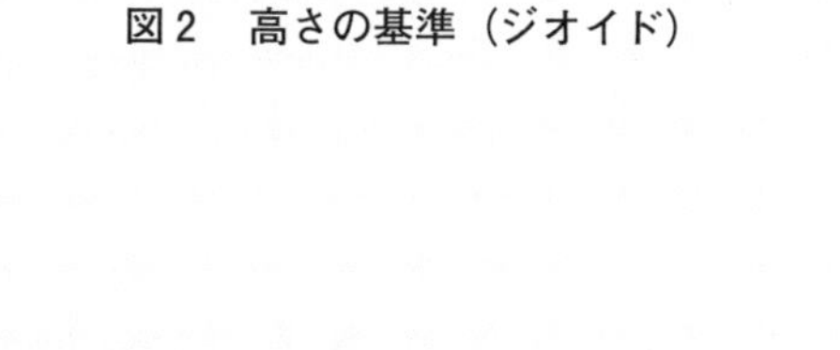

図2　高さの基準（ジオイド）

学習のポイント

① 測量法（測量の定義，測量作業機関，測量士・測量士補）
② 地球の形状と地球上の位置（標高，楕円体高，ジオイド高等）
③ 公共測量実施上の留意点（作業規程の準則）

（注）法律の構成
法律→政令→規則。○条→○項→○号

重要問題1　測量法の目的　重要度★★

次のa～dの文は，測量法の一部を抜粋したものである。［ア］～［オ］に入る語句の組合せとして適当なものはどれか。

a．この法律は，土地の測量について，その実施の基準及び実施に必要な権能を定め，測量の［ア］を除き，並びに測量の［イ］を確保するとともに，測量業を営む者の登録の実施，業務の規制等により，測量業の適正な運営とその健全な発達を図ることを目的とする。

b．基本測量とは，すべての測量の基礎となる測量で［ウ］の行うものをいう。

c．［エ］とは，測量計画機関の指示又は委託を受けて測量作業を実施する者をいう。

d．測量士は，測量に関する［オ］を作製し，又は実施する。測量士補は測量士の作製した［オ］に従い測量に従事する。

	ア	イ	ウ	エ	オ
1．	重複	正確さ	国土地理院	測量士	作業規程
2．	障害	実施期間	公共団体	測量作業機関	作業規程
3．	重複	正確さ	国土地理院	測量作業機関	計画
4．	障害	実施期間	公共団体	測量作業機関	計画
5．	重複	正確さ	国土地理院	測量士	計画

解説　解答 3

◎　P44に測量法（抜粋）を載せています。各規定を照合し学習して下さい。

a．**測量法の目的**（第1条）：測量法は，国若しくは地方公共団体が費用の全部若しくは一部を負担し，若しくは補助して実施する土地の測量又はこれらの測量の結果を利用する土地の測量について，その実施の基準及び実施に必要な権能（権限と資格）を定め，測量の重複を除き，並びに測量の正確さを確保するとともに，測量業を営む者の登録の実施，業務の規制等により，測量業の適正な運営とその健全な発達を図ることを目的とする。

b．**基本測量**（第4条）：すべての測量の基礎となる測量で，国土地理院が行うものをいう。（注）第4，第5，第6条は，実施の主体（国土地理院，公共団体，民間），測量の規模・精度及び費用負担（公費，私費）から区分する。

c．**測量作業機関**（第8条）：測量計画機関（第7条：基本測量，公共測量を計画する者）の指示又は委託を受けて測量作業を実施する者をいう。

d．**測量士及び測量士補**（第48条）：技術者として基本測量又は公共測量に従事する者は，登録（第49条）された測量士又は測量士補でなければならない。

① 測量士は，測量に関する計画を作製し，又は実施する。

② 測量士補は，測量士の作製した計画に従い測量に従事する。

測量士及び測量士補の登録（第49条）：測量士又は測量士補となる資格を有する者は，測量士又は測量士補になろうとする場合において，国土地理院の長に対してその資格を証明する書類を添えて，測量士名簿又は測量士補名簿に登録の申請をしなければならない。

突破のポイント

(1) **測量法**は，第１章総則（目的及び用語，測量の基準），第２章基本測量（計画及び実施，測量成果），第３章公共測量（計画及び実施，測量成果），第４章基本測量及び公共測量以外の測量，第５章測量士及び測量士補，第６章測量業者（登録，監督等）など，66条から成る（測量法，P44参照）。

(2) **作業規程**（法第33条）の規定により，測量計画機関は，作業規程を定めて測量作業を実施する。**作業規程の準則**（法34条）では，公共測量を行う場合の標準的な作業方法を具体的に示している。多角測量・水準測量・地形測量等の測量作業は，この準則に基づいて実施する。

関連問題

測量法に規定された事項について，間違っているものはどれか。

1．測量とは，土地の測量をいい，地図の調製及び測量用写真の撮影を含む。

2．測量作業機関とは，公共測量，基本測量及び公共測量以外の測量を計画する者をいう。

3．公共測量を実施する者は，国土地理院の長の承認を得て，基本測量の測量標を使用することができる。

4．公共測量を実施する者は，当該測量において設置する測量標に，公共測量の測量標であること及び測量計画機関の名称を表示しなければならない。

5．国土交通大臣は，作業規程の準則を定めることができる。

関連問題の解説　測量計画機関と測量作業機関　　解答　2

P44，測量法（抜粋）参照。1．**測量**（第３条），2．**測量計画機関**（第７条），測量作業機関→測量計画機関，3．**測量標の使用**（第26条），4．**公共測量の表示等**（第37条），5．**作業規程の準則**（第34条）。

重要問題2　基本測量・公共測量　　重要度★

次のa～eの文は，測量法の一部を抜粋したものである。［ア］～［オ］に入る語句の組合せとして適当なものはどれか。

a．測量とは，土地の測量をいい，地図の調製及び［ア］の撮影を含む。

b．この法律において，［イ］とは，基本測量，公共測量又は基本測量及び公共測量以外の測量を請け負う営業をいう。

c．何人も，［ウ］の承諾を得ないで，基本測量の測量標を移転し，汚損し，その他その効用を害する行為をしてはならない。

d．測量計画機関は，公共測量を実施しようとするときは，あらかじめ，次に掲げる事項を記載した［エ］を提出して，国土地理院の長の技術的助言を求めなければならない。

① 目的，地域及び期間　　② 精度及び方法

e．測量士又は測量士補となる資格を有する者は，測量士又は測量士補になろうとする場合において，［オ］に対して登録の申請をしなければならない。

	ア	イ	ウ	エ	オ
1．	測量用写真	測量業者	国土地理院の長	申請書	国土交通大臣
2．	測量用写真	測量業	国土地理院の長	計画書	国土地理院の長
3．	水域の測量	測量業者	都道府県知事	計画書	国土交通大臣
4．	測量用写真	測量業	都道府県知事	計画書	国土地理院の長
5．	水域の測量	測量業者	国土地理院の長	申請書	国土交通大臣

解説　　解答 2

a．**測量**（第３条）：この法律において「測量」とは，土地の測量をいい，地図の調製（作成）及び測量用写真の撮影を含むものとする。

b．**測量業**（第10条の２）：この法律において「測量業」とは，基本測量，公共測量又は基本測量及び公共測量以外の測量を請け負う営業をいう。

c．**測量標の保全**（第22条）：何人も，国土地理院の長の承諾を得ないで，基本測量の測量標を移転し，汚損し，その他その効用を害する行為をしてはならない。なお，測量標は，基準点の位置を永久に標示するため設置されたもの。

d．**計画書についての助言**（第36条）：測量計画機関は，公共測量を実施しようとするときは，あらかじめ，①目的，地域及び期間，②精度及び方法を記載した計画書を提出して，国土地理院の長の技術的助言を求めなければならない。その計画書を変更しようとするときも，同様とする。

e．**測量士及び測量士補の登録**（第49条）の規定（P35）。

突破のポイント

(1) 測量法の主な規定については，整理しておくこと（P44，測量法の抜粋）。

関連問題

測量法に関して，［ア］～［オ］に入る語句で適当なものはどれか。

a．［ア］とは，その実施に要する費用の全部又は一部を国又は公共団体が負担し，又は補助して実施する測量をいう。
b．測量計画機関は，公共測量を実施しようとするときは，作業規程を定め，［イ］の承認を得なければならない。
c．公共測量は，基本測量又は公共測量の［ウ］に基づいて実施しなければならない。
d．基本測量以外の測量を実施する者は，［エ］の承認を得て，基本測量の測量標を使用することができる。
e．基本測量の測量成果を使用して基本測量以外の測量を実施する者は，国土交通省令の定めにより，［オ］の承認を得なければならない。

	ア	イ	ウ	エ	オ
1．	基本測量	国土交通大臣	作業計画	都道府県知事	国土地理院の長
2．	公共測量	国土地理院の長	測量成果	国土地理院の長	国土交通大臣
3．	基本測量	国土交通大臣	作業計画	国土地理院の長	国土地理院の長
4．	公共測量	国土地理院の長	測量成果	都道府県知事	国土交通大臣
5．	公共測量	国土交通大臣	測量成果	国土地理院の長	国土地理院の長

関連問題の解説 基本測量，公共測量等 解答 5

a．**公共測量**（第５条）：公共測量とは，その実施に要する費用の全部又は一部を国又は公共団体が負担し，又は補助して実施する測量をいう。
b．**作業規程**（第33条）：測量計画機関は，公共測量を実施しようとするときは，当該公共測量に関し観測機械の種類，観測法，計算法等の作業規程を定め，あらかじめ，国土交通大臣の承認を得なければならない。
c．**公共測量の基準**（第32条）：公共測量は，基本測量又は公共測量の測量成果に基づいて実施しなければならない。
なお，測量成果（第９条），作業計画（準則第11条，P42）参照のこと。
d．**測量標の使用**（第26条）：基本測量以外の測量を実施しようとする者は，国土地理院の長の承認を得て基本測量の測量標を使用することができる。
e．**測量成果の使用**（第30条）：基本測量の測量成果を使用して基本測量以外の測量を実施しようとする者は，国土交通省令で定めるところにより，あらかじめ，国土地理院の長の承認を得なければならない。

重要問題3　測量の基準（地理学的経緯度と標高）　重要度★★

次の文は，地球の形状と地球上の位置について述べたものである。明らかに間違っているものはどれか。

1．GNSS測量で直接求められる高さは，楕円体高である。
2．ジオイドは，重力の方向に直交しており，地球の形状と大きさに近似した回転楕円体に対して凹凸がある。
3．地心直交座標系の座標値から，当該座標の地点における緯度，経度及び楕円体高が計算できる。
4．標高は，楕円体高とジオイド高から算出することができる。
5．ジオイド高は，回転楕円体面から地表までの高さである。

解説　**解答　5**

(1)　GNSS測量で求められる高さは，楕円体高さであり，**ジオイド高**とは，回転楕円体表面から平均水面ジオイドまでの高さである（式1・1）。

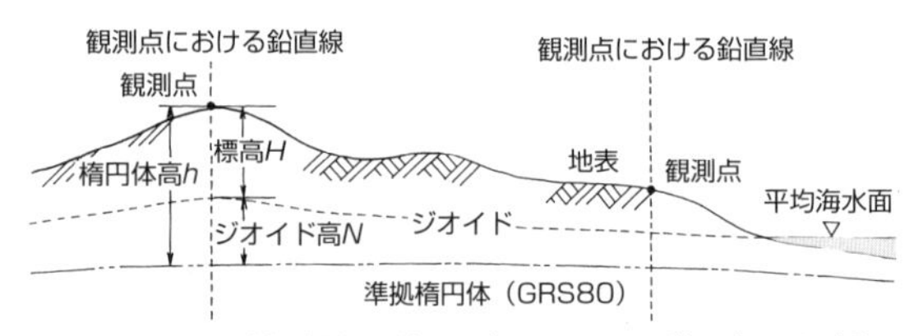

図1・1　地球楕円体とジオイド及び標高の関係

(2)　地球上の任意の位置は，世界測地系の地心直交座標（X，Y，Z）から経度，緯度及び楕円体高（ϕ，λ，h）の**球面座標**及び高さを標高Hとする**地理学的経緯度**（ϕ，λ，H）に変換できる（P16）。

突破のポイント

(1)　**測量の基準**（第11条）　基本測量及び公共測量は，次の基準に従って行う。

①　位置は，地理学的経緯度及び平均海面からの高さ（標高）で表示する。但し，場合により，直角座標（P112，平面直角座標）又は極座標及び平均海面からの高さ，地心直交座標（P16）で表示することができる。

②　距離及び面積は，回転楕円体の表面上の値で表示する。

③　測量の原点は，日本経緯度原点及び日本水準原点とする。

(2)　**世界測地系**（ITRF94）は，次の条件を満たす座標系をいう。

①　**GRS80楕円体**：地球の形状が最も地球に近似した回転楕円体（P17）。

② **三次元直交座標**：地球重心を原点とし，地球の短軸をZ軸，グリニッジ天文台を通る子午線と赤道の交点と重心を結ぶ軸をX軸，X軸とZ軸に直交する軸をY軸とする地心直交座標をいう。

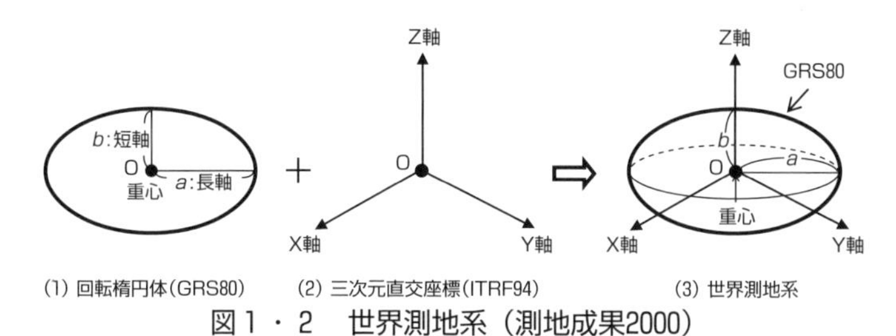

図1・2　世界測地系（測地成果2000）

(3) 高さ（**楕円体**高，**標高**）の基準は，次のとおり（図1・1）。

① GNSS測量で得られるのは**楕円体高** h である。測量成果としては**標高** H が用いられる。地心直交座標では，観測点の高さは準拠楕円体表面を基準とする。一方，標高は，平均海面（ジオイド面）を基準とする。

② 楕円体表面とジオイド面（重力の方向に直交，回転楕円体に対して凹凸がある）は一致しない。両者の差を**ジオイド高** N という。次の関係が成り立つ（図1・1）。

標高　H＝楕円体高 h－ジオイド高 N　……式（1・1）

③ ジオイド高は，標高既知の水準点でGNSS測量を行い，得られる楕円体高から，その差のジオイド高を求める（**ジオイド測量**）。

関連問題

測量を行う上での位置の表示について，間違っているものはどれか。

1．平面位置は，世界測地系に従う直角座標により表示した。
2．ジオイド高は，標高から楕円体高を引いて求める。
3．地球上の位置は，地理学的経緯度又は平面直角座標と日本水準原点からの高さで表す。
4．地球表面の大部分を覆っている海面は，常に形を変えている。その平均的な状態を陸地内部まで延長した仮想の面をジオイドという。
5．世界測地系では，回転楕円体はGRS80楕円体を使用し，座標系はITRF94系を採用している。

関連問題の解説　**地球上の位置の表示**　**解答 2**

ジオイド高は，楕円体高から標高を引いて求める。なお，**平面直角座標系**は，3次元直交座標を2次元の平面座標に変換したもの（P113，P253参照）。

重要問題4 地球の形状と地球上の位置

重要度★★

次の文は，地球の形状と地球上の位置について述べたものである。間違っているものはどれか。

1．楕円体高と標高から，ジオイド高を計算することができる。
2．ジオイド面は，重力の方向に平行であり，地球楕円体面に対して凹凸がある。
3．地球上の位置は，地球の形に近似した回転楕円体の表面上における地理学的経緯度及び平均海面からの高さで表す。
4．地心直交座標系の座標値から，当該座標の地点における緯度，経度及び楕円体高が計算できる。
5．測量法に規定する世界測地系では，地心直交座標系としてITRF94系に準拠し，回転楕円体としてGRS80を採用している。

解説

解答 2

1．高さには，楕円体高と標高がある。回転楕円体表面から地表の高さを**楕円体高**といい，ジオイド面からの高さを**標高**という。静止した仮想海面を**ジオイド**というが，ジオイドは重力方向に垂直な面であり，凹凸をもった複雑な形状となる。両者の差を**ジオイド高**という。式（1・1）参照。

2．高さの基準面であるジオイド（平均海面）は，重力方向に垂直な面（重力の等ポテンシャル面）であり，大陸・海洋の密度により部分的にゆるやかな凹凸をもった複雑な形状となる。

3．地球上の位置は，第11条（P38，測量の基準）の規定を参照のこと。

4．**地心直交座標系**と地球球体又は準拠楕円体表面上の経緯度・楕円体高又は標高（**地理学的座標系**）は，相互に座標変換が可能である（P16）。

5．**世界測地系**は，地球の重心を原点にとり，自転軸をZ軸，子午線と赤道面の交点と原点を結ぶX軸，X軸に直交するY軸とする地心直交座標系，**ITRF94系**（三次元直交座標）とGRS80の回転楕円体との両方を併せたものをいう。世界測地系に基づいた測量成果を**測地成果2000**という（図1・2）。

突破のポイント

(1) 位置表示として，世界測地系の**地心三次元直交座標系**，準拠楕円体での**地理学的経緯度**（赤道面に平行な緯度ϕと自転軸を通る経度λ及び標高Hで表す）及び**平面直角座標系**（X，Y，標高H）がある（P16参照）。

(2) **ジオイド**は，地球を水で覆ったと仮定したときの地球の形を表す。**標高**は東京湾の平均海面（ジオイド）からの高さ，**ジオイド高**は準拠楕円体からジ

オイドまでの高さをいう。標高H＝楕円体高h－ジオイド高N

(3) **測量の基準（世界測地系）について**：

地球上の位置は，世界測地系（GRS80楕円体）に従って測定した地理学的経緯度及び平均海面からの高さで表示する。**世界測地系**とは，測量法により地球を扁平な回転楕円体と想定し，次の要件を満たす測量の基準をいう。準拠楕円体として，GRS80楕円体を採用する（第11条）。

① 長半径及び扁平率が，地理学的経緯度の測量に関する国際的な決定に基づき政令で定める値であること。

（令第3条，長半径 6378.137 km，扁平率 1/298.257）

② 中心が地球の重心と一致するものであること。

③ 短軸が地球の自転軸と一致するものであること。

関連問題

地球の形状及び位置の基準について，間違っているものはどれか。

1. 地球上の位置は，地球の形状と大きさに近似したジオイドの表面上における地理学的経緯度及び平均海面からの高さで表示する。
2. ジオイドは，重力の方向と直交しており，地球の形状と大きさに近似した回転楕円体に対して凹凸がある。
3. 標高は，ある地点において，平均海面を陸側に延長したと仮定した面から地表面までの高さである。
4. 標高は，楕円体高及びジオイド高から計算できる。
5. 地心直交座標系の座標値から，当該座標の地点における緯度，経度及び楕円体高が計算できる。

関連問題の解説 地球の形状と位置の基準 **解答 1**

1. ジオイド→準拠楕円体（GRS80楕円体）。地球の基準面として，ジオイドは複雑な起伏があるため，不適当である。

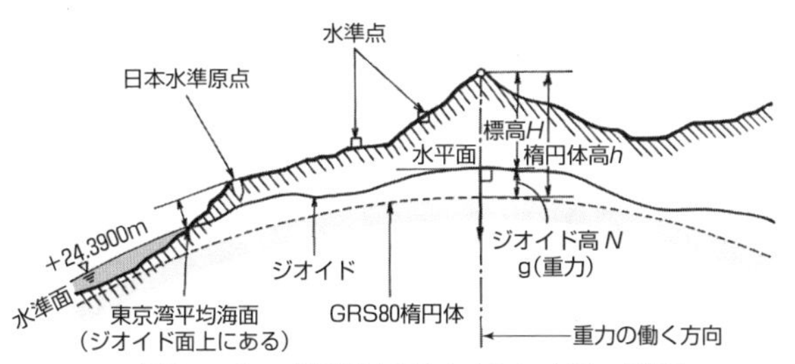

・ジオイドは静止した海面，陸部は海水を導入してできる仮想的な海面をいう。
・日本水準原点の零目盛は，東京湾平均海面上＋24.3900 mである。

図1・3 地球楕円体とジオイド・標高

重要問題5　作業規程の準則（公共測量実施上の留意点）　重要度★

次のa～eの文は，公共測量における測量作業機関の対応について述べたものである。明らかに間違っているものだけの組合せはどれか。

a．測量作業着手前に，測量作業の方法，使用する主要な機器，要員，日程などについて作業計画を立案し，測量計画機関に提出して承認を得た。
b．現地作業中は，測量計画機関から発行された身分証明書を携帯するとともに，自社の身分証明書も携帯した。
c．測量法に規定する測量士補名簿には未登録であったが，測量士補となる資格を有しているので，測量技術者として公共測量に従事した。
d．道路上で水準測量を実施するため，あらかじめ所轄警察署長に道路占用許可申請書を提出し，許可を受けて水準測量を行った。
e．局地的な大雨による災害や事故が増えていることから，現地作業に当たっては，気象情報に注意するとともに，作業地域のハザードマップを携行した。

1．a，b　2．a，c　3．b，e　4．c，d　5．d，e

解説　解答 4

a．**作業計画**（準則第11条）：測量作業機関（以下作業機関）は，測量作業着手前に，測量作業の方法，使用する主な機器・要員・日程等について適切な計画を立案し，これを測量計画機関（以下計画機関）に提出して，その承認を得なければならない（準則P47参照）。
b．**土地の立入及び通知**（法第15条）：基本測量（公共測量に準用）を実施するために必要があるときは，国有・公有又は私有の土地に立ち入ることができる。この場合，その身分を示す証明書を携帯し，関係人の請求があったときはこれを呈示しなければならない。
c．**実施体制**（準則第9条）：作業機関において，技術者として公共測量に従事する者は，法第49条（測量士及び測量士補の登録）の規定に従い登録された測量士又は測量士補でなければならない。間違い。
d．**関係法令等の遵守等**（準則第4条）：計画機関及び作業機関並びに作業者は，作業に当たり，財産権・労働・安全・交通・土地利用規制・環境保全・個人情報の保護等に関する法令を遵守し，これらに関する社会的慣行を尊重しなければならない。道路占用許可（道路法，道路管理者）→道路使用許可（道路交通法，所轄警察署長）。間違い。
e．**安全の確保**（準則第10条）：作業機関は，特に現地での測量作業において，作業者の安全確保について適切な措置を講じなければならない。

突破のポイント

1．作業規程の準則

(1) **作業規程の準則**は，測量法第34条の規定に基づき，公共測量における標準的な作業方法等を定め，その規格を統一するとともに，必要な精度を確保すること等を目的とする（準則第１条）。

(2) **準則の総則**（第１条～17条）では，作業実施に係る測量の計画，実施体制，安全確保，工程管理・精度管理等が定められ，各作業の具体的に必要な技術的な事項については，本書第２章以降で説明する。

関連問題

次のａ～ｅの文は，公共測量における測量作業機関の対応について述べたものである。明らかに間違っているものだけの組合せはどれか。

ａ．気象庁から高温注意情報が発表されていたので，現地作業ではこまめな水分補給に心がけながら作業を続けた。

ｂ．現地作業の前に，その作業に伴う危険に関する情報を担当者で話し合って共有する危険予知活動（ＫＹ活動）を行い，安全に対する意識を高めた。

ｃ．測量計画機関から貸与された測量成果を，他の測量計画機関から受注した作業においても有効活用するため，社内で適切に保存した。

ｄ．基準点測量を実施の際，観測の支障となる樹木があったが，現地作業を早く終えるため，所有者の承諾を得ずに伐採した。現地作業終了後，速やかに所有者に連絡した。

ｅ．Ｅ市が発注する基準点測量において，Ｅ市の公園内に新点を設置することになった。利用者が安全に公園を利用できるように，新点を地下に設置した。

１．ａ，ｂ　２．ａ，ｃ　３．ｂ，ｅ　４．ｃ，ｄ　５．ｄ，ｅ

関連問題の解説　**作業規程の準則（総則）**　**解答　4**

公共測量の作業規程の準則の総則（P47）より，ａ，ｂ，ｅは**安全確保**（準則第10条）「作業機関は，特に現地の測量において，作業者の安全の確保について適切な措置を講じなければならない。」に該当する。

ｃ．測量計画機関から貸与された測量成果を，他の受注した作業に活用するのは適当でない。

ｄ．**測量法の遵守等**（準則第３条）：測量計画機関，測量作業機関並びに作業に従事する者は，作業にあたり，法を遵守しなければならない。測量法第16条（**障害物の除去**）の規定，あらかじめ承諾を得た上で伐採する。

測量法（抜粋）

第1章　総　則

＿＿＿（よく出題される条文）

第1節　目的及び用語

第1条（目的）この法律は，国若しくは公共団体が費用の全部若しくは一部を負担し，若しくは補助して実施する土地の測量又はこれらの測量の結果を利用する土地の測量について，その実施の基準及び実施に必要な権能（権限と資格）を定め，測量の重複を除き，並びに測量の正確さを確保するとともに，測量業を営む者の登録の実施，業務の規制等により，測量業の適正な運営とその健全な発達を図り，もつて各種測量の調整及び測量制度の改善発達に資することを目的とする。

第3条（測量）この法律において「測量」とは，土地の測量をいい，地図の調製及び測量用写真の撮影を含むものとする。

第4条（基本測量）この法律において「基本測量」とは，すべての測量の基礎となる測量で，国土地理院の行うものをいう。

第5条（公共測量）この法律において「公共測量」とは，基本測量以外の測量で次に掲げるものをいい，建物に関する測量その他の局地的測量又は小縮尺図の調製その他の高度の精度を必要としない測量で政令で定めるものを除く。

一　その実施に要する費用の全部又は一部を国又は公共団体が負担し，又は補助して実施する測量

二　基本測量又は前号の測量の測量成果を使用して実施する測量で国土交通大臣が指定するもの

第6条（基本測量及び公共測量以外の測量）この法律において「基本測量及び公共測量以外の測量」とは，基本測量又は公共測量の測量成果を使用して実施する基本測量及び公共測量以外の測量（建物に関する測量その他の局地的測量又は小縮尺図の調製その他の高度の精度を必要としない測量で政令で定めるものを除く。）をいう。

第7条（測量計画機関）この法律において「測量計画機関」とは，前2条（第5・6条）に規定する測量を計画する者をいう。測量計画機関が，自ら計画を実施する場合には，測量作業機関となることができる。

第8条（測量作業機関）この法律において「測量作業機関」とは，測量計画機関の指示又は委託を受けて測量作業を実施する者をいう。

第9条（測量成果及び測量記録）この法律において「測量成果」とは，当該測量において最終の目的として得た結果をいい，「測量記録」とは，測量成果を得る過程において得た作業記録をいう。

第10条（測量標）この法律において「測量標」とは，永久標識，一時標識及び仮設標識をいい，これらは，次の各号に掲げる通りとする。

一　永久標識　三角点標石，図根点標石，方位標石，水準点標石，磁気点標石，基線尺検定標石，基線標石等恒久的な標識をいう。

二　一時標識（仮設標識），測標（標旗），及び標杭（仮杭）をいう。

3　基本測量の測量標には，基本測量の測量標であること及び国土地理院の名称を表示しなければならない。

第10条の2（測量業）この法律において「測量業」とは，基本測量，公共測量又は基本測量及び公共測量以外の測量を請け負う営業をいう。

第10条の3（測量業者）この法律において「測量業者」とは，第55条の5第1項の規定（登録の実施及び登録の通知）による登録を受けて測量業を営む者をいう。

第 2 節　測量の基準

第11条（測量の基準）基本測量及び公共測量は，次に掲げる測量の基準に従つて行わなければならない。

一　位置は，地理学的経緯度及び平均海面からの高さで表示する。ただし，場合により，直角座標及び平均海面からの高さ，極座標及び平均海面からの高さ又は地心直交座標で表示することができる。

二　距離及び面積は，第三項（世界測地系）に規定する回転楕円体の表面上の値で表示する。

三　測量の原点は，日本経緯度原点及び日本水準原点とする。ただし，離島の測量その他特別の事情がある場合において，国土地理院の長の承認を得たときは，この限りでない。

四　前号の日本経緯度原点及び日本水準原点の地点及び原点数値は，政令で定める。

2　前項第一号の地理学的経緯度は，世界測地系に従つて測定しなければならない。

3　前項の「世界測地系」とは，地球を次に掲げる要件を満たす扁平な回転楕円体であると想定して行う地理学的経緯度の測定に関する測量の基準をいう。

一　その長半径及び扁平率が，地理学的経緯度の測定に関する国際的な決定に基づき政令で定める値であるものであること。

二　その中心が，地球の重心と一致するものであること。

三　その短軸が，地球の自転軸と一致するものであること。

第 2 章　基本測量

第 1 節　計画及び実施

第15条（土地の立入及び通知）国土地理院の長又はその命を受けた者若しくは委任を受けた者は，基本測量を実施するために必要があるときは，国有，公有又は私有の土地に立ち入ることができる。

2　前項の規定により宅地又はかき，さく等で囲まれた土地に立ち入ろうとする者は，あらかじめその占有者に通知しなければならない。但し，占有者に対してあらかじめ通知することが困難であるときは，この限りでない。

3　第 1 項に規定する者が，同項の規定により土地に立ち入る場合においては，その身分を示す証明書を携帯し，関係人の請求があつたときは，これを呈示しなければならない。

第16条（障害物の除去）国土地理院の長又はその命を受けた者若しくは委任を受けた者は，基本測量を実施するためにやむを得ない必要があるときは，あらかじめ所有者又は占有者の承諾を得て，障害となる植物又はかき，さく等を伐除することができる。

第22条（測量標の保全）　何人も，国土地理院の長の承諾を得ないで，基本測量の測量標を移転し，汚損し，その他その効用を害する行為をしてはならない。（罰則規定あり）

第26条（測量標の使用）　基本測量以外の測量を実施しようとする者は，国土地理院の長の承認を得て，基本測量の測量標を使用することができる。

第 2 節　測量成果

第28条（測量成果の公開）　基本測量の測量成果及び測量記録の謄本又は抄本の交付を受けようとする者は，国土交通省令で定めるところにより，国土地理院の長に申請をしなければならない。

第30条（測量成果の使用）　基本測量の測量成果を使用して基本測量以外の測量を実施しようとする者は，国土交通省令で定めるところにより，あらかじめ，国土地理院の長の承認を得なければならない。

第3章　公共測量

第1節　計画及び実施

第32条（公共測量の基準）　公共測量は，基本測量又は公共測量の測量成果に基いて実施しなければならない。

第33条（作業規程）　測量計画機関は，公共測量を実施しようとするときは，当該公共測量に関し観測機械の種類，観測法，計算法その他国土交通省令で定める事項を定めた作業規程を定め，あらかじめ，国土交通大臣の承認を得なければならない。これを変更しようとするときも，同様とする。

2　公共測量は，前項の承認を得た作業規程に基づいて実施しなければならない。

第34条（作業規程の準則）　国土交通大臣は，作業規程の準則を定めることができる。

第35条（公共測量の調整）　国土交通大臣は，測量の正確さを確保し，又は測量の重複を除くためその他必要があると認めるときは，測量計画機関に対し，公共測量の計画若しくは実施について必要な勧告をし，又は測量計画機関から公共測量についての長期計画若しくは年度計画の報告を求めることができる。

第36条（計画書についての助言）　測量計画機関は，公共測量を実施しようとするときは，あらかじめ，次に掲げる事項を記載した計画書を提出して，国土地理院の長の技術的助言を求めなければならない。その計画書を変更しようとするときも，同様とする。

一　目的，地域及び期間

二　精度及び方法

第37条（公共測量の表示等）　公共測量を実施する者は，当該測量において設置する測量標に，公共測量の測量標であること及び測量計画機関の名称を表示しなければならない。

2　公共測量を実施する者は，関係市町村長に対して当該測量を実施するために必要な情報の提供を求めることができる。

3　測量計画機関は，公共測量において永久標識を設置したときは，遅滞なく，その種類及び所在地その他国土交通省令で定める事項を国土地理院の長に通知しなければならない。

第39条（基本測量に関する規定の準用）　第14条から第26条（基本測量の計画及び実施）までの規定は，公共測量に準用する。

第2節　測量成果

第40条（測量成果の提出）　測量計画機関は，公共測量の測量成果を得たときは，遅滞なく，その写を国土地理院の長に送付しなければならない。

第44条（測量成果の使用）　公共測量の測量成果を使用して測量を実施しようとする者は，あらかじめ，当該測量成果を得た測量計画機関の承認を得なければならない。

第5章　測量士及び測量士補

第48条（測量士及び測量士補）　技術者として基本測量又は公共測量に従事する者は，第49条の規定に従い登録された測量士又は測量士補でなければならない。

2　測量士は，測量に関する計画を作製し，又は実施する。

3　測量士補は，測量士の作製した計画に従い測量に従事する。

第49条（測量士及び測量士補の登録）　測量士又は測量士補となる資格を有する者は，測量士又は測量士補になろうとする場合においては，国土地理院の長に対してその資格を証する書類を添えて，測量士名簿又は測量士補名簿に登録の申請をしなければならない。

第6章　測量業者

第55条（測量業者の登録及び登録の有効期限）　測量業を営もうとする者は，この法律の定めるところにより，測量業者としての登録を受けなければならない。（登録を受けない者は，測量業を営むことはできない，第55条の14）。

2　前項の登録の有効期間は，五年とする。

第55条の13（測量士の設置）　測量業者は，その営業所ごとに測量士を一人以上置かなければならない。

第８章　罰則

第61条の２　次に該当する者は，１年以下の懲役又は100万円以下の罰金に処する。①登録を受けないで測量業を営んだ者，②営業停止処分に違反して測量業を営んだ者，③不正の手段により，登録を受けた者。

作業規程の準則（抜粋）

総則のみ記載。第２編基準点測量，第３編地形測量及び写真測量，第４編応用測量等については，それぞれの分野で記載する。

第１編　総則

第１条（目的及び適用範囲）　この準則は，測量法第34条の規定に基づき，公共測量における標準的な作業方法等を定め，その規格を統一するとともに，必要な精度を確保すること等を目的とする。

2　この準則は，公共測量に適用する。

第２条（測量の基準）　公共測量において，位置は，特別の事情がある場合を除き，平面直角座標系に規定する世界測地系に従う直角座標及び測量法施行令により表示する。

第３条（測量法の遵守等）　測量計画機関及び測量作業機関並びに作業に従事する者は，作業の実施に当たり，法を遵守しなければならない。

第４章（関係法令等の遵守等）　計画機関及び作業機関並びに作業者は，作業の実施に当たり，財産権，労働，安全，交通，土地利用規制，環境保全，個人情報の保護等に関する法令を遵守し，かつ，これらに関する社会的慣行を尊重しなければならない。

第５条（測量の計画）　計画機関は，公共測量を実施しようとするときは，目的，地域，作業量，期間，精度，方法等について適切な計画を策定しなければならない。

第７条（測量業者以外の者への発注の禁止）　計画機関は，法第10条の３に規定する測量業者以外の者に，この準則を適用して行う測量を請け負わせてはならない。

第９条（実施体制）　作業機関は，測量作業を円滑かつ確実に実行するため，適切な実施体制を整えなければならない。

2　作業機関は，作業計画の立案，工程管理及び精度管理を総括する者として，主任技術者を選任しなければならない。

3　前項の主任技術者は，法第49条の規定に従い登録された測量士であり，かつ，高度な技術と十分な実務経験を有する者でなければならない。

4　作業機関において，技術者として公共測量に従事する者は，法第49条の規定に従い登録された測量士又は測量士補でなければならない。

第10条（安全の確保）　作業機関は，特に現地での測量作業において，作業者の安全の確保について適切な措置を講じなければならない。

第11条（作業計画）　作業機関は，測量作業着手前に，測量作業の方法，使用する主要な機器，要員，日程等について適切な作業計画を立案し，これを計画機関に提出して，その承認を得なければならない。作業計画を変更しようとするときも同様とするものとする。

第1章
演習問題

(測量法)

問1　次のa～eの文は，測量法に規定された事項について述べたものである。明らかに間違っているものだけの組合せはどれか。

a．測量計画機関とは，「公共測量」又は「基本測量及び公共測量以外の測量」を計画する者をいい，測量計画機関が，自ら計画を実施する場合には，測量作業機関となることができる。

b．測量業とは，「基本測量」，「公共測量」又は「基本測量及び公共測量以外の測量」を請け負う営業をいう。

c．公共測量は，「基本測量」，「公共測量」又は「基本測量及び公共測量以外の測量」の測量成果に基づいて実施しなければならない。

d．公共測量を実施する者は，当該測量において設置する測量標に，公共測量の測量標であること及び測量作業機関の名称を表示しなければならない。

e．測量業者としての登録を受けないで測量業を営んだ者は，懲役又は罰金に処される。

1．a，b　　2．a，c　　3．b，d　　4．c，d　　5．d，e

解答

問1-4

aは，**測量計画機関**（第7条）の規定。正しい。

bは，**測量業**（第10条の2）の規定。正しい。

cは，**公共測量の基準**（第32条）の規定。「基本測量及び公共測量以外の測量」は該当しない。間違い。

dは，**公共測量の表示等**（第37条）の規定。測量作業機関→測量計画機関に訂正。間違い。

eは，**罰則**（第61条の2）の規定。登録を受けないで測量を営んだ者は，1年以下の懲役又は100万円以下の罰金に処する。測量業を営もうとする者は，測量業者としての登録を受けなければならない（測量業者の登録及び登録の有効期間，第55条）。

問2　次の文は，測量法に規定された事項について述べたものである。下線の語句について正しいものには○を，間違っているものには×及び正しい語句を記せ。

1．この法律において「測量」とは，土地の測量をいい，地図の調製及び測量用写真の撮影を含むものとする。
2．測量作業機関とは，測量計画機関の指示又は委託を受けて測量作業を実施する者をいう。
3．測量標とは，永久標識，一時標識及び仮設標識をいう。
4．何人も都道府県知事の承認を得ないで，基本測量の測量標を移転し，汚損し，その他その効用を害する行為をしてはならない。
5．公共測量は，基本測量又は公共測量の測量成果に基づいて実施しなければならない。
6．測量計画機関は，公共測量を実施しようとするときは，当該公共測量に関し観測機械の種類，観測法，計算法等作業規程を定め，あらかじめ，国土地理院の長の承認を得なければならない。
7．測量計画機関は，公共測量を実施しようとするときは，あらかじめ，当該公共測量の目的，地域及び期間並びに精度・方法を記載した計画書を提出して，国土交通大臣の技術的助言を求めなければならない。
8．測量計画機関は，公共測量において永久標識を設置したときは，遅滞なく，その種類及び所在地その他国土交通省令で定める事項を国土交通大臣に通知しなければならない。
9．公共測量の測量成果を使用して測量を実施しようとする者は，あらかじめ，当該測量成果を得た測量作業機関の承認を得なければならない。
10．測量士補は，測量に関する計画を作製し，又は実施する。

解　答

問2

1	○		3条（測量）
2	○		8条（測量作業機関）
3	○		10条（測量標）
4	×	国土地理院の長	22条（測量標の保全）
5	○		32条（公共測量の基準）
6	×	国土交通大臣	33条（作業規程）
7	×	国土地理院の長	36条（計画書についての助言）
8	×	国土地理院の長	37条（公共測量の表示等）
9	×	測量計画機関	44条（測量成果の使用）
10	×	測量士	48条（測量士及び測量士補）

(地球の形状と位置)

問3　次の文は，地球の形状及び位置の基準について述べたものである。明らかに間違っているものはどれか。

1．地球上の位置を緯度，経度で表すための基準として，地球の形状と大きさに近似した回転楕円体が用いられる。

2．測量法に規定する世界測地系では，地心直交座標系としてITRF94系に準拠し，回転楕円体としてGRS80を採用している。

3．ジオイドは，重力の方向と直交しており，地球の形状と大きさに近似した回転楕円体に対して凹凸がある。

4．地心直交座標系の座標値から，当該座標の地点における緯度，経度及び楕円体高が計算できる。

5．ジオイド高は，ある地点において，平均海面を陸側に延長したと仮定した面から地表面までの高さである。

解　答

問3-5

1．ジオイド → 標高。**ジオイド高**は，準拠楕円体からジオイドまでの高さをいう。

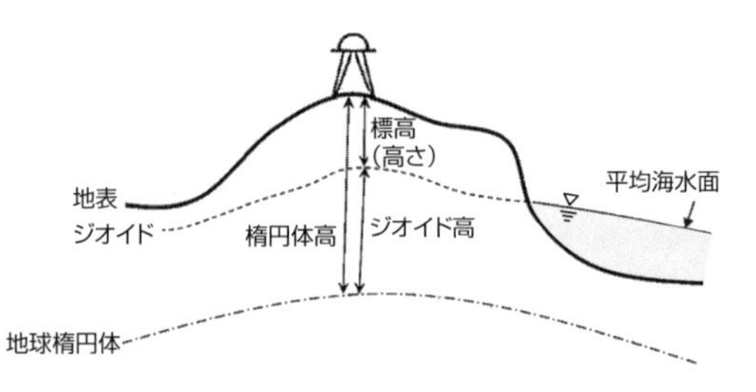

2．**世界測地系**（International Terrestrial Reference Frame：国際地球基準座標系）は，地球の重心を原点にとり，自転軸をZ軸，経度0度の子午線と赤道面が交わってできる直線をX軸，X軸から東に90度方向にY軸を取る3次元直交座標のITRF94系と，回転楕円体としてGRS80を採用している（P38）。

第2章

GNSSを含む多角測量

（多角測量，汎地球測位システム測量）

1．基準点測量は，既知点に基づき新点の基準点の位置を定める作業をいう。基準点測量は，結合多角方式又は単路線方式によって行う。

2．観測方法には，トータルステーション（TS），セオドライト，測距儀等を用いる**TS等観測**とGNSS測量機を用いる**GNSS観測**がある。

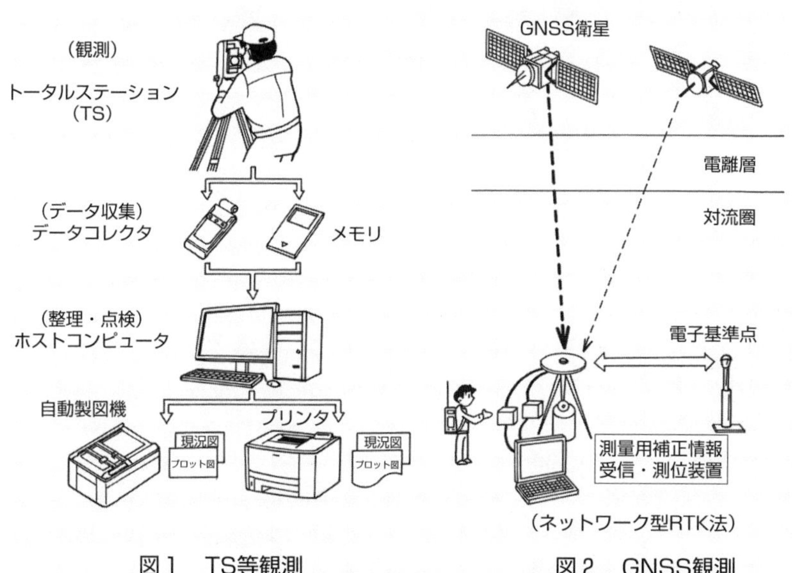

図1　TS等観測　　　　図2　GNSS観測

学習のポイント

① 工程別作業区分（平均計画図，選点図，平均図，観測図）
② セオドライトの器械誤差と消去法
③ 光波測距儀（気象補正，器械定数）
④ 方向法観測，鉛直角観測（観測差，倍角差，高度定数）
⑤ 偏心計算（偏心距離，偏心角）
⑥ 結合トラバース（閉合差，方向角の計算）
⑦ GNSS観測（スタティック法，RTK法，ネットワーク型RTK法，基線ベクトル）

重要問題1　基準点測量（多角測量）の概要　　重要度★★

次の文は，公共測量におけるトータルステーションを用いた基準点測量の工程別作業区分について述べたものである。間違っているものはどれか。

1．作業計画の工程において，地形図上で新点の概略位置を決定し，平均計画図を作成する作業を行った。
2．選点の工程において，平均計画図に基づき，現地において既知点の現況を調査するとともに，新点の位置を選定し，選点図及び観測図を作成した。
3．測量標の設置の工程において，新点の位置に永久標識を設置し，測量標設置位置通知書を作成した。
4．観測の工程において，平均図などに基づき関係する点間の水平角，鉛直角，距離などの観測を行った。
5．点検計算で許容範囲を超過した路線の再測を行った。

解説　　**解答　2**

(1) **基準点測量**は，既知点に基づき新点の位置又は標高を定める作業をいう（準則第18条）。既知点の種類・距離及び新点間の距離により**1級～4級基準点測量**（P55，表2・1）に区分する。

(2) 工程別作業区分は，図2・1に示すとおり（準則第24条）。作業計画で作成した平均計画図に基づき，基準点網の平均計算を行うための**平均図**を作成する。作業は，作業計画（平均計画図）→選点図・平均図→観測図→点検計算の順となる。

突破のポイント

1．工程別作業区分及び順序

(1) **作業計画**：作業機関は，作業着手前に作業方法，使用する主要な機器，作業期間，人員編成等について適切な**作業計画**を立案し，計画機関に提出して，その承認を得る（準則第11条）。作業計画では，地形図上に新点の概略位置を決定し，**平均計画図**（既知点の位置，距離・角観測の方向を示した図）を作成するものとする（準則第25条）。

(2) **選点**は，平均計画図に基づき，現地において，既知点の現況を調査するとともに新点の位置を選定し，**選点図**，**平均図**（基準点網の平均計算を行う図）を作成する。なお，選点図には，地形図上に位置・視通線等を記入し，平均図は選定図に基づいて作成し，精度確保のため計画機関の承認を得る。

(3) **測量標の設置**は，新点の位置に**永久標識**あるいは標杭を設置する。設置した永久標識については，写真撮影し，**点の記**（所在地，敷地の所有者，道順，略図等が記載された基準点の戸籍簿）を作成する。

(4) **観測**は，**観測図**（観測値の取得法）に基づいて，トータルステーション

（TS），セオドライト，測距儀（以上，**TS等**）及びGNSS測量機を用いて関係する測点間を観測する（**TS等観測**及び**GNSS観測**）。観測値を点検し，許容範囲を超えた場合は，再測する（P57，表２・２）。

(5)　**平均計算（精度）**では，測量結果から平均計算（調整計算，最確値を求める計算）を行い，**成果表**を作成する。

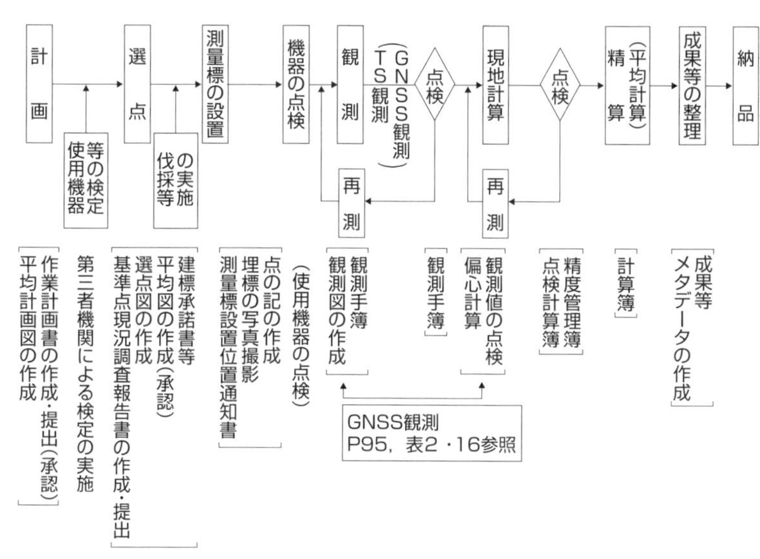

図２・１　基準点測量作業の作業区分（準則第24条）

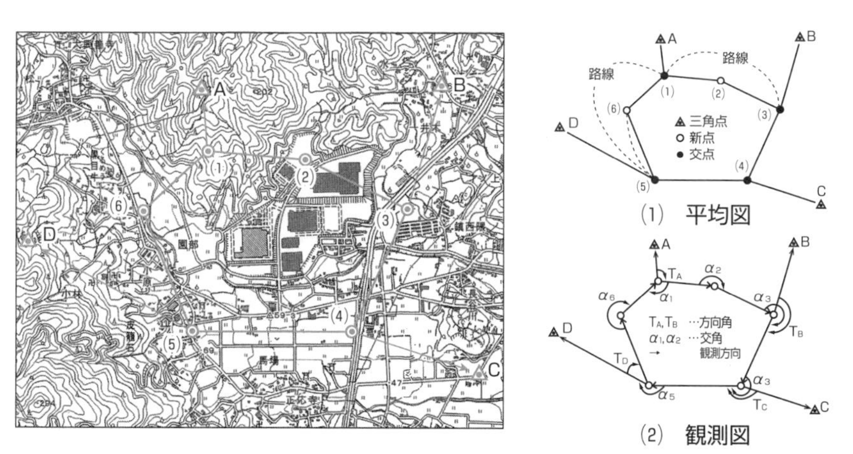

測量方式は，結合多角方式とし，点間距離はできるだけ等しく，路線長は短かくする。選定は，保存に適した場所で，後続の測量に利用しやすい場所とする。

図２・２　平均計画図・選点図等

重要問題 2　作業計画，選点等　　重要度★

次の文は，基準点測量の選点及び測量標の設置における留意点を述べたものである。間違っているものはどれか。

1．新点位置の選定にあたっては，視通，後続作業における利用しやすさなどを考慮する。

2．新点の配置は，既知点を考慮に入れた上で，配点密度が必要十分で，かつ，できるだけ均等になるようにする。

3．新点の設置位置は，できるだけ地盤の堅固な場所を選ぶ。

4．GNSS測量機を用いた測量を行う場合は，レーダーや通信局などの電波発信源となる施設付近は避ける。

5．トータルステーションを用いた測量を行う場合は，できるだけ一辺の長さを短くして，節点を多くする。

解説　　**解答 5**

(1) 作業計画では，地形図上に新点の概略位置を記入した**平均計画図**を作成する。**選点**は，平均計画図に基づき，現地で既知点の調査（基準点現況調査）をするとともに，新点位置を選定し，**選点図**及び**平均図**を作成する。観測に当っては**観測図**を作成する。

(2) 選点は，路線が短く，**節点**（基準点間を直線視通できないとき設ける中継の観測点）を少なくする。

突破のポイント

1．基準点測量

(1) **基準点測量**は，既知点に基づき，新点である基準点の位置・標高を定める作業をいう。既知点の種類・距離及び新点間の距離に応じて，1～4級基準点測量に区分する（準則第21条）。

(2) 1級基準点測量により設置される基準点を**1級基準点**，2級基準点測量により設置される基準点を**2級基準点**，以下同様に**3級，4級基準点**という。基準点測量の各区分における既知点の種類・距離及び新点間の距離は，表2・1を標準とする（準則第22条）。

(3) 1級及び2級基準点測量は，原則として，**結合多角方式**（3点以上の既知点を結ぶ多角路線，図2・3）で行う。3級及び4級基準点測量は，結合多角方式又は**単路線方式**（2点の既知点を1路線）により行う（準則第23条）。

表２・１　基準点の区分と既知点の種類（準則第22条）

項目＼区分	１級基準点測量	２級基準点測量	３級基準点測量	４級基準点測量
既知点の種類	電子基準点 一～四等三角点 １級基準点	電子基準点 一～四等三角点 １～２級基準点	電子基準点 一～四等三角点 １～２級基準点	電子基準点 一～四等三角点 １～３級基準点
既知点間距離［m］	4 000	2 000	1 500	500
新点間距離［m］	1 000	500	200	50
節点間の距離［m］	250 m以上	150 m以上	70 m以上	20 m以上

（注）１・２級基準点測量においては，既知点を電子基準点のみとすることができる。

関連問題

次の公共測量の作業規程に基づく基準点測量作業について，［ア］～［オ］に入る語句の組合せとして適当なものはどれか。

a．選点では，［ア］に基づいて，現地において既知点の状況を調査するとともに，［イ］及び［ウ］を作成する。
b．新点の位置を選定したときは，その位置及び視通線などを［エ］に記入し［イ］を作成する。
c．［ウ］は［イ］に基づいて作成し，計画機関の承認を受ける。
d．観測作業に携行する［オ］は，計画機関の承認を得た［ウ］に基づいて作成する。

	ア	イ	ウ	エ	オ
1．	選点図	地形図	平均図	平均計画図	観測図
2．	選点図	平均計画図	平均図	観測図	地形図
3．	地形図	平均計画図	観測図	選点図	平均図
4．	平均計画図	選点図	平均図	地形図	観測図
5．	平均図	選点図	平均計画図	観測図	地形図

関連問題の解説　平均計画図，選定図，平均図，観測図　　**解答 4**

a．選点とは，平均計画図に基づき，現地において既知点の現況を調査するとともに，新点の位置を選定し，選点図，平均図を作成する作業をいう。
b．新点の位置を選定したときは，その位置及び視通線等を地形図に記入し，選点図を作成する（図２・２）。
c．平均図は，選点図に基づいて作成し，精度確保のため計画機関の承認を得る。計画機関の承認を得た平均図に基づき，観測図を作成する。
d．観測は，観測図を携行し，平均図等に基づきTS等観測及びGNSS観測により実施する。観測の結果を平均計算（精度）し，成果表を作成する。

重要問題3　TS等観測1（観測値の点検）　　重要度★★

次の文は，公共測量における基準点測量について述べたものである。［ア］～［エ］に入る語句の組合せとして最も適当なものはどれか。

選点とは，平均計画図に基づき，現地において既知点の現況を調査するとともに，新点の位置を選定し，［ア］を作成する作業をいう。

新点の位置には，原則として永久標識を設置する。また，永久標識には，必要に応じ［イ］などを記録したICタグを取り付ける。

トータルステーション（TS）を用いる観測では，水平角観測，鉛直角観測及び距離測定は，1視準で同時に行う。また，距離測定は，1視準［ウ］を1セットとする。

トータルステーションを用いた水平角観測の対回内の観測方向数は，［エ］方向以下とする。観測値を点検し，許容範囲を超えた場合は再測する。

	ア	イ	ウ	エ
1．	選点図及び平均図	固有番号	1読定	5
2．	観測図及び平均図	衛星情報	2読定	4
3．	選点図及び平均図	衛星情報	1読定	5
4．	観測図及び平均図	衛星情報	2読定	4
5．	選点図及び平均図	固有番号	2読定	5

解説　　**解答　5**

(1)　**選点**とは，選点図及び平均図を作成する作業をいう（準則第26条）。

(2)　新点の位置には，原則として永久標識を設置し，永久標識は写真等により記録し，必要に応じ固有番号等を記録したICタグを取り付ける。3・4級基準点には，標杭を用いることができる（準則第32条）。

(3)　観測は，平均図に基づき観測図を作成して行う。TS等の観測及び方法は，水平角観測，鉛直角観測及び距離測定は，1視準で同時に行う（準則第37条）。

①　水平角観測は，1視準1読定，望遠鏡正及び反の観測を1対回とする。

②　鉛直角観測は，1視準1読定，望遠鏡正及び反の観測を1対回とする。

③　距離測定は，1視準2読定を1セットとする。

(4)　水平角観測は，**方向法観測**（P60）により行う。方向法観測は，1視準1読定，望遠鏡正反観測を1対回として行う。対回内の観測方向数は，5方向以下とする。

なお，望遠鏡正反で角を1回測定することを**1対回観測**といい，正又は反のみの観測を**0.5対回**という。

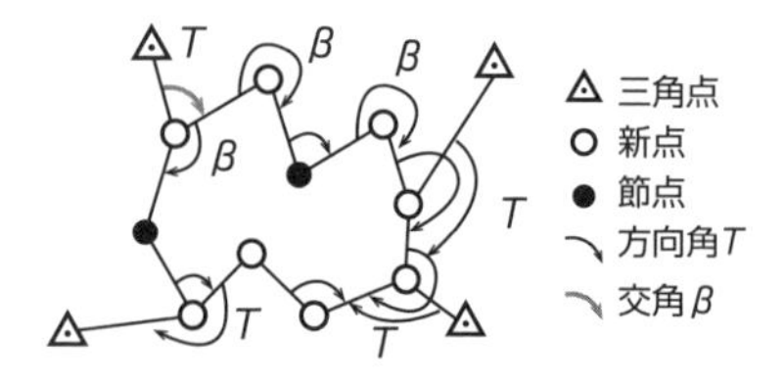

図2・3　結合多角方式

突破のポイント

1．平均計画図・選点図・平均図

(1) **平均計画図**は，地形図上で新点の概略位置を結合多角方式で，測定間距離を等しく，測線を短く，**節点**（経由点，中間点）数を少なくして決定する。

(2) **選点図**は，平均計画図に基づき，現地調査を行い，既知点，新点間における視通の有無を確認し選定する。位置，偏心点及び確認した視通線を地形図等に記入する。配点密度が均等になるように路線図形を配慮する。

なお，平均計画図，選定の留意事項は，P117参照のこと。

(3) 最確値を求める平均計算に用いる**平均図**は，選点図に基づいて，必要な精度の確保のための諸条件件が規程に適合しているか否かを検討し，作成する。計画機関の承認が必要。

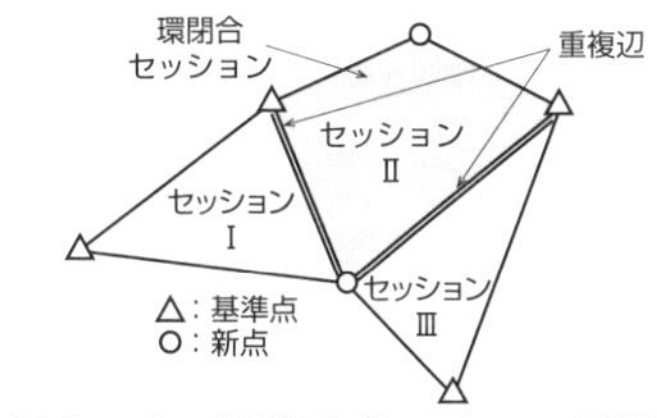

図２・４　観測図（セッション計画）

(4) **観測図**は，観測値の取得法を図示したもの（観測計画図）で，計画機関の承認を得た平均図等に基づき作成し，観測作業に携行して観測点における観測内容に漏れがないかを点検する。GNSS観測においては，観測図に**セッション計画**（P95，一連の観測，重複辺の較差の確認）を記入して観測する。

2．観測値の点検及び再測

(1) 観測値について点検を行い，許容範囲を超えた場合は再測する。TS等観測による許容範囲は，表２・２のとおり。

表２・２　TS観測値の点検及び再測（準則第38条）

項目（観測・測定）＼区分		１級基準点測量	２級基準点測量		３級基準点測量	４級基準点測量
			１級TS（注） １級セオドライト	２級TS ２級セオドライト		
水平角観測	倍角差	15″	20″	30″	30″	60″
	観測差	8″	10″	20″	20″	40″
鉛直角観測	高度定数の較差	10″	15″	30″	30″	60″
距離測定	１セット内の測定値の較差	20 mm	20 mm	20 mm	20 mm	20 mm
	各セットの平均値の較差	20 mm	20 mm	20 mm	20 mm	20 mm
測標水準(注)	往復観測値の較差	20 mm$\sqrt{L}$	20 mm$\sqrt{L}$	20 mm$\sqrt{L}$	20 mm$\sqrt{L}$	20 mm$\sqrt{L}$
	Lは観測距離（片道，km単位）とする。（注）直接水準測量					

（注）トータルステーション（TS）：光波測距儀の測距機能とセオドライトの測角機能を併せた測量機械。測標水準測量：レベルと標尺による高低測量。

重要問題4　TS等観測2（点検計算，閉合差）

重要度★

次の文は，トータルステーションを用いた基準点測量の点検計算について述べたものである。明らかに間違っているものはどれか。

1．点検路線は，既知点と既知点を結合させる。
2．点検路線は，なるべく長いものとする。
3．すべての既知点は，1つ以上の点検路線で結合させる。
4．すべての単位多角形は，路線の1つ以上を点検路線と重複させる。
5．許容範囲を超えた場合は，再測を行うなど適切な措置を講ずる。

解説

解答　2

点検計算（座標の閉合差）は，観測終了後に行う。許容範囲を超えた場合は，再測を行う。TS観測では，すべての単位多角形及び次の条件より選定されたすべての点検路線について，水平位置及び標高の座標の閉合差を計算し，観測値の良否を判定する（準則第42条）。

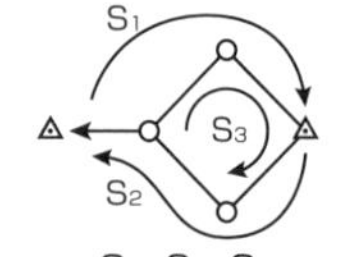

図2・5　点検計算

① 点検路線は，既知点と既知点を結合させる。
② 点検路線は，なるべく短いものとする。
③ すべての既知点は，1つ以上の点検路線と結合させる。
④ すべての単位多角形は，路線の1つ以上を点検路線と重複させる。

突破のポイント

1．点検計算及び再測

(1) **観測**には，観測図に基づき，トータルステーション（TS），セオドライト，測距儀等を用いて，関係点間の水平角，鉛直角，距離等を観測する**TS等観測**及びGNSS測量機を用いて，GNSS衛星からの電波を受信して位相データ

表2・3　TSによる点検計算の許容範囲（準則第42条）

項目＼区分		1級基準点測量	2級基準点測量	3級基準点測量	4級基準点測量
結合多角単路線	水平位置の閉合差	$100\,mm+20\,mm\sqrt{N}\Sigma L$	$100\,mm+30\,mm\sqrt{N}\Sigma L$	$150\,mm+50\,mm\sqrt{N}\Sigma L$	$150\,mm+100\,mm\sqrt{N}\Sigma L$
	標高の閉合差	$200\,mm+50\,mm\Sigma L/\sqrt{N}$	$200\,mm+100\,mm\Sigma L/\sqrt{N}$	$200\,mm+150\,mm\Sigma L/\sqrt{N}$	$200\,mm+300\,mm\Sigma L/\sqrt{N}$
単位多角形	水平位置の閉合差	$10\,mm\sqrt{N}\Sigma L$	$15\,mm\sqrt{N}\Sigma L$	$25\,mm\sqrt{N}\Sigma L$	$50\,mm\sqrt{N}\Sigma L$
	標高の閉合差	$50\,mm\Sigma L/\sqrt{N}$	$100\,mm\Sigma L/\sqrt{N}$	$150\,mm\Sigma L/\sqrt{N}$	$300\,mm\Sigma L/\sqrt{N}$
標高差の正反較差		300 mm	200 mm	150 mm	100 mm
備考		Nは辺数，ΣLは路線長（km）とする。			

を記録する**GNSS観測**がある。観測値が許容範囲にあるか点検を行った後，新点の水平位置及び標高を求める**点検計算**及び**平均計算**を行う。

(2) **TS等観測**による点検の許容範囲は，表２・３を標準とする（準則第42条）。

(3) **GNSS観測**（P94）による観測値の点検は，次の方法による

① 点検路線は，異なるセッションの組み合せ（図２・４）による最小辺数の多角形の基線ベクトルの環閉合差を計算する。

② 重複する基線ベクトルの較差を比較点検する。

③ 既知点が電子基準点のみの場合，２点の電子基準点を結合する路線で，基線ベクトル成分の結合計算を行い，点検する。

(4) **基準点成果表**（P114）には，緯度経度，平面直角座標，標高，ジオイド高と視通のある隣接点の測点名及び本点から隣接点までの球面方向角と球面距離を記載する。

関連問題

トータルステーションを用いて１級基準点測量を実施した。a～d は，このときの点検計算の工程を示したものである。標準的な計算の順序として，適当なものはどれか。

但し，観測において少なくとも１点は，偏心点での観測があった。

a．偏心補正計算
b．標高の点検計算
c．座標の点検計算
d．基準面上の距離及びX・Y平面に投影された距離の計算

1．a→c→d→b
2．a→d→c→b
3．b→c→d→a
4．b→d→a→c
5．d→c→a→b

関連問題の解説　点検計算の工程　**解答　4**

点検計算は，観測終了後に行うものとする。但し，許容範囲を超えた場合は，再測を行う等適切な措置を講ずるものとする（準則第42条）。

点検計算の工程は，①標高の点検計算，②基準面上の距離及びX・Y平面に投影された距離の計算，③偏心補正計算，④座標の点検計算となる。

重要問題5 水平角の観測（方向法観測）

重要度★★

方向法観測による水平角観測について，間違っているものはどれか。

1．水準器の調整が十分でないと，望遠鏡正反の観測値の較差は大きい。
2．倍角差には，視準誤差，目盛誤差が含まれる。
3．観測差には，視準誤差が含まれる。
4．観測の良否は，観測差及び倍角差から判断することができる。
5．水平角の平均値は，倍角の平均値の1/2である。

解説

解答 1

(1) **鉛直軸誤差**は，上盤気泡管（水準器）の調整が不十分（鉛直軸の傾き）のために生じる水平角読定値に影響する誤差 (v) である。最大傾斜方向からの傾きをuとするとき，セオドライトが最大傾斜方向に視準線が向いているときは誤差は生じないが，最大傾斜方向から90°方向で最大となる。望遠鏡正・反観測とは関係がない（消去できない）。

鉛直軸誤差 $(v)=v\sin u\tan h$……式（2・1）

但し，v：鉛直軸の傾き，h：目標の高度角

① 傾きvのとき，(v)は大きい。

② $h=0$のとき， $\tan 0°=0 \Rightarrow (v)=0$

③ $u=0°$のとき， $\sin 0°=0 \Rightarrow (v)=0$

$u=90°$のとき，$\sin 90°=1 \Rightarrow (v)=v\tan h$（最大）

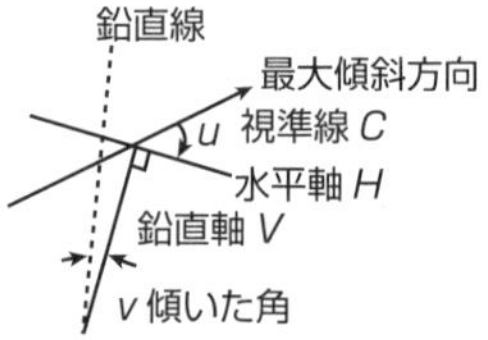

図2・6 鉛直軸誤差

(2) 水平角観測の誤差（視準誤差，読み取り誤差，目盛誤差）のうち，倍角差には，同一視準に対する秒数和より目盛誤差が含まれる。観測差は秒数差より目盛誤差は相殺される。ともに視準誤差と読み取り誤差が存在する。

突破のポイント

1．方向法観測及び観測値の判定

(1) **方向法観測**は，測点Aを中心にB，C，D方向の水平角を対回で測定する。

① セオドライトを観測点Aに据え，望遠鏡正で基準方向Bを視準し記帳（正の初読）する。

② 上部運動で点Cを視準し記帳する（終読）。

③ 同様に，点Dを視準し記帳する。

④ 望遠鏡反で点Dを視準・記帳（反の初読）。

⑤ 点C及び点Bを視準・記帳（1対回）。
次に目盛盤の位置を変え2対回目に入る。

⑥ 水平角観測において，対回内の観測方向数

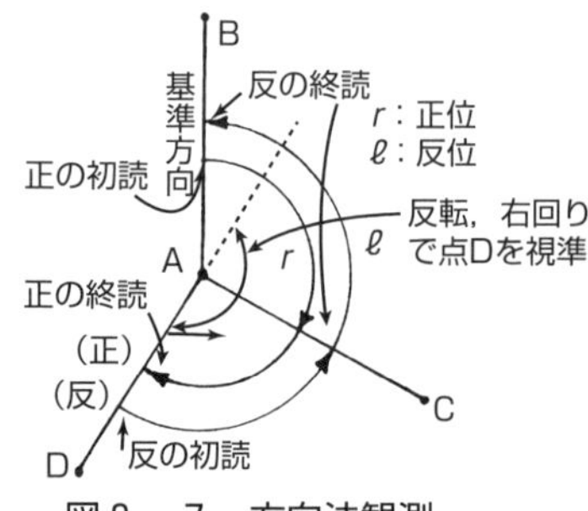

図2・7 方向法観測

は，５方向以下とする。

表２・４　方向法野帳記入例（１対回）

測点	輪郭	望遠鏡	視準点	観測角	結果	倍角	較差	倍角差	観測差
A	0°	r	B	0° 0′ 30″	0° 0′ 0″				
			C	37° 50′ 20″	37° 49′ 50″	100″	0″		
			D	77° 46′ 30″	77° 45′ 60″	110″	10″		
		ℓ	D	257° 46′ 30″	77° 45′ 50″				
			C	217° 50′ 30″	37° 49′ 50″				
			B	180° 0′ 40″	0° 0′ 0″				

観測の良否は倍角差・観測差から判断する。

観測結果
∠BAC：
37° 49′ 50″
∠BAD：
77° 45′ 55″

(2)　観測値の良否は，倍角差及び観測差によって判定する。

①　**倍角**：１対回の同一視準点に対する正・反の秒数の和（$r+\ell$）。分の値が異なるときは，分の値をそろえる。倍角の1/2が水平角の最確値。

②　**較差**：１対回の同一視準点に対する正・反の秒数の差（$r-\ell$）。

③　**倍角差**：各対回中の同一視準点に対する倍角の最大と最小の差。倍角差には，目標の視準誤差，目盛盤の読み取り誤差及び目盛誤差が含まれる。

④　**観測差**：各対回中の同一視準点に対する較差の最大と最小の差。観測差には，目標の視準誤差，目盛盤の読み取り誤差が含まれる。

表２・５　倍角差・観測差の許容範囲（準則第38条）

項目＼区分	１級基準点測量	２級基準点測量 ・１級トータルステーション，・セオドライト	２級基準点測量 ・２級トータルステーション，・セオドライト	３級基準点測量	４級基準点測量
対回数	2	2	3	2	2
倍角差	15″	20″	30″	30″	60″
観測差	8″	10″	20″	20″	40″

第2章　GNSSを含む多角測量

関連問題

２対回方向法観測値の良否の判定方法として，適当な組合せはどれか。

イ．倍角と較差の和が規定の許容範囲内にあるかを調べる。

ロ．倍角が規定の許容範囲内にあるかを調べる。

ハ．倍角差が規定の許容範囲内にあるかを調べる。

ニ．観測差（較差の差）が規定の許容範囲内にあるかを調べる。

ホ．倍角と較差の符号が等しいかを調べる。

１．イ・ホ　　２．ロ・ニ　　３．ロ・ホ　　４．ハ・ニ　　５．ロ・ハ

関連問題の解説　倍角差，観測差　　**解答　４**

観測値の良否の判定は，倍角差及び観測差が許容範囲内にあればよい。

重要問題6　方向法観測（野帳の整理）

基本事項

表は水平角観測記録の一部である。再測する必要があるとすると，それはどの目盛か。

但し，観測誤差の許容範囲は倍角差30″，観測差15″である。

1．0°目盛
2．60°目盛
3．120°目盛
4．全目盛
5．なし

目盛	望遠鏡	番号	視準点	観　測　角
0°	正	1	A	0° 0′ 0″
		2	B	175° 5′ 10″
	反	2		355° 5′ 30″
		1		180° 0′ 10″
60°	反	1		240° 0′ 0″
		2		55° 5′ 25″
	正	2		235° 5′ 20″
		1		60° 0′ 10″
120°	正	1		120° 0′ 0″
		2		295° 5′ 0″
	反	2		115° 5′ 15″
		1		299° 59′ 55″

解説

解答　5

(1)　各視準点に対する倍角（$r+\ell$）と較差（$r-\ell$）を求める。次に，各対回の同一視準点に対する倍角及び較差の最大と最小を求めると，倍角差及び観測差は次のとおり。

	（目盛0°）	（目盛60°）	（目盛120°）
①　倍　角：	10″＋20″＝30″	10″＋25″＝35″	0″＋20″＝20″
②　較　差：	10″－20″＝－10″	10″－25″＝－15″	0″－20″＝－20″

③　倍角差：最大35″，最小20″の差＝35″－20″＝15″（<30″）

④　観測差：最大（－10″），最小（－20″）の差＝（－10″）－（－20″）＝10″（<15″）

(2)　倍角差・観測差がそれぞれ許容範囲内にあり，再測する必要はない。

以上の結果，視準点AからB点方向の最確値は，次のとおり。

175° 5′＋(10″＋20″＋25″＋10″＋0″＋20″)／6＝175° 5′ 14″となる（平均値）。

表2・6　倍角差と観測差（3対回）

目盛	望遠鏡	番号	視準点	観　測　角	結　　果	倍角	較差	倍角差	観測差
0°	正	1	A	0° 0′ 0″	**0° 0′ 0″**				
		2	B	175° 5′ 10″	**175° 5′ 10″**	**30″**	**−10″**	**15″**	**10″**
	反	2	B	355° 5′ 30″	**175° 5′ 20″**				
		1	A	180° 0′ 10″	**0° 0′ 0″**				
60°	反	1	A	240° 0′ 0″	**0° 0′ 0″**				
		2	B	55° 5′ 25″	**175° 5′ 25″**	**35″**	**−15″**		
	正	2	B	235° 5′ 20″	**175° 5′ 10″**				
		1	A	60° 0′ 10″	**0° 0′ 0″**				
120°	正	1	A	120° 0′ 0″	**0° 0′ 0″**				
		2	B	295° 5′ 0″	**175° 5′ 0″**	**20″**	**−20″**		
	反	2	B	115° 5′ 15″	**175° 5′ 20″**				
		1	A	299° 59′ 55″	**0° 0′ 0″**				

（注）（正位r，反位ℓ），（反位ℓ，正位r），（正位r，反位）の3対回。

関連問題

1級基準点測量において，3方向の水平角観測を行い，表の結果を得た。次の文は，観測結果について述べたものである。正しいものはどれか。

但し，倍角差，観測差の許容範囲は，それぞれ15″，8″である。

1．(1)方向の倍角差は，許容範囲を超えている。
2．(2)方向の倍角差は，許容範囲を超えている。
3．(1)方向の観測差は，許容範囲を超えている。
4．(2)方向の観測差は，許容範囲を超えている。
5．(1)，(2)方向ともすべて許容範囲内である。

目盛	望遠鏡	視準点名称	番号	観測角	結果	較差
0°	正	峰山	1	0° 1′ 18″	0° 0′ 0″	
		(1)	2	47° 59′ 37″		
		(2)	3	129° 53′ 52″		
	反		3	309° 53′ 48″		
			2	227° 59′ 26″		
			1	180° 1′ 12″	0° 0′ 0″	
90°	反		1	270° 1′ 25″	0° 0′ 0″	
			2	317° 59′ 46″		
			3	39° 53′ 55″		
	正		3	219° 53′ 59″		
			2	137° 59′ 49″		
			1	90° 1′ 33″	0° 0′ 0″	

関連問題の解説　観測値の判定（倍角差，観測差）　解答 3

観測結果をまとめると，表2・7のとおり。視準点(1)方向の観測差10″が観測差の許容範囲8″を超えているので再測をする。

表2・7　倍角差と観測差（2対回）

目盛	望遠鏡	視準点名称	番号	観測角	結果	倍角	較差	倍角差	観測差
0°	正	峰山	1	0° 1′ 18″	0° 0′ 0″				
		(1)	2	47° 59′ 37″	47° 58′ 19″	33″	5″	4″	10″
		(2)	3	129° 53′ 52″	129° 52′ 34″	70″	−2″	14″	2″
	反		3	309° 53′ 48″	129° 52′ 36″				
			2	227° 59′ 26″	47° 58′ 14″				
			1	180° 1′ 12″	0° 0′ 0″				
90°	反		1	270° 1′ 25″	0° 0′ 0″				
			2	317° 59′ 46″	47° 58′ 21″	37″	−5″		
			3	39° 53′ 55″	129° 52′ 30″	56″	−4″		
	正		3	219° 53′ 59″	129° 52′ 26″				
			2	137° 59′ 49″	47° 58′ 16″				
			1	90° 1′ 33″	0° 0′ 0″				

許容範囲8″を超えている

（注）（正位 r，反位 ℓ），（反位 ℓ，正位 r），の2対回。

重要問題7　鉛直角観測1（高度定数）

重要度★

1級基準点測量において，トータルステーションを用いて鉛直角を観測し，表の結果を得た。点A，Bの高低角及び高度定数の較差の組合せとして適当なものはどれか。

望遠鏡	視準点		鉛直角観測値
	名称	測標	
r	A	甲	63° 19′ 27″
ℓ			296° 40′ 35″
ℓ	B	甲	319° 24′ 46″
r			40° 35′ 12″

	高低角（点A）	高低角（点B）	高度定数の較差
1.	−26° 40′ 34″	−49° 24′ 47″	2″
2.	+26° 40′ 25″	−49° 24′ 47″	2″
3.	+26° 40′ 31″	−49° 24′ 49″	4″
4.	+26° 40′ 34″	+49° 24′ 47″	4″
5.	+26° 40′ 34″	+49° 24′ 50″	0″

解説

解答 4

(1) 鉛直角の観測方法は，次のとおり。

① 図2・8において，測点Oにトータルステーションを据え，望遠鏡正位（r）で視準点Aを視準し，鉛直目盛63° 19′ 27″を読みとる。

② 望遠鏡を反位（ℓ）で視準点Aを視準し，鉛直目盛296° 40′ 35″を読みとる。

③ 同様に，反（ℓ），正（r）でB点を観測する。

④ 式（2・2）より野帳を整理すると表2・8のとおり。

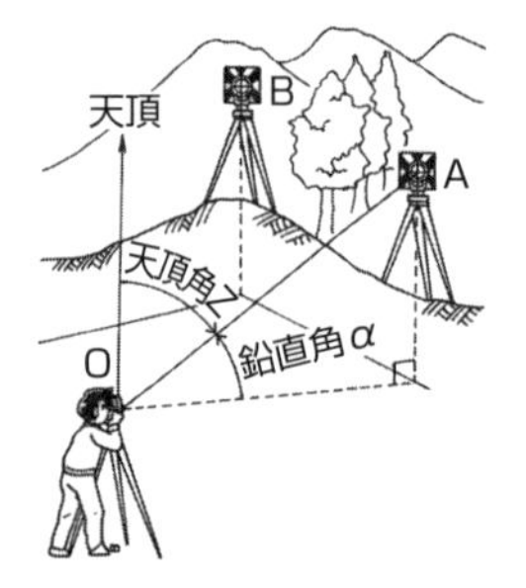

図2・8　天頂角，鉛直角

表2・8　鉛直角観測野帳（甲：標識記号）

望遠鏡	視準点		鉛直角観測値	高度定数	結果		備考
	名称	測標					
r	A	甲	63° 19′ 27″		2Z	126° 38′ 52″	r − ℓ + 360°
ℓ			296° 40′ 35″		Z	63° 19′ 26″	
r+ℓ			360° 0′ 02″	2″（注1）	α	26° 40′ 34″	90° − Z
ℓ	B	甲	319° 24′ 46″		2Z	81° 10′ 26″	r − ℓ + 360°
r			40° 35′ 12″		Z	40° 35′ 13″	
r+ℓ			359° 59′ 58″	−2″（注2）	α	49° 24′ 47″	90° − Z

（注1）　高度定数：A点360° 0′ 02″ − 360° = 2″，B点359° 59′ 58″ − 360° = −2″

（注2）　高度定数の較差 = 2″ − (−2″) = 4″

突破のポイント

1．鉛直角観測の野帳の整理

(1)　鉛直線（天頂）からの角度Zを**天頂角**，水平線からの角度αを**鉛直角**（高底角）という。セオドライトの鉛直目盛盤は，天頂が0°である（図２・８）。

(2)　鉛直角観測は，１視準１読定，望遠鏡正及び反の観測を１対回とする。各目標の正位（r）と反位（ℓ）の和（$r+\ell$）＝360°であり，その誤差（零点誤差）を**高度定数**という。

$$2Z = r + 360° - \ell = (r - \ell) + 360°$$

高低角　$\alpha = 90° - Z$　……式（２・２）

高度定数　$k = (r + \ell) - 360°$

$\alpha > 0$のとき，仰角（＋）

$\alpha < 0$のとき，俯角（－）

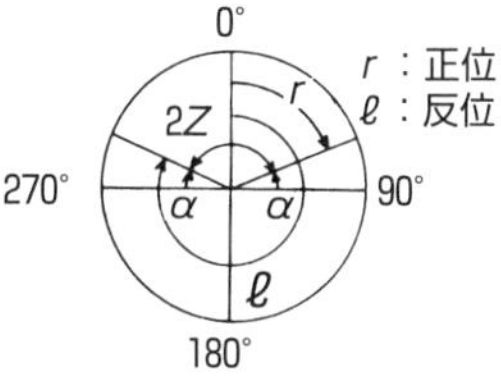

鉛直角 αの求め方

(3)　**高度定数の較差**とは，２方向以上の鉛直角を観測したとき，高度定数の最大と最小の差をいう。高度定数の較差により，鉛直角の精度を判定する。表２・９の許容範囲（高度定数の較差）を超えた場合は，再測する。

表２・９　高度定数の許容範囲（準則第38条）

区分／項目	１級基準点測量	２級基準点測量		３級基準点測量	４級基準点測量
		１級トータルステーション，セオドライト	２級トータルステーション，セオドライト		
高度定数の較差	10″	15″	30″	30″	60″

表２・10　鉛直角観測野帳記入例

測点	視準点	鉛直角		高度定数	結果	
0	A	r	99° 06′ 25″		2Z	198° 13′ 20″
		ℓ	260 53 05		Z	99° 06′ 40″
		$r+\ell$	359 59 30	−30	α	−9° 06′ 40″
	B	r	87 45 15		2Z	175° 30′ 25″
		ℓ	272 14 50		Z	87° 45′ 13″
		$r+\ell$	360 00 05	5	α	+2° 14′ 47″
	C	r	95 22 10		2Z	190° 45′ 10″
		ℓ	264 37 00		Z	95° 22′ 35″
		$r+\ell$	359 58 10	−50	α	−5° 22′ 35″

鉛直角：
A点 −9° 06′ 40″,
B点 2° 14′ 47″,
C点 −5° 22′ 35″
高度定数の較差：
5′−(−50″)＝55″

重要問題 8　鉛直角観測 2（高低計算）

新点Aの標高を求めるため，既知点Bから新点Aに対して高低角 α 及び斜距離 L の観測を行い，表の結果を得た。新点Aの標高はいくらか。

但し，既知点Bの標高は 330.00 m，両差は 0.15 mとする。また，斜距離 L は気象補正，器械定数補正及び反射鏡定数補正が行われている。

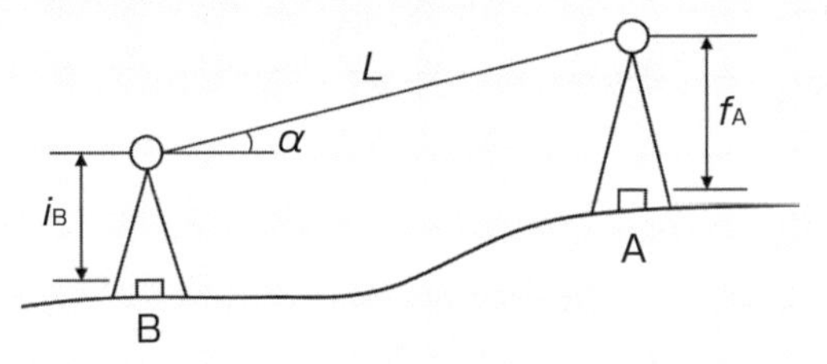

高低角 α	+5° 00′ 00″
斜距離 L	1 500.00 m
既知点Bの器械高 i_B	1.50 m
新点Aの目標高 f_A	1.80 m

1．457.59 m
2．460.29 m
3．460.59 m
4．461.09 m
5．461.19 m

解説　　**解答 3**

(1)　直視の観測の場合，既知点Bと未知点Aとの関係は，次のとおり。

$$H_B + i_B + L\sin\alpha + K = H_A + f_A$$

$$\therefore H_A = H_B + i_B + L\sin\alpha + K - f_A$$

$$= 330\text{ m} + 1.50\text{ m} + 1\,500\text{ m}\sin 5° + 0.15\text{ m} - 1.80\text{ m} = \underline{460.59\text{ m}}$$

（関数表より $\sin 5° = 0.08716$）

突破のポイント

1．直視及び反視による高低計算（間接水準測量）

(1)　**直視の場合**（標高既知点Aから未知点Bを視準）

図2・9(1)において，点Bの標高 H_B は，次のとおり（両差 K は+）。

標高　$H_B = H_A + i_A + L\sin\alpha_A - f_B + K$　……式（2・3）

(2)　**反視の場合**（標高未知点Bから既知点Aを視準）

図2・9(2)において，点Bの標高 H_B は，次のとおり（両差 K は−）。

標高　$H_B = H_A - i_B - L\sin\alpha_B + f_A - K$　……式（2・4）

(3)　**既知点・求点の両方から観測した場合**（両差Kは相殺される）

標高　$H_B = H_A + L\sin\frac{1}{2}(\alpha_A - \alpha_B) + \frac{1}{2}(i_A + f_A) - \frac{1}{2}(i_B + f_B)$ ……式（2・5）

但し，i_A, i_B ：A点，B点の器械高

f_A, f_B：A点，B点の目標高

K：両差，L：測定距離（斜距離）

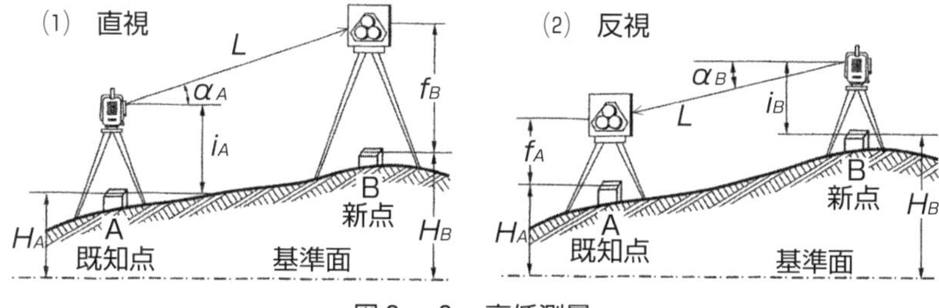

図2・9　高低測量

関連問題

次の文は，高低計算において考慮すべき球差及び気差について述べたものである。間違っているものはどれか。

1．求点から既知点へ向かう片方向観測の場合，球差と気差を合わせた量の符号はマイナスとなる。

2．気差を計算するときに用いる屈折係数は，通常は一定値としている。

3．両方向の鉛直角観測値を用いることにより，球差及び気差を消去することができる。

4．測点間の高低差が大きくなるほど，球差は大きくなる。

5．測点間の距離が長くなるほど，球差は大きくなる。

関連問題の解説　球差，気差，両差　**解答　4**

(1)　**両差**Kは，地球の曲率によって生じる**球差**と光の屈折によって生じる**気差**を合わせた誤差をいう。地球の半径R，測定距離L，屈折率kとすると，次のとおり（P147参照）。

表2・11　球差，気差，両差

距離L	1000 m	500 m	100 m
球差h_1	78.5 mm	19.6 mm	0.8 mm
気差h_2	10.2 mm	2.6 mm	0.1 mm
両差K	68.3 mm	17.0 mm	0.7 mm

（注）R=6370 km，k=0.13

球差$h_1 = \frac{L^2}{2R}$，気差$h_2 = \frac{kL^2}{2R}$，両差$K = \frac{1-k}{2R}L^2$，

(2)　球差は，高低差に関係しない。

重要問題9　セオドライトの器械誤差とその消去法　重要度★★

水平角観測におけるセオドライトの誤差について，望遠鏡正(右)・反(左)の観測値を平均しても消去できない誤差はどれか。

1．視準線が，鉛直軸に交わっていないために生じる誤差
2．目盛盤中心が，鉛直軸上にないために生じる誤差
3．水平軸が，鉛直軸に直交していないために生じる誤差
4．目盛盤の目盛間隔が，均等でないために生じる誤差
5．視準線が，水平軸に直交していないために生じる誤差

解説　**解答 4**

(1) **セオドライト**の器械誤差には，器械の調整不良による誤差（鉛直軸誤差，視準軸誤差，水平軸誤差，鉛直目盛盤の指標誤差）と器械の構造上の欠陥による誤差（目盛盤の目盛誤差，目盛盤の偏心誤差，視準軸の外心誤差）がある。

(2) **目盛誤差**は，目盛盤の目盛間隔が均等でないために生じる誤差をいう。正・反の観測値を平均しても消去できない。

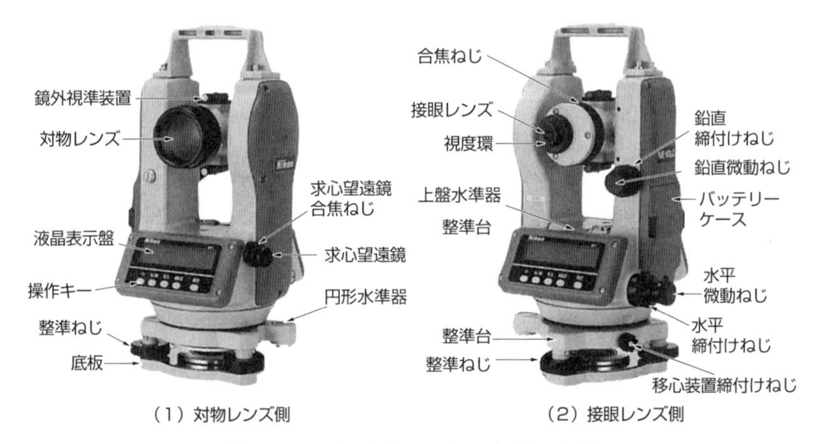

図2・10　セオドライトの各部の名称

突破のポイント

1．セオドライトの器械誤差とその消去法

(1) セオドライトの器械誤差（4軸誤差）をなくすため，次の点検調整を行う。

① **鉛直軸 Vと上盤水準器軸 *L*の点検調整（L⊥V）**

鉛直軸誤差とは，鉛直軸Vが傾いているために水平角読定に影響する誤差

をいう。上盤水準器軸Lを水平にすることにより，鉛直軸Vを垂直にする。点検は，P134，円形水準器の調整参照のこと。

② **視準軸（線）Cと水平軸Hの点検調整**（C⊥H）

視準軸（線）誤差とは，視準軸Cが水平軸Hと直交していないため（十字線の調整が不完全）に水平角読定に影響する誤差をいう。

一直線上の中点で望遠鏡正位でA点，反位で反対側のB点を視準する。望遠鏡を180° 回転して反位のまま再びA点を視準し，正位でB点を視準したとき，B点が一致すればH⊥Vである。一致しないときは，十字線の左右の調整ねじで調整する。

③ **水平軸Hと鉛直軸Vの点検調整**（H⊥V）

水平軸誤差とは，水平軸Hが鉛直軸Vと直交していないために水平角読定に影響する誤差をいう。望遠鏡正位で高所A点及び地上のB点を視準し，望遠鏡反位で180° 回転して，再びA点を視準したとき，地上のB点が一致すればH⊥Vである。一致しないときは，水平軸の傾きを調整する。

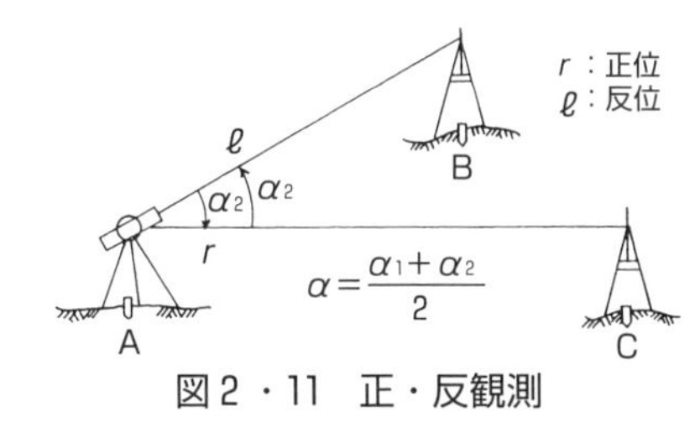

図2・11　正・反観測

(2) 誤差のうち，鉛直軸誤差と目盛誤差は消去法はないが，他の誤差は望遠鏡の正反観測で消去できる（正反の平均で正しい値となる）。

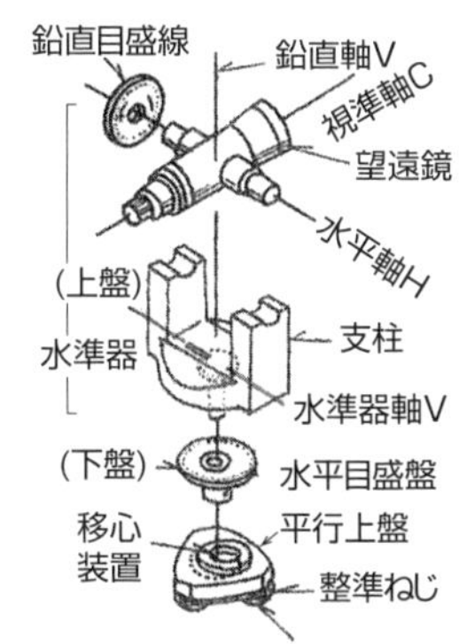

図2・12　セオドライトの構造

表2・12　器械誤差の原因とその消去法

誤差の種類	誤差の原因	消去法
鉛直軸誤差	上盤水準器軸が鉛直軸に直交していない。	なし，（誤差の影響を少なくするには各視準方向ごとに整準する）
視準軸誤差	視準軸が水平軸に直交していない。	望遠鏡，正・反観測の平均をとる。
水平軸誤差	水平軸が鉛直軸に直交していない。	望遠鏡，正・反観測の平均をとる。
目盛盤の偏心誤差（注）	セオドライトの鉛直軸の中心と目盛盤の中心が一致していない。器械製作不良。	望遠鏡，正・反観測の平均をとる。
視準軸の外心誤差（偏心誤差）（注）	望遠鏡の視準軸が，回転軸の中心と一致していない（鉛直軸と交わっていない）。器械製作不良。	望遠鏡，正・反観測の平均をとる。
目盛誤差（注）	目盛盤の刻みが正確でない。器械製作不良。	なし（方向観測法等で全周の目盛盤を使うことにより影響を少なくする）。

（注）構造上の欠陥による誤差

重要問題10　偏心補正の計算１（観測点の偏心）

重要度★★

図に示す偏心観測を行い，表の結果を得た。∠BACの値はいくらか。但し，偏心計算においてはBP＝BA，CP＝CA，$\rho''=2''\times10^5$とする。

1．59° 59′ 50″
2．60° 0′ 5″
3．60° 0′ 10″
4．60° 0′ 15″
5．60° 0′ 25″

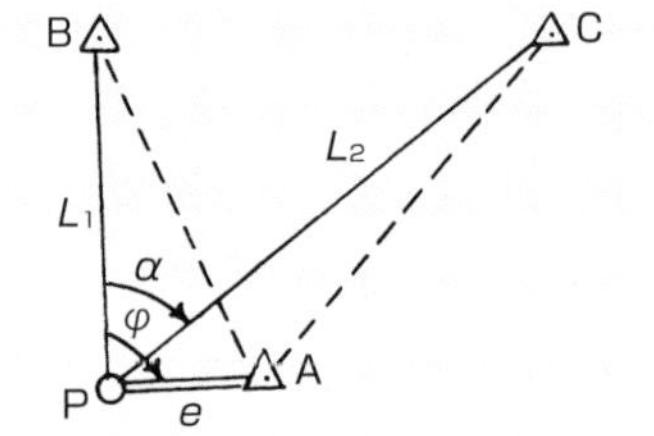

φ	90° 0′
e	0.15 m
α	60° 0′ 0″
L_1	1 500.00 m
L_2	3 000.00 m

解説　　解答 4

(1)　三角点AからB，Cへの視通ができない場合，偏心補正計算により，偏心点Pで観測した方向と距離を三角点Aで観測した値に変換する。

式（2・6），図2・14(1)において，∠PBA＝x_1，$\sin x_1 \fallingdotseq x_1$より，

$$x_1''=\rho''\frac{e}{L_1}\sin\varphi=2''\times10^5\frac{0.15}{1\,500}\times\sin 90°=20''$$

(2)　式（2・7），∠PCA ＝ x_2より，

$$x_2''=\rho''\frac{e}{L_2}\sin(\varphi-\alpha)=2''\times10^5\sin(90°-60°)=5''$$

図2・14において，∠BAC＋x_2＝α＋x_1より

∴　∠BAC＝$\alpha+x_1-x_2$＝60° 0′ 0″＋20″－5″＝60° 0′ 15″

突破のポイント

1．偏心観測

(1)　観測は，標石中心をC，セオドライト中心（観測点）をB，測標中心（視準点）をPとするとき，Cの鉛直線上にセオドライトの中心Bを一致させ，望遠鏡で視準点の測標中心Pを視準するのが原則である。

(2)　障害物の関係から，C点の上にセオドライトを据え付けられない場合（C≠B），又は視準点の偏心（P≠C）を観測する場合を**偏心観測**という。偏心観測では，偏心点における**偏心距離** e，**偏心角** φを観測して，計算によって標石中心Cの位置に直す。

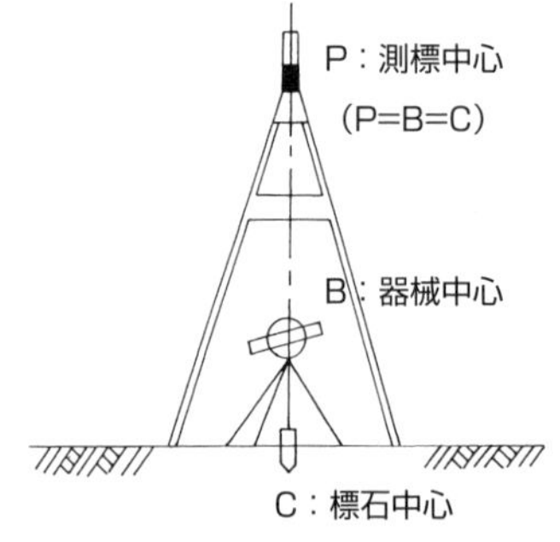

図2・13　測標の原則

2．偏心補正計算（観測点の偏心）

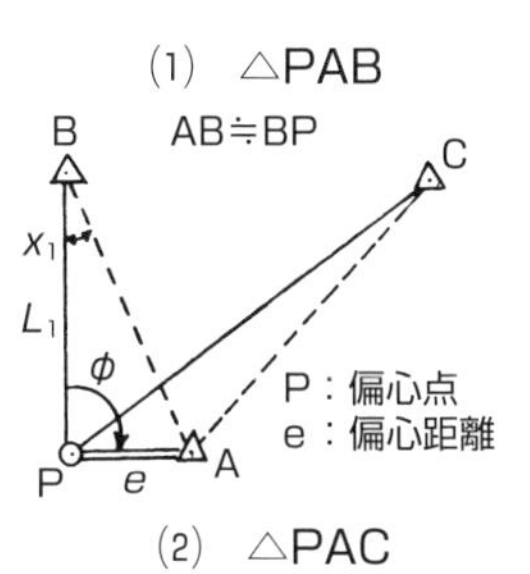

(1)　図(1)△PABにおいて，正弦定理から，

$$\frac{e}{\sin x_1}=\frac{L_1}{\sin\varphi},\ \sin x_1=\frac{e}{L_1}\sin\varphi$$

但し，AB≒BP＝L_1とし，$\sin x_1 \fallingdotseq x_1$（P341，$x_1$：ラジアン，微小）

$$x_1''=e''\frac{e}{L_1}\sin\varphi \qquad \cdots\cdots\cdots 式（2・6）$$

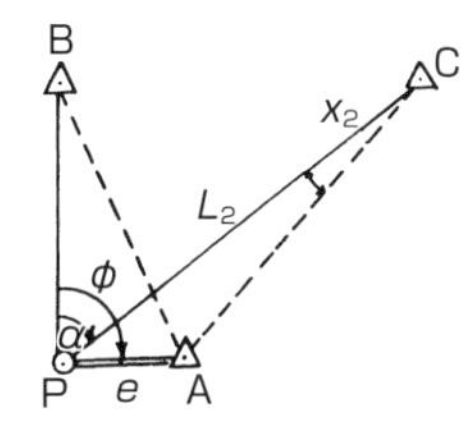

(2)　図(2)△PACにおいて，正弦定理から，

$$\frac{e}{\sin x_2}=\frac{L_2}{\sin(\varphi-\alpha)},\ \sin x_2=\frac{e}{L_2}\sin(\varphi-\alpha)$$

$$x_2=\rho''\frac{e}{L_2}\sin(\varphi-\alpha) \qquad \cdots\cdots\cdots 式（2・7）$$

但し，PC＝AC＝L_2とし，$\sin x_2 \fallingdotseq x_2$

(3)　図２・14，△POB及び△AOCにおいて，

$x_1+\alpha+\angle POB=x_2+\angle OAC+\angle AOC=180°$

$\angle POB=\angle AOC$（対頂角）

$x_1+\alpha=x_2+\angle OAC$　（$\angle OAC=\angle BAC$）

$\therefore\ \angle BAC=\alpha+x_1-x_2$　……式（2・8）

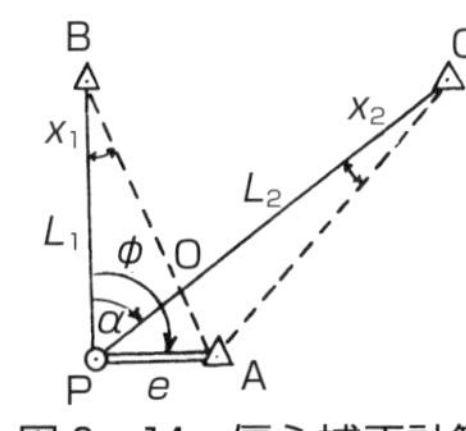

図２・14　偏心補正計算

関連問題

標石中心Cから偏心距離eを隔てたBにおいて，P_0とP_1の２点間のきょう角を観測してTを得た。これを点Cにおける観測角T'にするためには，Tにどのような補正を行えばよいか。

但し，$\angle CP_0B=x_0$，$\angle CP_1B=x_1$とする。

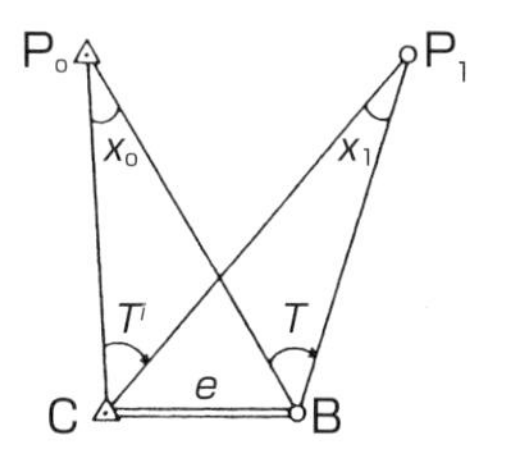

1．$T'=T-x_1$
2．$T'=T+x_1$
3．$T'=T-x_1+x_0$
4．$T'=T+x_1-x_0$
5．$T'=T-x_1-x_0$

関連問題の解説　観測点の偏心計算　解答　4

式（2・8）から，$T'+x_0=T+x_1$より，$\therefore \underline{T'=T+x_1-x_0}$

重要問題11　偏心補正の計算2（視準点の偏心）　重要度★★

多角点Aにおいて，多角点Bを基準方向とし，水平角∠BAP（T'）を観測して60°13′30″を得た。目標（P）は，多角点Cの偏心点である。A点からみたC点の正しい方位角はいくらか。

但し，L＝2 000 m，e＝0.20 m，φ＝330° 0，A点からB点の方向角＝320° 50′ 10″，A点の真北方向角＋0°10′ 20″，$\rho''=2''\times10^5$とする。

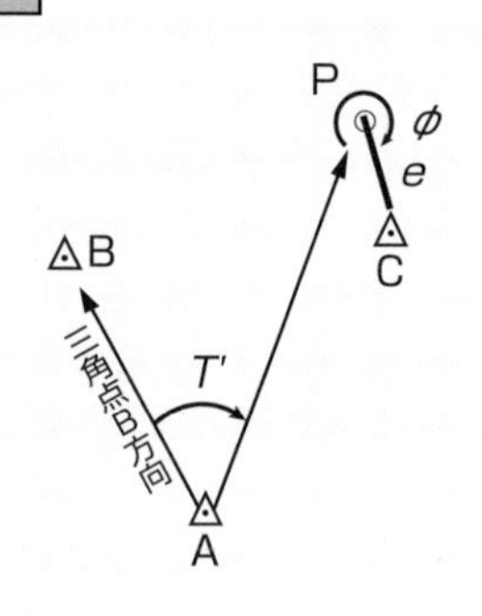

1．20° 53′ 30″　　2．21° 3′ 40″
3．21° 3′ 50″　　4．21° 4′ 0″　　5．21°14′ 10″

解説　　**解答　1**

(1)　**視準点（反射点）の偏心補正角の計算**：

$$\frac{e}{\sin x}=\frac{L}{\sin(360°-\varphi)},\quad \sin x=\frac{e}{L}\sin(360°-\varphi),\quad x''=\rho''\frac{e}{L}\sin(360°-\varphi)$$

$$\therefore\quad x''=2''\times10^5\times\frac{0.2}{2000}\sin30°=10''$$

(2)　**A点からC点への方位角の計算**：

方位角$\alpha=T_{\mathrm{A}}+T'+x-360°-\gamma$

$$\therefore\quad \alpha=320°\,50'\,10''+60°\,13'\,30''+10''-360°-0°\,10'\,20''=\underline{20°\,53'\,30''}$$

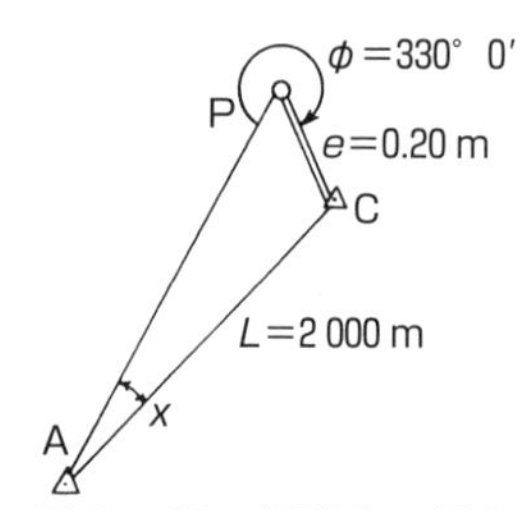

図2・15　視準点の偏心

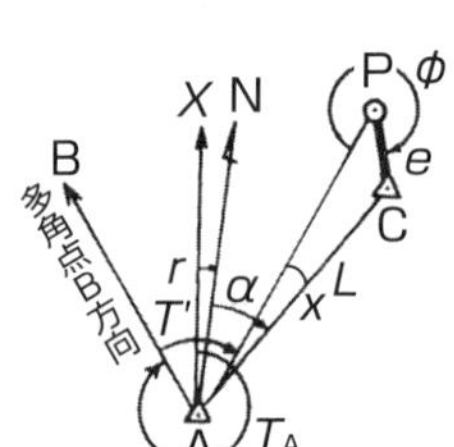

図2・16　偏心補正量

突破のポイント

1．偏心補正計算

(1)　**偏心補正計算**は，偏心観測により得られた偏心要素（偏心距離e，偏心角φ）を用いて，基準点における観測値に変換する計算をいう。

(2)　**観測点の偏心**（C≠B）：標石Cの位置と器械点Bの位置が異なる。

$$\frac{L}{\sin(360°-\varphi)}=\frac{e}{\sin x},\quad \sin x=\frac{e}{L}\sin(360°-\varphi)$$

$$\therefore x''=\rho''\frac{e}{L}\sin(360°-\varphi) \quad \cdots\cdots\cdots 式（2・9）$$

（$e/L<1/450$のとき，$L≒L'$とする）

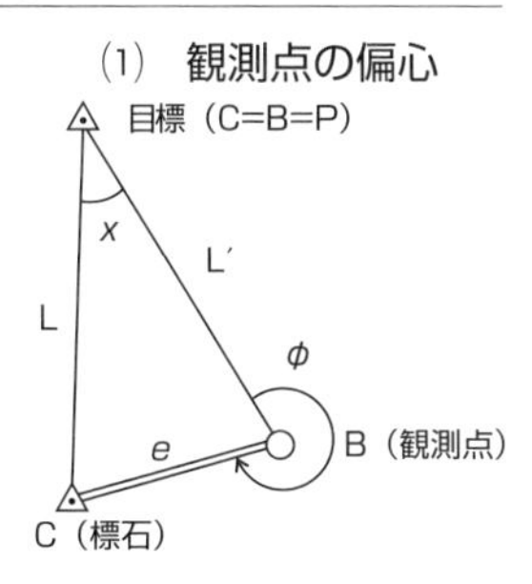

(3)　**視準点の偏心**（C≠P）：目標の標石Cと測標Pの位置が異なる。

$$\frac{L}{\sin\varphi}=\frac{e}{\sin x},\quad \sin x=\frac{e}{L}\sin\varphi$$

$$x''=\rho''\frac{e}{L}\sin\varphi \quad \cdots\cdots\cdots 式（2・10）$$

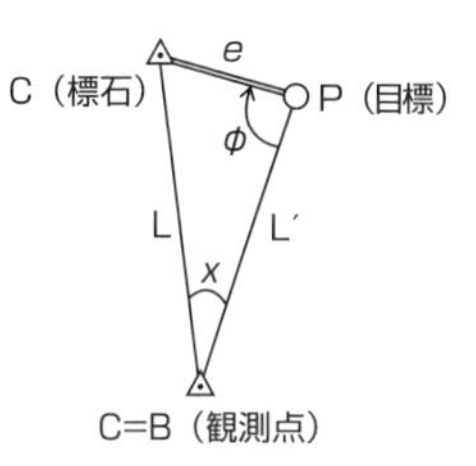

関連問題

図のように既知点Bの近傍に偏心点Pを設け，水平角T'，偏心距離e及び偏心角φの観測を行い，表の観測結果を得た。∠BAC（T）はいくらか。

1．53° 21′ 33″
2．53° 22′ 03″
3．53° 23′ 13″
4．53° 23′ 43″
5．53° 24′ 13″

観測結果	
T'	53° 25′ 23″
e	2.000 m
ϕ	330° 00′ 00″

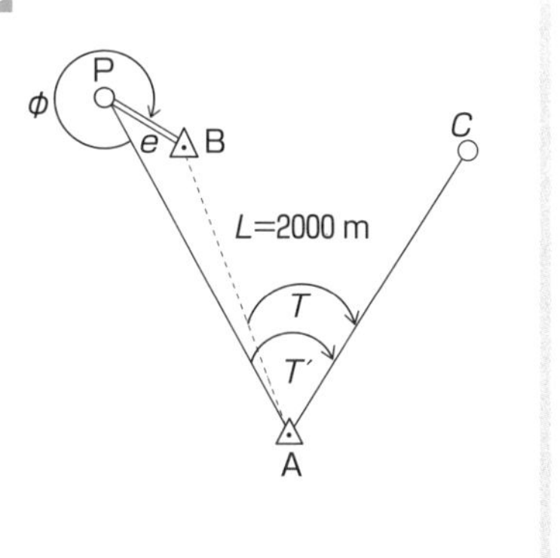

関連問題の解説　視準点の偏心計算　　**解答　4**

∠PAB＝xとすると，式（2・10）より

$$x''=\rho''\frac{e}{L}\sin(360°-\varphi)=2''\times10^5\times\frac{2}{2\,000}\times\sin(360°-330°)=100''=1'\,40''$$

$T=53°\,25'\,23''-1'40''=\underline{53°\,23'\,43''}$

重要問題12 **鋼巻尺による距離測定**　　参考事項

準拠楕円体からの高さ500 mにある２点A，Bの距離を鋼巻尺で測定して200.000 mを得た。気温25℃，鋼巻尺の尺定数は50 mに対して−3.5 mm，AB間の高低差14.000 mのとき，準拠楕円体面へ補正した距離はいくらか。

但し，鋼巻尺の線膨張係数を0.000 012/ ℃とする。

1．200.024　　2．200.010　　3．200.000

4．199.520　　5．199.504

解説　　**解答　5**

(1)　**鋼巻尺**を用いて精密な距離測定を行う場合，温度補正，尺定数補正，傾斜補正，準拠楕円体への補正を行う。**尺定数**は，「50 m − 3.5 mm，15 ℃，10 kg」で表す。標準張力10kg，標準温度15℃のとき，50 mの目盛りが正しい値より，3.5 mm縮んでいる（読定値は大きく表れる。補正は＋）。

(2)　張力は常に標準張力10 kgで測定するものとする。標準張力より大きい張力のときは，巻尺が伸びており，測定値は短く表れる（補正は＋）。

①　温度補正　$C_t=\alpha L(t-t_0)=0.000\,012\times200(25-15)=0.024\ \mathrm{m}$

②　尺定数補正　$C_\ell=\dfrac{L}{L_u}\delta=\dfrac{200}{50}\times(-0.003\,5)=-0.014\ \mathrm{m}$

③　傾斜補正　$C_g=-\dfrac{H^2}{2L}=-\dfrac{14^2}{2\times200}=-0.490\ \mathrm{m}$

以上より，水平距離　$L_0=L\times C_t+C_\ell+C_g=199.520\ \mathrm{m}$

④　投影補正　$C_h=-\dfrac{L_0h}{R}=-\dfrac{199.520\times500}{6\,370\,000}\fallingdotseq-0.016\ \mathrm{m}$

∴　準拠楕円体面の補正距離　$S=L_0+C_h=199.520-0.016=\underline{199.504\ \mathrm{m}}$

突破のポイント

◎　**距離**は，準拠楕円体の表面上の値で表示する（P38）。

(1)　**温度補正**：温度補正は，測定時の温度 t が標準温度t_0（15℃）でない場合，鋼巻尺の伸縮による誤差が生じるので，その補正を行う。

温度補正量　$C_t=\alpha L(t-t_0)$　　……式（2・11）

但し，L：測定距離

α：鋼巻尺の線膨張係数（0.000 012/ ℃）

t_0：測定温度，標準温度（15℃）

①　$t>t_0$ のとき，伸びている。測定値は小さく表れる（補正は＋）。

②　$t<t_0$ のとき，縮んでいる。測定値は大きく表れる（補正は－）。

(2)　**尺定数補正**：標準尺Lと使用巻尺ℓとの差（指標誤差，$\delta=\ell-L$）を取り除くために行う補正である。尺定数の補正量C_ℓは，測定距離Lに比例し，単位長当たりの補正値は次のとおり。

尺定数補正　$C_\ell=\dfrac{L}{L_u}\delta$　……式（2・12）

但し，L：測定距離，L_u：使用鋼巻尺の長さ（30 m，50 m）
δ：尺定数（$=\ell-L$）

(3)　**傾斜補正**：測定距離は，一般に斜距離Lであり，水平距離L_0に補正する。

$L_0=\sqrt{L^2-H^2}=L(1-H^2/L^2)^{\frac{1}{2}}$

近似式，テーラ展開式（P341）より，

$L_0=L(1-\dfrac{H^2}{2L^2})=L-\dfrac{H^2}{2L}$

傾斜補正　$C_g=-\dfrac{H^2}{2L}$　……式（2・13）

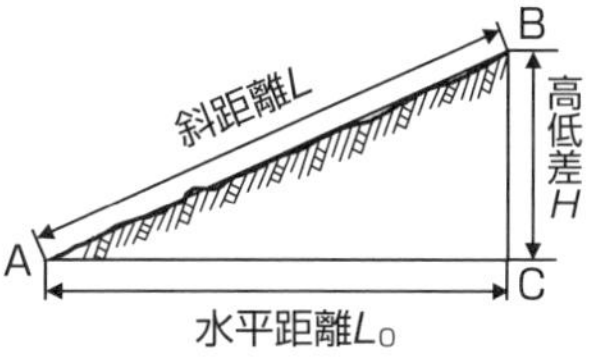

図2・17　斜距離・水平距離

(4)　**準拠楕円体への投影補正**：測定距離を準拠楕円体面上へ投影した値に換算する。なお，平面直角座標上の平面距離に換算するには，縮尺係数を掛ける（P114）。

投影補正　$C_h=-\dfrac{Lh}{R}$　……式（2・14）

基準面上の距離　$S=L+C_g+C_t+C_\ell+C_h$

但し，R：地球の曲率半径（6 370 km）
S：全補正が終わった（球面）距離
h：楕円体高
（＝ジオイド高N＋標高H）

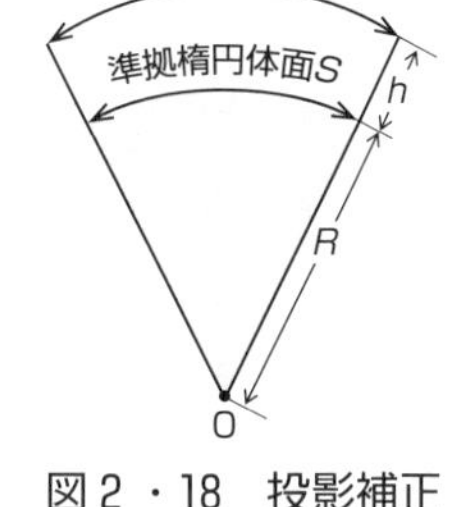

図2・18　投影補正

関連問題

鋼巻尺を用いて距離測定を行った。必要な補正のうち，常に符号が負となるものはどれか。

イ．尺定数補正　　ロ．温度補正　　ハ．傾斜補正
ニ．基準面への投影補正　　ホ．張力補正

1．イ，ロ　2．ハ，ニ　3．イ，ホ　4．ロ，ニ　5．ハ，ホ

関連問題の解説　距離の補正　　**解答　2**

ハ〈傾斜補正〉とニ〈基準面への投影補正〉は，常に負となる。

張力補正 $C_p=(P-P_0)L/(A\cdot E)$。（但し，L：測定距離，P：測定時の張力，P_0：標準張力，A：鋼巻尺の断面積，E：弾性係数）

重要問題13　光波測距儀１（屈折率）　重要度★★

次の文は，光波測距儀を使用した距離の測定について述べたものである。間違っているものはどれか。

1．気圧が高くなると，測定距離は長くなる。
2．気温が上がると，測定距離は長くなる。
3．器械定数の変化による誤差は，測定距離に比例しない。
4．変調周波数の変化による誤差は，測定距離に比例する。
5．位相差測定による誤差は，測定距離に比例しない。

解説　**解答　2**

式（2・15）より，気温が上がると屈折率の誤差Δnは小さくなり，気象補正量L_s（$\Delta s-\Delta n$）が大きくなる。測定距離L_sは短くなる。

突破のポイント

1．光波測距儀による距離測定・誤差

(1)　**光波測距儀**は，図２・19に示すように，器械本体から，光波を発射させて２点間を往復する発射波と反射波との位相差ℓ及び光波の波長λ及び往復の波の数nとの関係から，直接距離Lを測定する。（現在，**光波測距儀**は，単体で用いられることは少なく，電子式セオドライトと一体となった**トータルステーション**（TS）として用いられる。）

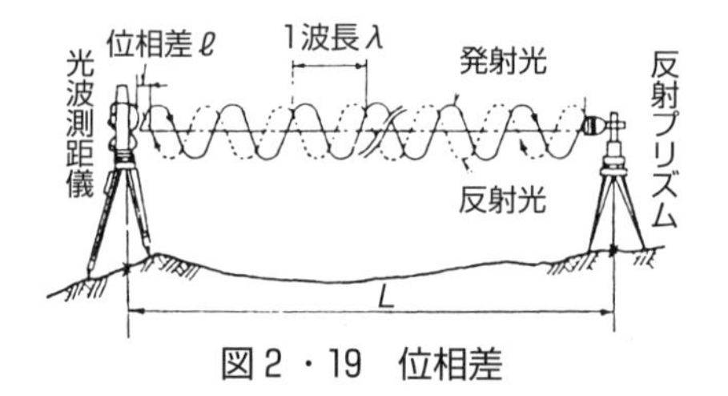

図２・19　位相差

(2)　光波測距儀の誤差には，(イ)測定距離に比例するものと(ロ)距離に比例しないものがある。誤差は(イ)と(ロ)の和となる。

(イ)　**測定距離に比例する誤差**

①　気象（気温，気圧等）による屈折率の誤差
②　変調周波数の変化による誤差

(ロ)　**測定距離に比例しない誤差**

①　位相差測定誤差（±５mm程度）
②　器械定数誤差（±２mm程度）
③　器械（本体），反射鏡の致心誤差（±１mm程度）
④　反射鏡の定数（距離に対する補正定数）

２．屈折率による誤差と気象補正

(1)　光の速度は，気温，気圧，湿度の影響を受け，大気中では遅くなる。測距儀が採用している基準屈折率（n_s）と気象測定により得られる屈折率（n）から，正しい距離 L と測定距離 L_s との間には，次の関係が成り立つ。

$$\left.\begin{aligned} &\textbf{距離}\quad L=L_s\cdot n_s/n=L_s+L_s(\Delta s-\Delta n) \\ &\textbf{屈折率}\quad \Delta n=\frac{A}{1+\alpha t}p \end{aligned}\right\}\quad\cdots\cdots\cdots\text{式（2・15）}$$

但し，L：気象補正した距離，L_s：測定距離

$L_s(\Delta s-\Delta n)$：気象補正，$\Delta s-\Delta n$：屈折率の補正

$n_s=(1+\Delta s)$：光波測距儀が採用している標準屈折率

$n=(1+\Delta n)$：気象データから得られた屈折率（大気の屈折率）

A，α：定数　t：気温　p：気圧（hPa（ヘクトパスカル））

①　気温が高くなれば，測定距離L_sは短くなる（補正＋）。

②　気圧pが高くなれば，測定距離L_sは長くなる（補正－）。

(2)　**気象要素の測定誤差**：光の波長は，気温，気圧，湿度によって変化する。距離測定において，気温，気圧等を入力することによって自動的に**気象補正**が行われる。気象要素（気温t，気圧p，湿度e）の測定誤差をΔt，Δp，Δeとすると，測定距離に及ぼす影響（補正量）は，次の近似式で求まる。

$$\left.\begin{aligned} &\textbf{気象補正}\quad \Delta L=(+1.0\,\Delta t-0.3\,\Delta p+0.04\,\Delta e)\,L\times 10^{-6} \\ &\textbf{正しい距離}\quad L=L_s+\Delta L \end{aligned}\right\}\quad\cdots\cdots\text{式（2・16）}$$

３．変調周波数の変化による誤差と補正量ΔL

(1)　周波数の誤差（$f-f_0$）の補正量ΔLは，次のとおり。

$$\left.\begin{aligned} &\textbf{周波数補正}\quad \Delta L=-\frac{f-f_0}{f_0}L \\ &\textbf{正しい距離}\quad L=L_s+\Delta L \end{aligned}\right\}\quad\cdots\cdots\cdots\text{式（2・17）}$$

但し，L：補正後の距離，　L_s：測定距離

f：測定時の周波数，f_0：測距儀の基準周波数

$f-f_0>0$のとき，$\Delta L<0$，測定距離 L_s は長く観測されている。補正は－。

関連問題

光波測距儀による距離測定において，測定距離に比例する誤差の原因となるものはどれか。

1．位相差測定の誤差　　2．変調周波数の誤差　　3．器械定数の誤差

4．器械の致心誤差　　5．反射鏡の致心誤差

関連問題の解説　距離に比例する誤差　　**解答　2**

変調周波数の誤差は，測定距離に比例する。

重要問題14 光波測距儀２（気象補正等）　　重要度★

次の文は，光波測距儀による距離測定において，各種の誤差が測定距離に与える影響について述べたものである。間違っているものはどれか。

1．気温測定における1℃の誤差の影響は，測定距離の約1/100万である。
2．変調周波数の誤差（基準周波数からのずれ）の影響は，測定距離に比例する。
3．気圧測定における3.3 mmHgの誤差の影響は，測定距離のほぼ1/100万である。
4．位相差の測定誤差の影響は，測定距離に比例する。
5．器械定数と反射鏡定数の誤差の影響は，測定距離の長短にかかわらず一定である。

解説　　**解答　4**

1．式（2・16）に気温の誤差$\Delta t = 1$℃を代入すると，$\Delta L = 1 \times 10^{-6} \times L$となり，測定距離のほぼ1/100万となる。（$10^{-6} = \mu$（マイクロ）$= 1/100$万）
2．式（2・17）より，変調周波数の誤差は，測定距離に比例する。
3．気圧の測定誤差$\Delta p = 3.3$ mmHgが測定値Lに与える影響ΔLは，$\Delta L = (-0.3\Delta p) L \times 10^{-6} = -0.99 \times 10^{-6} \times L$となり，測定距離のほぼ1/100万となる。測定誤差の影響ΔLは，気圧3.3 hPa（ヘクトパスカル）（mmHg）が気温1℃に相当する。
　① Δt→高い場合→測定値は短くなる→＋補正
　② Δp→高い場合→測定値は長くなる→－補正
4．位相差の測定誤差の影響は，測定距離には比例しない。波長の**位相差**は，器械本体からの発射光波とプリズムからの反射光波との間に起こるずれ。
5．反射鏡定数の誤差は，測定距離に比例しない。

突破のポイント

1．光波測距儀の誤差（まとめ）

(1) 現在，光波測距儀による距離測量に加えて，角度測定が同時に行える**トータルステーション**（TS）が用いられている。光波測距儀の内容は，すべてトータルステーションに該当する。
① 光波測距儀による測定距離L_sは，斜距離である。
② 測定誤差には，測定距離L_sに比例する誤差と測定値に関係しない誤差がある（P76）。
③ 気象要素（t，p）が測定距離L_sに及ぼす影響：式（2・15）に代えて，次の通常の気象状態における近似式を用いる。

気象補正量　$\Delta L=(+10\,\Delta t-0.3\,\Delta p+0.04\,\Delta e)\,L\times10^{-6}$

$\Delta L>0$のとき，測定距離L_sは短く観測されており，＋補正となる（正しい距離$L=L_s+\Delta L$）。

（ア）気温が上がると，測定距離L_sは短く表れる（補正量$\Delta L>0$）

（イ）気圧が高くなると，測定距離L_sは長く表れる（補正量$\Delta L<0$）

④　周波数の変化による誤差（$f-f_0$）の補正量　$\Delta L=-\dfrac{f-f_0}{f_0}L_s$

測定時の周波数fが基準周波数f_0より高いとき，測定値L_sは長くなる。気象補正後の測定距離は，正しい値より短くなる。

２．観測の実施

⑴　距離の測定は，トータルステーション又は光波測距儀，鋼巻尺で行う。測量実施前に，器械定数，反射鏡定数，気象補正量の入力状況を確認する。

⑵　距離測定は，１視準２読定を１セットとする。読定単位は１mmで２セット行う（準則第37条）。

⑶　観測値について点検を行い，許容範囲（P57，表２・２）を超えた場合は，再測する（準則第38条）。

関連問題

光波測距儀を用いて，２点間の距離を測定し，気象補正を行った結果，10 000.00 mを得た。作業終了後温度計，気圧計を検定したところ，

⑴　温度計は２℃低く読んでいた。正しい距離はいくらか。

⑵　気圧計を20 hPa（mmHg）低く読んでいた。正しい距離はいくらか。

関連問題の解説　気象補正

⑴　式（２・15）より，気温誤差$\Delta t=-2$℃で補正した結果，$\Delta L<0$となり測定距離は短く補正計算された。正しい補正後の測定距離は長くなる。

$\Delta L=(+1.0\,\Delta t)\,Ls\times10^{-6}=1.0\times(-2)\times10^4\,\mathrm{m}\times10^{-6}=-0.02\,\mathrm{m}$

$L_s+\Delta L=10\,000.00\,\mathrm{m}$より，

$L_s=10\,000.00\,\mathrm{m}-\Delta L=10\,000.00\,\mathrm{m}-(-0.02\,\mathrm{m})=\underline{10\,000.02\,\mathrm{m}}$

⑵　同様に，$\Delta p=-20$ hPa（ヘクトパスカル）の場合，測定距離は長く補正（$\Delta L>0$）されている。正しい補正後の測定距離は短くなる。

$\Delta L=(-0.3\,\Delta p)\,Ls\times10^{-6}=-0.3\times(-20)\times10^4\,\mathrm{m}\times10^{-6}=0.06\,\mathrm{m}$より

$L_s=10\,000.00\,\mathrm{m}-\Delta L=10\,000.00\,\mathrm{m}-0.06\,\mathrm{m}=\underline{9\,999.94\,\mathrm{m}}$

重要問題15　光波測距儀3（器械定数）　　重要度★★

図に示すように，平たんな土地にある直線ABC上で，器械高及び反射鏡高を同一にして光波測距儀により距離測定を行い，表の結果を得た。光波測距儀の器械定数はいくらか。

但し，反射鏡定数は−0.03 m，測定結果は気象補正済みとし，測定誤差はない。

1．+0.05 m
2．+0.02 m
3．±0.00 m
4．−0.02 m
5．−0.05 m

測定区間	距　離〔m〕
AB	700.25
BC	300.15
AC	1 000.35

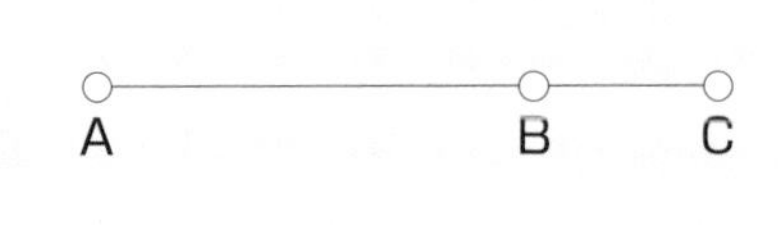

解説　　**解答　4**

(1)　**器械定数の求め方**

光波測距儀の定数（補正値）は，**比較基線場**で検定を行うことができない場合には，図に示す3点法で求める。

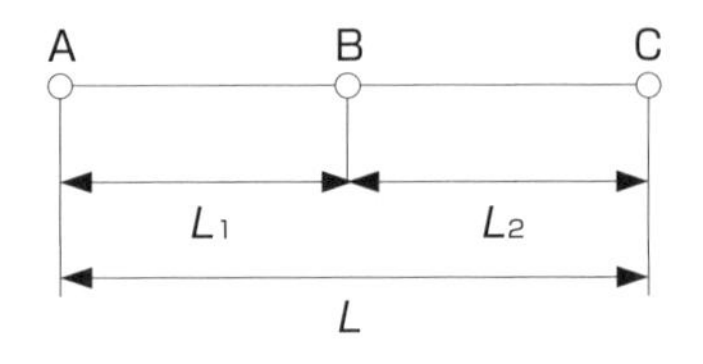

図2・20　3点法による検定

反射鏡定数をk，光波測距儀の**器械定数**をd，図2・20の各区間の測定距離を各々L_1，L_2，Lとすれば，各区間の正しい距離は，それぞれに器械定数$(k+d)$を加えたものである。$L_1+(k+d)$，$L_2+(k+d)$，$L+(k+d)$。誤差がなければ，AB+BC=ACである。

(2)　**光波測距儀の器械定数・反射鏡定数**

$L_1+(k+d)+L_2+(k+d)=L+(k+d)$より，器械定数$(k+d)$は，

$$(k+d)=L-(L_1+L_2) \quad \cdots\cdots\cdots 式(2\cdot 18)$$

(3)　**光波測距儀の器械定数の計算**

器械定数補正後のAC間の正しい距離L_0は，次のとおり。

$$\left.\begin{array}{ll}\textbf{正しい距離} & L_0=L+(d+k)\\ \textbf{器械定数} & d=L-(L_1+L_2)-k\end{array}\right\} \quad \cdots\cdots\cdots 式(2\cdot 19)$$

$$d=1\,000.35-(700.25+300.15)-(-0.03)$$
$$=\underline{-0.02\,\mathrm{m}}$$

突破のポイント

1．距離測定（TS観測）

(1) TS観測において，器械高，反射鏡高及び目標高は，mm単位まで測定する。距離測定は，１視準２読定の測定を１セットとして２セット行う。較差の許容範囲が20mmを超えた場合は，再測する（P57，表２・２）。

(2) 気象の測定は，距離測定の観測開始直前又は終了直後に行う。観測点及び反射点の両方で求めるときは，その平均値で補正計算を行う。

(3) １～２級基準点測量の長距離測定や精密な測量においては，気象測定が必要となる。３～４級基準点測量では，気圧の測定を行わず，標準大気圧（1013.25 hPa（ヘクトパスカル））を用いて気象補正を行う。

関連問題

図に示す平たんな土地に点A，B，Cを設け，各点における光波測距儀の器械高及び反射鏡高を同一にして距離測定を行い，表の結果を得た。

器械定数を求め，器械定数と反射鏡定数を用いてAC間の距離を補正した。補正後のAC間の距離はいくらか。

但し，測定距離は気象補正済みとし，点A，B，Cは直線上にある。なお，反射鏡定数は−0.03 mとする。

1．618.62 m
2．618.71 m
3．618.73 m
4．618.76 m
5．618.79 m

測定区間	測定距離
AB	298.85 m
BC	319.77
AC	618.69

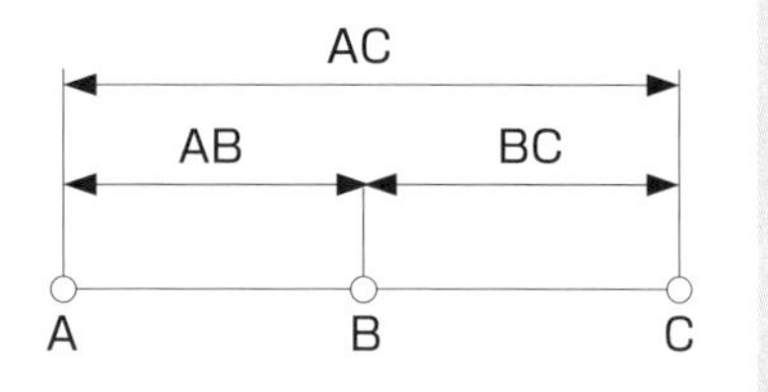

関連問題の解説　器械定数　　**解答 4**

(1) 器械定数をdとすると，反射鏡定数$k=-0.03$ mから，

AB間の正しい距離$=298.85+d+(-0.03)=298.82+d$

BC間の正しい距離$=319.77+d+(-0.03)=319.74+d$

AC間の正しい距離$=618.69+d+(-0.03)=618.66+d$になる。

AB＋BC＝ACより，

$(298.82+d)+(319.74+d)=(618.66+d)$

$\therefore\ d=618.66-(298.82+319.74)=0.10$ mとなる

(2) $L_0=$AC間の距離$+(d+k)=618.69+\{0.10+(-0.03)\}=\underline{618.76\ \mathrm{m}}$

重要問題16　トータルステーション（TS）の特徴

重要度★

次の文は，トータルステーションとデータコレクタを用いた基準点測量について述べたものである。明らかに間違っているものはどれか。

1．観測において，水平角観測，鉛直角観測，距離測定を同時に行うことができる。
2．距離測定においては，気温，気圧を入力すると自動的に気象補正を行うことができる。
3．データコレクタに記録された観測値は，速やかに他の媒体にバックアップを取ることが望ましい。
4．観測終了後直ちに観測値が許容範囲内にあるかどうか判断できる。
5．データコレクタに記録された観測値のうち，再測により不要となった観測値は，編集により削除することが望ましい。

解説

解答　5

1．**トータルステーション**（TS）は，セオドライトと光波測距儀を一体化したもので，1視準で角度（水平角・高低角）と距離を同時に測定できる。**データコレクタ**（電子手帳）と組合せて，観測データの取得，転送，帳票作成等，観測作業の効率化を図ることができる。

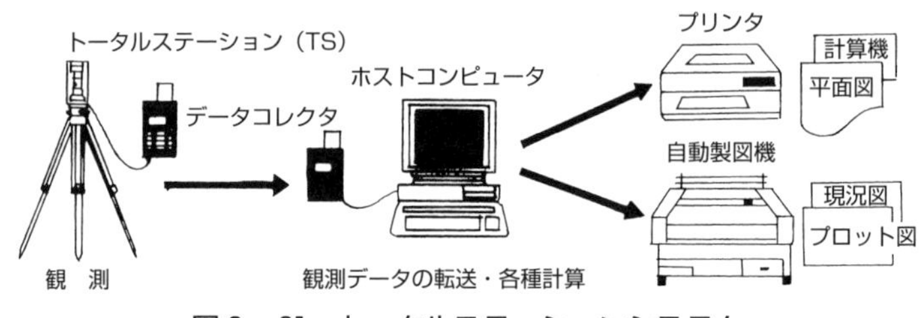

図2・21　トータルステーションシステム

2．トータルステーションは，P77の気象補正が必要である。気温，気圧を入力することにより，自動的に気象補正をする機能がある。

3．データコレクタ（電子手帳）は，データの消滅を防止するため，速やかに他の媒体にバックアップ（複製）しておく。

4．予め，表2・5（P61）の倍角差，観測差を入力することにより，観測値が許容範囲内なのかどうか判定する機能がある。

5．いかなる場合も，データの削除をしてはならない。作業機関は，測量成果・測量記録を計画機関に提出しなければならない（準則第16条）。

突破のポイント

1．トータルステーションシステムの特徴

① 角度と距離の測定を同時に行うことができ，能率的である。

② 観測データがデータコレクタ（データ収集器，電子手帳）に自動的に記録され，手簿記入が省略できるので，誤読・誤記入の恐れがない。

③ 観測データの点検が自動的に行われるため，観測時間が短縮できる。

④ 取得データをデータ処理システムに転送し，各種演算処理から図形処理まで一貫して自動的に処理できる。

⑤ 細部測量では，デジタルデータを現地で直接取得できる。

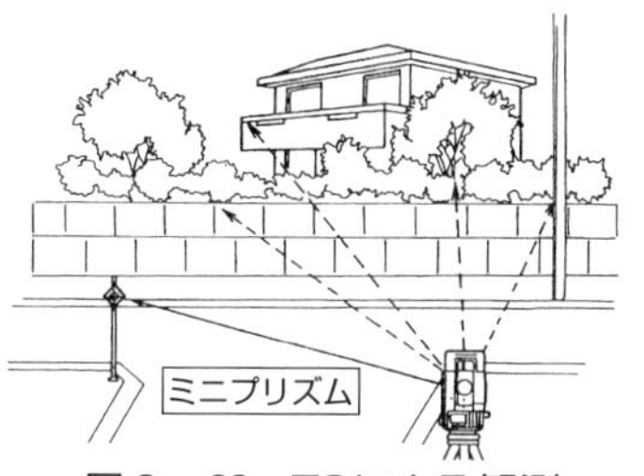

図２・22　TSによる観測

2．測角誤差と水平位置誤差

(1) 測距誤差と測角誤差を等しくする。

(2) AB線を基準に，方向角αと距離Lを測定し，C点の位置を求める場合，方向角に$\pm\varepsilon''$の角誤差が生じれば，水平位置誤差e_αは次のとおり。$\rho''=2''\times10^5$

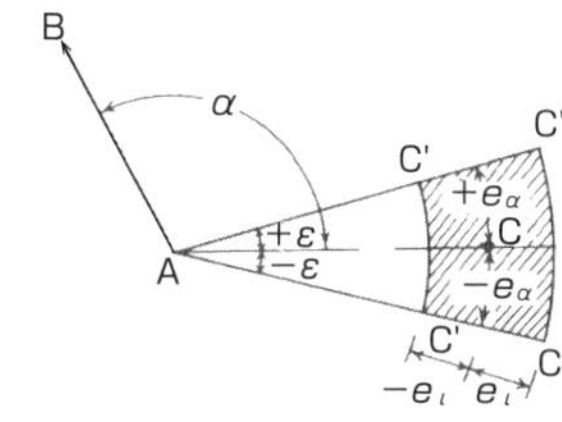

図２・23　測距と測角精度

水平位置誤差　$e_\alpha=\dfrac{\varepsilon''}{\rho''}\times L$

……式（２・20）

但し，ε：角誤差

関連問題

多角測量において，測距の精度と測角の精度がつり合うことがよい。距離の誤差が1/6 000とするとき，測角誤差はいくらか。

関連問題の解説　測角誤差，水平位置誤差

$$e_\alpha=\frac{\varepsilon''}{\rho''}L,\ \text{精度}=\frac{\varepsilon''}{\rho''}=\frac{1}{6\,000}$$

$$\varepsilon''=\frac{1}{6\,000}\times2''\times10^5\fallingdotseq\underline{33''}$$

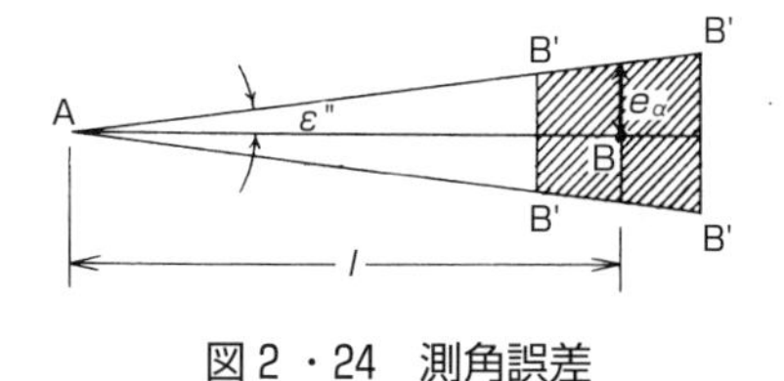

図２・24　測角誤差

重要問題17　結合トラバース（閉合差・方向角）

重要度★★

図のような多角測量を行い表の結果を得た。方向角の閉合差はいくらか。但し，既知点間の方向角をT_A＝330° 14′ 20″，T_B＝53° 56′ 28″とする。

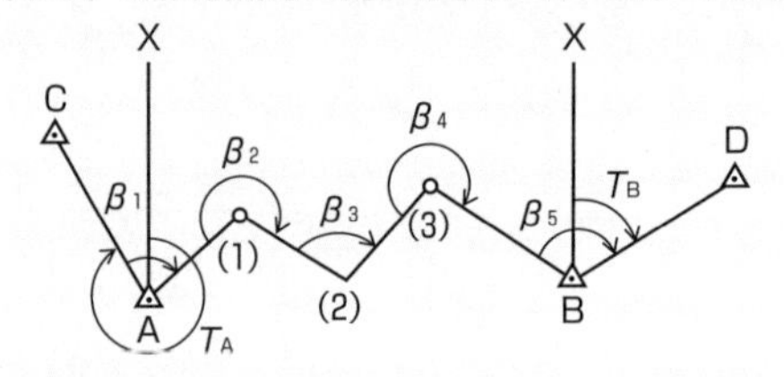

β_1	80° 20′ 32″
β_2	260° 55′ 18″
β_3	91° 34′ 20″
β_4	260° 45′ 44″
β_5	110° 05′ 42″

1．0秒　　2．－16秒　　3．20秒　　4．－32秒　　5．40秒

解説　　**解答　4**

図2・25において，方向角の閉合差$\Delta\beta$は，式（2・21）より

$\Delta\beta=(T_A-T_B+\sum\beta)-180°(n+1)$

但し，$\sum\beta=\beta_1+\beta_2+\cdots+\beta_5=803°\,41'\,36''$

$n=5$（A，1，2，3，B）点

$T_A=330°\,14'\,20''$，$T_B=53°\,56'\,28''$

$\therefore\ \Delta\beta=(330°\,14'\,20''-53°\,56'\,28''+803°\,41'\,36'')-180°(5+1)=\underline{-32''}$

なお，交角β_1，β_3，β_5に＋6″を，β_2，β_4に＋7″を補正する。

突破のポイント

1．基準点測量の方式

(1)　基準点測量は，既知点を3点以上固定して，複数の路線（既知点間をつなぐ測線）で構成する基準点網により，新点の平均座標と平均標高を求める**結合多角方式**（結合トラバース）と，既知点2点とし，路線の中にどこにも交点（路線と路線が結合する点）をもたない**単路線方式**がある。

(2)　単路線方式の場合，既知点のどちらかに異状があっても点検できるように既知点において，他の既知点方向の水平角観測（取り付け観測）を行う。

2．単路線方式の方向角の閉合差

(1)　**単路線方式**では，両端の既知点A，Bの座標値（X_A，Y_A），（X_B，Y_B）と既知辺AC，BDの方向角T_A，T_Bが基準点成果表により与えられている。

(2)　図3・25において，交角β_1，$\beta_2\cdots\cdots\beta_n$（測角数$n$）とすれば，測角の誤差（**閉合差**）$\Delta\beta$は，$T_B=T_A+\Sigma\beta$より次のとおり。

閉合差　$\Delta\beta=(T_A-T_B+\Sigma\beta)-180°(n-1)$　　……式（2・21）

但し，$\Sigma\beta=\beta_1+\beta_2+\cdots\cdots+\beta_n$

(3)　**各測線の方向角**は，測角数 n のとき次のとおり。

A－(1)の方向角　$\alpha_1 = T_A + \beta_1 - 360°$　―①

(1)－(2)の方向角　$\alpha_2 = \alpha_1 + \beta_2 - 180°$　―②

(2)－(3)の方向角　$\alpha_3 = \alpha_2 + \beta_3 - 180°$　―③

以下同様に　＋) $\alpha_n = \alpha_{n-1} + \beta_n - 180°$　―④

$$\alpha_n = T_A + \Sigma\beta - 180°(n+1)$$

$\alpha_n = T_B$ のとき，測定誤差はない。閉合差 $\Delta\beta = \alpha_n - T_B$

ある測線の方向角＝一つ前の測線の方向角＋交角－180°である。

方向角　$T_B = T_A + \Sigma\beta - 180°(n+1)$　……（式２・22）

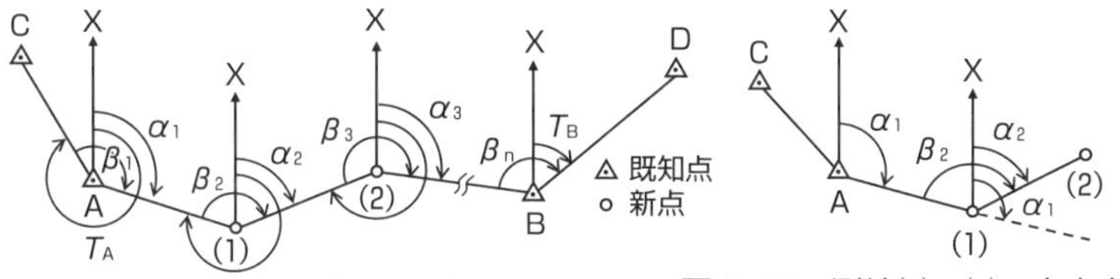

図２・25　結合トラバース　　図２・26　測線(1)－(2)の方向角

関連問題

図に示す多角測量を実施し，表の観測値を得た。新点(3)における既知点Bの方向角はいくらか。但し，T_Aは 210° 02′ 10″とする。

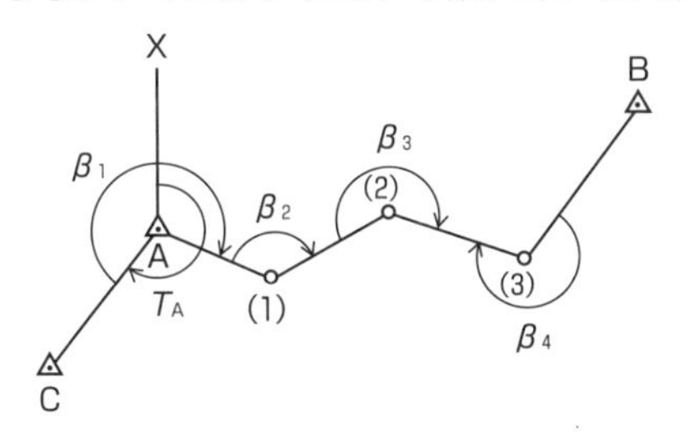

狭角	観測値
β_1	275° 59′ 31″
β_2	116° 15′ 23″
β_3	219° 58′ 57″
β_4	248° 33′ 11″

1．33° 39′ 35″　　2．33° 40′ 40″　　3．33° 41′ 45″
4．33° 42′ 50″　　5．33° 43′ 55″

関連問題の解説　方向角の計算　　　**解答　4**

表中のβ_4は逆側を測っているから，測線(2)－(3)からB方向へ換算すると，360° －248° 33′ 11″ ＝111° 26′ 49″となる。$T_B = T_A + \Sigma\beta - 180°(n+1)$より，

T_B＝210° 02′ 10″ ＋723° 40′ 40″ －180° (4＋1)＝33° 42′ 50″

重要問題18 方向角（方位角）の計算

重要度★

既知点A，B間の多角測量を行い，表の結果を得た。A点における既知点Cの方向角T_A＝350° 2′ 3″，B点における既知点Dの方向角T_B＝42° 47′ 54″を用いて閉合差の配分を行った。

新点(1)における新点(2)の方向角はいくらか。

1．82° 14′ 18″
2．82° 14′ 20″
3．82° 14′ 21″
4．82° 14′ 22″
5．82° 14′ 24″

β_A	152° 2′ 3″
β_1	120° 10′ 20″
β_2	200° 18′ 7″
β_3	120° 15′ 25″

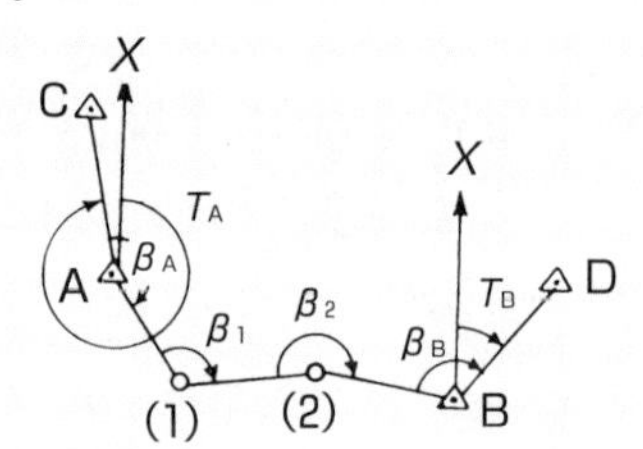

解説

解答 5

(1) 方向角の閉合差の計算：

表 調整角

β_A	152° 02′ 02″
β_1	120° 10′ 19″
β_2	200° 18′ 06″
β_B	120° 15′ 24″

式（2・21）から，

閉合差$\Delta\beta = (T_A - T_B + \sum\beta) - 180°(n+1)$

但し，T_A＝350° 02′ 03″，T_B＝42° 47′ 54″

$\sum\beta = \beta_A + \beta_1 + \beta_2 + \beta_B$＝592° 45′ 55″，$n$＝4

∴ $\Delta\beta$＝(350° 02′ 03″－42° 47′ 54″＋592° 45′ 55″)－180°(4＋1)＝＋4″

調整量：各々の観測角に－4″/4＝－1″ずつ加える（表，調整角）。

(2) 各測線の方向角の計算：

ある測線の方向角＝1つ前の測線の方向角＋交角－180°より，

A－(1)の方向角 $\alpha_A = T_A + \beta_A - 360°$ ……①
(1)－(2)の方向角 $\alpha_1 = \alpha_A + \beta_1 - 180°$ ……②
(2)－Bの方向角 $\alpha_2 = \alpha_1 + \beta_2 - 180°$ ……③
B－Dの方向角 $T_B = \alpha_2 + \beta_B - 180°$ ……④

①
  350° 2′ 3″……T_A
＋） 150° 2′ 2″……β_A
  502° 4′ 5″
－） 360°

②
  142° 4′ 5″……α_A
＋） 120°10′19″……β_1
  262°14′24″
－） 180°
  82°14′24″……α_1

③
  82° 14′ 24″……α_1
＋） 200° 18′ 6″……β_2
  282° 32′ 30″
－） 180°

④
α_2＝ **102° 32′ 30″**……α_2
＋） 120° 15′ 24″……β_B
  222° 47′ 54″
－） 180°
T_A＝ **42° 47′ 54″** ←T_B

新点(1)における新点(2)の方向角α_1＝$\underline{82°\ 14'\ 24''}$である。

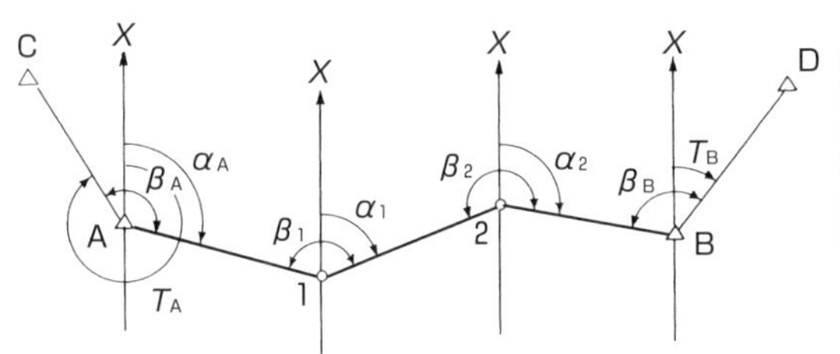

T_A：測線ACの方向角
T_B：測線BDの方向角
β_A，β_1，β_2…交角
α_A，α_1，α_2…測点の方向角

図２・27　方向角の計算

関連問題

図に示すように，多角測量を実施し，表のきょう角β_1～β_4の観測値を得た。点Eにおける点Dの方向角はいくらか。

但し，点Cにおける点Aの方向角T_Aは，332° 15′ 10″とする。

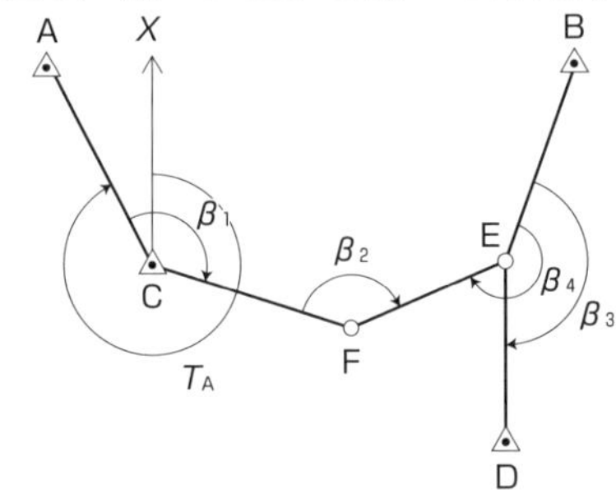

きょう角	観測値
β_1	136° 55′ 15″
β_2	139° 23′ 40″
β_3	155° 00′ 10″
β_4	227° 05′ 10″

1．174° 29′ 05″　　2．176° 29′ 05″　　3．178° 41′ 45″
4．180° 41′ 05″　　5．182° 41′ 45″

関連問題の解説　方向角の計算　　　解答　2

方向角T_{CF}＝332° 15′ 10″＋136° 55′ 15″－360°
　　＝109° 10′ 25″
方向角T_{FE}＝109° 10′ 25″＋139° 23′ 40″－180°
　　＝68° 34′ 05″
方向角T_{ED}＝68° 34′ 05″＋(360°－227° 05′ 10″)
　　＝155° 00′ 10″－180°
　　＝$\underline{176°\ 29'\ 05''}$

図２・28　方向角の計算

重要問題19　緯距・経距の計算　　基本事項

表は，既知点Aから交点Bへ多角測量を行った結果である。表の（　）に入れるべき経距，緯距の符号の組合せとして正しいものはどれか。

	方向角(α)	距離(ℓ)	経距(D)	緯距(L)
A			Y_A=−950.64 m	X_A=3 265.32 m
A→1	168° 33′ 0″	105.29 m	(　) 20.90 m	(　) 103.19 m
1→2	202° 0′ 0″	100.33 m	(　) 37.58 m	(　) 93.02 m
2→B	273° 8′ 0″	94.77 m	(　) 94.63 m	(　) 5.18 m
B				

（Y_A，X_Aは既知点Aの座標値）

	A→1	1→2	2→B
1. D：	+	−	−
1. L：	−	+	+
2. D：	−	−	+
2. L：	+	−	−
3. D：	−	+	+
3. L：	+	−	−
4. D：	+	−	−
4. L：	−	−	+
5. D：	−	−	+
5. L：	−	+	+

解説　　解答 4

(1)　新点1，2，Bの平面直角座標値(X，Y)は，A点の座標値(X_A，Y_A)に緯距L，経距Dを加えて求める（P114，基準点成果表参照）。

(2)　**緯距・経距の計算**：

図2・30より，緯距$L=\ell\cos\alpha$，経距$D=\ell\sin\alpha$。方向角αが座標のどの象限に位置するかを調べる。単位円($r=1$)において，$\sin\alpha=y$，$\cos\alpha=x$より，$\sin\alpha$は第1・2象限で，$\cos\alpha$は第1・4象限で＋の値となる（P24）。

$A\to1$　$D=105.29\times\sin168°33'\fallingdotseq105.29\times\sin11°=20.09$ m

$L=105.29\times\cos168°33'\fallingdotseq105.29\times(-\cos11°)=-103.36$ m

以下，同様に1→2，2→Bを求める。計算は符号だけでよい。

表2・13　方位と経距・緯距の符号

	方向角(α)	方位(θ)	距離(ℓ)	経距(D)	緯距(L)
A				Y_A=−950.64 m	X_A=3 265.32 m
A→1	168° 33′ 0″	S11° 27′ 0″ E	105.29 m	(+) 20.90	(−) 103.19
1→2	202° 0′ 0″	S22° 0′ 0″ W	100.33 m	(−) 37.58	(−) 93.02
2→B	273° 8′ 0″	N86° 52′ 0″ W	94.77 m	(−) 94.63	(+) 5.18
B					

突破のポイント

1．方向（位）角αと方位θの関係

(1)　各測線の方向角（又は方位角）から方位θを求める。**方位θ**は，図2・29のように，南北東西の4方向を基準とし，その基準から時計回りの方向への差を表したものである（≦90°）。

(2)　方位θから，緯距・経距の符号（±）が判断できる。各測線の方向角αと方位θの関係は，表2・14に示すとおり。

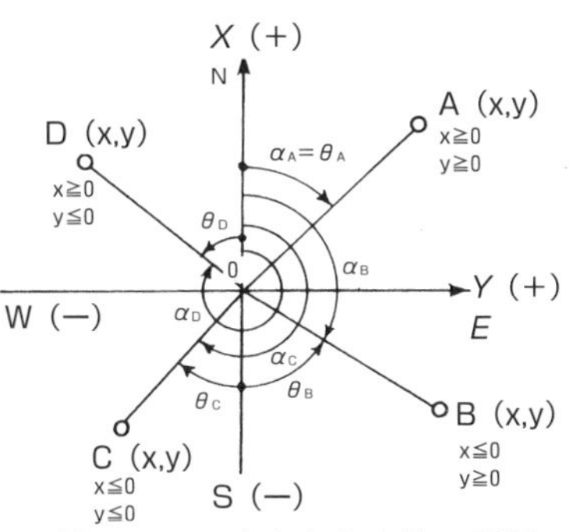

図2・29　方向角と方位の関係

表2・14　方位の計算と経距・緯距の符号

測線	方向角α	方位θ	方位の計算式	経　距	緯　距
OA	α_A（0°～90°）	N θ_A E	$\theta_A=\alpha_A-0°$	（+）	（+）
OB	α_B（90°～180°）	S θ_B E	$\theta_B=180°-\alpha_B$	（+）	（−）
OC	α_C（180°～270°）	S θ_C W	$\theta_C=\alpha_C-180°$	（−）	（−）
OD	α_D（270°～360°）	N θ_D W	$\theta_D=360°-\alpha_D$	（−）	（+）

※　Xの(+)方向をN，(−)方向をS，Yの(+)方向をE，(−)方向をWとする。

$r=1$のとき
$\sin\theta=y$
$\cos\theta=x$

2．緯距・経距（平面直角座標値）

(1)　平面直角座標の原点Oから当該基準点A，Bの座標値をX，Yで表す。

(2)　図2・30のように，互いに直交する基準線のNS線をX軸，EW線をY軸とし，北及び東の方向を正（+）とする座標系を設定する。

(3)　この座標系に対して，測線ABのX軸上の正射影A_1B_1を測線ABの**緯距**（latitude：L）といい，Y軸上の正射影A_2B_2を測線ABの**経距**（departure：D）という。座標値A（X_1，Y_1），B（X_2，Y_2）のとき，

図2・30　緯距・経距

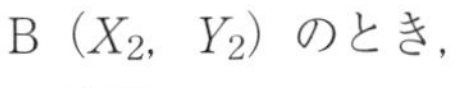

緯距　$L=\mathrm{AB}\cos\theta=\ell\cos\theta$
経距　$D=\mathrm{AB}\sin\theta=\ell\sin\theta$　……式（2・23）

$X_2=X_1+L=X_1+\ell\cos\theta$
$Y_2=Y_1+D=Y_1+\ell\sin\theta$　……式（2・24）

（ある測点のX座標＝前測線のX座標＋前測線の緯距
ある測点のY座標＝前測点のY座標＋前測線の経距）

第2章　GNSSを含む多角測量

重要問題20　水平位置の閉合（誤）差・閉合比の計算　重要度★

既知点Aから既知点Bに結合する多角測量を行い，X座標の閉合差+0.15 m，Y座標の閉合差+0.20 mを得た。この測量の精度を閉合比で表すといくらか。但し，全路線長は2 750.00 mとする。

1．1/8 000　2．1/11 000　3．1/14 000
4．1/16 000　5．1/18 000

解説　**解答 2**

(1) **閉合差Eの計算**：閉合差は，式（2・25）から

$$E=\sqrt{(E_L)^2+(E_D)^2}=\sqrt{(0.15)^2+(0.20)^2}=0.25\text{ m}$$

但し，E_L（$\sum L$）＝+0.15 m，E_D（$\sum D$）＝+0.20 m

（$\sqrt{(15^2+20^2)\times10^{-4}}=10^{-2}\sqrt{625}\fallingdotseq10^{-2}\sqrt{6\times10^2}=10^{-1}\sqrt{6}=0.25$，
625≒600として，関数表より$\sqrt{6}=2.5$を求める。）

(2) **閉合比Rの計算**：閉合比は，式（2・26）から

$$R=\frac{E}{\sum\ell}=\frac{0.25}{2\,750.00}=\frac{1}{11\,000}$$

但し，$\sum\ell$：全路線長＝2 750.00 m

突破のポイント

1．座標の閉合（誤）差

(1) **水平位置の閉合（誤）差**：路線の出発点Aから到着点Bまでの概算座標を計算し，到着点の成果表の値と比較して座標誤の閉合誤差を点検する。出発点Aの座標を（X_A，Y_A），到着点Bの座標は（$X_A+\sum X$，$Y_A+\sum Y$）となり，B点の成果表の座標（X_B，Y_B）とすると，次のとおり。

緯距の誤差　$\Delta X=(X_A+\sum X)-X_B$
経距の誤差　$\Delta Y=(Y_A+\sum Y)-Y_B$
閉合誤差　$E=\sqrt{(\Delta X)^2+(\Delta Y)^2}$
………式（2・25）

但し，X_A，Y_A：A点の座標値
X_B，Y_B：B点の座標値
$\sum X$，$\sum Y$：緯距・経距の総和

(2) **閉合比**：

閉合比　$R=\dfrac{E}{\sum\ell}$……式（2・26）

(3) TS等による**点検計算**の許容範囲は，P59，表２・３に示すとおり。許容範囲を超えた場合は，再測を行う（準則第42条）。

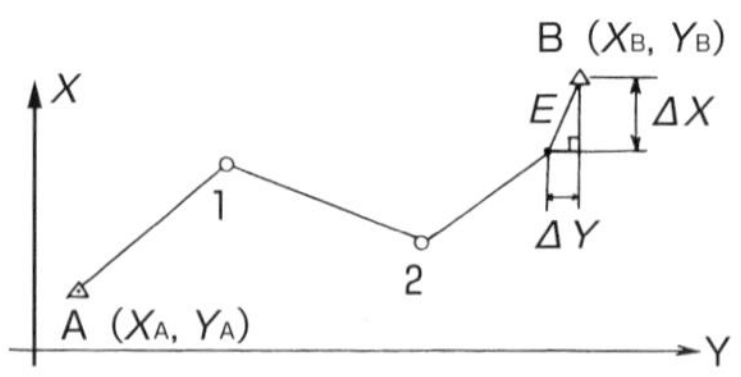

図２・31　結合トラバースの閉合誤差

関連問題

既設点A，B間の結合トラバース測量で，次の観測値及び計算値を得た。

(1)　Y，Xの符号を求めよ。

(2)　閉合誤差，閉合比はいくらか。

測点 測線	方向角(α)	距離(ℓ)	経　距(Y)	緯　距(X)
	°　′　″	m	m	m
A	−	−	Y_A=−1 968.44	X_A=+3 390.16
A→1	179　21　0	100.30	□　1.14	□　100.29
1→2	219　0　30	102.42	□　64.47	□　79.58
2→3	245　26　30	99.07	□　90.11	□　41.18
3→B	273　0　0	86.85	□　86.85	□　4.54
B	−	$\Sigma\ell$=388.64	Y_B=−2 208.87	X_B=+3 173.77

（Y_A，X_A，Y_B，X_B：既知点の座標値）

第2章　GNSSを含む多角測量

関連問題の解説　**閉合誤差，閉合比**

(1)　**Y，Xの符号：**

$\sin\alpha$は第１・２象限で，$\cos\alpha$は第１・４象限で＋の値となる（P24）。

	経距（Y）	緯距（X）
A→1	＋	−
1→2	−	−
2→3	−	−
3→B	−	＋

(2)　**閉合誤差，閉合比：**

経距の閉合誤差$E_Y=(Y_A+\sum Y)-Y_B=(-1968.44-240.29)-(-2208.87)$

$=\underline{0.14\text{ m}}$

緯距の閉合誤差$E_X=(X_A+\sum X)-X_B=(3390.16-216.51)-3173.77$

$=\underline{-0.12\text{ m}}$

閉合誤差$E=\sqrt{(E_Y)^2+(E_X)^2}=\sqrt{0.14^2+(-0.12)^2}$

$=\sqrt{(14^2+12^2)\times10^{-4}}=10^{-2}\sqrt{340}\fallingdotseq\underline{0.173\text{ m}}$

($340\fallingdotseq300$として，$\sqrt{3\times10^2}=10\sqrt{3}=17.32$として計算)

閉合比$R=\dfrac{0.173}{388.64}\fallingdotseq\underline{\dfrac{1}{2250}}$

重要問題21　多角測量の調整及び座標の計算　　重要度★

点Aから点Pは，平面直角座標系上で，方向角 $\alpha=120°\,0'\,0''$，水平距離 $\ell=2\,500.00$ mの位置にある。点PのX座標値はいくらか。

但し，点AのX座標値は，＋500.00 mとする。

1．－150.00 m　　2．－475.00 m　　3．－750.00 m

4．－1 250.00 m　　5．－1 665.00 m

解説　　解答　3

点PのX座標は，式（2･28）から，

$X_P=X_A+\ell\cos\alpha$

$=500.00+(2\,500.00\times\cos 120°)$

$=500.00+\{2\,500.00\times(-0.5)\}$

$=\underline{-750.00\text{ m}}$

$(\cos 120°=-\cos 60°)$

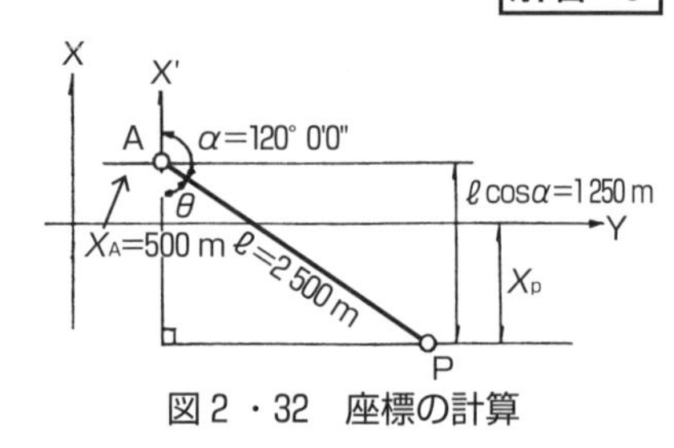

図２・32　座標の計算

突破のポイント

1．トラバースの調整

(1)　多角測量では，閉合比が許容範囲内であれば，誤差を調整した後，調整緯距・経距を用いて座標の計算を行う。調整方法は次のとおり。

(2)　**コンパス法則**：測角と測距の精度が同程度の場合，誤差を各測線長に比例して配分する。調整量は次式のとおり。

調整量　$e_{Li}=-\dfrac{\Sigma L}{\Sigma \ell}\ell_i,\qquad e_{Di}=-\dfrac{\Sigma D}{\Sigma \ell}\ell_i$　………式（2･27）

但し，e_{Li}：各緯距の補正量　e_{Di}：各経距の補正量

ℓ_i：各測線の長さ　$\Sigma\ell$：測線長の総和

ΣL，ΣD：緯距，経距の誤差（E_L，E_D）

2．測点の座標（合緯距・合経距の計算）

(1)　測点の座標をX軸（NS軸），Y軸（EW軸）の直交座標で表すとき，縦座標Xを**合緯距**，横座標Yを**合経距**という。

(2)　任意の点Pの座標（X_P，Y_P）は，既知点AのX，Y座標（X_A，Y_A）に，測線APの緯距・経距を加える。

$$\left.\begin{aligned}X_P&=X_A+\ell\cos\alpha\\ Y_P&=Y_A+\ell\sin\alpha\end{aligned}\right\}\quad\cdots\cdots\cdots\text{式（2･28）}$$

但し，ℓ：測線APの距離，α：測線APの方向角

(3)　図2・33において，測点Aの座標（x_A, y_A）が既知であれば，測点1，2，3，Bの合緯距・合経距は，表2・15のとおり。但し，各測線$\overline{A1}$, $\overline{12}$, $\overline{23}$, $\overline{3B}$の緯距・経距をそれぞれL_1, L_2, L_3, L_4及びD_1, D_2, D_3, D_4とする。

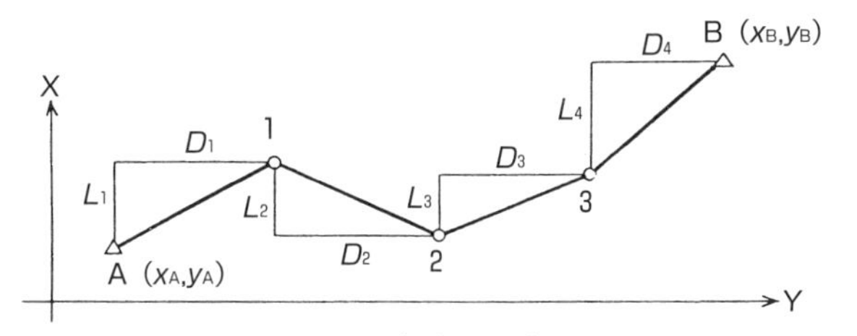

図2・33　合緯距・合経距

表2・15　合緯距・合経距の計算

測点	合　緯　距　x	合　経　距　y
A	x_A	y_A
1	$x_1=x_A+L_1$	$y_1=y_A+D_1$
2	$x_2=x_1+L_2=x_A+L_1+L_2$	$y_2=y_1+D_2=y_A+D_1+D_2$
3	$x_3=x_2+L_3=x_A+L_1+L_2+L_3$	$y_3=y_2+D_3=y_A+D_1+D_2+D_3$
B	$x_B=x_3+L_4=x_A+L_1+L_2+L_3+L_4$	$y_B=y_3+D_4=y_A+D_1+D_2+D_3+D_4$

関連問題

平面直角座標系において，点Pは既知点Aから方向角が 240° 00′ 00″，平面距離が200.00 mの位置にある。既知点Aの座標値を，$X=+500.00$ m, $Y=+100.00$ mとする場合，点PのX座標及びY座標の値はいくらか。

1．$X=+326.79$ m,　$Y=-173.21$ m
2．$X=+326.79$ m,　$Y=\ \ 0.00$ m
3．$X=+400.00$ m,　$Y=-173.21$ m
4．$X=+400.00$ m,　$Y=-73.21$ m
5．$X=+400.00$ m,　$Y=+273.21$ m

関連問題の解説　測定の座標

$X_P=X_A+L\cos\alpha=500.00+200.00\times\cos 240°$
$\quad=500.00+200.00\times(-\cos 60°)=\underline{+400.00\ \text{m}}$

$Y_P=Y_A+L\sin\alpha=100.00+200.00\times\sin 240°$
$\quad=100.00+200.00\times(-\sin 60°)=\underline{-73.21\ \text{m}}$

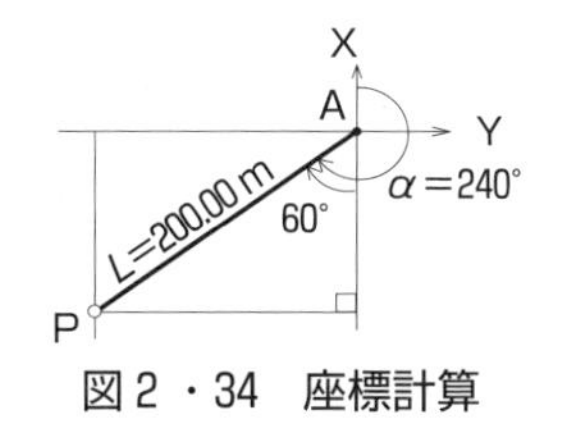

図2・34　座標計算

重要問題22　GNSS測量の特徴

重要度★

次の文は，GNSS測量機を用いる測量とトータルステーション（TS）を用いる測量について述べたものである。［ア］～［オ］に入る語句の組合せとして適当なものはどれか。

GNSS測量機を用いる測量では，トータルステーションを用いる測量と異なり観測点間の［ア］は不要である。また，天候の影響にもほとんど左右されずに観測ができる。しかし，［イ］からの［ウ］を利用するため，［エ］の確保が必要となる。このために，高層建築物が多く建つ大都市や深い渓谷，森林地帯などでは，所定の精度が得られない場合がある。

高さを求める測量については，GNSS測量機を用いる測量では，まず［オ］が求められ，ジオイド高を補正することによりジオイドからの標高が求められる。一方，トータルステーションを用いる測量では，標高が直接求められる。

	ア	イ	ウ	エ	オ
1.	視　通	電波塔	電　波	アンテナ	楕円体高
2.	視　通	人工衛星	電　波	上空視界	楕円体高
3.	視　通	電波塔	赤外線	アンテナ	天頂距離
4.	偏　心	電波塔	電　波	アンテナ	天頂距離
5.	偏　心	人工衛星	赤外線	上空視界	天頂距離

解説　　**解答　2**

(1)　**GNSS測量**では，地球（GRS80）の重心を中心とする地心直交座標（ITRF座標系）の位置及び楕円体面からの高さ（楕円体高）を求める（P16）。

(2)　**GNSS観測**では，TS等観測と異なり点間の(ア)視通は不要である。但し，(イ)人工衛星からの(ウ)電波を利用するため，(エ)上空視界の確保が必要となる。

(3)　高さは，GNSS観測では，まず，(オ)楕円体高が求められ，次にジオイド高を補正することによりジオイドからの標高を求める。なお，TS等観測では，直接標高が求められる。

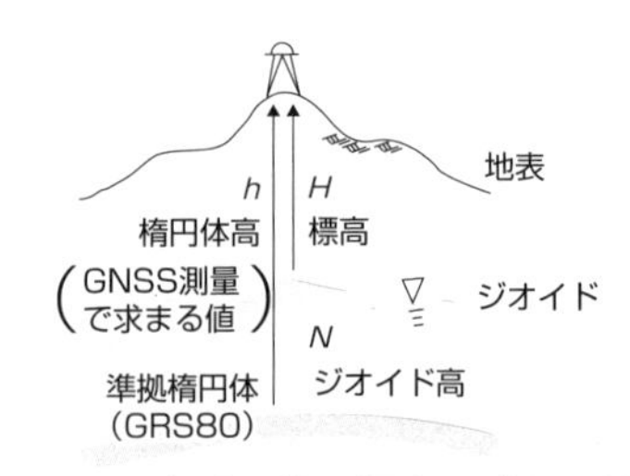

図2・35　標高，楕円標高，ジオイド高

突破のポイント

1．GNSS測量の特徴

(1) **GNSS観測**は，衛星からの電波を受信して幾何学的に相対位置を求めるため，同時に4個以上の衛星（P97，表2・17）に対する上空視界が必要である。観測点間の視通は不要であるが，樹木などの障害物の下では測量はできない。天候の影響は受けにくい。

(2) **TS等観測**は，水平角・鉛直角・距離を観測するため，観測点間の視通が必要で天候の影響を受け易い。

(3) TS等観測は，電磁波（15 MHz，150 kHz）を直接往復させて観測する一元計測である。GNSS観測（1600 MHz，1200 MHz）は，観測点と衛星で構成する立体図形を利用し，相対位置を求める三次元計測である。

(4) TS等観測では，相手が静止しているので位相情報が分かった信号を往復させて計測することができ，比較的簡単な回路で計測処理ができる。一方，GNSS測量の場合は，常に移動している衛星からの電波を受信し信号を処理するため，複雑な計測処理となる。搬送波の位相は簡単に求められるが，波の数N（**整数値バイアス**）は他の情報と併せて計算する。

(5) 誤差要因では，TS等観測は電磁波の伝播経路が全て大気中であるのに対し，GNSS観測は，電離層と大気圏における伝播遅延の影響を受ける。

表2・16　GNSS観測の作業工程（準則第24条）

番号	作業工程	概　要
①	作業計画	平均計画図の作成・作業計画書の作成
②	選点	現況調査及び新点の位置選定。選点図，平均図の作成
③	測量標設置	永久標識の設置・点の記作成
④	観測	平均図に基づき観測図（セッション計画，P57）の作成（注）
	観測作業の流れ	・GNSSアンテナの設置 ・アンテナ高の測定 ・GNSS受信機へ観測要件の入力 ・観測（受信） ・GNSS観測手薄（受信情報等の出力）
⑤	計算	成果標の作成
	計算の流れ	・基線解析（GNSS観測記簿の出力） ・基線解析結果の評価 ・点検計算及び再測 ・平均計算（三次元網平均計算）
⑥	品質評価	基準点測量成果について製品仕様書が規定するデータ品質を満足しているか評価する
⑦	成果等の整理	

（注）P57，図2・4参照

重要問題23 GNSS観測1（使用衛星数） 重要度★★

次のa～dの文は，公共測量におけるGNSS測量について述べたものである。[ア]～[オ]に入る語句の組合せで適当なものはどれか。

a．GNSSとは，人工衛星からの信号を用いて位置を決定する[ア]システムの総称である。

b．1級基準点測量において，GNSS観測は，[イ]で行う。スタティック法による観測距離が10km未満の観測において，GPS衛星のみを使用する場合は，同時に[ウ]の受信データを使用して基線解析を行う。

c．1級基準点測量において，近傍に既知点がない場合は，既知点を[エ]のみとすることができる。

d．1級基準点測量においては，原則として，[オ]により行う。

	ア	イ	ウ	エ	オ
1．	衛星測位	干渉測位方式	4衛星以上	電子基準点	結合多角方式
2．	衛星測位	干渉測位方式	4衛星以上	公共基準点	結合多角方式
3．	GNSS連続観測	単独測位方式	4衛星以上	電子基準点	単路線方式
4．	GNSS連続観測	干渉測位方式	3衛星以上	公共基準点	単路線方式
5．	衛星測位	単独測位方式	3衛星以上	電子基準点	単路線方式

解説 **解答 1**

a．**GNSS測量**とは，人工衛星からの信号を用いて位置を決定する衛星測位システムによる測量の総称である。

b．**GNSS観測**は，搬送波の位相差（電波の到達時刻差）から基線ベクトルを求める干渉測位方式で行う。スタティック法の場合，4衛星以上とする。観測方法による使用衛星数は，表2・17を標準とする。

c．1級基準点測量においては，既知点を**電子基準点**のみとすることができる（P55，表2・1）。

d．1級基準点観測及び2級基準点測量は，TS等観測と同様原則として結合多角方式で行う。

図2・36 電子基準点

突破のポイント

1．GNSS測量（汎地球測位システム）

(1) **GNSS測量**では，GPS，GLONASS及び準天頂衛星システムを適用する。

(2) GNSS観測は，干渉測位方式で行う（表2・18）。観測方法による使用衛星数の標準は，表2・17のとおり。

表２・17　観測方法による使用衛星数の標準（準則第37条）

GNSS衛星の組合せ ＼ 観測方法	スタティック法	短縮スタティック法 キネマティック法 RTK法 ネットワーク型RTK法
GPS衛星・準天頂衛星	4衛星以上	5衛星以上
GPS衛星・準天頂衛星 及びGLONASS衛星	5衛星以上	6衛星以上
摘　要	① GLONASS衛星を用いて観測する場合は，GPS衛星・準天頂衛星及びGLONASS衛星を，それぞれ２衛星以上を用いること。 ② スタティック法による10km以上の観測では，GPS衛星・準天頂衛星を用いて観測する場合は５衛星以上とし，GPS衛星・準天頂衛星及びGLONASS衛星を用いて観測する場合は６衛星以上とする。	

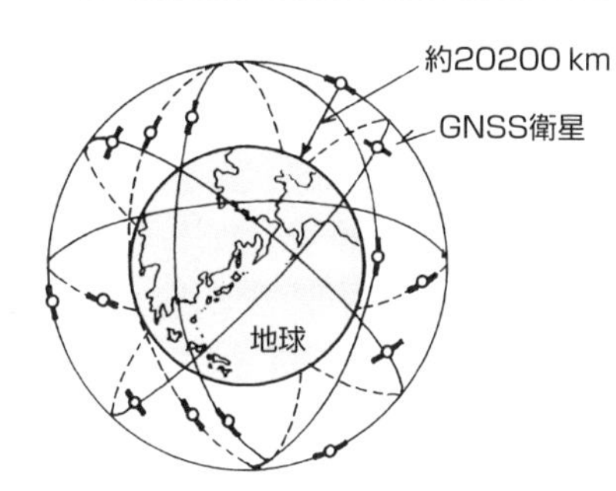

図２·37　GNSS衛星の軌道

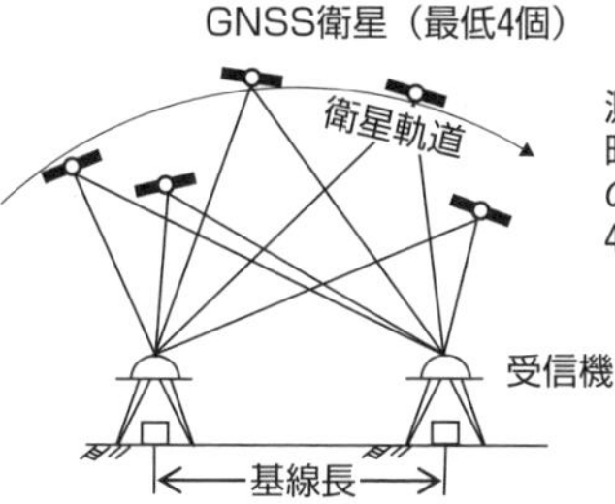

測位点座標X, Y, Z
時計誤差$\varDelta T$
の4つの未知数を，
4衛星から求める。
（スタティック法）

図２·38　GNSS衛星

関連問題

GNSS測量について，間違っているものはどれか。

1．観測点の近くに強い電波を発する物体があると，電波障害を起こし，観測精度が低下することがある。
2．電子基準点を既知点として使用する場合は，事前に電子基準点の稼働状況を確認する。
3．観測時において，すべての観測点のアンテナ高を統一する必要はない。
4．観測点では，気温や気圧の気象測定は実施しなくてもよい。
5．上空視界が十分に確保できている場合は，基線解析を実施する際にGNSS衛星の軌道情報は必要ではない。

関連問題の解説　軌道情報　　**解答　5**

基線解析に必要なGNSS衛星の**軌道情報**（位置情報）は必要である。

軌道情報とは，GNSS衛星のある時刻の三次元直交座標系の位置情報で，L_1帯（搬送波）の航法メッセージとしてコード（電信符号）で受信する。

重要問題24　GNSS観測２（観測方法）

重要度★★

次の文は，公共測量におけるGNSS測量機を用いた基準点測量について述べたものである。間違っているものはどれか。

1．短縮スタティック法による基線解析では，PCV補正の必要はない。
2．スタティック法において観測距離が10 kmを超える場合には，節点を設けるか，２周波を受信することができるGNSS測量機で観測を行う。
3．GNSS衛星が片寄った配置となる観測を避けるため，観測前にGNSS衛星の飛来情報を確認する。
4．電子基準点を既知点として使用する場合は，電子基準点の稼働状況を事前に確認する。
5．レーダーや通信局等の電波発信源施設の近傍での観測は避ける。

解説

解答　1

(1)　**PCV**（位相中心の変化）とは，受信機に入ってくるGNSS衛星からの電波の入射の高度角の変化に応じた電気的な受信中心位置の変化をいう。

(2)　**スタティック法**及び**短縮スタティック法**では，GNSS測量機は，同一機種を使いアンテナは特定の方向に向けて据える。**PCV補正**（受信用アンテナ中心位相変化の補正）は必要である。

突破のポイント

(1)　GNSS測量の測位には，単独測位法と相対測位法がある。**相対測位法**は，受信機を２台以上用いて複数の測点で同時観測（一連の観測を**セッション**という）を行い，測点間の相対的な位置（**基線ベクトル**：距離と方向）を求める観測方法をいう。

(2)　GNSS観測は，**干渉測位方式**で行う。観測方法は次のとおり（準則第37条）。

表２・18　観測方法と分類

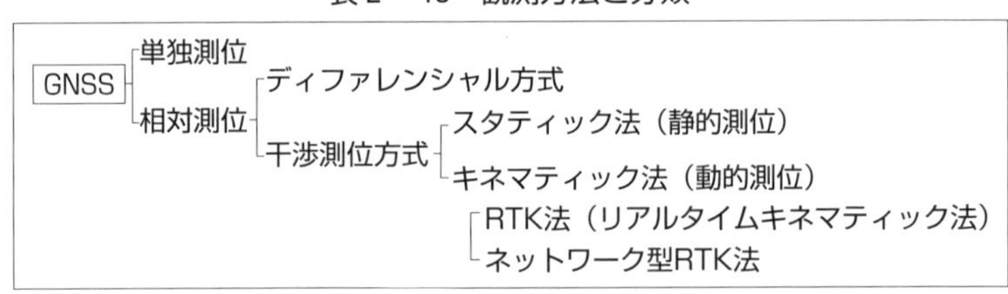

①　**スタティック法**（静的測位）は，受信機を複数の観測点に整置して，同時に信号を受信し，観測点間の基線ベクトルを求める方法で，必要な観測

時間は１～３時間程度となる。**短縮スタティック法**は，衛星数を増し観測時間を20分程度に短縮したものをいう（P102）。

② **キネマティック法**（動的測位）は，１台の受信機を基準となる観測点（固定局）に固定しておき，もう１台の受信機を次々と複数の観測点（移動局）に移動しながら，固定点と観測点の基線ベクトル（距離と方向）を求める。

③ **RTK（リアルタイムキネマティック法）**は，基線解析を瞬時に行うため固定局側で衛星からの受信情報を無線機で移動局に送り，移動局の観測データを合わせて基線ベクトルを求める。

④ **ネットワーク型RTK法**は，３点以上の電子基準点からのリアルタイムデータ（データ配信事業者）を利用し，仮想上の基準点（固定局として）を設けて１台の受信機で基線ベクトルを求める（P108，図２・50）。

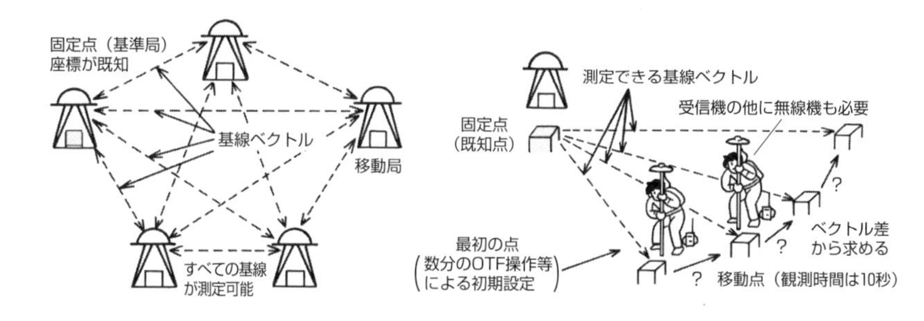

図２・39　スタティック測位　　　図２・40　RTK法測位（間接観測）

表２・19　観測方法・観測時間等（準則第37条）

観測方法	観測時間	データ取得間隔	摘要
スタティック法	120分以上	30秒以下	１～２級基準点測量（10 km以上）
	60分以上	30秒以下	１～２級基準点測量（10 km未満） ２～４級基準点測量
短縮スタティック法	20分以上	15秒以下	３～４級基準点測量
キネマティック法	10秒以上	５秒以下	３～４級基準点測量
RTK法	10秒以上	１秒	３～４級基準点測量
ネットワーク型RTK法	10秒以上	１秒	３～４級基準点測量
備考	10エポック（データ記録時刻，データ間隔）以上のデータが取得できる時間とする。 ＦＩＸ解（初期化，整数値バイアスの確定）を得てから10エポック以上のデータが取得できる時間とする。（注）		

（注）GNSS測量機とは，GPS測量機又はGPS及びGLONASS対応の測量機をいう。
（注）初期化とは，初期状態にすること。リセット。
（注）FIX解とは，整数値バイアスを確定したときの解。FIX解が出て基線ベクトルが求まる。
（注）整数値バイアスとは，搬送波位相の波の数。
（注）エポックとは，データの取得時間・間隔。

重要問題25　GNSS観測３（軌道情報）

次の文は，準天頂衛星システムを含む衛星測位システムについて述べたものである。正しいものはどれか。

1．衛星測位システムには，準天頂衛星システム以外にGPS，GLONASS，Galileoなどがある。

2．準天頂衛星と米国のGPS衛星は，衛星の軌道が異なるので，準天頂衛星はGPS衛星と同等の衛星として使用することができない。

3．衛星測位システムによる観測で，直接求められる高さは標高である。

4．準天頂衛星は，約12時間で軌道を１周する。

5．準天頂衛星の測位信号は，東南アジア，オセアニア地域では受信できない。

解説　　**解答　1**

1．**GNSS**は，人工衛星からの信号電波を地上の点で受信して，受信点の位置を正確に知るための測位システムである。GPS（米国），GLONASS（グローナス）（ロシア），Galileo（ガリレオ）（ヨーロッパ）及び準天頂衛星（日本）等の衛星測位システムがある。

2．4．5．**準天頂衛星**（高度約36 000 km，周期24時間）とGPS衛星（高度約20 200 km，周期約12時間）の軌道は異なるが，一体運用しており同等のものとして扱う。準天頂衛星は，日本及びアジア太平洋地域向け（南北対称の８の字軌道）の衛星測位システムで，常時受信できる静止衛星である。

3．衛星測位システムで求められる高さは，準拠楕円体（GRS80）表面からの高さ，楕円体高（P17）である。

突破のポイント

1．GNSS測量の利点

① 観測点間の視通は必要なく，長距離の測量ができる（上空の視界は必要）。

② 全地球的な範囲で夜間の観測が可能である（24時間観測が可能）。

③ 天候障害が少なく，観測も容易である。

2．GNSS測量の用語

① **エポック**：データの取得時刻・間隔

② **オンザフライ法**（OTF）：短時間で整数値バイアスを解く方法。

③ **基線ベクトル**：GNSS測量でいう一般のベクトル（距離と方向）。

④ **軌道情報**：衛星のある時刻の３次元直交座標系の位置情報

⑤ **サイクルスリップ**：受信データの瞬間的な中断。

⑥ **セッション**：同時に複数のGNSS測量機を用いる一連の観測（P57）。
⑦ **整数値バイアス**：衛星からアンテナまで搬送波の数の合計。
⑧ **電子基準点**：GNSSの24時間連続観測システムの基準点。全国1300ヶ所に設置（P96）。
⑨ **マルチパス**：反射波と直接波の多重経路。誤差の原因。
⑩ **搬送波**：通信用電波。L_1帯（波長19 cm），L_2帯（波長24 cm）の2種。
⑪ **FIX解**：整数値バイアスの確定したときの解。

関連問題

次のa～eの文は，GNSS測量について述べたものである。［ア］～［オ］に入る語句の組合せとして最も適当なものはどれか。

a．GNSSとは，人工衛星からの信号を用いて位置を決定する［ア］システムの総称である。
b．GNSS測量の基線解析を行うには，GNSS衛星の［イ］が必要である。
c．GNSS測量では，［ウ］が確保できなくても観測できる。
d．基準点測量において，GNSS測量は，［エ］方式で行う。
e．GNSSアンテナの向きをそろえて整置することで，［オ］の影響を軽減することができる。

	ア	イ	ウ	エ	オ
1．	衛星測位	軌道情報	視通	単独測位	アンテナ位相特性
2．	衛星測位	軌道情報	視通	干渉測位	アンテナ位相特性
3．	衛星測位	品質情報	上空の視界	単独測位	マルチパス
4．	GPS連続観測	軌道情報	上空の視界	干渉測位	アンテナ位相特性
5．	GPS連続観測	品質情報	視通	単独測位	マルチパス

関連問題の解説　GNSS測量　　**解答 2**

d．GNSS測量には，単独測位と干渉測位がある。**単独測位**は，1台の受信機で他の地点とは無関係にその場の位置を出すもので，精度が低く測量には不適である。**干渉測位**は，複数の地点での受信機で同時に受信した電波の位相差から，基線ベクトルを求めるもので高精度で測量に適している（P98，表2・18）。
e．受信機に入る電波の高度角の変化による誤差（**アンテナ位相特性**）を補正するために，同一型式のアンテナの使用，アンテナを全て特定の方向（北方向）に向けて観測する。

重要問題26　GNSS観測4（スタティック測位法）　重要度★

次の文は，GNSSを用いた測量について述べたものである。間違っているものはどれか。

1．GNSSで求められた位置は，地球重心系（WGS－84）に準拠しているので，日本測地系に準拠した位置を求めるためには，楕円体の変換が必要である。
2．静的測位（スタティック測位）とは，複数の測点に受信機を固定して同時に観測を行う方式である。
3．GNSS測量では，受信点間の視通がなくても，基線ベクトル（距離と方向）を求めることができる。
4．GNSS測量により求められた楕円体上の高さは，水準測量によって求められた標高と一致する。
5．長距離の基線を観測する場合は，電離層の影響を補正する必要がある。

解説　　解答　4

1．**GNSS測量**は，GNSS衛星固有の座標WGS－84系（P16，ITRF94座標系とほぼ同一）が準拠座標系として与えられている。GNSS測量で求めた位置は，この座標系から日本測地座標系への座標変換が必要である。
2．**静的測位（スタティック測位）**とは，複数（2点以上）の測点にアンテナと受信機を置いて，30分から数時間，同時にGNSS衛星の電波を受信して観測を行う方式である（P98）。
3．GNSS測量では，受信点間の視通は必要としない。
4．GNSS測量で得られる楕円体上の高さ（**楕円体高**，P39）と水準測量より求められる**標高**（ジオイド面上の高さ）とは異なり，一致しない。**ジオイド高**で補正して，標高を決定する。標高H＝楕円体高h－ジオイド高N。
5．地上200 km以上の電離層では，太陽からの紫外線等によって電離した状態になっており，この層は，電波を反射・屈折させる。ここを通過する電波は距離の測定に影響するので補正を要する（P104）。

突破のポイント

(1)　GNSSによる測位には，1点だけの観測で測点の位置を決める**単独測位（1点測位法）**と，2点以上で同時観測し，測点の位置を決める**相対測位（干渉測位法）**がある。相対測位は測量分野に適している（表2・18参照）。
(2)　**干渉測位方式**（法）では，搬送波の波長を基準にして測位する。**搬送波**は，

1サイクルの波の数（**整数値バイアス**）と1波以内の端数で表し，測定するのは波長の端数であり，整数値バイアスは不確定である。この整数値バイアスを確定するため，観測方法，使用衛星数が決まる（P99参照）。

(3) GNSS衛星から発信する電波（搬送波）には，衛星の位置を計算するための**軌道情報**（飛行経路を示す時間と位置情報）や時刻などの**航法メッセージ**と観測に用いる周波であるC/Aコード（L1帯の信号）や**P**コード（L1，L2の信号）が含まれる。

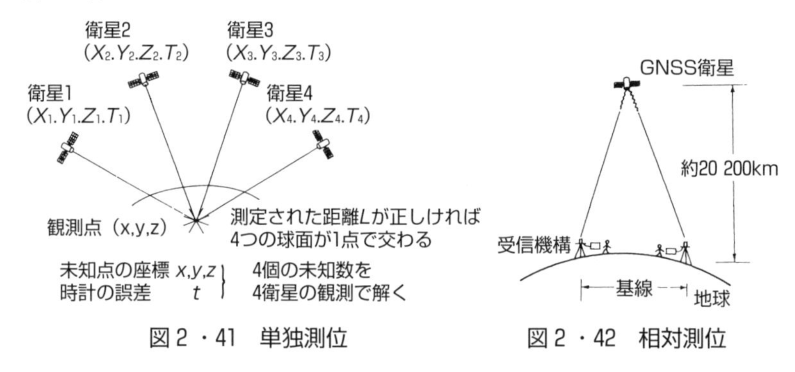

図2・41　単独測位　　図2・42　相対測位

関連問題

次の文は，スタティック法によるGNSS測量について述べたものである。間違っているものはどれか。

1．GNSS測量では，通常，気温や気圧の気象観測は行わない。
2．GNSS測量では，短距離基線の観測には1周波GNSS受信機を使用する。
3．GNSS測量の基線解析を実施するために，衛星の軌道情報は必要ない。
4．GNSS測量では，複数の観測点においてGNSS衛星（GPS衛星のみ）を同時に4個以上使用することができれば，基線解析を行うことができる。
5．GNSS測量の基線解析で用いられる観測点の高さは，楕円体高である。

関連問題の解説　スタティック法　　**解答　3**

スタティック法は，測定の座標（X，Y），楕円体高Z及び観測時刻Tの4つの未知数を，4以上の衛星の連続観測で求める。長時間観測により電離層の影響や対流圏の大気の影響が平均化され，誤差が軽減される（P104）。

軌道情報は，GNSS衛星のある時刻における三次元直交座標系での位置情報をいい，基線解析に必要となる。

重要問題27　GNSS観測５（誤差の要因）

重要度★

次の文は，スタティック法によるGNSS測量の観測方法について述べたものである。間違っているものはどれか。

1．衛星の位置の変化を利用して整数値バイアスを決定するため，キネマティック法に比べて，観測時間は長い。
2．長い基線を解析するときには，衛星の精密な軌道情報を用いた方が，より高い精度の結果が得られる。
3．観測の際に気象測定を行い，その結果を解析時に用いると，電離層における電波の速度変化の影響を除去できる。
4．長い基線での観測は，１周波のみの観測に比べて２周波の観測を行った方が，より高い精度の結果が得られる。
5．同機種のGNSSアンテナは，同一方向に向けて整置することで位相中心のずれの影響を軽減できる。

解説

解答　3

(1)　GNSS測量の誤差のうち，電離層における電波の速度変化は，２種類の周波数（L_1帯1600 MHz，L_2帯1200 MHz）を用いて速度変化の差を補正する。

対流圏における電波の伝達遅延の誤差は，**標準大気モデル**によって補正する。標準大気モデルは，基線解析プログラムに組み込まれた標準的な気温，気圧，湿度によって補正している。気象測定は行わない。

(2)　**GNSSアンテナ**は，受信する電波の方向によって位相がずれる位相特性があるが，同一機種では，同じ位相特性をもっている。**アンテナ位相特性**の誤差は，アンテナを同一方向（通常，北）に設置することによって消去する。

突破のポイント

1．搬送波の伝播速度に影響を与える要因

(1)　**電離層遅延誤差**：地上200 km以上の電離層において電波の速度変化がある。この電離層の影響による誤差は，距離が長い場合（10 km以上），２周波数（L1帯とL2帯）観測補正する。

1級GNSS測量機	L1周波数帯（L1帯）とL2周波数帯（L2帯）の電波を同時に受信可能。２周波受信機
2級GNSS測量機	L1帯のみを受信する。１周波受信機

(2)　**対流圏遅延誤差**：大気による電波の遅延のため，伝播距離が長く観測される。気温，気圧，湿度などの気象を測定することは困難であるため，標

準的な値（**標準大気モデル**）によって補正を行う。

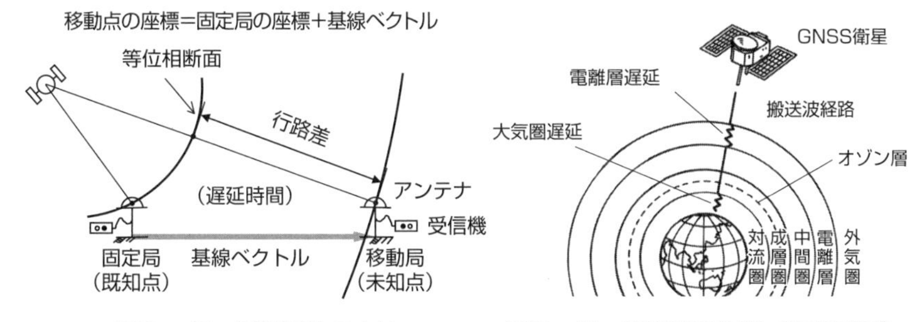

図２・43　干渉測位の方法　　図２・44　搬送波の遅延（誤差要因）

関連問題

次の文は，GNSS測量機を用いた測量の誤差について述べたものである。［ア］～［エ］に入る語句の組合せとして適当なものはどれか。

GNSS測量機を用いた測量における主要な誤差要因には，GNSS衛星位置や時計などの誤差に加え，GNSS衛星から観測点までに電波が伝搬する過程で生ずる誤差がある。そのうち，［ア］は周波数に依存するため，２周波の観測により軽減することができる。［イ］は周波数に依存せず，２周波の観測により軽減することができないため，基線解析ソフトウェアで採用している標準値を用いて近似的に補正を行う。［ウ］法では，このような誤差に対し，基準局の観測データから作られる補正量などを取得し，解析処理を行うことでその軽減を図る。

但し，GNSS衛星から直接到達する電波以外に電波が構造物などに当たって反射したものが受信される現象である［エ］による誤差は，［ウ］法によっても補正できない。

	ア	イ	ウ	エ
1．	電離層遅延誤差	対流圏遅延誤差	ネットワーク型RTK	マルチパス
2．	電離層遅延誤差	対流圏遅延誤差	ネットワーク型RTK	サイクルスリップ
3．	電離層遅延誤差	対流圏遅延誤差	短縮スタティック	マルチパス
4．	対流圏遅延誤差	電離層遅延誤差	キネマティック	サイクルスリップ
5．	対流圏遅延誤差	電離層遅延誤差	キネマティック	マルチパス

関連問題の解説　GNSS測量の誤差　　**解答　1**

電離層遅延誤差は２種類の周波数により観測，対流圏遅延誤差は標準大気モデルにより観測し，消去する。

重要問題28　GNSS観測６（観測の留意点等）　重要度★

次の文は，GNSS測量機を用いた測量の留意点について述べたものである。［ア］～［ウ］に入る語句の組合せとして適当なものはどれか。

GNSS測量機を用いた測量では，GNSS衛星からの電波を利用するので，高い建物が多い都市部や森林などにおける障害物による短時間の受信データの中断（サイクルスリップ）や，看板やトタン屋根などの建物で発生する［ア］などの電波受信障害により，観測の信頼性が低下することがある。このため測量時に［イ］の確保が必要となる。

また，天頂付近のGNSS衛星に比べ，地表付近のGNSS衛星から受信される電波は，大気による遅延量が大きいことや，地面などによる［ア］の影響も受けやすいため，通常，基線解析を行う際には，解析に使用するGNSS衛星の［ウ］を設定する。

	ア	イ	ウ
1．	多重反射（マルチパス）	上空視界	最低高度角
2．	透　過	観測点間の視通	最高高度角
3．	透　過	上空視界	最低高度角
4．	多重反射（マルチパス）	観測点間の視通	最高高度角
5．	透　過	観測点間の視通	最低高度角

解説　　解答　1

(1)　アンテナに直進しない電波が，看板やトタン屋根，ビルの壁面に反射した電波，多重反射（マルチパス）が直進してきた電波と一緒に受信されると，測定位相が変化して基線ベクトルに誤差が生じる。

(2)　観測点では十分に上空視界が開けている必要がある。水平線に近い衛星からの電波は，直進してくる電波以外に地面や水面で反射した電波（マルチパス）を連続して受信する可能性が有り，ときには基線解析が不可能になることがある。

(3)　GNSS測量機を置く観測点の上空視界は，最低高度角15°を標準とし，30°までの視界を確保する。

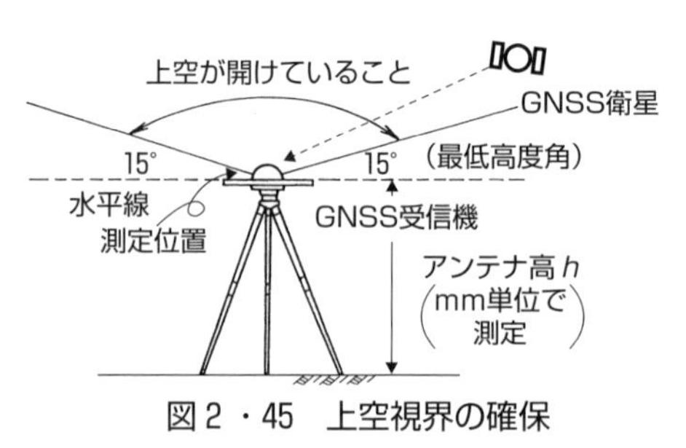

図２・45　上空視界の確保

突破のポイント

(1) 人工衛星とGNSS測量機間に高い建物や森林など電波を遮る物があると電波の連続性が消え，短時間の受信データの中断が起こる（**サイクルスリップ**）。
(2) 瞬間的なサイクルスリップは，基線解析プログラムで自動編集するが，長時間のサイクルスリップが起これば，基線ベクトルの計算ができなくなる。
(3) アンテナに直進しない電波が，看板や屋根，ビルの壁面等に反射して起こる電波受信障害を**マルチパス（多重反射）**という。

関連問題

次の文は，GNSS測量機を用いた測量における誤差について述べたものである。明らかに間違っているものはどれか。

1．GNSSアンテナの向きをそろえて整置することで，マルチパスの影響を軽減する。
2．GNSS衛星とGNSS測量機の時計の違いにより生じる時計誤差は，基線解析を行うことで消去する。
3．仰角の低いGNSS衛星を使用すると，対流圏の影響による誤差が増大する。
4．２周波で基線解析を行うことによって，電離層の影響による誤差を軽減する。
5．観測点の近くに強い電波を発する施設などがあると，誤差が生じる。

関連問題の解説　GNSS測量の誤差　**解答 1**

(1) GNSSアンテナの向きをそろえて整置するのは，**アンテナ位相特性**（受信機に入る電波の高度角による高さ（楕円体高）に与える誤差）を補正するために行う。アンテナ型式，搬送波の周期数，電波の方向･高度角によって，受信機に入ってくるGNSS衛星からの電波の受信中心位置が変化し，これを補正することを**PCV補正**という。マルチパスの影響を軽減するためではない。
(2) GNSS測量では，干渉測位によって行路差（搬送波の位相差）を測定し，基線ベクトルを求める。GNSS衛星と受信機の**時計誤差**（位相のゆらぎ）のため測定値に誤差が生じる。これを消去するため，受信機の時間誤差と衛星の時間誤差を処理する二重位相差（時間誤差の処理）及びフィックス解（整数値バイアスの確定）等の**基線解析**を行う。

重要問題29　整数値バイアスの確定と観測方法　　重要度★★

GNSS測量において，整数値バイアスの確定方法と干渉測位法（スタティック法，キネマティック法等）の分類について，説明しなさい。

解説

(1) 干渉測位方式では，搬送波の波長を基準にして測位する。搬送波の位相（波長の数）を**整数値バイアス**（1サイクルの波の数）Nと1波以内の端数の位相ϕの（$N+\phi$）で表す。測定するのは波長の端数ϕであり，整数値バイアスは不確定である。この整数値バイアスを確定する初期化を**整数値バイアスの確定**という。

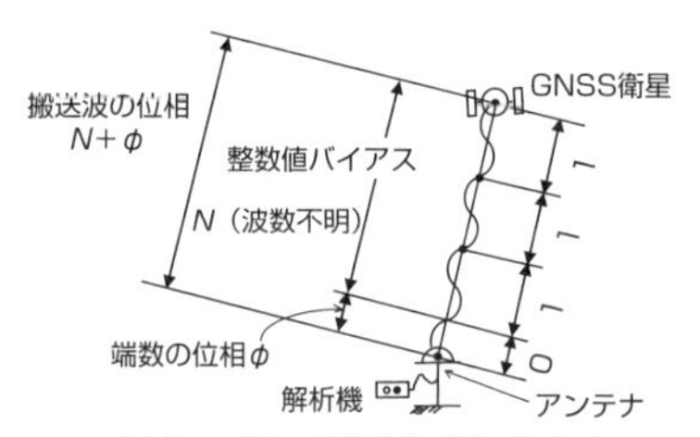

図2・46　整数値バイアス

(2) 整数値バイアスの確定方法により，使用衛星数，観測時間が変わる。

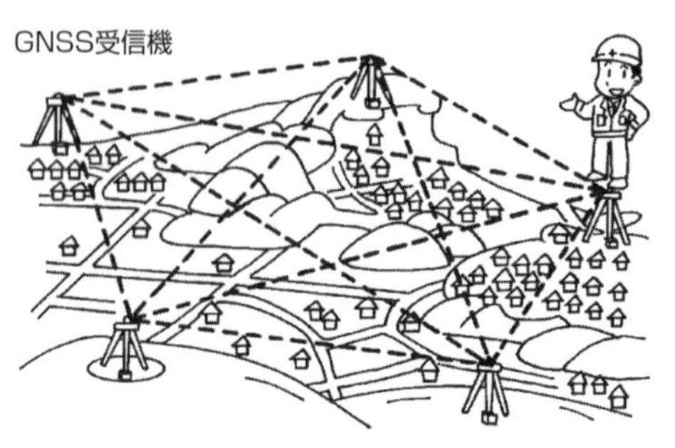

図2・47　スタティック法

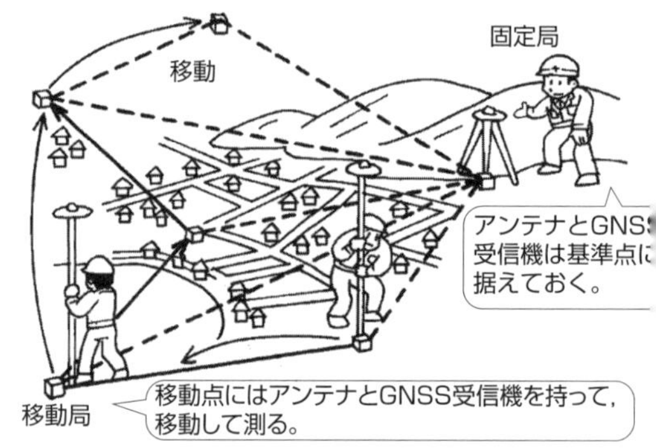

図2・48　キネマティック法

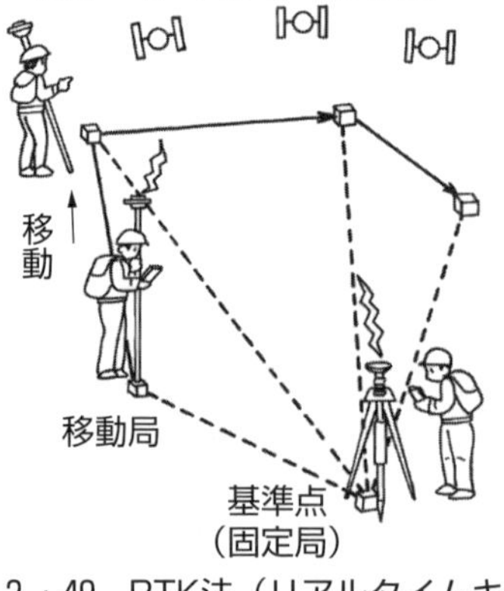

図2・49　RTK法（リアルタイムキネマティック）

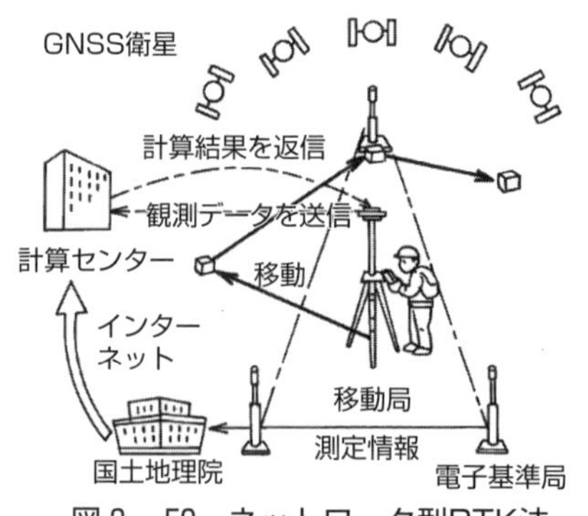

図2・50　ネットワーク型RTK法

表２・20　GNSS観測（分類，準則第37条）

<table>
<tr><th colspan="2" rowspan="2">観測方法</th><th rowspan="2">観測時間</th><th rowspan="2">データ取得間隔</th><th colspan="2">GNSS衛星の組合せと必要数</th><th rowspan="2">観測方法</th><th rowspan="2">摘　要</th></tr>
<tr><th>GPS
注１</th><th>GPS及びGLO-NASS</th></tr>
<tr><td rowspan="3">スタティック法</td><td rowspan="2">（静的測位）
スタティック法</td><td>120分以上</td><td rowspan="2">30秒以下</td><td rowspan="2">４衛星以上
注３</td><td rowspan="2">５衛星以上
注２，３</td><td rowspan="2">複数の観測点でGNSS受信機を固定して同時に観測を行う方法。長時間観測のため，高い精度が得られる。</td><td>１級
（10km以上）</td></tr>
<tr><td>60分以上</td><td>１級
（10km未満）
２～４級</td></tr>
<tr><td>短縮
スタティック法</td><td>20分以上</td><td>15秒以下</td><td rowspan="4">５衛星以上</td><td rowspan="4">６衛星以上
注２</td><td>スタティック法の観測時間を短縮して観測を行う方法。</td><td>３～４級</td></tr>
<tr><td rowspan="3">キネマティック法</td><td>（動的測位）
キネマティック法</td><td>10秒以上</td><td>５秒以下</td><td>１台のGNSS受信機を固定局とし，別の１台のGNSS受信機を移動局として初期化を行い，その後移動局を複数の観測点に移動しながら観測を行う。観測時間が短いため精度は期待できない。</td><td>３～４級</td></tr>
<tr><td>RTK法
①直接観測法（注４）
②間接観測法（注５）</td><td>10秒以上</td><td>１秒</td><td>固定局での衛星観測データを移動局のGNSS受信機に無線などで転送し，移動局で瞬時に基線ベクトルを求める。距離が長くなると精度は低下する。</td><td>３～４級</td></tr>
<tr><td>ネットワーク型RTK法
①直接観測法（注４）
②間接観測法（注５）
③単点観測法（注６）</td><td>10秒以上</td><td>１秒</td><td>インターネットを介して電子基準点からのデータを通信装置により，移動局で受信し，同時にGNSS衛星の信号を受信して基線ベクトルを求める。順次移動して同様の観測を繰り返し行う。</td><td>３～４級</td></tr>
</table>

注１．準天頂衛星は，GPS衛星と同等のものとして扱うことができる。
注２．GLONASS衛星を用いて観測する場合は，GPS衛星及びGLONASS衛星を，それぞれ２衛星以上を用いること（表２・17）。
注３．スタティック法による10 km以上の観測では，GPS衛星を用いて観測する場合は５衛星以上とし，GPS衛星及びGLONASS衛星を用いて観測する場合は６衛星以上とする（表２・17）。
注４．固定点と移動点間の基線ベクトル網を構成して，基線ベクトルを求める。
注５．各基線ベクトル差から，２点間の基線ベクトルを求める（図２・40）。
注６．配信データを利用して，単独で測点の位置座標を求める。

重要問題30　基線ベクトル

重要度★★

GNSS測量機を用いた基準点測量を行い，基線解析により基準点Aから基準点B，基準点Aから基準点Cまでの基線ベクトルを得た。表は，地心直交座標系におけるX軸，Y軸，Z軸方向について，それぞれの基線ベクトル成分（ΔX，ΔY，ΔZ）を示したものである。

基準点Bから基準点Cまでの斜距離はいくらか。

区　間	基線ベクトル成分		
	ΔX	ΔY	ΔZ
A→B	＋500.000 m	−200.000 m	＋300.000 m
A→C	＋100.000 m	＋300.000 m	−300.000 m

1．608.276 m　2．754.983 m　3．877.496 m
4．984.886 m　5．1 225.480 m

解説　**解答　3**

(1)　図2・51において，既知点Aの位置情報に基づく新点Bの座標と標高は，次のとおり。

$$\begin{vmatrix} X_B \\ Y_B \\ Z_B \end{vmatrix} = \begin{vmatrix} X_A \\ Y_A \\ Z_A \end{vmatrix} + \begin{vmatrix} \Delta X \\ \Delta Y \\ \Delta Z \end{vmatrix} \quad \cdots\cdots 式(2\cdot29)$$

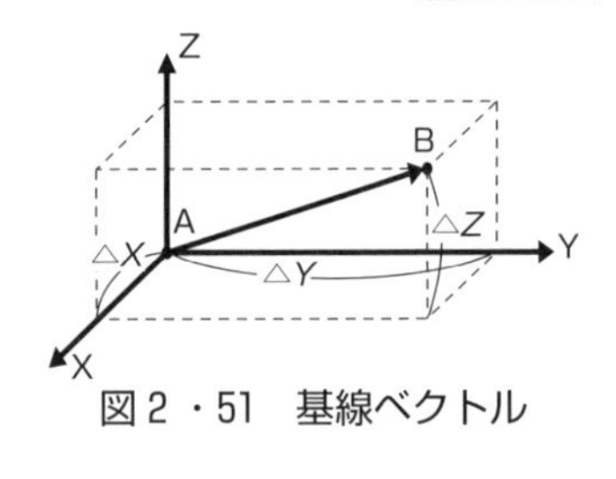

図2・51　基線ベクトル

(2)　図2・52において，**空間ベクトル**の成分を $(x,\ y,\ z)$ で表す。基準点A $(x_A=0,\ y_A=0,\ z_A=0)$ と，B，Cとの座標差B $(\Delta x_B,\ \Delta y_B,\ \Delta z_B)$，C $(\Delta x_C,\ \Delta y_C,\ \Delta z_C)$ のとき，$\overrightarrow{BC}$の基線ベクトルは $\overrightarrow{BC}=\overrightarrow{AC}-\overrightarrow{AB}$ より，

$$\overrightarrow{BC} = \begin{vmatrix} \Delta X_{BC} \\ \Delta Y_{BC} \\ \Delta Z_{BC} \end{vmatrix} = \begin{vmatrix} \Delta x_C - \Delta x_A \\ \Delta y_C - \Delta y_A \\ \Delta z_C - \Delta z_A \end{vmatrix} - \begin{vmatrix} \Delta x_B - \Delta x_A \\ \Delta y_B - \Delta y_A \\ \Delta z_B - \Delta z_A \end{vmatrix}$$

$$= \begin{vmatrix} 100 \\ 300 \\ -300 \end{vmatrix} - \begin{vmatrix} 500 \\ -200 \\ 300 \end{vmatrix} = \begin{vmatrix} -400 \\ 500 \\ -600 \end{vmatrix}$$

B(500, −200, 300)
C(100, 300, −300)
A(0, 0, 0)

図2・52　空間ベクトル

$$\therefore \quad |\overrightarrow{BC}| = \sqrt{\Delta X_{BC}^{\,2} + \Delta Y_{BC}^{\,2} + \Delta Z_{BC}^{\,2}}$$

$$= \sqrt{(-400)^2 + 500^2 + (-600)^2} = 100\sqrt{77} = \underline{877.496\ \mathrm{m}}$$

（関数表より，$\sqrt{77}=8.77496$）

突破のポイント

1．基線ベクトル（位置ベクトル）

(1)　2点間の直線は，距離と方向をもつ**ベクトル**であり，GNSS測量では空間ベクトルを**基線ベクトル**という。基線ベクトルを三次元座標系の3成分として長さと方向を求める計算を**基線解析**という。

(2)　X，Y，Z軸の座標空間において，座標A（x_A，y_A，z_A），B（x_B，y_B，z_B），C（x_C，y_C，z_C）とすると，ベクトル$\overrightarrow{OA}$，$\overrightarrow{OB}$，$\overrightarrow{OC}$の成分は次のとおり。

$\overrightarrow{OA}=(x_A,\ y_A,\ z_A)$，$\overrightarrow{OB}=(x_B,\ y_B,\ z_B)$，$\overrightarrow{OC}=(x_C,\ y_C,\ z_C)$

$\overrightarrow{OA}+\overrightarrow{AB}=\overrightarrow{OB}$より，$\overrightarrow{AB}=\overrightarrow{OB}-\overrightarrow{OA}$

$$\left.\begin{aligned}|\overrightarrow{OA}|&=\sqrt{x_A{}^2+y_A{}^2+z_A{}^2}\\|\overrightarrow{OB}|&=\sqrt{x_B{}^2+y_B{}^2+z_B{}^2}\\|\overrightarrow{OC}|&=\sqrt{x_C{}^2+y_C{}^2+z_C{}^2}\\|\overrightarrow{AB}|&=\sqrt{(x_B-x_A)^2+(y_B-y_A)^2+(z_B-z_A)^2}\\|\overrightarrow{BC}|&=\sqrt{(x_C-x_B)^2+(y_C-y_B)^2+(z_C-z_B)^2}\end{aligned}\right\}\quad\cdots\cdots\text{式}(2\cdot30)$$

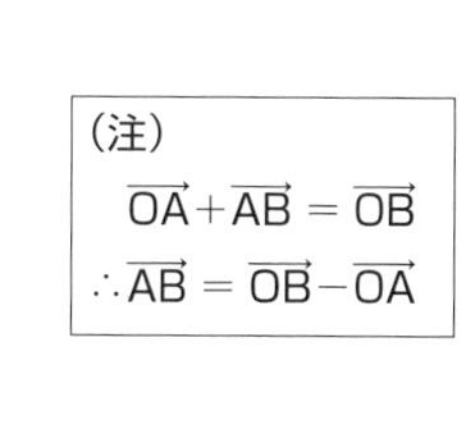
（注）
$\overrightarrow{OA}+\overrightarrow{AB}=\overrightarrow{OB}$
$\therefore\overrightarrow{AB}=\overrightarrow{OB}-\overrightarrow{OA}$

図2・53　基準点測量の原理（ベクトル）

(3)　地心直交座標系上の空間ベクトルの3点，$\vec{A}$（X_A，Y_A，Z_A），$\vec{B}$（X_B，Y_B，Z_B），$\vec{C}$（X_C，Y_C，Z_C）を行列式の形で表すと，次のとおり。

$$\overrightarrow{OA}=\begin{vmatrix}X_A\\Y_A\\Z_A\end{vmatrix},\ \overrightarrow{OB}=\begin{vmatrix}X_B\\Y_B\\Z_B\end{vmatrix},\ \overrightarrow{OC}=\begin{vmatrix}X_C\\Y_C\\Z_C\end{vmatrix}\quad\cdots\cdots\text{式}(2\cdot31)$$

2点間$\overrightarrow{AB}$，$\overrightarrow{AC}$の基線ベクトル差（ΔX，ΔY，ΔZ）は，次式で表す。

$$\overrightarrow{AB}=\begin{vmatrix}\Delta X_{AB}\\\Delta Y_{AB}\\\Delta Z_{AB}\end{vmatrix}=\begin{vmatrix}X_B\\Y_B\\Z_B\end{vmatrix}-\begin{vmatrix}X_A\\Y_A\\Z_A\end{vmatrix},\ \overrightarrow{AC}=\begin{vmatrix}\Delta X_{AC}\\\Delta Y_{AC}\\\Delta Z_{AC}\end{vmatrix}=\begin{vmatrix}X_C\\Y_C\\Z_C\end{vmatrix}-\begin{vmatrix}X_A\\Y_A\\Z_A\end{vmatrix}\quad\cdots\cdots\text{式}(2\cdot32)$$

$$\left.\begin{aligned}\text{基線ベクトル}\ |\overrightarrow{AB}|&=\sqrt{\Delta X_{AB}^2+\Delta Y_{AB}^2+\Delta Z_{AB}^2}\\|\overrightarrow{AC}|&=\sqrt{\Delta X_{AC}^2+\Delta Y_{AC}^2+\Delta Z_{AC}^2}\end{aligned}\right\}\quad\cdots\cdots\text{式}(2\cdot33)$$

重要問題31　基準点成果表１（平面直角座標系）

重要度★

次の文は，平面直角座標系による基準点成果について述べたものである。正しいものはどれか。

1．方向角とは，基準点を通る子午線の北から右回りに測った角度である。
2．二つの基準点間の平面距離は，球面距離より常に短い。
3．基準点の平面直角座標は，ガウス等角投影法で計算したものである。
4．平面直角座標系の系番号は，行政区域に関係なく定められている。
5．座標原点の東側にある基準点の真北方向角の符号は，正である。

解説

解答　3

1，5．**方向角**は平面直角座標系において，座標原点を通るX軸（真北）に平行な線（X'）から右回りに測った基準点方向の角，**方位角**は基準点を通る子午線（真北）から右回りに測った角である。**真北方向角（子午線収差）**は，原点の東側では負（－），西側では正（＋）である（図2・55）。

方位角＝方向角－真北方向角　………式（2・34）

2．座標原点から東西約90 kmの範囲では，二つの基準点間の平面距離は，球面距離より短い。90 km付近では平面距離と球面距離は等しい。また，90 kmから130 kmまでは，平面距離は球面距離よりも長い（P249，図6・8参照）。

3．基準点の平面直角座標の計算は，**ガウスの等角投影法**を用いて計算したものである（P251参照）。

4．**平面直角座標系**は，球面（地球）を平面に展開した直角座標で，歪を小さくするため全国を19の地域（行政区域別）に分割して原点を設けている。

表2・21　平面直角座標系（一部）

系番号	原点の経緯度	適　用　区　域
I	B＝ 33度 0分0秒0000 L＝129度30分0秒0000	長崎県　鹿児島県のうち北方北緯32度　南方北緯27度，西方東経128度18分　東方東経130度を境界線とする区域内
II	B＝ 33度 0分0秒0000 L＝131度 0分0秒0000	福岡県　佐賀県　熊本県　大分県　宮崎県　鹿児島県
III	B＝ 36度 0分0秒0000 L＝132度10分0秒0000	山口県　島根県　広島県
IV	B＝ 33度 0分0秒0000 L＝133度30分0秒0000	香川県　愛媛県　徳島県　高知県
V	B＝ 36度 0分0秒0000 L＝134度20分0秒0000	兵庫県　鳥取県　岡山県
VI	B＝ 36度 0分0秒0000 L＝136度 0分0秒0000	京都府　大阪府　福井県　滋賀県　三重県　奈良県　和歌山県

突破のポイント

1．平面直角座標系，方向角，方位角

平面直角座標系は，全国を19の系で分割し，各系の座標原点（原点）における縮尺係数を0.999 9としている（P248参照）。

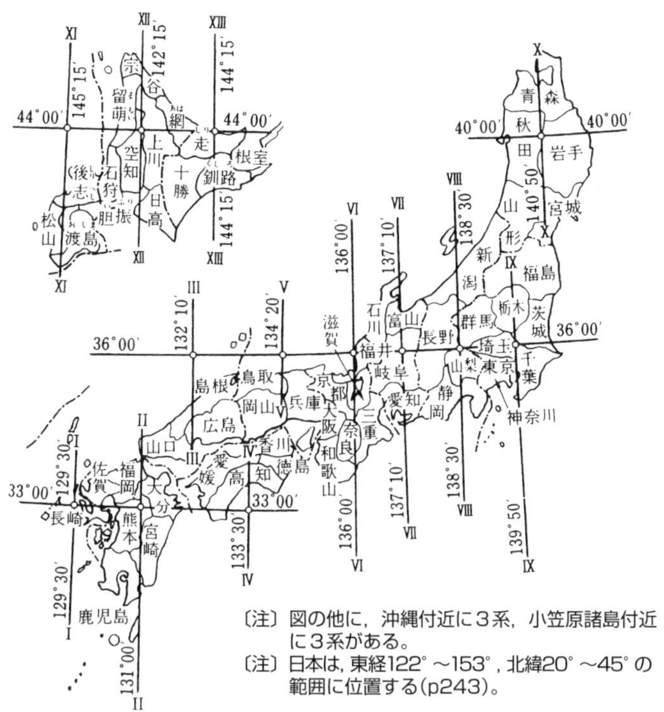

図2・54　平面直角座標

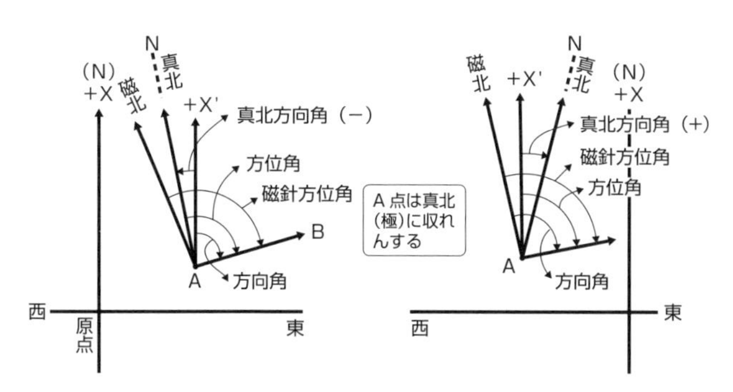

図2・55　方位角，方向角，真北方向角の関係

重要問題32　基準点成果表２（縮尺係数，セミ・ダイナミック補正）　重要度★

表は，１級基準点測量作業の基準点成果表である。次の文は，この基準点成果表について述べたものである。間違っているものはどれか。但し，表中のAREA 9は，平面直角座標系のIX系を意味する。

1．１級基準点(1)は，原点を通るX軸の東側にあり，原点を通るY軸の北側にある。
2．１級基準点(1)と視準点間の平面距離は，球面距離より長い。
3．１級基準点(1)の地理学的緯度は，北緯37度33分51.899秒である。
4．平均方向角は，１級基準点(1)を通るX軸から時計回りに測った角である。
5．１級基準点(1)における１級基準点(2)の方位角は，平均方向角より大きい。

基　準　点　成　果　表
(AREA　9)
１級基準点　　(1)
[m]

B	37° 33′ 51″.899	X	173 745.82
L	140° 26′ 22″.862	Y	53 559.22
N	−0° 22′ 10″.8	H	198.73
		ジオイド高	32.80

視準点の名称	平均方向角	距　離 縮尺係数 0.999 935	備考
		真数[m]	
１級基準点(2)	44° 36′ 55″	976. 54	
〃　(3)	128 57 30	879. 57	

埋標型式	地　上			標識番号	金属標	01

解説　　解答　2

基準点成果表は，基準点測量の結果を表にまとめたもので，B，L：北緯，東経（基準点の経緯度），X，Y：原点からの平面直角座標値，N：真北方向角，H：標高，距離は球面距離を表す。

座標値X，Yが正より，基準点は原点の北東にある。１級基準点(1)と視準点間の平面距離は，縮尺係数（0.999 935）から球面距離より短い。

なお，５の基準点(2)の方位角は，式（２・34）より44° 59′ 05″である。

突破のポイント

1．縮尺係数

(1)　測量作業で得られる準拠楕円体への投影補正済みの距離（実測値）は，地球表面上の**球面距離**Sである。これを平面直角座標では，**平面距離**sで表示する。実測値から座標値へ変換する場合，**縮尺係数**mを用いる（P248）

縮尺係数　$m=\dfrac{\text{平面距離}}{\text{球面距離}}=\dfrac{s}{S}$　　……式（２・34）

平面距離　$s=$縮尺係数$m\times$球面距離S

①　原点　$s/S=0.999\,9$：平面距離の方が短い。
②　原点から東西約90 km付近　$s/S=1.000\,0$：平面距離＝球面距離。

③　原点から東西約130 km付近 $s/S = 1.0001$：平面距離の方が長い。

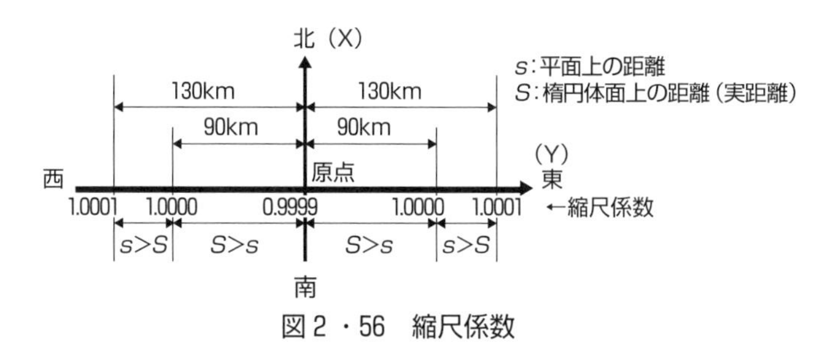

図２・56　縮尺係数

関連問題

公共測量におけるセミ・ダイナミック補正について，［ア］～［エ］に入る語句の組合せとして最も適当なものはどれか。

プレート境界に位置する我が国においては，プレート運動に伴う［ア］により，各種測量の基準となる基準点の相対的な位置関係が徐々に変化し，基準点網のひずみとして蓄積していく。

GNSSを利用した測量の導入に伴い，基準点を新たに設置する際には遠距離にある［イ］を既知点として用いることが可能となったが，［ア］によるひずみの影響を考慮しないと，近傍の基準点の測量成果との間に不整合が生じる。

そのため，測量成果の位置情報の基準日である「測地成果2011」の［ウ］から新たに測量を実施した［エ］までの［ア］によるひずみの補正を行う必要がある。

	ア	イ	ウ	エ
1．	地殻変動	三角点	今期	元期
2．	地盤沈下	三角点	今期	元期
3．	地殻変動	電子基準点	今期	元期
4．	地盤沈下	三角点	元期	今期
5．	地殻変動	電子基準点	元期	今期

関連問題の解説　セミ・ダイナミック補正　**解答　5**

基準点成果表は，地殻変動（0.2 ppm/年，10 kmあたり 2 mm）に伴うひずみの影響を考慮して**セミ・ダイナミック補正**して算出されている。１級基準点測量で，電子基準点のみを既知点として用いる場合，地殻変動パラメータを使用し，基準日を東北地震のあった年（2011年）を元期（がんき）として，新たに測量を実施した今期（こんき）までの地殻変動によるひずみを補正（今期座標値）している。

第2章　GNSSを含む多角測量

第2章
演習問題

まとめ，確認
繰り返しTry!

問1　次のａ～ｆは，基準点測量で行う主な作業工程である。標準的な作業の順序として，最も適当なものはどれか。

ａ．踏査・選点　ｂ．成果等の整理　ｃ．観測　ｄ．計画・準備
ｅ．測量標の設置　ｆ．平均計算

1．ｄ→ａ→ｅ→ｃ→ｆ→ｂ　　2．ｄ→ｅ→ａ→ｆ→ｃ→ｂ
3．ｄ→ｅ→ｃ→ａ→ｆ→ｂ　　4．ｄ→ａ→ｆ→ｅ→ｃ→ｂ
5．ｄ→ａ→ｅ→ｆ→ｃ→ｂ

問2　次のａ～ｅの文は，トータルステーションを用いた基準点測量の作業内容について述べたものである。間違っているものだけの組合せはどれか。

ａ．測量作業を実施するに当たっては，基準点配点図，既設基準点の成果表及び点の記などを準備する。
ｂ．新点の位置は，平均計画図に基づき後続作業での利用などを考慮して，適切な位置に選定する。
ｃ．新点位置に永久標識を設置した後に，土地の所有者から承諾を得る。
ｄ．観測は，水平角観測，鉛直角観測及び距離測定を１視準で同時に行う。
ｅ．点検計算は，平均計算の結果を用いて行う。

1．ａ，ｂ　2．ａ，ｃ　3．ｂ，ｄ　4．ｃ，ｅ　5．ｄ，ｅ

解　答

問1－1　P53，図２・１基準点測量作業の作業区分参照。

問2－4　P56，TS等観測参照。

ｃ：設置した後→設置の前に。ｅ：観測値について**点検**を行い，観測値の良否を判断する。許容範囲を超えた場合は，再測を行う（準則第38条）。**点検計算**は，観測終了後に行い，点検路線について，水平位置及び標高の閉合差を計算し，観測値の良否を判定する（準則第42条）。点検計算で得られた概算座標値から，距離や方向，高度角の最確値を求める**平均計算**を行う（準則第43条）。観測→点検→点検計算→平均計算となる。

問3　次の文は，公共測量におけるトータルステーションを用いた多角測量について述べたものである。明らかに間違っているものはどれか。

1．新点の位置精度は，多角網の形によって影響を受けるため，選点にあたっては網の形状を考慮する。
2．観測点において角の観測値の良否を判定するため，倍角差，観測差及び高度定数を点検する。
3．水平位置の閉合差の点検路線は，なるべく多くの辺を採用し，最長の路線となるようにする。
4．観測の点検は，既知点と既知点を結合させた閉合差を計算し，観測の良否を判断する。
5．観測に用いる測量機器は，事前に検定及び点検調整を実施し，必要精度が確保できていることを確認する。

問4　トータルステーション(TS）を用いた水平角観測の誤差について，望遠鏡の正（右）・反（左）の観測値を平均しても消去できない誤差はどれか。

1．水平軸と望遠鏡の視準線が，直交していないために生じる視準軸誤差。
2．水平軸と鉛直線が，直交していないために生じる水平軸誤差。
3．鉛直軸が，鉛直線から傾いているために生じる鉛直軸誤差。
4．水平目盛盤と鉛直軸の中心とが一致していないために生じる偏心誤差。
5．望遠鏡の視準線が，鉛直軸の中心から外れているために生じる外心誤差。

解　答

問3－3　点検路線は，なるべく短いものとする（P58）。なお，路線図形は，新点の精度確保のため，既知点数を多く，均等な密度で配置し，交点の数を多くして各路線が強く結びついていること。

〔平均計画図作成の留意点〕

① 結合多角方式とし，測点間はできるだけ等しく直線状に設定する。
② 節点数は少なく，路線長は短くする。

〔選点の留意点〕

① 保存に適した場所，後続の測量に利用しやすい場所を選ぶ。
② 平均計画図と同様に，配点密度を均等にする。
③ GNSS観測での上空視界確保，TS等観測の後続作業を考慮する。
④ 偏心点，節点（中間点）等の位置を明示した選点図とする。

問4－3　P69，表2・12参照。

問5　既知点Aにおいて既知点Bを基準方向として新点C方向の水平角T'を観測しようとしたところ，既知点Aから既知点Bへの視通が確保できなかったため，既知点Aに偏心点Pを設けて観測を行い，表の観測結果を得た。既知点B方向と新点C方向の間の水平角T'はいくらか。

但し，既知点A，B間の基準面上の距離は2 000.00 mで，L'及び偏心距離eは基準面上の距離に補正されている。

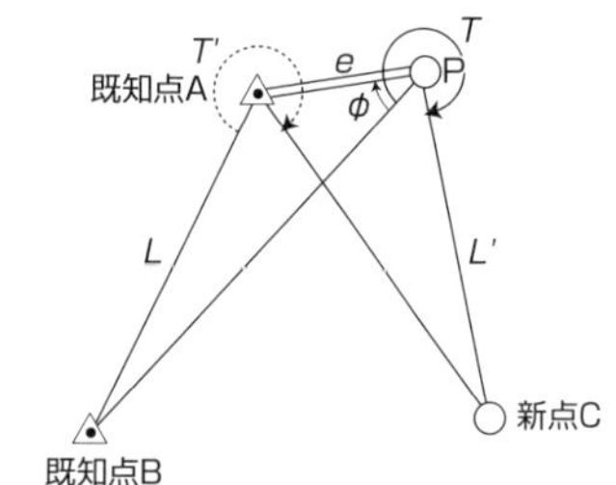

1．299° 54′ 09″
2．299° 58′ 13″
3．300° 00′ 00″
4．300° 01′ 47″
5．300° 05′ 51″

観測結果	
L'	1 800.00 m
e	2.00 m
T	300° 00′ 00″
ϕ	36° 00′ 00″

問6　図に示す比較基線場において，Aに光波測距儀，B及びCに反射鏡を設置して，AB間及びAC間の距離を測定した。次に，Cに光波測距儀を設置して，CB間の距離を測定した。この結果を表に示す。この光波測距儀の器械定数はいくらか。但し，各点における器械高及び反射鏡高は，同一かつ一直線上にあり，Cに設置した反射鏡定数は－0.030 m，Bに設置した反射鏡定数は－0.035 mである。また，測定距離は気象補正済みである。

1．－0.031 m
2．－0.029 m
3．－0.001 m
4．　0.029 m
5．　0.034 m

区間	測定距離
AC	550.626 m
AB	350.071 m
CB	200.556 m

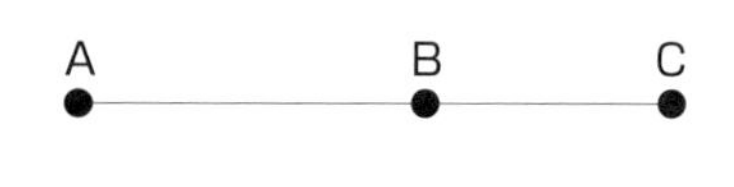

解答

問5 -2　$x_1=\dfrac{e}{L}\sin\varphi\cdot\rho=\dfrac{2}{2\,000}\times\sin 36°\times 2''\times 10^5=2'\,01''$

$x_2=\dfrac{e}{L'}\sin(\varphi+\theta_2)\rho=\dfrac{2}{1\,800}\times\sin 96°\times 2''\times 10^5=3'\,47''$

$\theta_1+x_1=\theta_2+x_2$より，$\theta_1=\theta_2+x_2-x_1$

$T'=360°-\theta_1$から，$T'=360°-(\theta_2+x_2-x_1)$

$T'=360°-(360°-300°+3'\,47''-2'\,01'')=\underline{299°\,58'\,13''}$

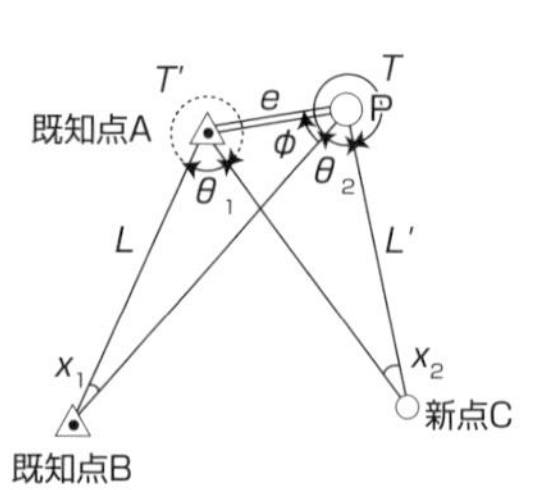

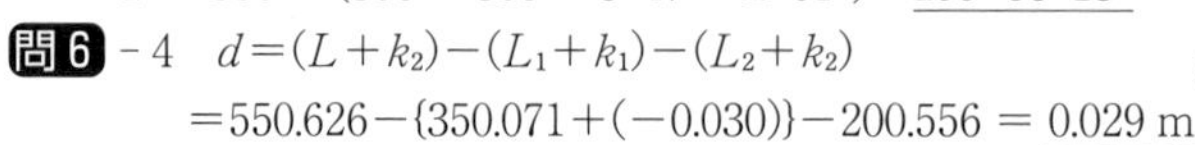

問6 -4　$d=(L+k_2)-(L_1+k_1)-(L_2+k_2)$

$=550.626-\{350.071+(-0.030)\}-200.556=\underline{0.029\text{ m}}$

問7　図に示すように多角測量を実施し，表のとおり，きょう角の観測値を得た。新点(3)における既知点Bの方向角はいくらか。

但し，既知点Aにおける既知点Cの方向角Taは 320° 16′ 40″とする。

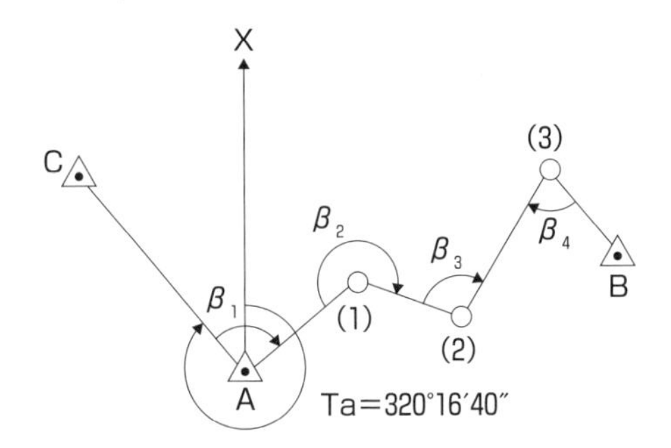

きょう角	観測値
β_1	92° 18′ 22″
β_2	246° 35′ 44″
β_3	99° 42′ 04″
β_4	73° 22′ 18″

1．112° 15′ 08″　2．139° 39′ 32″　3．140° 53′ 48″
4．145° 30′ 32″　5．166° 38′ 24″

（座標の計算）

問8　平面直角座標系上において，点Pは，点Aから方向角が 310° 0′ 0″，平面距離が1 000.00 mの位置にある。点Aの座標値は，X＝－500.00 m，Y＝＋1 000.00 mとする場合，点PのX座標及びY座標の値はいくらか。

1．X＝－1 142.79 m　Y＝＋1 766.04 m
2．X＝　＋142.79 m　Y＝　＋233.96 m
3．X＝　＋142.79 m　Y＝＋1 766.04 m
4．X＝　＋266.04 m　Y＝　＋357.21 m
5．X＝　＋266.04 m　Y＝＋1 642.79 m

解　答

問7 -4　P84参照。式（2・22）より，

$\alpha_3 = T_A + \Sigma\beta - 180°(n+1)$

$T_A = 320°16'40''$，$\Sigma\beta = 725°13'52''$

（但し，$\beta_4 = 286°37'42''$），$n = 4$

$T_B = 320°16'40'' + 725°13'52'' - 180°(4+1)$

$= \underline{145°30'32''}$

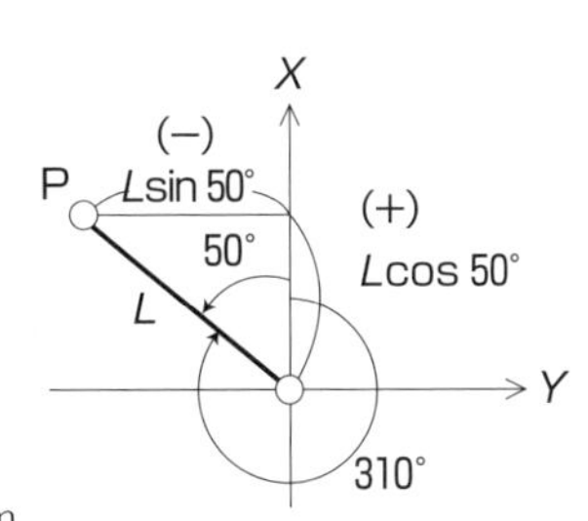

問8 -2　点Pの平面直角座標を（P_X，P_Y）とすると，

$P_X = -500.00\text{m} + 1\,000.00\text{m} \times \cos 50° = \underline{142.79\text{ m}}$

$P_Y = 1\,000.00\text{m} + 1\,000.00\text{m} \times (-\sin 50°) = \underline{233.96\text{ m}}$

問9　次のａ～ｅの文は，公共測量におけるGNSS測量機を用いた基準点測量について述べたものである。［ア］～［オ］に入る語句の組合せとして最も適当なものはどれか。

ａ．GNSS測量では，［ア］が確保できなくても観測できる。
ｂ．基準点測量において，GNSS観測は，［イ］方式で行う。
ｃ．スタティック法による観測において，GPS衛星のみを用いる場合は［ウ］以上を用いなければならない。
ｄ．GNSS測量の基線解析を行うには，GNSS衛星の［エ］が必要である。
ｅ．GNSS測量による１級基準点測量は，原則として，［オ］により行う。

	ア	イ	ウ	エ	オ
1．	観測点上空の視界	単独測位	４衛星	軌道情報	単路線方式
2．	観測点間の視通	単独測位	３衛星	品質情報	単路線方式
3．	観測点間の視通	干渉測位	３衛星	軌道情報	結合多角方式
4．	観測点上空の視界	干渉測位	３衛星	品質情報	単路線方式
5．	観測点間の視通	干渉測位	４衛星	軌道情報	結合多角方式

問10　GNSS測量機を用いた基準点測量を行い，基線解析により基準点Ａから基準点B，Cまでの基線ベクトルを得た。表は，地心直交座標系における，X軸，Y軸，Z軸方向について，それぞれ基線ベクトル成分（ΔX，ΔY，ΔZ）を示したものである。基準点Bから基準点Cまでの斜距離はいくらか。

1．640.312 m
2．670.820 m
3．754.983 m
4．781.025 m
5．877.496 m

区間	基線ベクトル		
	ΔX	ΔY	ΔZ
A→B	+400.000 m	−200.000 m	+100.000 m
A→C	+100.000 m	+200.000 m	−500.000 m

解　答

問9 −5　P94～GNSS測量参照。

問10 −4　P100基線ベクトル参照。

$$\overrightarrow{BC}=\overrightarrow{AC}-\overrightarrow{AB}=\begin{vmatrix}100\\200\\-300\end{vmatrix}-\begin{vmatrix}400\\-200\\100\end{vmatrix}=\begin{vmatrix}-300\\400\\-600\end{vmatrix}$$

$$|BC|=\sqrt{(-300)^2+400^2+(-600)^2}=10^2\sqrt{61}$$

$$=\underline{781.025\text{ m}}（関数表より\sqrt{61}=7.81025）$$

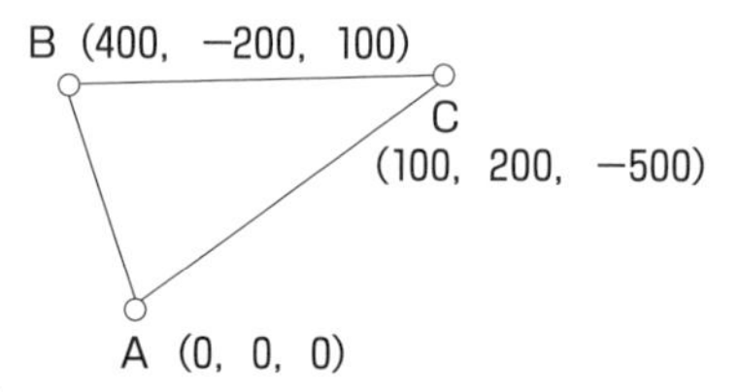

第3章

水準測量

1. 水準測量とは，既知点に基づき，新点である水準点の標高を定める作業をいう（準則第47条）。
2. 1等水準点は，高さの基準点として，標高(ジオイド面からの高さ)が直接水準測量によって定められた点で，全国に約2万点が設置されている。

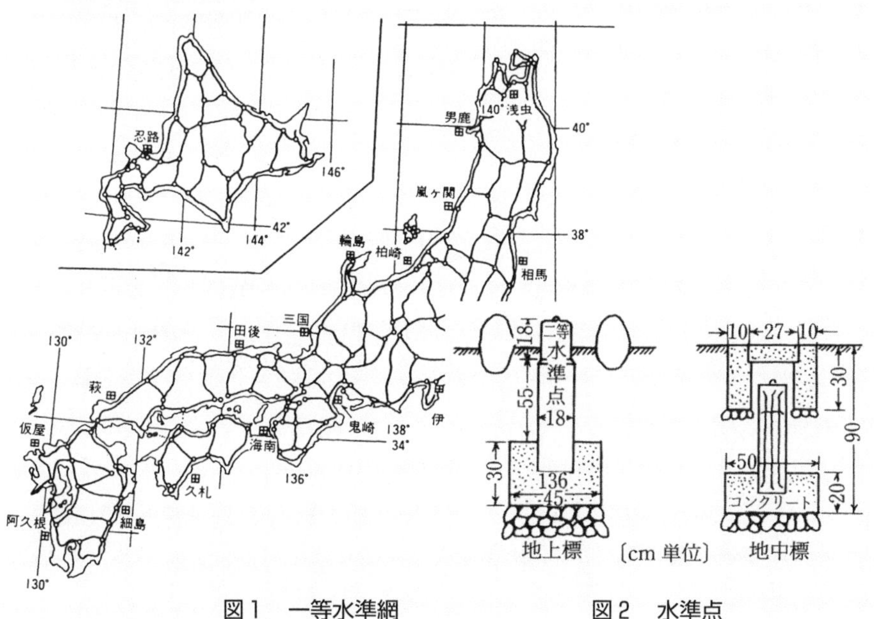

図1　一等水準網

図2　水準点

学習のポイント

① レベルの特徴（自動レベル，電子レベル）
② 観測上の留意事項
③ レベルの調整（円形気泡管，視準線の調整）
④ 水準測量の誤差と消去法
⑤ 標尺の補正計算
⑥ 往復観測の較差と許容範囲
⑦ 標高の最確値の計算

重要問題1　水準測量の概要（レベル，標高）　重要度★★

水準測量に関して，明らかに間違っているものはどれか。

1．高さの基準面は，日本水準原点の下24.390 0 mを通る水準面である。
2．杭打ち調整法により，自動レベルの視準線の調整を行う。
3．視準距離は等しく，レベルはなるべく両標尺を結ぶ直線上に設置する。
4．自動レベルのコンペンセータは，視準線の傾きを自動的に補正する。
5．電子レベルは，標尺の傾きをバーコードから読み取り補正する。

解説　**解答　5**

(1)　高さの**基準面**は，東京湾平均海面を通る水準面であり，**標高**0 mとする。この仮想上の海面の高さを**ジオイド**という（P17）。

(2)　**直接水準測量**は，レベルと標尺を用いて視準線を水平にして2点間の高低差を求める測量である。レベルには，**チルチングレベル**，**自動レベル**，**電子レベル**がある。円形気泡管（P134），コンペンセータ（P138）により，視準線を水平に保つ。電子レベルは，バーコード標尺（P141）を自動的に読み取るが，標尺の傾きは読み取れない。

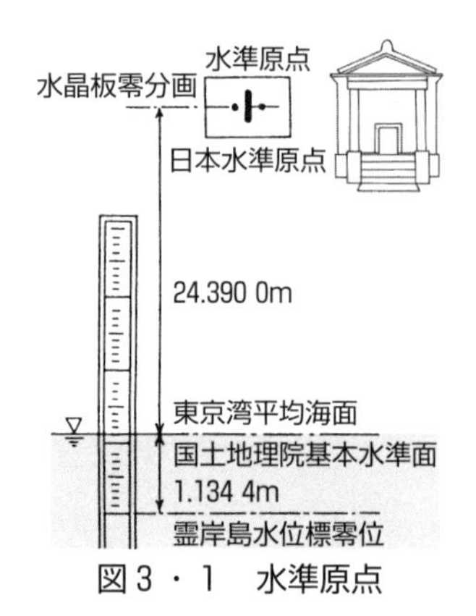

図3・1　水準原点

突破のポイント

1．水準儀（レベル）

(1)　水準儀の視準線を水平にして2点間の標尺を読み，高低差を求める。

① **チルチングレベル**：円形気泡管の気泡をほぼ水平に据え付けた後，高低微動ねじで主水準器の気泡を合致させて視準線を水平にする。

② **自動レベル**：円形気泡管の気泡をほぼ水平に据え付ければ，コンペンセータ（自動補正装置）により，自動的に視準線が水平となる。

③ **電子レベル**：自動レベルの機能に専用のバーコード標尺を自動的に読み取る電子画像処理機能をもち，高さ及び距離を自動的に算出する。

2．水準測量の区分，工程別作業区分

(1)　**水準測量**とは，**水準点**（既知点）に基づき，新点である水準点（BM）の標高を定める作業をいう。既知点の種類，既知点間の路線長，観測の精度等に応じて，1級～4級水準測量及び簡易水準測量に区分する（表3・1）。

(2)　1級水準測量により設置される水準点を**1級水準点**，2級水準測量により設置される水準点を**2級水準点**，以下同様に3級・4級水準点という。

(3)　**工程別作業区分**及び**順序**は，①作業計画，②選点，③測量標の設置，④観測（再測，検測），⑤計算（点検計算及び再測，平均計算），⑥品質評価，⑦成果表の整理とする（準則第51条）。

表3・1　水準点の区分と既知点の種類（準則第48条）

項目＼区分	1級水準測量	2級水準測量	3級水準測量	4級水準測量	簡易水準測量
既知点の種類	1等水準点 1級水準点	1～2等水準点 1～2級水準点	1～3等水準点 1～3級水準点	1～3等水準点 1～4級水準点	1～3等水準点 1～4級水準点
既知点間の路線長	150 km以下	150 km以下	50 km以下	50 km以下	50 km以下

3．比高（高低差），水準測量の用語

(1)　図3・2において，点Aと点Bの比高は，h＝(後視)－(前視)＝$h_A - h_B$，点Aの標高をH_Aとすれば，点Bの標高H_Bは，$H_B = H_A + (h_A - h_B) = h_A + h$で求まる。図3・3のNo.1とNo.5の比高$h$は，次のとおり。

比高　$h = (b_1 - f_2) + (b_2 - f_3) + (b_3 - f_5) = (b_1 + b_2 + b_3) - (f_2 + f_3 + f_5)$

$= \sum(BS) - \sum(FS)$　…式（3・1）

①　**標高**：基準面からその地点までの鉛直距離（高さ）をいい，地面の標高を**地盤高**（Ground Height：GH）という。

②　**比高**（高低差）：ある地点と他の地点の標高差hをいう。

③　**後視**（Back Sight：BS）：標高が既知の点に立てた標尺の読みbをいう。

④　**前視**（Fore Sight：FS）：標高が未知の点に立てた標尺の読みfをいう。

⑤　**もりかえ点**（Turning Point：TP）：同一地点で標尺の前視・後視の読みを取り，水準点を連結する測点をいう。

⑥　**中間点**（Intermediate Point：IP）：前視の読みだけを取る測点をいい，単にその測点の高さを求めるためのものである。

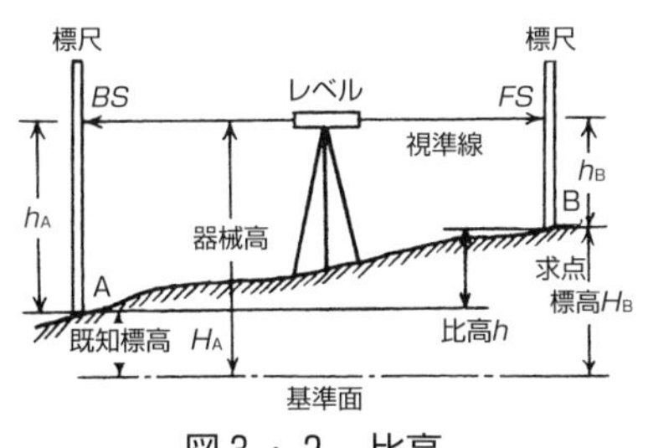

図3・2　比高

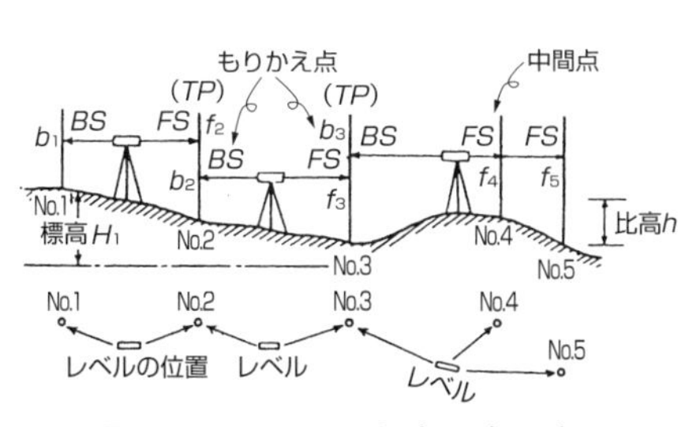

図3・3　もりかえ点・中間点

重要問題2　水準測量の基本事項　重要度★★

水準測量について，間違っているものはどれか。

1．標尺台及び器械の脚は，地盤の堅固な位置に据え，よく踏みこむ。
2．2本の標尺を用いる場合，標尺の零目盛誤差を消去するため，出発点に立てた標尺が到着点に立つように，2本の標尺を交互に設置する。
3．前視と後視の視準距離を等しくし，視準線誤差を消去する。
4．光の屈折によって生じる誤差を少なくするため，標尺の最下部付近の読定は避ける。
5．往と復の観測値を平均することにより，標尺の目盛誤差は消去できる。

解答　5

標尺には，それぞれ固有の**目盛誤差**（目盛が正しく刻まれていない）がある。目盛誤差は，往復の観測値を平均しても消去できない。目盛の検定をして，観測結果に**尺定数補正**を行う（P146参照）。

突破のポイント

1．観測の実施（留意事項）

(1)　観測は，**水準路線図**（**路線**：既知点から新点等，既知点間を順番につなぐ測線）に基づき，レベル及び標尺（**測標水準**測量という）を用いて行う。

①　視準距離及び標尺の読定単位は，P143，表3・4に示す。観測は，1視準1読定とし，標尺の読定方法は表3・5に示す（準則第64条）。

②　観測は，往復観測とし，水準点間の測定数が多い場合は固定点を設ける。

③　標尺は2本1組とし，往路と復路との観測において標尺を交換し，レベルの整置回数（測点数）は偶数とする（**零目盛誤差**の消去のため）。

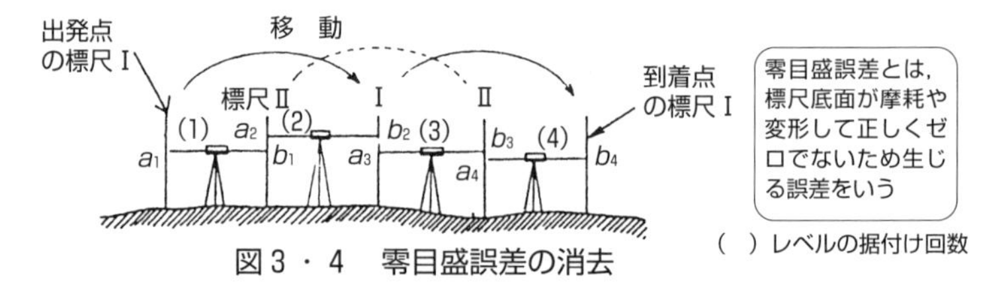

図3・4　零目盛誤差の消去

④　1級水準測量においては，観測の開始前，終了時及び固定点到着時ごとに，気温を1℃単位で測定する。また標尺の下方20 cm以下を読定しない。

⑤　視準距離は等しく，レベルはできる限り両標尺を結ぶ直線上に設置する。

⑥　1日の観測は，水準点で終わることを原則とする。

⑦　新点の観測は，永久標識の設置後24時間以上経過してから行う。

2．視準線誤差と視準距離

⑴ 気泡を合致させ視準線を水平にする(視準線∥気泡管軸)。**視準線誤差**(視準線Cと気泡管軸Lが平行でないために生じる誤差）があるとき，視準線は傾斜して図3・5のように誤差eが生じる。レベルを前視及び後視標尺の中央に据えれば，$e_A=e_B$となり（$BS-FS$）で視準線誤差は消去できる。

⑵ 図3・6は，チルチングレベルの視準線を水平にするための**合致式水準器**である。気泡の両端の像をプリズムにより1個所に集めて合致させる。

⑶ **視準距離**Lは，歩足又は**スタジアヘア**の**きょう長**ℓ（上下スタジアヘア間の読みの差）から求める（P127)。視準距離を等しくするためには，前視標尺を前後に移動させて距離を調節する（P143，関連問題)。

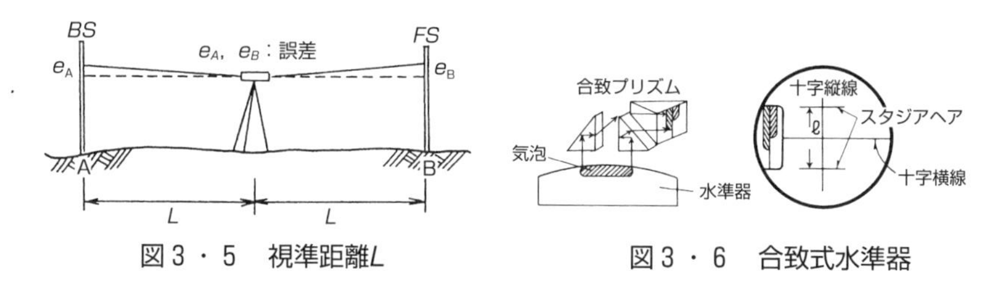

図3・5　視準距離L　　図3・6　合致式水準器

第3章 水準測量

関連問題

次の文は，公共測量における水準測量を実施するときの留意すべき事項について述べたものである。間違っているものはどれか。

1．新点の観測は，永久標識の設置後24時間以上経過してから行う。
2．標尺は，２本１組とし，往路の出発点に立てる標尺と，復路の出発点に立てる標尺は，同じにする。
3．１級水準測量においては，観測の開始時，終了時及び固定点到着時ごとに，気温を１℃単位で測定する。
4．水準点間のレベルの設置回数（測点数）は偶数にする。
5．視準距離は等しく，かつ，レベルはできる限り両標尺を結ぶ直線上に設置する。

関連問題の解説　観測の実施（留意事項）　**解答 2**

標尺は２本１組として番号（Ⅰ号及びⅡ号）を付し，往と復との観測ではⅠ号とⅡ号を交換する。これは，２本の標尺の目盛誤差を消去するためである。新しく埋設した水準点は，埋設後24時間以上経過してから観測する。

重要問題3　観測上の留意事項　重要度★★

次の文は，水準測量を実施するときに留意すべき事項について述べたものである。明らかに間違っているものはどれか。

1．レベル及び標尺は，作業期間中においても点検調整を行う。
2．標尺は2本1組とし，往路，復路の出発点で立てる標尺を同じにする。
3．レベルの望遠鏡と三脚の向きを常に特定の標尺に向けて整置する。
4．視準距離は等しく，レベルはできる限り両標尺の直線上に設置する。
5．水準点間のレベルの設置回数（測点数）は，偶数回にする。

解説　　解答　2

1．点検調整は，観測着手前に行う。但し，1級・2級水準測量では，観測期間中おおむね10日ごとに行う（準則第63条）。点検項目は次のとおり。
① **チルチングレベル**：円形気泡管の調整（P135）及び主水準器軸と視準線の点検調整（P136）。
② **自動レベル，電子レベル**：円形気泡管，視準線の点検調整，コンペンセータの点検（P139）。
③ **標尺付属水準器の点検**：標尺の円形気泡管の調整。

2．出発点に立てた標尺は，到着点に立てるようにレベルの整置回数を偶数回にする（**零目盛誤差**の消去）。なお，往路と復路では標尺を入れ替える（目盛の歩みの**目盛誤差**の軽減）。

3．**鉛直軸誤差**（鉛直軸の傾き）を軽減するため，三脚は特定の2脚と視準線とを常に平行にし，進行方向に対して左右交互に整置する。なお，レベル整準は，望遠鏡を常に特定の標尺に向けて行う（P60参照）。

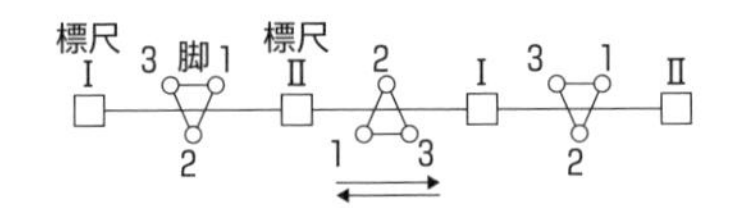

突破のポイント

1．観測上の留意事項

① 観測作業の前には，必ず使用器械と標尺を十分に点検・調整する。（1・2級では作業中，約10日毎に必ず点検・調整する）
② レベルと標尺間の距離**（視準距離）**は最大50～80mである（P143参照）。
③ 前視，後視標尺とレベル間の距離を等しくする。レベルは2つの標尺を結ぶ直線上に設置する。
④ 出発点に立てた標尺は，必ず到着点に立てる。すなわち，レベルの据え付け回数を偶数回とする（零点誤差の消去）。
⑤ 標尺を視準する場合には，必ず気泡を中央に導いてから読定する。

⑥　傾斜地では，標尺の最上部や最下部付近を読定しないようにする。

⑦　往復観測を行い，往復の較差が許容範囲を超えれば再測する（P151）。

⑧　新点の観測は，永久標識の設置後24時間以上経過してから行う。

2．スタジア測量の基本式

(1)　**視準距離**は，図3・7に示すように，視準点に立てた標尺の上下スタジア線の読みの差**（きょう長）**を測定して求める（P143，関連問題）。

水平距離　$L=K\ell+C$　………式（3・2）

但し，ℓ：上下スタジア線の読みの差（きょう長）

K：スタジア乗数=100，

C：加定数=0

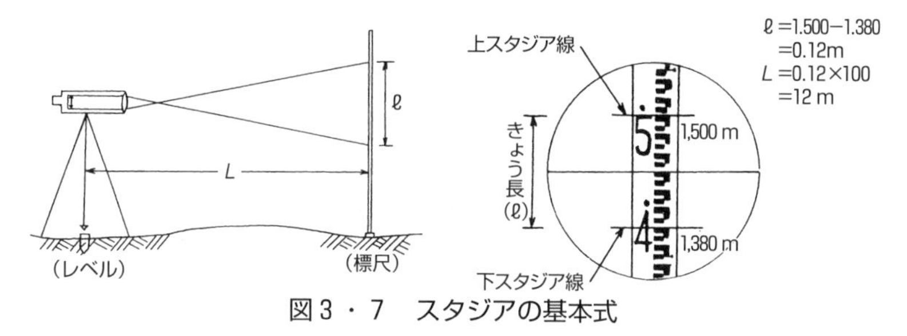

図3・7　スタジアの基本式

関連問題

水準測量について，明らかに間違っているものはどれか。

1．標尺の最下部付近の視準を避けて観測すると，大気による屈折誤差を小さくできる。

2．1級水準測量及び2級水準測量における視準線誤差の点検調整は，観測期間中概ね10日ごとに行う。

3．自動レベル及び電子レベルについては，円形水準器及び視準線の点検調整のほかに，コンペンセータの点検を行う。

4．標尺は，2本1組とし，往観測の出発点に立てる標尺と，復観測の出発点に立てる標尺は同じものにする。

5．標尺付属の円形水準器は，標尺を鉛直に立てたときに，円形気泡が中心に来るように調整を行う。

関連問題の解説　観測上の留意事項　**解答 4**

零目盛誤差を消去するため，出発点に立てた標尺は，必ず到着点に立てる。往路と復路では標尺を入れ替える。自動レベル，電子レベルでは，円形水準器，視準線の調整及びコンペンセータの機能点検（P139）を行う。

第3章　水準測量

重要問題4　昇降式野帳の記入方法　　基本事項

水準点AからP点を経て水準点Bに至る直接水準測量を行い，表の結果を得た。P点の地盤高はいくらか。

但し，表は昇降式野帳である。

測点	距離〔m〕	後視〔m〕	前視〔m〕	昇〔m〕	降〔m〕	地盤高〔m〕
A		2.10				10.00
1	50	2.00	1.50			
2	40	2.00	1.40			
P	40	1.40	1.30			
3	30	1.20	2.00			
B	50		1.50			
合計	210	8.70	7.70			

1．10.60 m　2．11.00 m　3．11.20 m　4．11.30 m　5．11.90 m

解説　　解答 5

1．**昇降式野帳**は，標尺の高さを基準として観測する。

昇降式野帳記入は，次による。高低差＝後視(*BS*)－前視(*FS*)。この値が(＋)のときは昇，(－)のときは降の欄にそれぞれ記入し，後視した点の地盤高に昇・降の値を順次代数和して前視の地盤高を求める。

表3・2　昇降式野帳

測点	距離〔m〕	後視〔m〕	前視〔m〕	昇(＋)〔m〕	降(－)〔m〕	地盤高〔m〕
A		2.10				**10.00**
1	50	2.00	1.50	**0.60**		**10.60**
2	40	2.00	1.40	**0.60**		**11.20**
P	40	1.40	1.30	**0.70**		**11.90**
3	30	1.20	2.00		**0.60**	**11.30**
B	50		1.50		**0.30**	**11.00**
合計	210	8.70	7.70	**1.90**	**0.90**	

① **各測点間の高低差（昇・降）の計算：**

A→1の高低差　H_1＝BS－FS＝2.10－1.50＝0.60 m

1→2の高低差　H_2＝2.00－1.40＝0.60 m

以下同様に計算する。

計算の結果が(＋)の時は昇，(－)の時は降の欄に記入する。

② **各測点の地盤高の計算：**

測点１の地盤高GH_1 ＝ 10.00＋0.60 ＝ 10.60 m

測点２の地盤高GH_2 ＝ 10.60＋0.60 ＝ 11.20 m

各測点の地盤高は，前測点の地盤高に昇・降の値を代数和する。

以上の結果をまとめると，表３・２のとおり。Ｐ点の地盤高は11.90 mである。

突破のポイント

１．直接水準測量

直接水準測量はレベルと標尺により，**間接水準測量**はTS等により標高を求める測量をいう。図３・８において，No.１とNo.５の高低差は，次のようになる。

高低差　$h=(b_1-f_2)+(b_2-f_3)+(b_3-f_5)=(b_1+b_2+b_3)-(f_2+f_3+f_5)$

$$=\sum(BS)-\sum(FS)$$

$$\therefore H_5=H_1+h=H_1+\{\sum(BS)-\sum(FS)\}$$

……式（３・３）

$\sum(BS)$：もりかえ点の後視の和（出発点はもりかえ点とする）

$\sum(FS)$：もりかえ点の前視の和（到着点はもりかえ点とする）

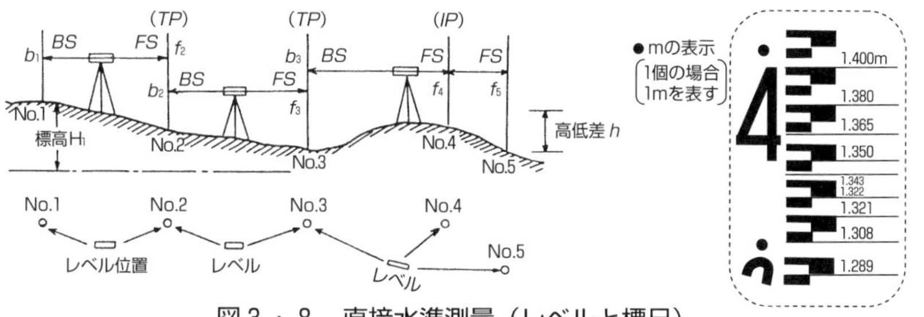

図３・８　直接水準測量（レベルと標尺）

関連問題

表の水準測量において，BM125からBM126の高低差はいくらか。

１．＋2.360 m

２．＋2.348 m

３．−2.351 m

４．−2.348 m

５．−2.350 m

番号	距離〔m〕	後視〔m〕	前視〔m〕	高低差〔m〕 昇(＋)	降(−)	備考
1	60	0.615				BM125
2	52	0.434	1.742			
3	36	2.138	1.322			
4	48	1.902	0.418			
5	30	1.502	0.980			
6	50	1.211	1.318			
7	46	0.523	1.705			
8	42	1.066	2.633			
			1.624			BM126

関連問題の解説　昇降式野帳　　**解答　３**

高低差$h=\sum(BS)-\sum(FS)=9.391-11.742=-2.351$ m

重要問題 5　器高式野帳の記入方法

基本事項

表は器高式水準測量野帳の記入例である。空欄イ，ロ，ハ，ニの数値として正しいものはどれか。

測　点	追加距離〔m〕	後　視〔m〕	器械高〔m〕	前　視〔m〕		地盤高〔m〕
				移器点（*TP*）	中間点（*IP*）	
BM No.45		1.528	イ			30.548
No.1	20.0				2.492	ロ
No.2	40.0				2.601	29.485
No.3	60.0	2.098	ニ	1.980		ハ
No.4	80.0			2.002		30.192

	イ	ロ	ハ	ニ
1.	29.020	31.512	31.000	27.902
2.	29.020	33.040	27.040	30.138
3.	32.076	29.584	32.528	29.430
4.	32.076	29.584	30.096	32.194
5.	32.076	30.040	32.528	35.626

解説　　**解答　4**

(1)　**器高式野帳**：後視の地盤高に後視の読みを加えて**器械高**（視準線の高さ）を求め，器械高から前視の読みを引いて各測点の地盤高を求める。

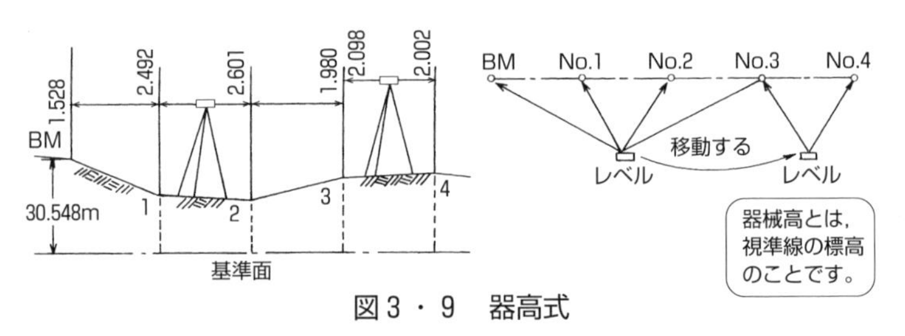

図3・9　器高式

(2)　**器械高と未知点の地盤高の計算**：

①　器械高＝既知点の地盤高＋後視，式（3・4）から，

イ（No.45）の器械高＝30.548＋1.528＝32.076 m

②　未知点の地盤高＝器械高－前視，式（3・5）から，

ロ（No.1）の地盤高＝32.076－2.492＝29.584 m

ハ（No.3）の地盤高＝32.076－1.980＝30.096 m

ニ（No.3）の器械高＝30.096＋2.098＝32.194 m

突破のポイント

1．器高式野帳の記入方法

器械高　IH＝既知点の標高(GH)＋後視(BS)　………式（3・4）

未知点の地盤高　GH＝器械高(IH)－前視(FS)　………式（3・5）

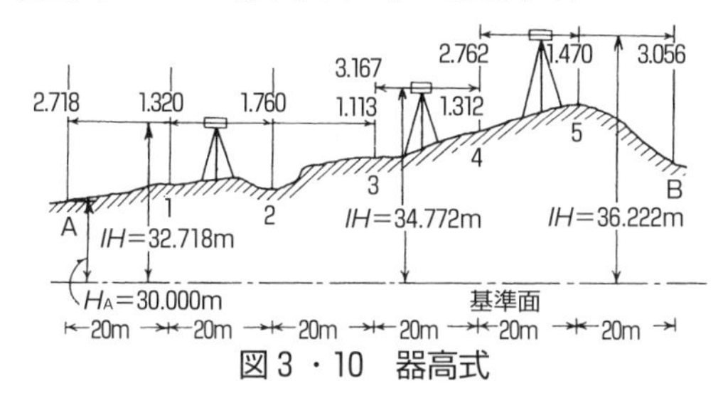

図3・10　器高式

後視を読み取った測点の地盤高に後視を加え，器械高を求める。

器械高から前視を引けば前視の地盤高が求まる。

表3・3　器高式野帳記入例

測点	距離〔m〕	BS〔m〕	器械高 IH〔m〕	FS〔m〕 TP	IP	GH〔m〕	備　考
A		2.718	32.718			30.000	H_A＝30.000 m
1	20m				1.320	31.398	検算
2	20				1.760	30.958	Σ(BS)－Σ(FS)
3	20	3.167	34.772	1.113		31.605	＝3.166
4	20	2.762	36.222	1.312		33.460	30.000←H_A
5	20				1.470	34.752	＋) 3.166
B	20			3.056		33.166	33.166←H_B
計	120	8.647		5.481			

この野帳記入法は，器械高を基にして標高を求める方法である。

関連問題

道路計画路線の中心杭No.1で横断測量を行い，表の結果を得た。測点Eの地盤高はいくらか。

1．12.81 m
2．12.41 m
3．11.61 m
4．10.21 m
5．11.01 m

測点 左右		距離〔m〕	後視〔m〕	器械高〔m〕	前視〔m〕	地盤高〔m〕
No.1			0.85	12.26		11.41
右	A	5.40			2.24	
	B	8.10			1.89	
	C	12.60	1.20		0.65	
	D	19.30			0.72	
	E	25.00			0.40	

関連問題の解説　器高式野帳　　　**解答 2**

C点の地盤高H_C＝12.26－0.65＝11.61 m

C点の器械高IH＝11.61＋1.20＝12.81 m

E点の地盤高H_E＝12.81－0.40＝12.41 m

重要問題６　渡河水準測量　　　　　　　　　　参考事項

水準測量の観測作業で図のように点Aから点Dに至る途中，BC間に幅約200 mの川があるため，P及びQにレベルを据えて渡河水準測量を行った。

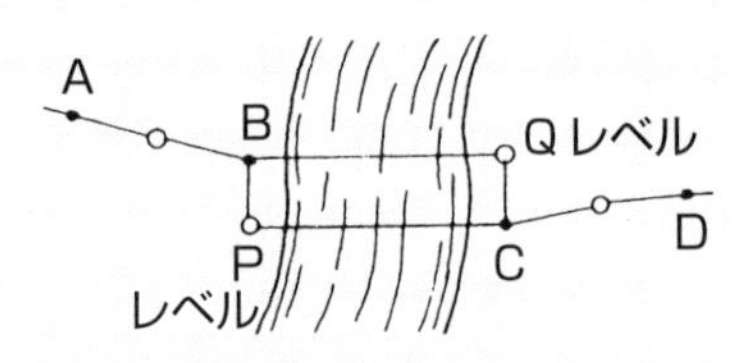

点Aから点Dまでの各測点における前後標尺の読みの差は，それぞれ次のとおり。点Dの標高を求めよ。但し，点Aの標高は2.545 mとする。

レベルPにおいて，A→B＝−0.512 m，B→C＝−0.229 m
レベルQにおいて，C→B＝＋0.267 m，C→D＝＋0.636 m

1．2.402 m　　2．2.440 m　　3．2.421 m
4．2.154 m　　5．2.192 m

解説　　　　　　　　　　**解答　3**

式（3・6）から，レベルQのC→B＝0.267は，観測方向をB→Cにすれば−0.267となる。故に，

$$高低差h=\frac{-0.229-0.267}{2}=-0.248\ \mathrm{m}$$

$$標高H_D=2.545+(-0.512)+(-0.248)+0.636=\underline{2.421\ \mathrm{m}}$$

突破のポイント

1．渡河水準測量

(1)　水準測量は，前視と後視の視準距離を等しくとる**直接水準測量**方式と不等距離で観測する**渡海（河）水準測量**方式がある（準則第50条）。

(2)　**渡河水準測量**では，レベルと標尺を用いる直接水準測量であるが，水準路線中に川や谷その他海峡などがあって，前視と後視との視準距離を等しくできない。図３・11のように，視準線誤差を防ぐため，両岸でレベルを据え付けて測量を行い，２組の高低差の平均値を求める。

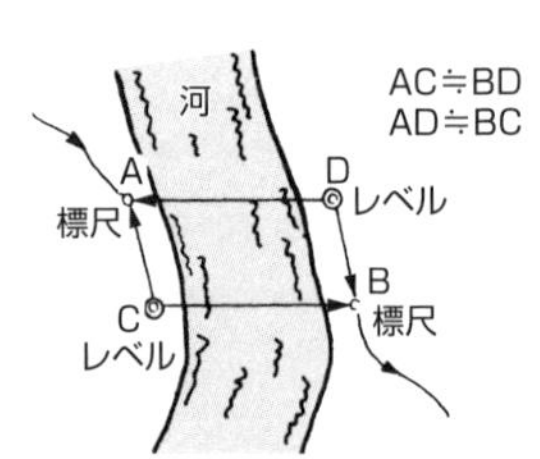

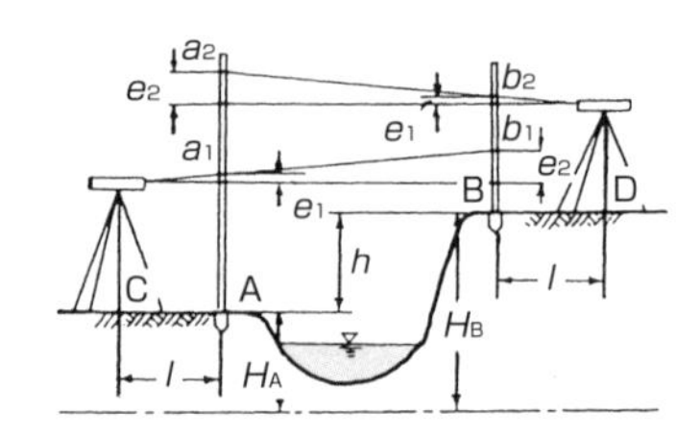

図３・11　渡河水準測量

2．渡河水準測量の観測方法

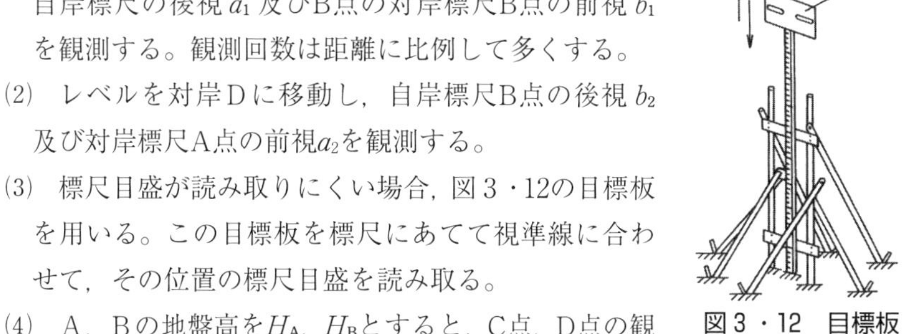

図3・12　目標板

(1)　図3・11において，C点に据えたレベルで，A点の自岸標尺の後視 a_1 及びB点の対岸標尺B点の前視 b_1 を観測する。観測回数は距離に比例して多くする。

(2)　レベルを対岸Dに移動し，自岸標尺B点の後視 b_2 及び対岸標尺A点の前視 a_2 を観測する。

(3)　標尺目盛が読み取りにくい場合，図3・12の目標板を用いる。この目標板を標尺にあてて視準線に合わせて，その位置の標尺目盛を読み取る。

(4)　A，Bの地盤高を H_A，H_B とすると，C点，D点の観測値の高低差 h は，次のとおり。AC≒BD，AD≒BCとすれば，誤差（視準線誤差，球差）e_1，e_2 は相殺される。

$h=H_B-H_A=(a_1-e_1)-(b_1-e_2)=(a_2-e_2)-(b_2-e_1)$，平均値を取ると

高低差　$$h=\frac{1}{2}\{(a_1-b_1)+(a_2-b_2)\}$$ ………………式（3・6）

関連問題

次の文は，渡河水準測量の観測作業について述べたものである。間違っているものはどれか。

1．観測は，両岸において同時に行う。
2．観測時間帯は，気象条件の異なった組合せとなるように選ぶ。
3．両岸の観測点は，ほぼ同高で，同じような気象条件の場所に選ぶ。
4．観測回数は，渡河距離に関係なく決める。
5．目標板白線の太さは，渡河距離に比例して決める。

関連問題の解説　渡河水準測量　　**解答　4**

1．気差の影響を少なくするため，両岸にレベルを据えて同時観測とする。
2．気象は，無風で，曇天の日で温度・湿度や気象の変化の少ないときを選び，観測時期を変えて同時観測をする。
3．両岸の観測点は，ほぼ同高で，両測点の高低差は1m以内の点とする。
4．<u>測定回数は，河幅に比例して多くする</u>。
5．目標板白線の太さは，渡河距離が長い程太くする。

重要問題7 円形気泡管（水準器）の調整

重要度★★

気泡合致式チルチングレベルの円形気泡管（水準器）の調整方法を説明したものである。間違っているものはどれか。

1．円形気泡管の気泡が中心にくるように，レベルを整準ねじで調整する。
2．望遠鏡の軸方向を，2個の整準ねじを結ぶ線と平行に置き，この2個の整準ねじにより主水準器の気泡を合致させる。
3．望遠鏡を180°回転し，主水準器の気泡がずれたときは，俯仰（傾動）ねじのみにより，気泡を合致させる。
4．望遠鏡を90°回転し，主水準器の気泡がずれたときは，他の1個の整準ねじのみにより，気泡を合致させる。
5．望遠鏡をどの方向に向けても，主水準器の気泡が変位しなくなれば，円形気泡管の気泡が中心にくるよう調整する。

解説

解答 3

(1) **チルチングレベルの点検調整**は，**円形気泡管の調整**により鉛直軸と気泡管軸を直交させ（V⊥L），望遠鏡をどの方向に向けても気泡が偏位しないようにする。次に，**視準線の調整**により，視準線を気泡管軸に平行（C∥L）にすれば，気泡を合致させることにより視準線を水平にすることができる。

(2) 望遠鏡を180°回転して，主水準器の気泡がずれたときは，次による。

① 整準ねじで気泡のずれの1/2だけ戻す。

② 俯仰ねじで残りの1/2を戻し，気泡を合致させる。

突破のポイント

1．チルチングレベルの点検調整

(1) レベルの鉛直軸Vと視準軸C及び気泡管軸Lとの間には，①L⊥V，②C∥Lでなければならない。①を**円形気泡管の調整**，②を**視準線の調整**（杭打ち調整法）という。

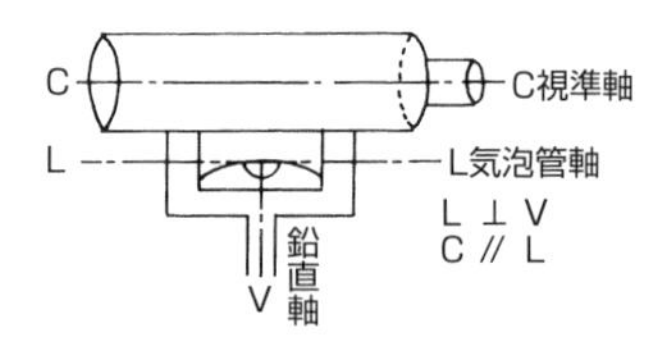

図3・13 レベルの軸線

2．円形気泡管の調整

(1) **目的**：気泡管軸Lと鉛直軸Vとを直交させる（L⊥V）。望遠鏡をどの方向に向けても，水準器の気泡が移動しないようにする。

(2) **検査及び調整**：

① 円形気泡管の気泡が中央にくるように整準ねじで水平にする。

② 望遠鏡の軸方向を2個の整準ねじと平行におき，俯仰（傾動）ねじを調

節して主気泡管の気泡を合致させる。

③　望遠鏡を180°回転し，主気泡管の気泡がずれた時は，そのずれの半分を整準ねじで，残り半分を望遠鏡と平行な俯仰ねじで調整する。

④　望遠鏡を90°回転し，主気泡管の気泡の合致がずれたら他の１本の整準ねじで，その全量を調節する。

⑤　望遠鏡をどこに回転させても，主気泡管の気泡が変位しなくなれば，円形気泡管の気泡が中心にくるように円形気泡管の調整ねじで調整する。

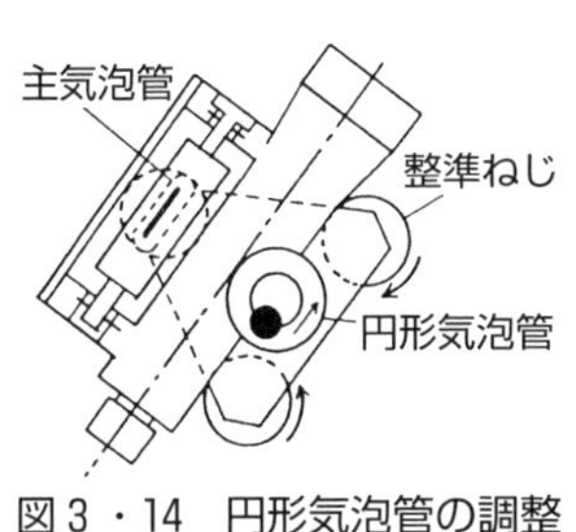

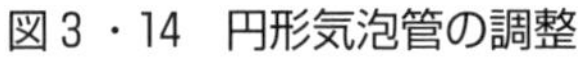
図３・14　円形気泡管の調整

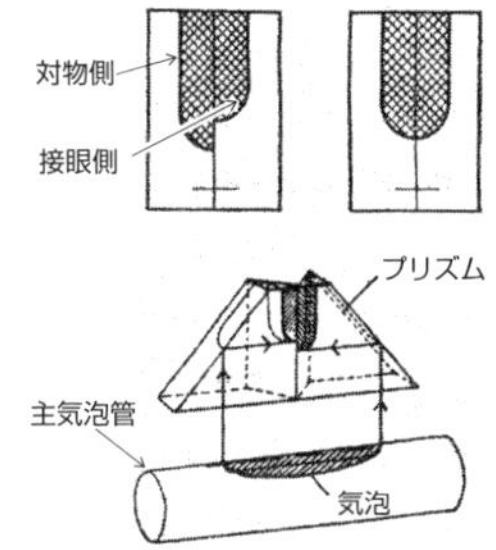

図３・15　気泡合致式

関連問題

レベル及び標尺の点検調整について，述間違っているものはどれか。

1．レベルは，視準線を含む鉛直面と気泡管軸を含む鉛直面とが平行になるように点検調整する。
2．自動レベルは，視準線が自動的に水平になる機構を有しているので，点検調整の必要がない。
3．レベルの円形気泡管は，視準線をどの方向に向けても，気泡が中心にあるように点検調整する。
4．レベルは，視準線と気泡管軸とが平行になるように点検調整する。
5．標尺付属の円形気泡管は，標尺を鉛直に立てたとき，気泡が中心にあるように点検調整する。

関連問題の解説　レベル・標尺の点検調整　　**解答　2**

自動レベル（P138）は，コンペンセータの働きによって鉛直軸がわずか（2′～3′位）に傾いても，視準線を水平に保つことができる。しかし，自動レベルでも**杭打ち調整法**による視準線の調整及び円形気泡管の調整は必要である。

重要問題8　杭打ち調整法（視準線の調整）　　重要度★★

図は，レベルの杭打ち調整である。レベルの位置A，Bにて観測を行い表の結果を得た。レベルの視準線を調整するとき，レベルの位置Bにおいて標尺Ⅱの読定値をいくらにすればよいか。

1．1.925 m
2．2.146 m
3．2.200 m
4．2.216 m
5．2.262 m

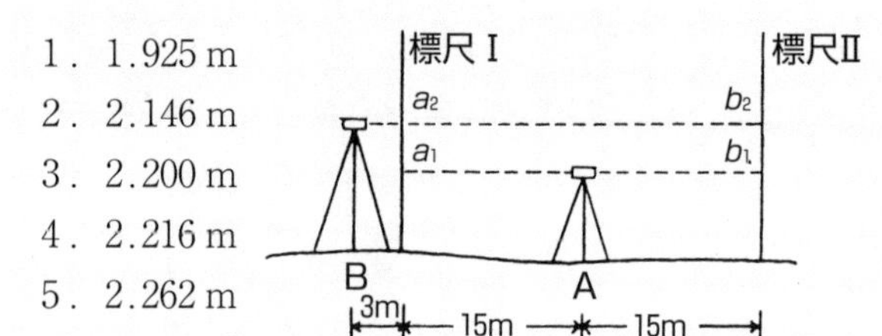

レベルの位置	標尺Ⅰの読み	標尺Ⅱの読み
A	0.849	1.126
B	1.940	2.231

単位[mm]

解答　4

視準線の調整（杭打ち調整）法は，視準線を水平にする調整である。

(1)　**誤差 d の計算**：式（3・7）から，

補正量$d=(a_2-a_1)-(b_2-b_1)$

$=(1.940-0.849)-(2.231-1.126)=-0.014$

(2)　**B標尺の読みb_0の計算**：式（3・8）から，

調整量$e=\dfrac{L+\ell}{L}d=\dfrac{30+3}{30}\times(-0.014)=-0.015$ m

B標尺の読み$b_0=b_2+e=2.231+(-0.015)$

$=$<u>2.216 m</u>

（ポイント）レベルの位置Bにおいて，レベルに近い標尺及びその対角線上の標尺を＋，他の読みを－として，その合計の1.1倍が調整量eとなる。

位置	標尺Ⅰ	標尺Ⅱ
A	－	＋
B	＋	－

突破のポイント

1．視準線の調整（杭打ち調整法）

(1)　**目的**：望遠鏡気泡管軸Lと視準軸Cを平行にする（L∥C）。

(2)　**検査：杭打ち調整法（不等距離法）**

①　30～50m離れた2点に杭を打ち，その中央A点にレベルを据える。

②　標尺Ⅰ，Ⅱの読みa_1，b_1を読む。

③　両標尺の延長線上3m～5mの点Bにレベルを据える。

④　標尺Ⅰ，Ⅱの読みa_2，b_2を読定する。

⑤　$a_2-a_1=b_2-b_1$であれば，水準器L軸と視準軸Cは平行である。

⑥　$a_2-a_1\fallingdotseq b_2-b_1$のとき，式（3・8）で調整する。

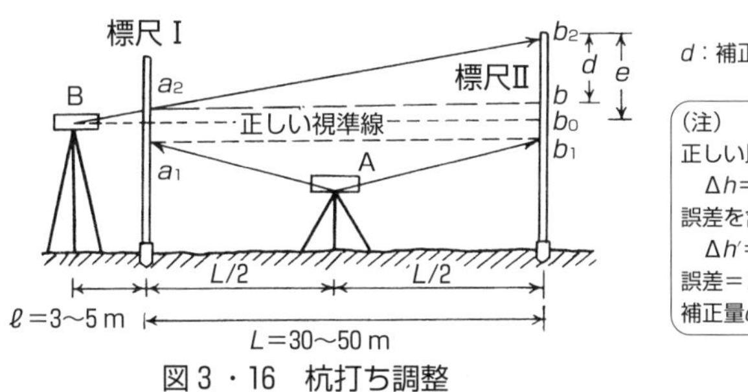

図３・16　杭打ち調整

(3)　**調整**：$a_2-a_1 \fallingdotseq b_2-b_1$の時，($L /\!/ C$) でないから，次のように調整する。標尺Ⅱの正しい視準位置をb_0とすると，

補正量　$d=\triangle h-\triangle h'=(a_2-a_1)-(b_2-b_1)$　………式（３・７）

$\triangle cb_0b_2 \backsim \triangle a_2bb_2$から，$\overline{cb_0}:\overline{b_0b_2}=\overline{a_2b}:\overline{bb_2}$より，$(L+\ell):e=L:d$

調整量　$e=\dfrac{L+\ell}{L}\times d$

正しい視準位置　$b_0=b_2+e$　………式（３・８）

視準線の調整は，次による。気泡を合致させたとき，正しい視準位置b_0を視準できるように十字線を調整する。又は，正しい視準位置b_0を視準したとき，気泡が合致するように気泡管調整ねじで調整する。

関連問題

レベルの視準線を点検するために，図のような観測を行い，表の結果を得た。レベルの視準線を調整したとき，レベルの位置Bにおける標尺Ⅱの読定値はいくらか。

1．1.3626 m
2．1.3716 m
3．1.3726 m
4．1.3779 m
5．1.4079 m

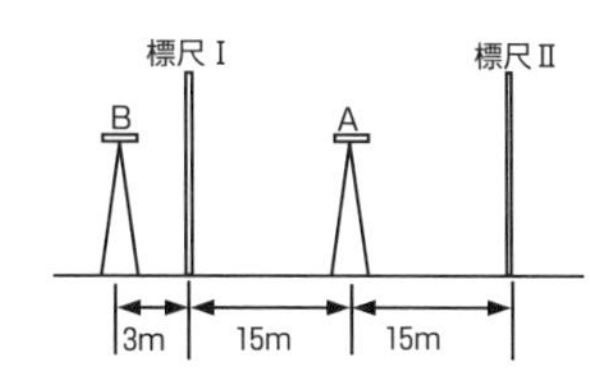

レベルの位置	読定値	
	標尺Ⅰ	標尺Ⅱ
A	1.5906 m	1.5543 m
B	1.4079 m	1.3616 m

関連問題の解説　杭打ち調整（視準線の調整）　**解答　3**

補正量$d=(1.4079-1.5906)-(1.3616-1.5543)=0.010$ m

調整量$e=0.010\times 33/30=0.011$ m

正しい視準位置$b_0=b_2+e=1.3616+0.011=$<u>1.3726 m</u>

重要問題9　自動レベルの調整

重要度★★

次の文は，自動レベルのコンペンセータ（自動補償装置）について述べたものである。間違っているものはどれか。

1．コンペンセータは，振り子に働く重力を利用して視準線を水平に保つ。
2．コンペンセータが正常に作動していても，杭打ち調整（不等距離法）により視準線の調整を行う。
3．コンペンセータは，接触などにより正常に作動しないことがあるので，時々機能を点検する。
4．コンペンセータが作動範囲の中央に位置するとき気泡が中心にくるように，円形気泡管の調整を行う。
5．コンペンセータが地盤などの振動を吸収するので，十字線に対して像は静止して見える。

解説

解答　5

(1) **自動レベル**は，円形気泡管の気泡を中央にすれば，**コンペンセータ**（自動補償装置）と**ダンパ**（揺れ止め）により，視準線が自動的に水平になるレベルである。コンペンセータが機能しても，水平視準線が十字線の中心を通るとは限らないので，杭打ち調整法による視準線の調整を行う必要がある。

(2) **コンペンセータ**は，振り子方式を用いているので，外部からの振動（車の通行が激しい場所や強い風がある場合等）があると振動し，像（標尺の目盛）が振動して見える。

突破のポイント

1．コンペンセータと気泡管水準器感度

(1) **自動レベル**は，**コンペンセータ**（自動補正装置）によって，望遠鏡の多少の傾きにかかわらず，常に自動的に視準線を水平にする。気泡管レベルの気泡管感度に相当するのがコンペンセータである。

(2) 気泡管レベルの視準線の平行性の調整は，気泡管水準器を用いて行う。レベルの性能は，気泡管の**水準器感度**と最小読定値により決まる。気泡管がわずかに傾いても気泡が大きく移動す

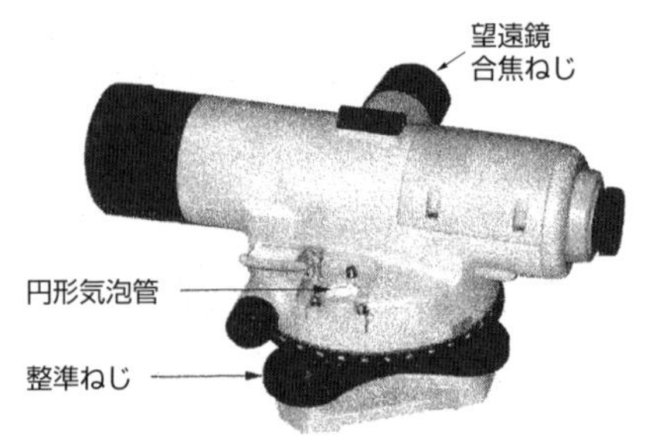

図3・17　自動レベル

る方が感度がよい。

(3) 自動レベル（電子レベルを含む）では，円形気泡管の調整，視準線の調整，コンペンセータの機能点検を行う。コンペンセータが完全に機能するとしても，水平視準線が十字線の中心を通るとは限らないので，杭打ち調整法により視準線の調整を行う。

2．自動レベル（電子レベルを含む）の点検調整

(1) **コンペンセータの点検**は，30m隔てた２本の標尺の中央でレベルを水平にした状態と，円形気泡管の気泡を同心円マークに内接（レベルを傾斜）させた状態で観測する。両測定値の差が許容範囲内にあれば，コンペンセータの機能は正常である。

(2) 円形気泡管の感度は，10′/２mm程度（気泡管上２mmに対する中心角θ＝10′，θが小さいほど感度がよい）であり，この精度内でレベルの鉛直軸を鉛直にして観測すれば，コンペンセータの機能が十分に発揮される。鉛直軸の鉛直には，円形気泡管を用いる。１・２級水準測量ではコンペンセータの機能点検は，作業前と作業中おおむね10日ごと行う。

(3) **ダンパ（制動装置）の点検**：

コンペンセータは，ミラーを懸垂する方式であり，そのままではすぐに制止しない。この振動を制御するために**ダンパ**を用いて揺れ止めを行う。ダンパは精密装置であり，時々点検する必要がある。

関連問題

次の文は，自動レベルについて述べたものである。間違いはどれか。

1．杭打ち調整は，行う必要がない。
2．コンペンセータ（自動補償装置）の機能点検は，作業中適宜行う必要がある。
3．良く調整された自動レベルでは，円形気泡管の気泡を中央に導くだけで，視準線は水平になる。
4．チルチングレベルに比べ，観測する時間が短い。
5．車の通行が激しい場合，風が強い場合等には，コンペンセータが振動し，観測しにくいことがある。

関連問題の解説　自動レベル　**解答　1**

自動レベルは，円形気泡管によってレベルをほぼ水平に据え付け，コンペンセータによって自動的に視準線を水平にする。レベルの鉛直軸を約10′の精度で鉛直に立てて観測するため，円形気泡管は常に調整する。杭打ち調整（円形気泡管の調整）は行う必要がある。

重要問題10　電子レベルの調整　重要度★

次の文は，公共測量に用いる電子レベルについて述べたものである。正しいものはどれか。

1．電子レベルは，バッテリを必要としない。
2．電子レベルは，観測時に必ずしも標尺を垂直に立てる必要がない。
3．電子レベルは，画像処理により標尺を読み取る。
4．電子レベルは，コンペンセータが内蔵されていない。
5．電子レベルは，標尺の読み取り精度が視準距離と無関係である。

解説　**解答　3**

1．**電子レベル**は，デジタルカメラ（画像処理機能）と，自動レベルを組合せたものである。望遠鏡の画像を，CCDセンサー（デジタルカメラなどに使われる半導体素子で，高い感度を持つ）からデジタル情報に変換するもので，電源としてバッテリが必要である。

2．観測上生じる誤差は，従来のレベルと同様であり，電子レベルでも標尺の傾きは補正できない。なお，標尺は垂直に立てる。

3．電子レベルは，標尺目盛を読むための画像処理機能を付けている。

図3・18　電子レベル

4．電子レベルは，自動レベルとデジタルカメラを組合せたものである。自動レベルは，コンペンセータ（P138）によって水平方向の視準線を確保しているので，電子レベルもコンペンセータを内蔵している。

5．読み取り誤差を少なくするため，視準距離を短くして視野内の情報を多くする（P143，表3・4）。

突破のポイント

1．電子レベル

(1)　**電子レベル**は，高い解像度の画像処理機能をもっている。専用のバーコード標尺に刻まれたパターンを観測者の代わりとなる検出器で認識し，画像処理を行った上で，電子レベル内に入力されているパターンとの相関処理を行い，標尺目盛及び距離を自動的に読み取る。

デジタルデータの取得，データコレクタ，パソコン等への観測データの自動入力により，誤読，計算・記録ミスが生じることがなく，作業能率の向上，高精度で，熟練を要しない。

(2) **バーコード標尺**は，使用する電子レベルに対応した標尺とし，電子レベルとバーコード標尺はセットで使用する。

図３・19 バーコード標尺

(3) コンペンセータにより自動的に水平な視準線が得られるが，電子レベル及び自動レベルでは，**円形気泡管**の点検調整及び**視準線**の点検調整（杭打ち調整）並びに**コンペンセータ**の機能点検を観測前に行う。

(4) 従来の光学式レベルと同じように球差，気差による誤差を消去するためレベルと前視と後視の視準距離を等しくする。１級水準測量の視準距離は最大で50mと決められている（P143，表３・４参照）。

(5) 電子レベル本体の太陽光による温度変化は極力避ける。従来の光学式レベルと同じように直射日光が当たらないように日傘などで覆いをする。

関連問題

次の文は，電子レベル及びバーコード標尺について述べたものである。間違っているものはどれか。

1．バーコード標尺の目盛を自動で読み取って高低差を求める電子レベルは，観測者による個人誤差が小さくなり，作業能率も向上する。

2．公共測量における１級水準測量及び２級水準測量では，円形気泡管及び視準線の点検調整並びにコンペンセータの点検を観測着手前及び観測期間中おおむね10日ごとに行う。

3．バーコード標尺付属の円形気泡管は，鉛直に立てたときに，円形気泡が中心に来るように点検調整をする。

4．公共測量における１級水準測量において，標尺の下方20cm以下を読定してはならない理由は，地球表面の曲率のために生ずる２点間の鉛直線の微小な差（球差）の影響を少なくするためである。

5．電子レベル内部の温度上昇を防ぐため，観測に際しては，日傘などで直射日光が当たらないようにする。

関連問題の解説 電子レベル，バーコード標尺 解答 4

１級水準測量においては，大気の屈折（**レフラクション**）誤差の影響を少なくするため標尺の下方 20 cm 以下は読定しない（準則第64条）。これは，地表面に近い程大気密度が大きくなり，屈折量が大きくなるためである。

第3章 水準測量

重要問題11　鉛直軸誤差・視準距離　重要度★

次の文は，水準測量において，チルチングレベルの鉛直軸の傾きによって生じる測定誤差について述べたものである。正しいものはどれか。

1．標尺を後視左目盛，前視左目盛，前視右目盛，後視右目盛の順に観測すれば小さくできる。
2．杭打ち調整でレベルを調整して観測すれば小さくできる。
3．前視と後視の標尺をレベルから等しい距離にして観測すれば小さくできる。
4．俯仰ねじで主水準器を水平にして観測すれば小さくできる。
5．測定数を偶数にし，各測点においてレベルの望遠鏡と三脚の向きを特定の標尺に対向させて整置し観測すれば小さくできる。

解答　5

1．標尺を，後視，前視，前視，後視の順で左右の小目盛と大目盛を読むのは，誤読の防止及び三脚の沈下による誤差を小さくするためである。
2．**杭打ち調整法**は，気泡管軸と視準軸を平行にするための調整である。鉛直軸の傾きとは関係しない。
3．前視と後視の視準距離を等しくして観測すれば，**視準線誤差**及び**球差・気差**（P141参照）等の誤差は消去できるが，**鉛直軸誤差**は消去できない。
4．俯仰ねじは，主水準器を水平にするもので，鉛直軸誤差は消去できない。
5．**鉛直軸誤差**は，レベルを支持する三脚の特定の2脚と視準線とを常に平行にして進行方向に対し，左右交互に整置しながら観測すれば小さくできる。この場合，特にレベルの整準は常に同一の番号の標尺（Ⅰ号又はⅡ号標尺）に向けて行う。

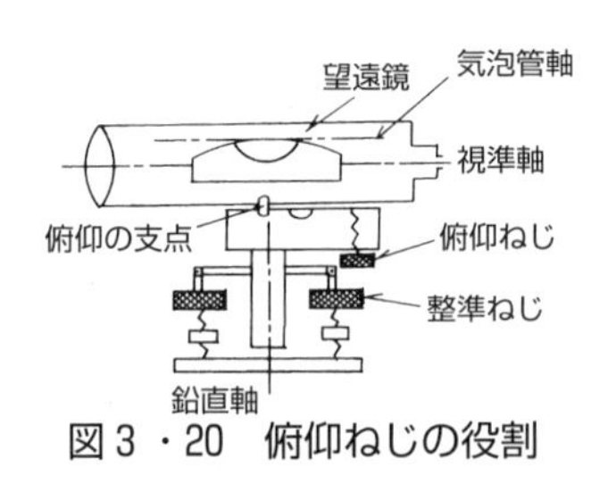

図3・20　俯仰ねじの役割

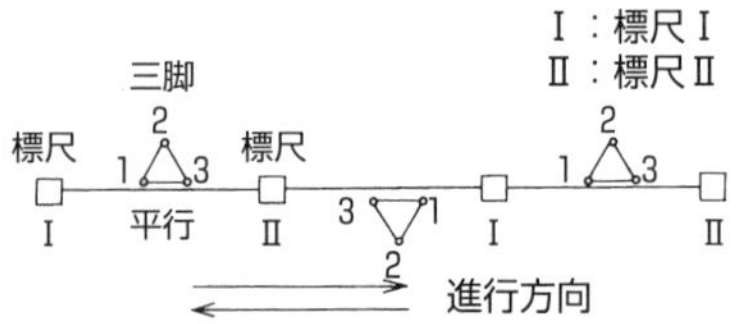

図3・21　鉛直軸誤差の消去法

突破のポイント

1．視準距離及び標尺目盛の読定単位

(1)　**視準距離**（レベルと標尺間の距離）及び標尺目盛の**読定単位**は，水準測量

の区分に応じて，表3・4のとおり（準則第64条）。

表3・4　視準距離と読定単位（準則第64条）

区　分	1級水準測量	2級水準測量	3級水準測量	4級水準測量	簡易水準測量
視準距離	最大　50 m	最大　60 m	最大　70 m	最大　70 m	最大　80 m
読定単位	0.1 mm	1 mm	1 mm	1 mm	1 mm

(2)　観測は1視準1読定とし，**標尺の読定方法**は水準測量の区分に応じて，表3・5のとおり（レベルの沈下誤差対策）。

表3・5　標尺の読定方法（準則第64条）

区分	順序	1	2	3	4
1級水準測量	気泡管レベル 自動レベル	後視 小目盛	前視 小目盛	前視 大目盛	後視 大目盛
	電子レベル	後　視	前　視	前　視	後　視
2級水準測量	気泡管レベル 自動レベル	後視 小目盛	後視 大目盛	前視 小目盛	前視 大目盛
	電子レベル	後　視	後　視	前　視	前　視
3～4級 水準測量 簡易水準測量	気泡管レベル 自動レベル 電子レベル	後　視	前　視	—	—

（級別性能）
- 1級水準測量
  1級レベル，1級標尺
- 2級水準測量
  1～2級レベル，1級標尺
- 3～4級水準測量
  1～3級レベル，
  1～2級標尺
- 簡易水準測量
  1～3級レベル
  1～2級標尺，箱尺

関連問題

公共測量において3級水準測量を実施していたとき，レベルで視準距離を確認したところ，前視標尺までは70 m，後視標尺までは72 mであった。観測者が取るべき処置を次の中から選べ。

1．前視標尺をレベルから2 m遠ざけて整置させる。
2．レベルを後視方向に1 m移動し整置させる。
3．レベルを後視方向に2 m移動し，前視標尺をレベルの方向に3 m近づける。
4．レベルを後視方向に3 m移動し，前視標尺をレベルの方向に4 m近づける。
5．そのまま観測する。

関連問題の解説　視準距離　　**解答　4**

視準距離の最大は，1級，2級，3級水準測量でそれぞれ50 m，60 m，70 mである。1及び2は視準距離70 mを超えているから，不適当である。4のレベルを3 m後視方向に移動し，前視標尺を4 mレベルに近づければ，視準距離29 m，前視・後視とも視準距離が等しくなる。なお，3の場合，後視の視準距離70 m，前視の視準距離69 mで不適である。

重要問題12 水準測量の誤差1（その消去法）

重要度★★

次の水準測量の誤差の中で，通常の観測方法では消去又は小さくすることができないものはどれか。

1．視準線を含む水平面と水準器軸を含む水平面とが平行でないために生じる誤差
2．地球の曲率によって生じる誤差
3．標尺の零目盛の位置が正確でないために生じる誤差
4．標尺の目盛間隔が正確でないため生じる誤差
5．レベルの鉛直軸の傾きによる誤差

解説

解答 4

1．視準線を含む水平面と水準器軸（気泡管軸）を含む水平面とが平行でないために生じる誤差を**視準線誤差**という。視準線誤差は，視準距離を等しくすることで後視，前視に同量の誤差（$e_A = e_B$）が生じ，（$BS = FS$）で消去できる。

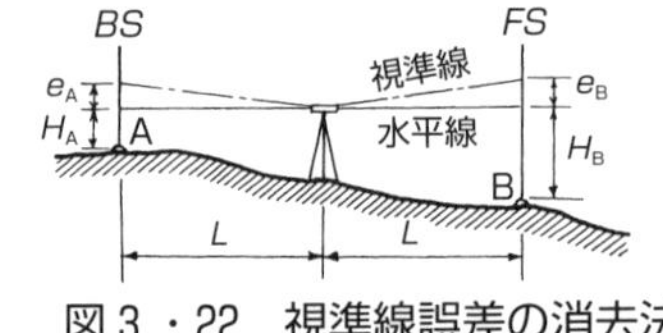

図3・22 視準線誤差の消去法

2．地球の曲率によって生じる誤差を**球差**（P147参照）という。この誤差は視準距離を等しくすれば消去できる。

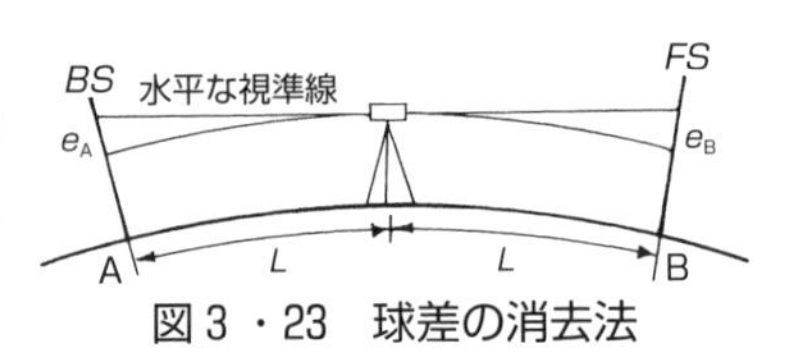

図3・23 球差の消去法

3．標尺の零目盛の位置が正しくないために生じる誤差を**零目盛誤差**という。零目盛誤差は，観測方法（測点数値を偶数とする）により消去できる。

今，標尺Ⅰ，Ⅱにそれぞれδ_1，δ_2の零目盛誤差があるとすれば，高低差hは次式で求まり後視－前視で消去できる。

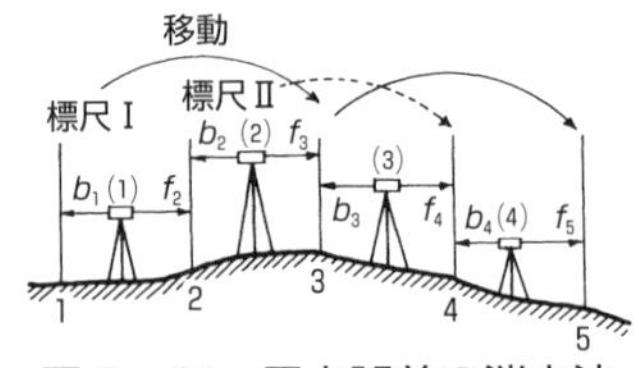

図3・24 零点誤差の消去法

$$
\begin{aligned}
\text{高低差}\quad h &= \{(b_1+\delta_1)-(f_2+\delta_2)\}+\{(b_2+\delta_2)-(f_3+\delta_1)\}\\
&\quad +\{(b_3+\delta_1)-(f_4+\delta_2)\}+\{(b_4+\delta_2)-(f_5+\delta_1)\}\\
&=(b_1+b_2+b_3+b_4)-(f_2+f_3+f_4+f_5)\\
&=\sum(BS)-\sum(FS)
\end{aligned}
\quad\cdots\cdots\text{式（3・9）}
$$

4．標尺の目盛間隔が正確でないために生じる誤差を標尺の**指標誤差**（**目盛誤差**）という。標尺を正しい目盛のもの交換する等の処置を行う。

5．**鉛直軸誤差**は，レベルの望遠鏡と三脚の向きを特定の標尺に対向させて観測すれば小さくすることができる（P142，図３・21参照）。

突破のポイント

1．水準測量の誤差とその消去法

表３・６　誤差の原因とその消去法

区　分	誤差の原因	誤差の種類	消　去　法
レベルに関するもの	1）視準による誤差	不定誤差	○接眼レンズで十字線をはっきり映し出し，次に対物レンズで像を十字線上に結ぶ。
	2）望遠鏡の視準軸と気泡管軸が平行でないために起こる誤差（視準線誤差）	定誤差	○前視・後視の視準距離を等しくする。
	3）レベルの三脚の沈下による誤差	定誤差	○堅固な地盤に据える。
標尺に関するもの	1）目標の不正による誤差（指標誤差）	定誤差	○基準尺と比較し，尺定数を求めて補正する。
	2）標尺の零点誤差	定誤差	○出発点に立てた標尺を到達点に立てレベルの据え付けを偶数回とする。
	3）標尺の傾きによる誤差	定誤差	○標尺を常に鉛直に立てる。
	4）標尺の沈下による誤差	定誤差	○堅固な地盤に据える。又は標尺台を用いる。
	5）標尺の継目による誤差	定誤差	○標尺を引き伸ばした時は継目が正しいかどうか確認すること。
自然現象に関するもの	1）球差・気差による誤差	定誤差	○前視・後視の視準距離を等しくする。
	2）かげろうによる誤差	不定誤差	○地上・水面から視準線をはなす。
	3）気象（日照・風・湿度等）の変化による誤差	不定誤差	○日傘でレベルをおおう。往復の観測を午前と午後に分けて平均をとる。

関連問題

水準測量に伴う誤差のうち，通常の観測方法によって消去又は小さくすることができないものはどれか。

1．球　差　　2．標尺の零点誤差　　3．標尺の目盛誤差
4．視準線誤差　　5．鉛直軸の傾きによる誤差

関連問題の解説　**水準測量の誤差**　　**解答　3**

標尺の目盛誤差は，通常の観測方法では消去できない。

第3章　水準測量

重要問題13　水準測量の誤差２（視準距離，両差）　　重要度★

次の文は，水準測量における誤差について述べたものである。レベルから前視標尺までと後視標尺までとの距離を等しくすることにより小さくすることのできる誤差はどれか。

1．標尺付属の円形気泡管の点検調整が十分でないために生じる誤差
2．標尺の底面が摩耗したために生じる誤差
3．標尺が沈下したために生じる誤差
4．標尺の目盛が正しく刻まれていないために生じる誤差
5．視準線の点検調整が十分でないために生じる誤差

解説　　解答　5

1．標尺付属の円形気泡管の点検が十分でないために生じる誤差を小さくするには，標尺を前後にゆっくり傾けながら，その時の最小値を読み取る。

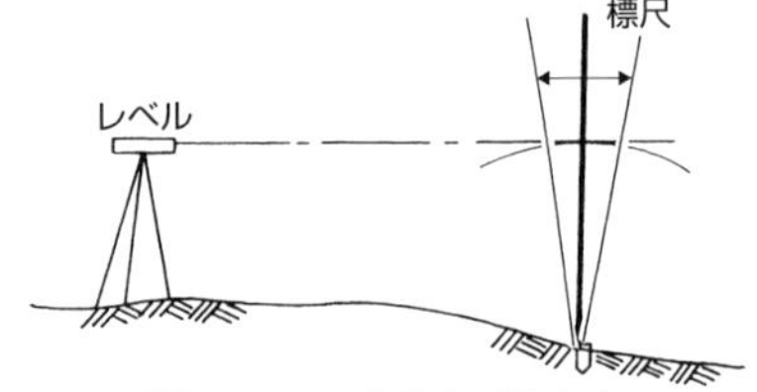

図３・25　標尺の読み方

2．標尺の底面が摩耗したために生じる**零点誤差**は，２本の標尺を交互に用い，出発点に立てた標尺を到着点に立てることにより消去できる。
3．標尺が沈下しないようにするためには，標尺台の使用や杭を打つなど工夫する。
4．標尺の目盛が正しく刻まれていないために生じる標尺の**目盛誤差**は，正しい標尺と交換して観測するか，又は目盛を検定して**尺定数補正**をする。

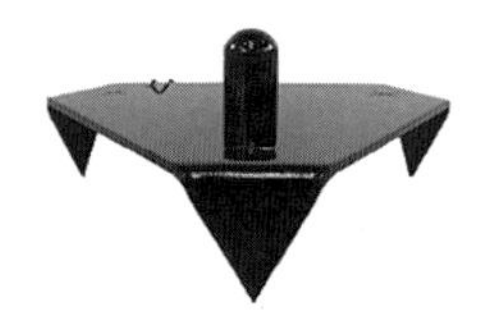
図３・26　標尺台

5．視準線の点検の調整が十分でないために生じる**視準線誤差**（望遠鏡気泡管軸と視準線が平行でないために生じる誤差）は，視準距離を等しくすることにより消去できる。

突破のポイント

1．視準距離を等しくすることにより消去できる誤差

(1)　**視準線誤差**は，望遠鏡の気泡管軸と視準線とが平行（C∥L）でない（調整不完全）場合に生じる誤差をいう。視準線の調整は，杭打ち調整法（P136）で行う。なお，この誤差は，視準距離を等しくすれば消去できる（P144）。

(2)　**球差・気差及び両差**

球差・気差及び両差は，視準距離を等しくすれば消去できる。

①　地球の曲率によって生じる誤差を**球差**という。

球差　$h_1 = \mathrm{CE} = h - \mathrm{BC} = \dfrac{L^2}{2R}$　……式（３・10）

②　光の屈折によって生じる誤差を**気差**という。

気差　$h_2 = \mathrm{BB'} = -\dfrac{L^2}{2R'} = -\dfrac{kL^2}{2R}$

……式（３・11）

③　球差と気差を合わせたものを**両差**という。

両差　$K = \mathrm{CE} + \mathrm{BB'} = \dfrac{L^2}{2R} - \dfrac{kL^2}{2R} = \dfrac{(1-k)}{2R} L^2$

………式（３・12）

但し，R：地球の半径，L：２点間の距離，

k：屈折係数（0.13～0.14）

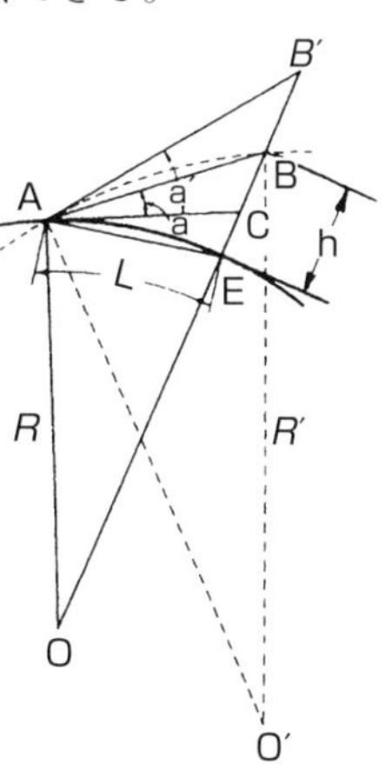

図３・27　両　差

表３・７　球差・気差・両差（k＝0.13，R＝6 370 km）

距離L	2 000 m	1 000 m	500 m	200 m	100 m	50 m
球差h_1	314.0 mm	78.5	19.6	3.1	0.8	0.2
気差h_2	40.8 mm	10.2	2.6	0.4	0.1	0.0
両差K	273.2 mm	68.3	17.0	2.7	0.7	0.2

関連問題

水準測量について，間違っているものはどれか。

1．レベルの視準線と気泡管軸は，平行になるように調整する。
2．レベルと標尺は，地盤堅固で動かない場所に据える。
3．レベルと前視標尺及び後視標尺との距離は，等しくなるようにする。
4．標尺の両端付近の目盛を使用して観測することはなるべく避ける。
5．レベルと標尺との距離を長くとればとるほど，レベルの整置点数が少なくなるから精度がよくなり，また，能率もあげられる。

関連問題の解説　**視準距離と精度**　**解答　5**

レベルと標尺間の距離（視準距離）は，１級水準測量で最大 50 m，簡易水準測量でも最大 80 mである（P143，表３・４参照）。視準距離を長くすれば，精度は低下する。

第3章　水準測量

重要問題14 標尺補正

重要度★★

１級水準測量及び２級水準測量では，温度の影響を考慮し使用する標尺に対して標尺補正を行う必要がある。水準点Ａ，Ｂの間で１級水準測量を実施し，表の結果を得た。標尺補正を行った後の水準点Ａ，Ｂ間の高低差はいくらか。

但し，観測に使用した標尺の標尺改正数は20℃において＋12μm/m，膨張係数は$+1.2\times10^{-6}$/℃とする。

表

観測路線	観測距離	観測高低差	気温
A→B	2.0 km	+55.5000 m	25 ℃

1．＋55.4980 m　　2．＋55.4990 m　　3．＋55.5003 m
4．＋55.5010 m　　5．＋55.5037 m

解説

解答 4

式（3・13）に，$t=25$℃，$t_0=20$℃，$\alpha=1.2\times10^{-6}$/℃，$h=55.5$ m，$C_0=12\,\mu$m/m$=12\times10^{-6}$ m/mを代入すると，

標尺補正 $\Delta h=\{12\times10^{-6}+(25-20)\times1.2\times10^{-6}\}\times55.5$ m

$=999\times10^{-6}$ m $\fallingdotseq 1.0\times10^{-3}$ m $=0.001$ m

観測高低差 $H=h+\Delta h=55.5000+0.001=\underline{55.5010\text{ m}}$

突破のポイント

1．標尺補正（標尺の定数及び温度補正）

(1)　１級水準測量は，読定単位0.1mm，観測値の較差の許容範囲$2.5\text{mm}\sqrt{L}$である（P151，表３・８）。この精度を得るため，標尺の伸縮の補正（**標尺補正**）を行う。

(2)　標尺補正は，１級及び２級水準測量について行う。但し，２級水準測量は，水準点間の高低差が70 m以上の場合に行う。

標尺補正量　$\Delta h=\{C_0+(t-t_0)\alpha\}h$

高低差　$H=h+\Delta h=h+\{C_0+(t-t_0)\alpha\}h$

…………式（3・13）

但し，　h：観測高低差

C_0：１m当たりの標尺定数

α：１℃当たりのインバール尺の線膨張係数

t：観測時の測定温度，t_0：基準温度（＋20℃）

(3)　水準測量の観測及び計算は，次のとおり。

観測（機器の点検及び調整）→観測の実施→観測値の較差（再測）→既知

点の正当性（検測）→閉合差の計算（点検計算及び再測）→平均計算（標高の最確値）→成果表。

関連問題

(1) 水準点Aから水準点Bまでの1級水準測量で，標尺補正数を間違って使用して高低差＋100.500 0 mを得た。正しい高低差はいくらか。

但し，標尺補正数は，表のとおり。

正しい標尺補正数	＋20 μm/m
間違って使用した標尺補正数	＋50 μm/m

1．100.497 0 m　　2．100.498 0 m　　3．100.502 0 m
4．100.503 0 m　　5．100.505 0 m

(2) 水準測量を行い，観測比高－200.010 mを得た。このときの平均気温は＋20 ℃であった。この観測に用いた1組の標尺の尺定数は，1 mにつき＋0.020 mm（＋20℃）である。

尺定数を補正した正しい比高はいくらか。

1．－200.006 m　　2．－200.008 m　　3．－200.010 m
4．－200.012 m　　5．－200.014 m

関連問題の解説　標尺補正

解答 (1) 1，(2) 5

(1) 正しい高低差Hは，次の式で求められる。

$$H \fallingdotseq H_1 - \Delta h' + \Delta h$$

但し，H_1：標尺補正数を間違って使用した高低差（＝＋100.500 m）
$\Delta h'$：間違って計算された標尺補正量
Δh　：正しい標尺補正量

> 50 μm/m＝0.05 mm/m，0.05 mmは1 m当たりの補正量，$\mu = 10^{-6}$

$$\Delta h' = +100.500\ \text{m} \times 50 \times 10^{-6} = 0.005\ 0\ \text{m}$$

$$\Delta h = +100.500\ \text{m} \times 20 \times 10^{-6} = 0.002\ 0\ \text{m}$$

$$\therefore H = 100.500 - 0.005\ 0 + 0.002\ 0 = \underline{100.497\ 0\ \text{m}}$$

(2) 観測時の温度と尺定数の基準温度が等しいので温度補正はしなくてよい。尺定数は1 mにつき＋0.020 mmであり，200 mに対する標尺補正量Δhは，次のとおり。

$$\text{標尺補正量}\ \Delta h = \frac{200\text{m}}{1\text{m}} \times (+0.020\ \text{mm}) = 4.0\ \text{mm} = 0.004\ \text{m}$$

$$\text{正しい比高}\ H = -\{200.010\ \text{m} + (0.004\ \text{m})\} = \underline{-200.014\ \text{m}}$$

重要問題15 往復観測と誤差（往復差）

重要度★★

水準点A，B間において，1級水準測量を行い，表の結果を得た。観測結果を点検し，適切な処置はどれか。

但し，往復差の許容範囲は$2.5\text{mm}\sqrt{L}$ （L：km）とする。

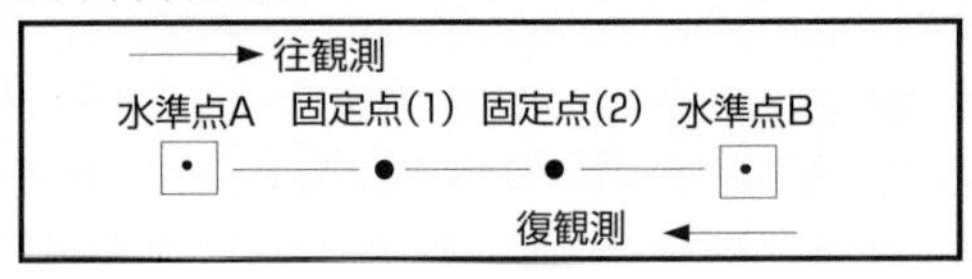

	水準点A～固定点(1)	固定点(1)～固定点(2)	固定点(2)～水準点B
往観測の高低差[m]	−1.345 7	+1.773 1	+2.276 8
復観測の高低差[m]	+1.346 4	−1.772 9	−2.279 1
片道の観測距離[km]	0.400	0.400	0.640

1．水準点A～固定点(1)の再測を行う。
2．固定点(1)～固定点(2)の再測を行う。
3．固定点(2)～水準点Bの再測を行う。
4．水準点A～固定点(2)の再測を行う。
5．再測の必要はない。

解答 3

(1) 水準点A～水準点B（$L=1.44$ km）の較差は-1.40 mmで，許容範囲$2.5\,\text{mm}\sqrt{1.44}=2.5\,\text{mm}\sqrt{1.2^2}=3$ mm内にある。各区間ごとに点検する。観測距離$L=0.40$ km，$L=0.64$ の較差の許容範囲は，次のとおり。

$L=0.40$ km，$2.5\,\text{mm}\sqrt{0.4}=2.5\,\text{mm}\sqrt{40\times10^{-2}}=2.5\,\text{mm}\times10^{-1}\sqrt{40}=1.6$ mm

$L=0.64$ km，$2.5\,\text{mm}\sqrt{0.64}=2.5\,\text{mm}\sqrt{64\times10^{-2}}=2.5\,\text{mm}\times10^{-1}\sqrt{64}=2.0$ mm

各区間の較差（往路と復路の観測値の和，**往復差**）は，次のとおり。

① 水準点A～固定点(1)＝0.7 mm＜1.6 mm　判定：許容範囲内
② 固定点(1)～固定点(2)＝0.2 mm＜1.6 mm　判定：許容範囲内
③ 固定点(2)～水準点B＝2.3 mm＞2.0 mm　判定：許容範囲外（再測）

突破のポイント

1．観測（再測と検測）

(1) **再　測**：水準測量の誤差は，観測距離 L の平方根 $\sqrt{L}$ に比例する。1 km当たりの誤差をK とすれば，$K\sqrt{L}$ で表す。往復観測値の較差の許容範囲

（往路観測値と復路観測値の和，**往復差**）は，表３・８のとおり。この許容範囲を超えた場合は，再測（往路又は復路を測り直す）する。

表３・８　往復観測値の較差の許容範囲（準則第65条）

区　分	１級水準測量	２級水準測量	３級水準測量	４級水準測量
往復観測値の較差	2.5 mm $\sqrt{L}$	5 mm $\sqrt{L}$	10 mm $\sqrt{L}$	20 mm $\sqrt{L}$

(注) Lは観測距離（片道，km単位）とする。

(2)　**検　測**：１級及び２級水準測量では，使用した既知点の標高値が正常かどうかを確認するため，隣接既知点間の**検測**を行う。

検測における結果と前回の観測高低差又は測量成果の高低差との較差の許容範囲は，表３・９のとおり。許容範囲内であれば，既知点は正常であり使用する（準則第66条）。

表３・９　検測較差の許容範囲（準則第66条）

区　　分	１級水準測量	２級水準測量
前回の観測高低差との較差	2.5 mm$\sqrt{L}$	5 mm$\sqrt{L}$
測量成果の高低差との較差	15 mm$\sqrt{L}$	

(注) Lは観測距離（片道，km単位）とする。

関連問題

１級水準測量について，間違っているものはどれか。

1．レベルは，水準点から次の水準点までの間に偶数回整置する。
2．気泡合致式レベルには，レベル覆いや洋傘などを用いて直射日光が当たらないようにする。
3．往観測の出発点に立てる標尺と，復観測で同じ点に立てる標尺は，同一のものとする。
4．標尺補正のための温度測定は，水準点及び固定点ごとに実施する。
5．再測した場合は，同方向の観測値を採用してはならない。

関連問題の解説　１級水準測量　　**解答　3**

１級水準測量は，特に高精度を必要とする地盤変動調査，トンネル，ダムの施工で実施される。

零点誤差を消去するためには，標尺は２本１組として番号（標尺Ⅰ，Ⅱ）を付け，往と復の観測では交換する。零点誤差を消去するため，水準点から次の水準点までのレベルの据え付け回数を偶数回とする。

重要問題16　往復観測値の較差の許容範囲

重要度★★

水準点A，B間に水準点1，2，3，4を1km間隔に新設して，往復の水準測量を行い，表の結果を得た。往復観測値の較差が許容範囲を超えている区間はどれか。但し，較差の許容範囲は10mm$\sqrt{L}$とする。

1．Aと1の区間
2．1と2の区間
3．2と3の区間
4．3と4の区間
5．4とBの区間

往観測		復観測	
測点	Aを基準とする観測比高	測点	Bを基準とする観測比高
A	0.000 m	B	0.000 m
1	+13.156 m	4	+6.591 m
2	+9.263 m	3	+4.309 m
3	+15.635 m	2	−2.071 m
4	+17.928 m	1	+1.831 m
B	+11.328 m	A	−11.334 m

解説　　**解答 4**

(1) 較差の許容範囲＝±10mm$\sqrt{L}$＝±10mm$\sqrt{1}$＝±10mm　〔但し，L＝1 km〕
(2) 各区間の往復の高低差の較差は，往の高低差と復の高低差（正負が逆）の和を求めることで得られる。区間3−4が許容範囲を超えている。

表3・10　較差の比較検討

区間	往の高低差〔m〕	復の高低差〔m〕	往＋復〔mm〕	許容範囲〔mm〕	判定
A−1	13.156−0.000 =13.156	−11.334−1.831 =−13.165	−9	±10	○
1−2	9.263−13.156 =−3.893	1.831−(−2.071) =3.902	+9	±10	○
2−3	15.635−9.263 =6.372	−2.071−4.309 =−6.380	−8	±10	○
3−4	17.928−15.635 =2.293	4.309−6.591 =−2.282	+11	±10	×
4−B	11.328−17.928 =−6.600	6.591−0.000 =6.591	−9	±10	○

各区間ごとに往と復の高低差を計算し，往＋復で較差を求める。

突破のポイント

1．計算（点検計算及び再測）

(1) 同一条件（同一精度の器械・等視準距離）で観測した場合，**水準測量の誤差**は路線長をLとすれば，$\sqrt{L}$に比例する。1 km当たりに生じる誤差をKとすれば，水準路線がL kmであれば，その誤差は次式のとおり。

水準測量の誤差　$m = \pm K\sqrt{L}$　　………式（3・14）

(2) 水準測量は往復観測をすることを原則とし，その較差（**往復差**）が許容範囲（表３・８）内であれば平均値を最確値とする。点検計算において，水準環（P154）の**環閉合差**及び**閉合差**は，許容範囲内になければならない。

(3) 点検計算は，観測終了後に行う。許容範囲を超えた場合は再測を行う。なお，平均計算の許容範囲は，P158，表３・16参照のこと。

表３・11　観測値の点検計算及び再測（準則第69条）

区　分	１級水準測量	２級水準測量	３級水準測量	４級水準測量	簡易水準測量
環閉合差	$2\,\mathrm{mm}\sqrt{L}$	$5\,\mathrm{mm}\sqrt{L}$	$10\,\mathrm{mm}\sqrt{L}$	$20\,\mathrm{mm}\sqrt{L}$	$40\,\mathrm{mm}\sqrt{L}$
既知点から既知点までの閉合差	$15\,\mathrm{mm}\sqrt{L}$	$15\,\mathrm{mm}\sqrt{L}$	$15\,\mathrm{mm}\sqrt{L}$	$25\,\mathrm{mm}\sqrt{L}$	$50\,\mathrm{mm}\sqrt{L}$

㈟ Lは観測距離〔片道，km単位〕とする。

関連問題

図に示すように，水準点Aから固定点(1)，(2)及び(3)を経由する水準点Bまでの路線で，公共測量における１級水準測量を行い，表に示す観測結果を得た。再測すべきと考えられる区間番号はどれか。

但し，往復観測値の較差の許容範囲は，Lをkm単位で表した片道の観測距離としたとき，$2.5\mathrm{mm}\sqrt{L}$とする。

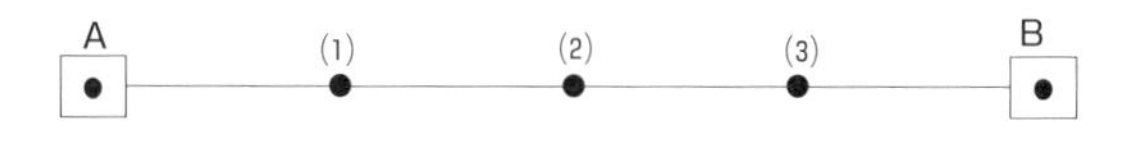

区間番号	観測区間	観測距離	往方向	復方向
①	A～(1)	500 m	+3.224 9 m	−3.223 9 m
②	(1)～(2)	500 m	−5.665 2 m	+5.665 5 m
③	(2)～(3)	500 m	−2.356 9 m	+2.355 0 m
④	(3)～B	500 m	+4.102 3 m	−4.103 4 m

1．①　　2．②　　3．③　　4．④　　5．再測の必要はない

関連問題の解説　**点検計算及び再測**　　**解答　3**

区間番号③が，許容範囲を超えており再測する。

表３・12　較差の比較検討

区間番号	距　離	往方向	復方向	往復差	許容範囲	判定
①	500 m	+3.224 9 m	−3.223 9 m	+1.0 ㎜	+1.7 ㎜	○
②	500	−5.665 2	+5.665 5	+0.3	+1.7	○
③	500	−2.356 9	+2.355 0	−1.9	+1.7	×
④	500	+4.102 3	−4.103 4	−1.1	+1.7	○

重要問題17　環閉合差の許容範囲　　参考事項

図に示す路線の水準測量の環閉合差の許容範囲を$2.5\sqrt{L}$ mmとするとき，再測すべき路線はどれか。

但し，観測高低差は図中の矢印の方向に観測した値である。

路線番号	観測距離	観測高低差
(1)	5.0 km	+0.124 7 m
(2)	5.0 km	−1.385 6 m
(3)	13.0 km	−0.984 2 m
(4)	9.0 km	−2.781 3 m
(5)	2.0 km	+4.124 1 m
(6)	2.0 km	−0.275 9 m
(7)	10.0 km	−3.181 5 m

A，B：既知点　　交1，交2，・・・：求点
(1)，(2)・・・：路線番号　　→：観測方向

1．(1)と(2)　　2．(3)　　3．(4)　　4．(5)　　5．(6)と(7)

解説　　解答 4

(1) 交1，B，交2で囲まれた部分を**環**という。Ⅰ，Ⅱ，Ⅲはそれぞれ環である。矢印の方向に水準測量を行ったとき，路線(2)→(5)→(4)，(3)→(5)→(7)，(1)→(2)→(3)→(6)及び外側の環(1)→(4)→(7)→(6)の環閉合差は零とならなければならない。**環閉合差**の点検は，ある水準点を出発点とし，その水準点に帰着する水準路線の閉合差を求め，許容範囲$2.5\sqrt{L}$ mm以内かを確認する。計算する方向と観測方向（矢印）が反対ならば，高低差の符号は負（−）とする。

表3・13　環閉合差

番号	水準路線	水準測量の環閉合差（ω）	距離	$2.5\sqrt{L}$	判定
1	(2)→(5)→(4)	−1.385 6+4.124 1+(−2.781 3) =−0.042 8 m=−42.8 mm	16.0 km	10.0 mm	×
2	(3)→(5)→(7)	−0.984 2+4.124 1+(−3.181 5) =−0.041 6 m=−41.6 mm	25.0 km	12.5 mm	×
3	(1)→(2)→(3)→(6)	0.124 7+(−1.385 6)−(−0.984 2)−(−0.275 9) =−0.000 8 m=−0.8 mm	25.0 km	12.5 mm	○
4	(1)→(4)→(7)→(6)	0.124 7−(−2.781 3)+(−3.181 5)−(−0.275 9) =0.000 4 m=0.4 mm	26.0 km	12.7 mm	○

(注) 番号1，2，3：単位水準環，番号4：点検路線

(2) 表3・13の結果から，路線(5)が含まれる水準路線が許容範囲を超えている。したがって，路線(5)を再測しなければならない。

突破のポイント

1．点検計算及び再測

(1)　**点検計算**は，観測終了後に行い，許容範囲を超えた場合は再測を行う。すべての**単位水準環**（新設水準路線によって形成された水準環で，その内部に水準点をつなぐ水準路線のないものをいう）及び次の点検路線について，環閉合差及び既知点から既知点までの閉合差（表3・11）を計算し，観測値の良否を判定する（準則第69条）。

①　点検路線は，既知点と既知点を結合させる。

②　すべての既知点は，１つ以上の点検路線で結合させる。

③　すべての単位水準環は，路線の一部を点検路線と重複させる。

(2)　図3・29において，A，Bは既知点，(1)，(2)，……，(6)は路線番号及び観測比高，交1，交2，交3，……は求点，Ⅰ，Ⅱ，Ⅲは環番号，矢印は観測の方向，wは環閉合差を示す。

①　図3・28の単位水準環（既知点1つの閉合条件式）は，次のとおり。

$$\left.\begin{aligned}&\text{環Ⅰ．}\ (1)+(2)+(3)=w_1\\&\text{環Ⅱ．}\ (4)+(5)-(2)=w_2\\&\text{環Ⅲ．}\ -(3)-(5)+(6)=w_3\end{aligned}\right\}\quad\cdots\cdots\text{式（3・15）}$$

条件式3つ，点検路線（外側の環）：(1)+(4)+(6)の１つ

②　図3・29の単位水準環（既知点2つの閉合条件式）は，次のとおり。

$$\left.\begin{aligned}&\text{環Ⅰ}\ (1)+(5)+(7)=w_1\\&\text{環Ⅱ}\ (2)+(3)-(6)-(5)=w_2\\&\text{環Ⅲ}\ (4)-(7)+(6)=w_3\\&H_A+(1)+(2)-H_B=w_4,\ \text{又は}H_A-(4)-(3)-H_B=w_4\end{aligned}\right\}\quad\cdots\cdots\text{式（3・16）}$$

条件式4つ，点検路線（外側の環）：(1)+(2)，(3)+(4)の２つ

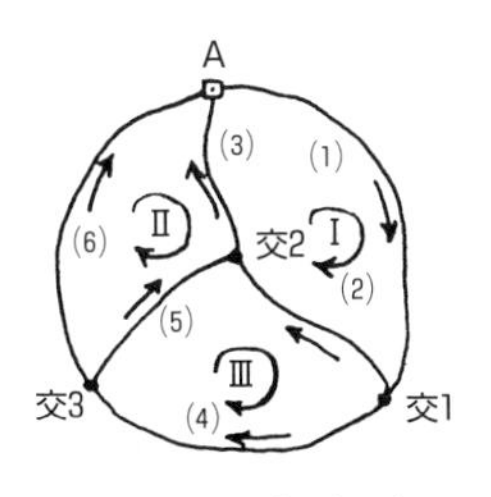

図3・28　既知点が１つ

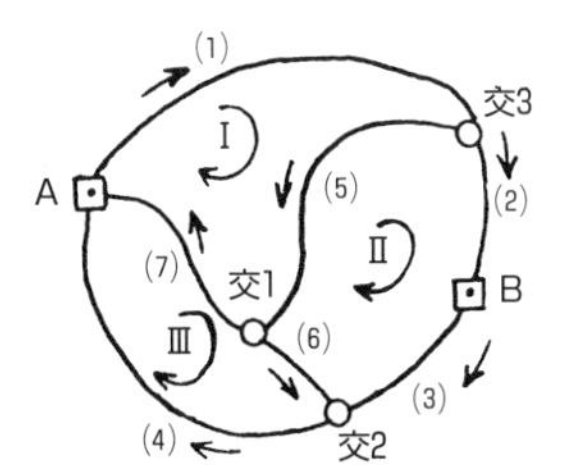

図3・29　既知点が２つ

重要問題18 誤差の調整

参考事項

国家水準点357号を出発点として358号に結合する水準測量を実施し，表の結果を得た。BM 1，2，3の調整された標高はいくらか。

	BM 1	BM 2	BM 3
1.	90.292	89.687	92.277
2.	90.294	89.692	92.284
3.	90.296	89.693	92.280
4.	90.298	89.700	92.296
5.	90.302	89.707	92.307

水準点	距 離	観測比高	観測標高	補正量	標 高
357	〔km〕	〔m〕			〔m〕 84.540
	0.6	+5.762			
BM 1	0.8	−0.595			
BM 2	1.3	+2.600			
BM 3	0.3	−0.143			
358					92.134

解説

解答 3

(1) BM 1 ＝水準点357の標高＋比高＝84.540＋(＋5.762)＝90.302 m

同様にBM 2，3，水準点358を求めると，BM 2 ＝89.707 m，BM 3 ＝ 92.307 m，水準点358＝92.164 mとなる。

観測標高と既知標高の差，誤差 Δh は，

誤差 Δh ＝観測標高－水準点358の標高＝92.164－92.134＝0.030 m

(2) 水準測量では，路線の距離に応じて，誤差が累積する。故に，距離に比例して補正値を求める。誤差 Δh，測点間の距離を ℓ_1，ℓ_2，……，ℓ_n とすると，各測定値の補正量 C_1，C_2，……，C_n は，次のとおり。

調整量 $C_1=-\dfrac{\Delta h}{[\ell]}\times\ell_1$，$C_2=-\dfrac{\Delta h}{[\ell]}(\ell_1+\ell_2)$，$C_n=-\dfrac{\Delta h}{[\ell]}\times[\ell]$

…式（3・17）

$$\text{補正量}C_{BM.1}=-\frac{0.6}{0.6+0.8+1.3+0.4}\times(0.030)=-\frac{0.6}{3.1}\times0.030=-0.006\ \text{m}$$

同様に，補正量 $C_{BM.2}=-0.014$ m，補正量 $C_{BM.3}=-0.027$ m

表3・14 補正後の標高

水 準 点	距 離	観測比高	観測標高	補正量	標 高
357	〔km〕	〔m〕	〔m〕 84.540	〔m〕 0.000	〔m〕 84.540
	0.6	+5.762			
BM 1	0.8	−0.595	90.302	−0.006	90.296
BM 2	1.3	+2.600	89.707	−0.014	89.693
BM 3	0.4	−0.143	92.307	−0.027	92.280
358			92.164	−0.030	92.134

水準点357と358の差が比高。観測値との差が誤差となる。

BM1 90.296 m
BM2 89.693 m
BM3 92.280 m
となる

関連問題

既知点Aを出発点として，既知点Bに結合する水準測量を実施し，表の結果を得た。水準点１，２，３の調整された標高はいくらか。

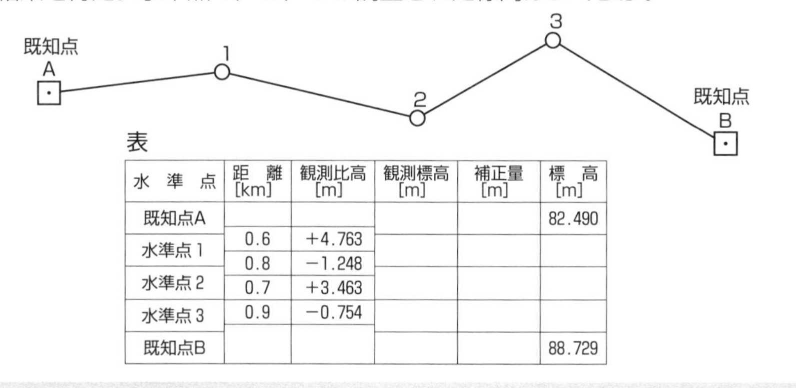

表

水　準　点	距　離 [km]	観測比高 [m]	観測標高 [m]	補正量 [m]	標　高 [m]
既知点A					82.490
	0.6	+4.763			
水準点１					
	0.8	−1.248			
水準点２					
	0.7	+3.463			
水準点３					
	0.9	−0.754			
既知点B					88.729

関連問題の解説　補正後の標高

① 各水準点の観測標高は，次のとおり。

水準点１＝82.490＋（＋4.763）＝87.253 m

水準点２＝87.253＋（−1.248）＝86.005 m

水準点３＝86.005＋（＋3.463）＝89.468 m

既知点B＝89.468＋（−0.754）＝88.714 m

② 各水準点の補正量は，次のとおり。

全補正量C＝88.714−88.729＝−0.015 m

水準点１の補正量C_1＝−（−0.015）×0.6/3.0＝0.003 m

水準点２の補正量C_2＝−（−0.015）×1.4/3.0＝0.007 m

水準点３の補正量C_3＝−（−0.015）×2.1/3.0≒0.011 m

既知点Bの補正量C_4＝−（−0.015）×3.0/3.0＝0.015 m

③ 水準点１，２，３の標高は，表３・15に示すとおり。

表３・15　補正後の標高

水　準　点	距　離 [km]	観測比高 [m]	観測標高 [m]	補正量 [m]	標　高 [m]
既知点A					82.490
	0.6	+4.763			
水準点１			87.253	+0.003	87.256
	0.8	−1.248			
水準点２			86.005	+0.007	86.012
	0.7	+3.463			
水準点３			89.468	+0.011	89.479
	0.9	−0.754			
既知点B			88.714	+0.015	88.729

（解答）
水準点１の標高
87.256 m
水準点２の標高
86.012 m
水準点３の標高
89.479 m

重要問題19　標高の最確値（平均計算）

重要度★★

図の水準路線を観測し表の結果を得た。交１の標高の最確値はいくらか。既知点Ａ，Ｂ，Ｃの標高は 25.500 m，32.700 m，30.000 mとする。

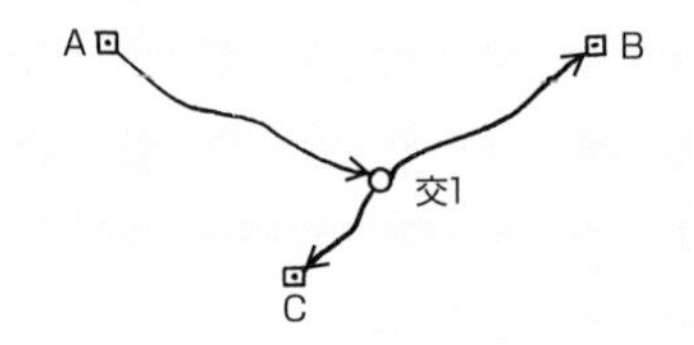

路　線	高低差	距　離
A→交１	+3.145 m	5 km
交１→B	+4.030 m	4 km
交１→C	+1.320 m	2 km

1．28.655 m　　2．28.660 m　　3．28.665 m
4．28.670 m　　5．28.674 m

解説

解答　4

(1)　各水準点から，求点の標高を求めると，次のとおり。

A→交１　$H_{A1}=25.500+3.145\ \ =28.645$ m

B→交１　$H_{B1}=32.700-(4.030)=28.670$ m

C→交１　$H_{C1}=30.000-(1.320)=28.680$ m

観測方向が反対のとき，高低差の符号を反対にする。

軽重率は，測定距離に反比例する（P23）。

(2)　軽重率の計算，$p_A:p_B:p_C=\frac{1}{5}:\frac{1}{4}:\frac{1}{2}=4:5:10$

(3)　標高の最確値$=28.645+\frac{4\times0+5\times25+10\times35}{4+5+10}\times\frac{1}{1\,000}=\underline{28.670\text{ m}}$

突破のポイント

1．平均計算（最確値）

(1)　既知点間に結合差あるいは水準環の閉合差が生じたときは，軽重率あるいは標準偏差を考えて最確値を求める。許容範囲は，表３·16を標準とする。

表３・16　平均計算による許容範囲（準則第70条）

項目＼区分	１級水準測量	２級水準測量	３級水準測量	４級水準測量	簡易水準測量
１kmあたりの観測の標準偏差	2 mm	5 mm	10 mm	20 mm	40 mm

①　直接水準測量の平均計算は，各路線の距離が分かっている場合は，距離に反比例して軽重率を求める（P22）。

②　直接水準測量と渡河水準測量が混合する路線の平均計算は，標準偏差の二乗に反比例して軽重率を求める（P22）。

(2)　各水準点から，求点の標高を計算する。観測方向が反対のとき，高低差を求める符号は負（－）となる。

関連問題

図に示すように，既知点Ａ，Ｂ及びＣから新点Ｐの標高を求めるために水準測量を実施し表の観測結果を得た。新点Ｐの標高の最確値はいくらか。

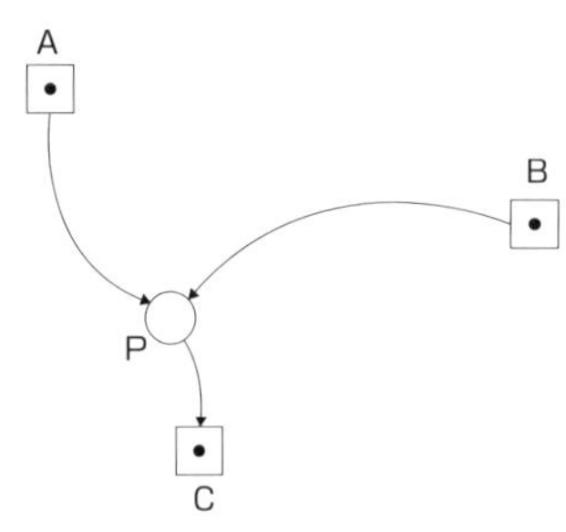

表１　観測結果

観測方向	観測距離〔km〕	観測高低差〔m〕
A→P	4	+1.092
B→P	6	+1.782
P→C	2	+1.681

表２　既知点の標高

既知点	標　高〔m〕
A	31.432
B	30.739
C	34.214

1．32.523 m
2．32.524 m
3．32.526 m
4．32.528 m
5．32.530 m

関連問題の解説　標高の最確値　　解答　4

Ａ点から計算した標高H_A＝31.432＋1.092＝32.524 m

Ｂ点から計算した標高H_B＝30.739＋1.782＝32.521 m

Ｃ点から計算した標高H_C＝34.214－1.681（注）＝32.533 m　（注）観測方向が反対

$$P_a : P_b : P_c = \frac{1}{4} : \frac{1}{6} : \frac{1}{2} = 3 : 2 : 6$$

$$\text{最確値}H_p = 32.5 + \frac{24\times3+21\times2+33\times6}{3+2+6}\times10^{-3} = \underline{32.528\ \text{m}}$$

（参考）最確値の標準偏差は，次のとおり。

$$m_0 = \sqrt{\frac{[pv^2]}{[p]\ (n-1)}} = \sqrt{\frac{296}{11\ (3-1)}} \fallingdotseq \sqrt{13} = 3.6\ \text{mm}$$

表３・17　路線長が異なる場合の標高

観測	測定値［m］	最確値［m］	残差v［mm］	v^2	軽重率p	pv^2
A→P	32.524	32.528	－4	16	3	48
B→P	32.521	〃	－7	49	2	98
C→P	32.533	〃	5	25	6	150

$\Sigma v^2=90$　$\Sigma P=11$　$\Sigma pv^2=296$

第3章 演習問題

（観測）

問1　次の文は，公共測量における水準測量について述べたものである。間違っているものはどれか。

1．観測に際しては，レベルに日光が直接当たらないようにする。
2．標尺に付属する円形水準器は，標尺を鉛直に立てた状態で気泡が中心になるように調整する。
3．1級水準測量では，標尺を後視，前視，前視，後視の順に読み取ることにより，三脚の沈下による誤差を小さくしている。
4．標尺の最下部付近の視準を避けて観測すると，大気による屈折誤差を小さくできる。
5．2級水準測量では，1級標尺又は2級標尺を使用することができる。

問2　次のa～eの文は，公共測量における1級水準測量の観測について述べたものである。［ア］～［オ］に入る数値の組合せとして適当なものはどれか。

a．観測に使用する機器の点検調整は，観測着手前及び観測期間中おおむね［ア］日ごとに行うことを標準とする。
b．標尺の読定単位は，［イ］mmである。
c．標尺の下方［ウ］cm以下は読定しない。
d．観測開始，終了及び固定点に到着ごとに気温を［エ］℃単位で測定する。
e．新点の観測は，永久標識設置後［オ］時間以上経過してから行う。

	ア	イ	ウ	エ	オ
1．	10	0.1	20	1	24
2．	10	1	10	0.1	10
3．	14	1	10	0.1	12
4．	14	1	20	1	24
5．	14	0.1	30	1	12

解　答

問1－5　1級水準測量では1級レベル，1級標尺を，2級水準測量では1～2級レベル，1級標尺を使用する（準則第62条，機器）。なお，3．レベルは一定の割合で沈下すると仮定し，一定の時間間隔で読定し，沈下誤差を小さくする。

問2－1　準則の第63条（機器の点検及び調整），第64条（観測の実施）に各々の項目について，規定している（P124参照）。

問3　次の文は，水準測量で使用するレベルと標尺について述べたものである。明らかに間違っているものはどれか。

1．自動レベルは，目盛を読み取る十字線が正しい位置にないことがあるので，視準線の点検調整を行う。
2．自動レベルや電子レベルは，円形水準器の点検調整を行う。
3．電子レベルは，標尺の傾きをバーコードから読み取り補正する。
4．電子レベルとバーコード標尺は，セットで使用する。
5．標尺付属の円形水準器は，鉛直に立てたときに，円形気泡が中心に来るように点検調整を行う。

（観測上の留意事項）

問4　次の文は，水準測量を実施するときに留意すべき事項について述べたものである。明らかに間違っているのはどれか。

1．レベル及び標尺は，作業期間中においても点検調整を行う。
2．標尺は2本1組とし，往路及び復路の出発点で立てる標尺を同じにする。
3．レベルの望遠鏡と三脚の向きを常に特定の標尺に対向させて整置し，観測する。
4．視準距離は等しく，レベルはできる限り両標尺を結ぶ直線上に設置する。
5．水準点間のレベルの設置回数（測点数）は，偶数回にする。

解答

問3－3　標尺の傾きを読み取ることはできない。

標尺の傾きは，標尺付属水準器を用いて常に鉛直に立てる。図において，傾いている標尺で2.00 mを測定した場合の誤差は，

比例式より，$3 : 0.3 = 2 : x$，$x = 0.2$ m

正しい値 $\ell = \sqrt{2^2 - 0.2^2} = 1.99$ mで，10 mmの誤差がある。

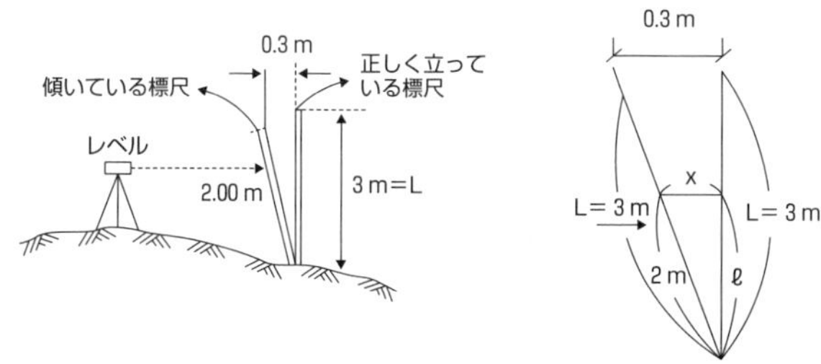

問4－2　P124参照。

標尺は，往路と復路で交換する。3．鉛直軸誤差の軽減対策はP142参照。

（水準測量の誤差）

問5　次の文は，水準測量の誤差について述べたものである。正しいものはどれか。

1．鉛直軸誤差を消去するには，レベルと標尺間を，その間隔が等距離となるように整置して観測する。

2．球差による誤差は，地球表面が湾曲しているためレベルが前視と後視の両標尺の中央にある状態で観測した場合に生じる誤差である。

3．標尺の零点誤差は，標尺の目盛が底面から正しく目盛られていない場合に生じる誤差である。

4．光の屈折による誤差を小さくするには，レベルと標尺との距離を長く取るとともに，標尺の20cm目盛以下を視準しないなど視準線を地表からできるだけ離して観測する。

5．レベルの沈下誤差を小さくするには，時間をかけて慎重に観測する。

問6　レベルの視準線を点検するために，図のようにA及びBの位置で観測を行い，表に示す結果を得た。この結果からレベルの視準線を調整するとき，Bの位置において標尺Ⅰの読定値をいくらに調整すればよいか。

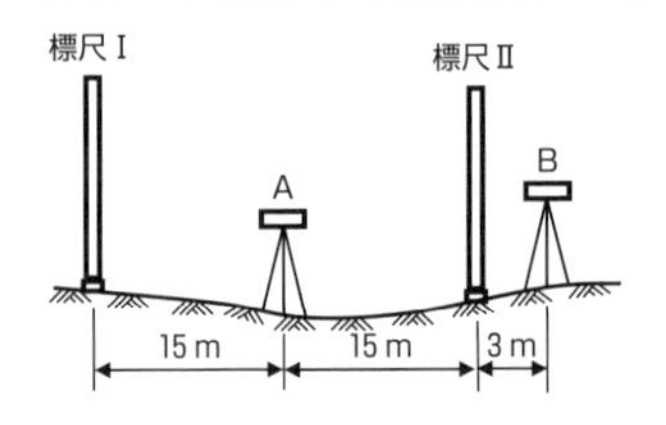

レベルの位置	読　定　値	
	標尺Ⅰ	標尺Ⅱ
A	1.198 7 m	1.150 6 m
B	1.276 5 m	1.210 7 m

1．1.257 0 m　　2．1.259 6 m　　3．1.260 4 m

4．1.292 6 m　　5．1.296 0 m

解　答

問5－3　P145，表3・6参照。

零目盛誤差とは，長期間の使用等により標尺の底面が摩耗し，0 mに相当する部分が正しく0に標示されない誤差をいう。1．消去できない。2．前視と後視が不等距離のときに生じる。4．短くする。5．すみやかに観察する。

問6－1　P136参照。

標尺Ⅰの読みはb_1，b_2，標尺Ⅱの読みは，a_1，a_2とする（P136参照）。

補正量$d=(a_2-a_1)-(b_2-b_1)$

$=(1.2107-1.1506)-(1.2765-1.1987)=-0.0177\ \mathrm{m}$

調整量$e=\dfrac{L+e}{L}d=\dfrac{33}{30}\times(-0.0177)=-0.0195\ \mathrm{m}$

$b_1=b_2+e=1.2765+(-0.0195)=\underline{1.2570\ \mathrm{m}}$

（最確値）

問7　図に示す水準点1を新設するために，水準点A，B，C，Dを既知点として，それぞれの水準点から水準点1までの水準測量を行い，表の結果を得た。水準点1の標高の最確値はいくらか。但し，水準点A,B,C,Dの標高は，H_A＝36.538 m，H_B＝24.915 m，H_C＝18.387 m，H_D＝30.164 mとする。

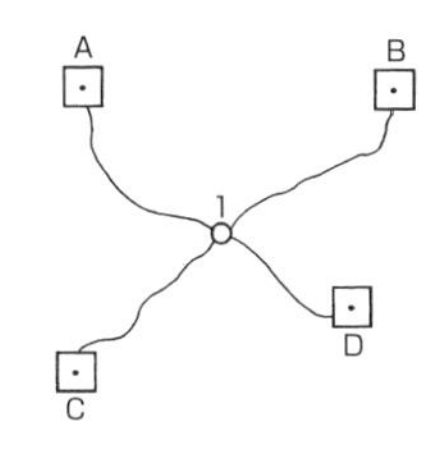

路　線	距　離	観測高低差
A→1	2 km	−8.318 m
B→1	2 km	+3.293 m
C→1	2 km	+9.829 m
D→1	1 km	−1.936 m

1．28.214 m　2．28.216 m　3．28.218 m　4．28.220 m　5．28.222 m

問8　公共測量により，水準点Aから新点Bまでの間で1級水準測量を実施し，表の結果を得た。標尺補正を行った後の水準点A，新点B間の観測高低差はいくらか。

但し，標尺改正数は20℃において＋4 μm/m，膨張係数は$+1.2\times10^{-6}$/℃。

1．−70.3264 m
2．−70.3260 m
3．−70.3257 m
4．−70.3252 m
5．−70.3246 m

表

区間	距離	観測高低差	温度
A→B	2.0 km	−70.3253 m	25 ℃

第3章　水準測量

解　答

問7－4

A→1の標高　36.538－8.318＝28.220 m
B→1の標高　24.915＋3.293＝28.208 m
C→1の標高　18.387＋9.829＝28.216 m
D→1の標高　30.164－1.936＝28.228 m

$p_A : p_B : p_C : p_D = 1/2 : 1/2 : 1/2 : 1/1 = 1 : 1 : 1 : 2$

$$最確値 = 28.200 + \frac{1\times0.020+1\times0.008+1\times0.016+2\times0.028}{1+1+1+2} = \underline{28.220\ \text{m}}$$

問8－2　P148参照。

$$\Delta h = \{C_0 + (t - t_0)\}h$$
$$= \{4\times10^{-6} + (25-20)\times1.2\times10^{-6}\}\times(-70.3253) = -0.0007\ \text{m}$$
$$H = -70.3253 + (-0.0007) = \underline{-70.3260\ \text{m}}$$

（往復観測の許容範囲）

問9　水準点Aから水準点Bまでの路線で，公共測量における１級水準測量を行い，表の結果を得た。再測すべきと考えられる区間番号はどれか。

但し，片道の観測距離をL kmとするとき，往復観測値の較差の許容範囲は2.5mm$\sqrt{L}$とし，$\sqrt{0.4}\fallingdotseq 0.63$，$\sqrt{1.6}\fallingdotseq 1.26$とする。

区間番号	観測区間	観測距離	往方向	復方向
①	A－(1)	400 m	＋4.1238 m	－4.1231 m
②	(1)－(2)	400 m	＋4.0714 m	－4.0705 m
③	(2)－(3)	400 m	－1.1070 m	＋1.1076 m
④	(3)－B	400 m	＋2.0194 m	－2.0183 m

１．①　　２．②　　３．③　　４．④　　５．再測の必要はない

解　答

問9－４　P150参照。

往路と復路の観測値を加えたものが往復差である。往復差と許容範囲との関係から，全区間の往復差が許容範囲を超えており，これを解消するため，小区間のうち最も往復差の大きい④を再測する。

表　較差の比較検討

区間番号	観測距離	往方向	復方向	往復差	許容範囲
①	400 m	＋4.1238 m	－4.1231 m	＋0.7 mm	1.5 mm
②	400 m	＋4.0714 m	－4.0705 m	＋0.9 mm	1.5 mm
③	400 m	－1.1070 m	＋1.1076 m	＋0.6 mm	1.5 mm
④	400 m	＋2.0194 m	－2.0183 m	＋1.1 mm	1.5 mm
全区間	1600 m			＋3.3 mm	3.1 mm

許容範囲
2.5 mm$\sqrt{0.4}$
＝1.5 mm
2.5 mm$\sqrt{1.6}$
＝3.1 mm
（切り捨て）

$\sqrt{0.4}\fallingdotseq 0.63$，$\sqrt{1.6}\fallingdotseq 1.26$が与えられているが，関数表のみの場合は次のとおり。

$2.5\,\mathrm{mm}\sqrt{0.4}=2.5\,\mathrm{mm}\sqrt{40\times 10^{-2}}=2.5\,\mathrm{mm}\times 10^{-1}\sqrt{40}=\underline{1.5\,\mathrm{mm}}$（切り捨て）

（関数表より，$\sqrt{40}\fallingdotseq 6.32$）

$2.5\,\mathrm{mm}\sqrt{1.6}=2.5\,\mathrm{mm}\sqrt{16\times 10^{-1}}=10\sqrt{10^{-1}}=10\sqrt{10\times 10^{-2}}=\sqrt{10}=\underline{3.1\,\mathrm{mm}}$

（関数表より，$\sqrt{10}\fallingdotseq 3.16$）

GISを含む地形測量
（地理情報システム）

1．地形測量は，数値地形図データ等を作成及び修正する作業をいい，地図編集を含む（準則第78条）。
2．数値地形図データ（地形図からの名称変更）は，地形，地物に係る地図情報を表す座標データ，属性データ等をいう。

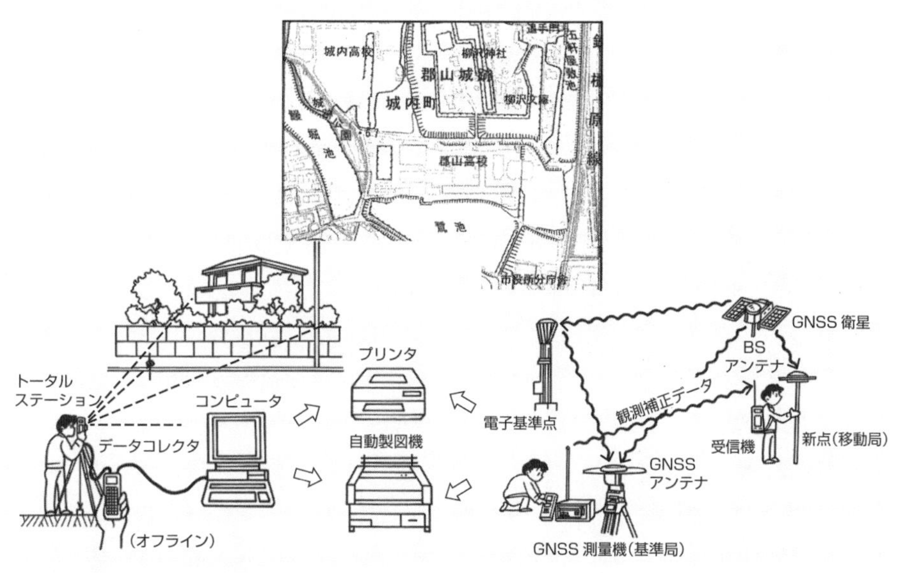

図１　TS等観測　　　　　　　　　　図２　GNSS観測

学習のポイント

① 現地測量（TS等観測，GNSS観測）
② 地形・地物の測定（細部測量）
③ 等高線の測定（図上距離）
④ 車載写真レーザ測量
⑤ 数値地形図データ（データ形式）
⑥ 数値標高モデル（DEM）
⑦ 地理情報システム（トポロジー）

重要問題1　数値地形測量（現地測量）

重要度★★

次のa～cの文は，地形測量のうち，現地測量について述べたものである。［ア］～［ウ］に入る語句の組合せとして最も適当なものはどれか。

a．現地測量とは，現地においてTS等又はGNSS測量機を用いて，又は併用して地形，地物などを測定し，［ア］を作成する作業をいう。
b．現地測量は，［イ］，簡易水準点又はこれと同等以上の精度を有する基準点に基づいて実施する。
c．現地測量により作成する［ア］の地図情報レベルは，原則として［ウ］以下とする。

	ア	イ	ウ
1．	数値画像データ	4級基準点	1 000
2．	数値地形図データ	3級基準点	2 500
3．	数値画像データ	3級基準点	2 500
4．	数値地形図データ	3級基準点	1 000
5．	数値地形図データ	4級基準点	1 000

解説　**解答　5**

a．**現地測量**とは，現地においてTS等又はGNSS測量機を用いて，又は併用して地形，地物等を測定し，数値地形図データ（地形，地物の座標データ，内容を表す属性データ等）を作成する作業をいう（準則第83条）。
b．現地測量は，4級基準点，簡易水準点又はこれと同等以上の精度を有する基準点に基づいて実施する（準則第84条，**準拠する基準点**）.
c．現地測量により作成する数値地形図データの**地図情報レベル**は，原則として1 000以下とし，250，500，1 000を標準とする（準則第85条）。

突破のポイント

1．数値地形測量

(1)　**数値地形図データ**（地形図からの名称変更）は，デジタルのため縮尺の概念がなく，地図表現精度を**地図情報レベル**で表す。地図情報レベルと地形図縮尺の関係は，表4・1のとおり。

(2)　**数値地形図データ**とは，地形，地物等に係る地図情報を位置，形状を表す座標データ，内容を表す属性データ等として，計算処理が可能な形態で表したものをいう（準則第78条）。

表4・1　地図情報レベルと縮尺

地図情報レベル	相当縮尺
250	1/250
500	1/500
1 000	1/1 000
2 500	1/2 500
5 000	1/5 000
10 000	1/10 000

2．工程別作業区分・内容

(1) **現地測量**の工程別作業区分及び順序は，次のとおり（準則第86条）。

表４・２　**工程別作業区分及び順序**（準則第86条）

作業計画	⇒	基準点の設置	⇒	細部測量	⇒	数値編集	⇒	補備測量	⇒	データファイルの作成	⇒	品質評価	⇒	成果等の整理

① **基準点の設置**とは，現地測量に必要な基準点を設置する作業をいう。

② **細部測量**は，基準点又はTS点（補助基準点）に**TS等**（トータルステーション（TS），セオドライト，測距儀をいう）又はGNSS測量機を整置し，地形・地物等を測定し，数値地形図データを取得する作業をいう。

③ **数値編集**とは，細部測量の結果に基づき，図形編集装置を用いて地形・地物等の数値地形図データを編集し，編集済データを作成する作業をいう。

④ **補備測量**は，取得漏れや経年変化等をTS等により現地で測量する。

(2) **細部測量**は，次のいずれかの方法を用いる（準則第90条）。

① **オンライン方式**：携帯型パーソナルコンピュータ等の図形処理機能を用いて，図形表示しながら計測及び編集を現地で直接行う方式（電子平板方式を含む）。現地で概略の編集まで行う。

② **オフライン方式**：現地でデータ取得だけを行い，その後取り込んだデータコレクタ内のデータを図形編集装置に入力し，図形処理を行う方式。

(3) **電子平板方式**は，ノート型のペンコンピュータに，データ取得機能やCADの機能を組み込み，TS又はGNSSと組み合せて，オンライン方式で使用するシステムをいう。

図４・１　**電子平板方式**（準則第90条）

(4) 地形・地物等の状況により，基準点にTS等又はGNSS測量機を整置して細部測量を行うことが困難な場合は，**TS点**（補助基準点）を設置する。TS点は，基準点にTS等又はGNSS測量機を整置して，放射法等により設ける。

重要問題２　現地測量１（TS等観測）　重要度★★

次の文は，公共測量における地形測量のうち，現地測量について述べたものである。明らかに間違っているものはどれか。

1．細部測量とは，地形，地物などを測定し，数値地形図データを取得する作業である。
2．TS等を用い，地形，地物などの測定を放射法により行った。
3．地形の状況により，基準点からの測定が困難なため，TS点を設置した。
4．設置したTS点を既知点とし，別のTS点を設置した。
5．障害物のない上空視界の確保されている場所で，GNSS測量機を用いてTS点を設置した。

解説　　解答　4

(1)　**細部測量**とは，基準点又は**TS点**（補助基準点）にTS等又はGNSS測量機を整置し，地形，地物等を測定し，数値地形図データを取得する作業をいう。
(2)　基準点だけで細部測量を行えない場合は，TS点を設置することができる。TS点は，精度を勘案して１次点の設置までとする。TS点からTS点の設置は，誤差が累積するため，認められない。

突破のポイント

1．数値地形測量

(1)　**地形測量**は，デジタル手法で数値地形図データ等を作成及び修正する作業をいう。準則の改定にともない名称が変更され，デジタルマッピングデータ（DM）→数値地形図データ，デジタルオルソデータ→写真地図，地形図→数値地形図データ，縮尺→地図情報レベルで表示する。
(2)　**数値地形図データ**は，地上の高低や起伏の形態（地形）や地上にあるすべての物（地物）の地図情報・位置情報をデジタル形式で表したものをいう。

2．TS点の設置，地形・地物の測定

(1)　TS点の設置は，次による。
　①　TS等を用いるTS点の設置（基準点から放射法）
　②　キネマティック法又はRTK法によるTS点の設置（基準点から放射法）
　③　ネットワーク型RTK法によるTS点の設置（間接観測法，単点観測法）
(2)　地形，地物の測定は，基準点又はTS点にTS等又はGNSS測量機を整置し，地形，地物の水平位置及び標高を求めるもので，次の方法がある。
　①　TS等を用いる地形，地物等の測定

② キネマティック法又はRTK法による地形，地物等の測定（P174）

③ ネットワーク型RTK法による地形，地物等の測定（P174）

(3) **地形図**には，TS等やGNSS観測による現地測量や空中写真測量による**実測図**と実測図に基づいて新たに作り出した**編集図**がある。

表４・３　国土地理院発行の地図の種類（抜粋）

地図の種類	縮尺	投影法（注１）	作成方法（注２）	備考
国土基本図	1/2 500	平面直角座標	実測図	小地域
国土基本図	1/5 000	平面直角座標	実測図	小地域
地形図	1/10 000	UTM図法	編集図	小地域
地形図	1/25 000	UTM図法	実測図	全国（4347面）
地形図	1/50 000	UTM図法	編集図	全国（1291面）
地勢図	1/200 000	UTM図法	編集図	全国（130面）

（注１）　P253参照。（注２）　P258参照。

関連問題

次の文は，数値地形測量に関する作業方法について述べたものである。［ア］～［エ］に入る語句として適切なものはどれか。

a．TS等を用いて［ア］により数値データを取得し，数値編集を行って数値地形図を作成する方法で，TS地形測量と呼ばれる。

b．空中写真を用い，［イ］段階から数値データを取得し，数値編集を行って数値地形図を作成する方法で，［ウ］と呼ばれる。

c．既に作成されている地形図を［エ］，数値地形図を作成する方法で既成図数値化と呼ばれる。

	ア	イ	ウ	エ
1．	図面計測	図化	数値図化	デジタイザで数値化し
2．	図面計測	現地調査	ラスタ・ベクタ変換	数値標高モデルと重合せ
3．	現地観測	現地調査	数値図化	数値標高モデルと重合せ
4．	現地観測	図化	ラスタ・ベクタ変換	数値標高モデルと重合せ
5．	現地観測	図化	数値図化	デジタイザで数値化し

関連問題の解説　**数値地形図の作成方法**　**解答　５**

数値地形測量は，現地測量（TS地形測量，GNSS地形測量），空中写真測量（数値図化），既成図数値化，修正測量等と組合せて実施する。

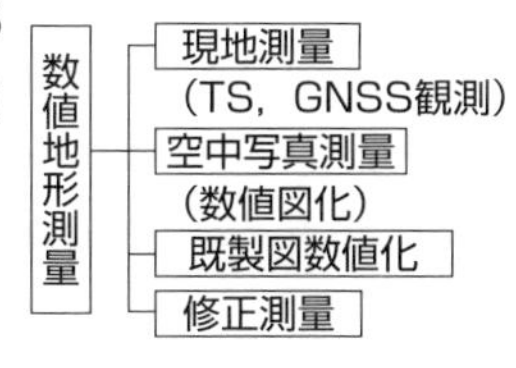

重要問題3 現地測量2（TS等による細部測量） 重要度★★

公共測量作業規程に基づいて実施するトータルステーション（TS）を用いた地形測量について，間違っているものはどれか。

1．地性線の位置及び標高値を測量し，図形編集装置によって等高線の描画を行った。
2．TSを用いて，基準点から支距法によりTS点を設置した。
3．TSを用いて細部測量を行い，取得した数値データを携行したパーソナルコンピュータに直接入力し，図形編集機能を用いて現地で編集した。
4．TSによる地形，地物等の水平位置及び標高の測定を，放射法等によって行った。
5．TSを用いて，4級基準点測量により細部測量のための基準点を設置した。

解説 解答 2

(1) **TS等**（トータルステーション，セオドライト，測距儀等）を用いる地形・地物等の測定は，基準点又はTS点にTS等を整置し，**放射法**（方向と距離を測定し，その位置を求める）により行う。なお，**支距法**は，基準線から求点へ下ろした垂線の長さで求めるものをいう。

(2) **現地測量**（TS等，GNSS測量機を用いる測量）は，4級基準点又は簡易水準点又はこれらと同等以上の精度を有する基準点に基づいて実施する（準則第84条）。基準点の代わりとなる**TS点**（補助基準点）の設置は，放射法により行う。地形，地物の測定は表のとおり（準則第96条）。

表4・4 地形・地物等の測定の標準（準則第96条）

地図情報レベル	機器，システム区分	水平角観測対回数	距離測定回数	放射距離の制限
500以下	トータルステーション2級	0.5(注)	1	150 m以内
	トータルステーション3級	0.5	1	100 m以内
1 000以上	トータルステーション2級	0.5	1	200 m以内
	トータルステーション3級	0.5	1	150 m以内

（注）望遠鏡正又は反により目標方向へ1回の観測を行う。

突破のポイント

1．トータルステーション（TS）による地形測量

(1) **細部測量**には，TS等による細部測量，キネマティック法，RTK法及びネットワーク型RTK法を用いる細部測量等がある（P174）。

(2)　TS等による地形・地物等の水平位置及び標高の測定は，放射法等による。基準点の増設は，４級基準点測量によって行う。また，基準点から直接測定できない場合は，基準点に観測機器を整置して放射法等により**TS点（補助基準点）**を設置する。

(3)　TSによる地形，地物等の測定は，次による（準則第96条）。

①　地形は，地性線（凸線，凹線等の地ぼうの骨格，P179，図４・６）及び標高値を測定し，図形編集装置によって等高線の描画をする。

②　標高点の密度は，地図情報レベルに４cmを乗じた値を辺長とする格子に１点を標準とし，標高点数値はcm単位で表示する。

③　細部測量では，地形，地物等の測定を行うほか，編集及び編集した図形の点検に必要な資料を作成する。

④　地形・地物の測定は，水平角観測0.5対回，距離１回測定，地図情報レベル500以下で測定距離の許容範囲150m，２級トータルステーションを標準とする。

関連問題

公共測量の作業規程の準則に基づいて実施するトータルステーション（TS）を用いた細部測量について，間違っているものはどれか。

1．TSによる細部測量とは，基準点又はTS点にTSを整置し，地図作成に必要な地形，地物等の測量データを取得する作業をいう。

2．TSによる細部測量は，オンライン方式又はオフライン方式で行う。オフライン方式による細部測量の場合，地形，地物等の数値編集後に，重要事項の確認や補備測量等の現地における作業は全く発生しない。

3．TS点は，基準点に観測機器を整置して放射法又は同等の精度を確保できる方法により設置する。

4．TSによる地形，地物等の水平位置及び標高の測定は，放射法等により行う。

5．地形は，地性線の位置及び標高値を測定し，図形編集装置によって等高線描画を行う。

関連問題の解説　細部測量（TS等観測）　解答　2

オンライン方式では，現地で図形表示，取得漏れ等の確認作業ができる。オフライン方式による細部測量の場合，現地では地形・地物等のデータ取得のみで重要事項の確認や補測等の現地作業を行わなければならない（P167）。

重要問題4　TS等観測とGNSS観測の特徴　　重要度★

次の文は，トータルステーション（「TS」）やGNSS測量機を用いた細部測量について述べたものである。間違っているものはどれか。

1．TSを用いた細部測量において，放射法を用いる場合は，必ず目標物までの距離を測定しなければならない。
2．TSを用いた細部測量において，目標物が直接見通せる場合には，目標物までの距離が長くなっても精度は低下しない。
3．GNSS測量機を用いる場合，天候にほとんど左右されずに作業を行うことができる。
4．GNSS測量機を用いる場合，既知点からの視通がなくても位置を求めることができる。
5．市街地や森林地帯における細部測量に，GNSS測量機を用いる場合，上空視界の確保ができず所定の精度が得られないことがある。

解説　　**解答　2**

○　**地形測量**は，TSやGNSS測量機を用いた**現地測量**と**空中写真測量**（P197）により行う。現地測量は地図情報レベル250，500，1 000を，空中写真測量は500，1 000，2 500，5 000及び10 000を標準とする（準則第85条・151条）。

1．TSによる細部測量を放射法で行う場合，与点（既知点）から求点（未知点）までの斜距離L，鉛直角α，方向角Tを測定して，求点の座標を求める。必ず目標物まで距離の測定が必要である。

2．TSの測距誤差には，距離に比例する誤差及び測角誤差による距離誤差がある（P83，測角誤差と水平位置誤差）。精度は測定距離Lに影響される。直接見通せるからといって<u>距離を長くすることはできない（P170，表4・4）。</u>

3．GNSS測量機を用いて細部測量を行う場合，雪や雷などの天候の影響は受けるが，雨や霧などの影響をほとんど受けない。

4．GNSS測量機を用いる細部測量の場合，上空視界さえ確保できれば，既知点から求点へ視通は不要である。

5．上空視界を確保するために，仰角15°以上（P106，図2・45）に上空を遮る障害物がない場所を選ぶ。建物及び樹木の枝や葉は，電波の障害となる。また，市街地に多く見られる金属の看板，トタン屋根，金網，ビルの壁面・鉄塔，歩道橋などは，衛星の電波を反射（**マルチパス**）して精度の低下をもたらす。

突破のポイント

1．TSを用いた放射法による細部測量

(1) TS等を用いる地形・地物等の測定は，基準点又はTS点（補助基準点）にTS等を整置し，放射法により行う（準則第96条）。

(2) TSの測定値には，測距及び測角による誤差が含まれる。

①測距誤差 $e_L = \mathrm{a} + \mathrm{b}\,L$（a：定数，b：気象条件，$L$：測定距離，P77参照）

②測角による位置誤差 $e_\mathrm{a} = \Delta \mathrm{a}\,L$（p83，$\triangle a = \varepsilon'' / \rho''$）

測定距離Lが長くなれば，精度は低下する。

2．GNSS測量機を用いた細部測量

(1) キネマティック法又はRTKによる地形・地物の測定は，基準点又はTS点にGNSS測量機を整置し，放射法により行う。観測は，使用衛星数５衛星以上，１セット行う（表４・５）。ネットワーク型RTK法では，表４・５を準用し，間接観測法又は単点間接法により１セット行う（準則第97・98条）。

(2) GNSS測量機を市街地や森林地帯で用いるとき，建物や樹木の枝や葉が上空視界の確保を妨げる場合があり精度の低下をもたらす。

関連問題

次の文は，公共測量作業規程に基づいて実施するトータルステーション（「TS」）やGNSS測量機を用いて行う地形測量について述べたものである。間違っているものはどれか。

1．GNSS測量機を用いてTS点の設置を行う際に，電波障害を受けるおそれの少ない場所を選んだ。

2．TSを用いて，基準点から放射法によりTS点を設置した。

3．TSを用いて細部測量を行い，取得した数値データを携行したパーソナルコンピュータに直接入力し，図形編集機能を用いて現地で編集した。

4．GNSS測量機を用いて，同時に５個の衛星を観測して結合多角方式により細部測量のための基準点を設置した。

5．TSを用いて，支距法により細部測量のための基準点を設置した。

関連問題の解説　地形測量　　**解答 5**

TS点とは，TS又はGNSS測量機を用いて座標及び標高を求めた補助基準点をいう。TS点の設置は，放射法等により行う。３はP167，電子平板方式，４はP174，表４・５使用衛星数及び観測回数参照。

重要問題 5　**地形・地物の測定1（GNSS観測）**　重要度★

次の文は，公共測量における地形測量のうちの細部測量について述べたものである。明らかに間違っているものはどれか。

1．細部測量とは，トータルステーション等又はGNSS測量機を用い，地形，地物等を測定し，数値地形図データを取得する作業である。
2．キネマティック法又はRTK法による地形，地物等の測定は，放射法により行う。
3．ネットワーク型RTK法によって地形，地物等の標高を求める場合は，国土地理院が提供するジオイドモデルによりジオイド高を補正する。
4．キネマティック法又はRTK法による地形，地物等の測定では，霧や弱い雨にほとんど影響されずに観測を行うことができる。
5．キネマティック法又はRTK法による地形，地物等の測定において，GLONASS衛星を用いて観測する場合は，GPS衛星は使用しない。

解説　**解答 5**

(1) 地形，地物等の測定には，TS等観測のほかに，キネマティック法又はRTK法及びネットワーク型RTK法（P99，GNSS観測）が用いられる。

(2) **キネマティック法**又は**RTK法**による地形，地物等の測定は，基準点又はTS点にGNSS測量機を整置し，放射法により行う。観測は，1セットを行い，使用衛星数及びセット内の観測回数等は，表4・5のとおり（準則第97条）。

表4・5　使用衛星数及び観測回数（準則第97条）

使用衛星数	観測回数	データ取得間隔
5衛星以上	FIX解を得てから10エポック以上	1秒（但し，キネマティック法は5秒以下）
摘要	GLONASS衛星を用いて観測する場合は，使用衛星数は6衛星以上とする。但し，GPS・準天頂衛星及びGLONASS衛星を，それぞれ2衛星以上用いる事。	

（注）FIX解：整数値バイアスの解。エポック：データ記録時刻，データ間隔。

(3) **ネットワーク型RTK法**による地形，地物等の測定は，間接観測法又は単点観測法（単独で測点の位置を求める）により行う。標高を求める場合は，国土地理院が提供する**ジオイドモデル**（重力データに基づく日本の高さの基準に適合したジオイド）より求めたジオイド高を用いて，楕円体高を補正して求める（準則第98条）。

標高H＝楕円体高h－ジオイド高N　（P39）

突破のポイント

1．GNSS測量機による地形測量

(1)　**GNSS（汎地球測位システム）**による測量は，人工衛星から発信された電波を利用するものである。利点は，トータルステーションとは異なり２点間の視通を必要とせず三次元座標を求めることができる。

(2)　受信機をそれぞれの観測点に固定する**スタティック法**（静的測位法）は，観測時間が１～３時間程度を要するが，精度がよく，大規模な高精度の基準点測量に用いる。

一方，**キネマティック法**（RTK法，ネットワーク型RTK法）は，１台の受信機を基準局に，もう１台の受信機を観測点に置き，次々と移動しながら短時間で観測でき，多数の新点を連続的に測量するのに適する。

(3)　**RTK法（リアルタイムキネマティック）**は，基線解析がリアルタイムで行えるため，現地において基準点（固定点）と地形・地物などの測定点（移動点）の相対位置を算出することができる。

(4)　**ネットワーク型RTK法**は，電子基準点の観測値を利用して，GNSS測量機１台だけで地形・地物等の相対的位置関係を求める。（以上，P98参照）

関連問題

次の文は，公共測量作業規程に基づき，トータルステーション（TS）やGNSS測量機を用いて実施する地形測量について述べたものである。間違っているものはどれか。

1．GNSS測量機を用いたスタティック法による測量の場合，同時に４個以上の衛星を観測する必要がある。
2．TSを用いた場合，データ処理システムを使用して標高データから等高線を描画することができる。
3．TSで地形・地物を測定する場合は，放射法等を用いる。
4．GNSS測量機を用いた場合，既知点と未知点の間の視通がなくても位置を求めることができる。
5．TSを用いた場合，目標物との視通がなくてもその位置を求めることができる。

関連問題の解説　TS観測，GNSS観測　　**解答 5**

トータルステーション（TS）は，セオドライトと光波測距儀を組合せたものである。目標物との視通は絶対に必要である。

重要問題6　地形・地物の測定2（RTK法）

重要度★

次の文は，公共測量におけるRTK法による地形測量について述べたものである。間違っているものはどれか。

1．最初に既知点と観測点間において，点検のため観測を2セット行い，セット間較差が許容範囲内にあることを確認する。
2．地形及び地物の観測は，放射法により2セット行い，観測には4衛星以上使用しなければならない。
3．既知点と観測点間の視通が確保されていなくても観測は可能である。
4．観測は霧や弱い雨にほとんど影響されず，行うことができる。
5．小電力無線機などを利用して観測データを送受信することにより，基線解析がリアルタイムで行える。

解説

解答 2

キネマティック法又はRTK法（P98）による地形，地物等の観測は1セット行い，使用衛星数は5衛星以上とする（P174，準則第97条）。

なお，キネマティック法又はRTK法によるTS点の設置については，2セット（1セット目観測値，2セット目点検値）とする。使用衛星数・許容範囲については，P195，表4・10参照のこと（準則第93条）。

突破のポイント

1．RTK法（動的測位法）

(1) **RTK法**（リアルタイムキネマティック法）は，小型無線機や携帯電話などを用いて，基準局での衛星観測データを移動局（観測点）に送り，観測点でリアルタイムに基線解析を行い，放射法による基線ベクトル（方向と距離）を求めて座標値を決定する効率的な方法である（P99）。

(2) RTK法では，スタティック測位のように長時間の衛星観測によってエポック数（データ取得間隔）を多くとる訳にはいかないため，観測する衛星数を増やして処理を行う。すなわち，最少でも5衛星を観測する必要がある（表4・5）。

(3) **キネマティック法**又はRTK法は，多数の新点を連続的に測量する細部測量に用いられる。観測は，放射法で1セット行う。使用衛星数及びセット内の観測回数は表4・5のとおり。

(4) キネマティック又はRTK法は，観測点（移動局）の位置を連続して求めていく測量方法であるが，最初に既知点と観測点間において，**初期化**（リセット）の観測を行う。観測点では，2セット行い，セット間較差が許容制限（P195，表4・10）内にあることを確認し，1セット目の観測値を採用値とする。

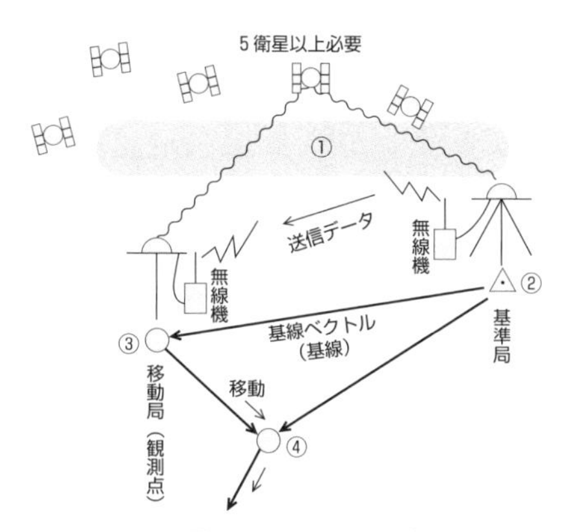

GNSS測量の観測方法と分類については，p98参照のこと

① 電離層・対流圏の影響
② 既知座標値（基準局）衛星情報を移動局へ送信
③ 測定座標値（移動局）最初の点では初期設定（数分）
④ ２点目以後，観測時間10秒

図４・２　RTK（リアルタイムキネマティック）法

関連問題

次の文は，公共測量における地形測量のうち，トータルステーション（TS）又はGNSS測量機を用いた細部測量について述べたものである。［ア］～［エ］に入る語句の組合せとして最も適当なものはどれか。

a．細部測量は，地形，地物を測定し，［ア］を取得する作業である。
b．TSを用いた地形，地物などの測定は，主に［イ］により行われる。
c．GNSS測量機を用いた地形，地物などの測定は，［ウ］がなくても行うことができる。
d．地形，地物などの状況により，基準点にTSを整置して作業を行うことが困難な場合，［エ］を設置することができる。

	ア	イ	ウ	エ
1．	グラウンドデータ	単点観測法	上空視界	仮想基準点
2．	数値地形図データ	放射法	基準点からの視通	TS点
3．	グラウンドデータ	放射法	基準点からの視通	仮想基準点
4．	数値地形図データ	単点観測法	基準点からの視通	仮想基準点
5．	数値地形図データ	放射法	上空視界	TS点

関連問題の解説　TS・GNSS観測（細部測量）　**解答　２**

地形・地物等の測定は，基準点又はTS点にTS等又はGNSS測量機を整置し，地形・地物の水平位置・座高を求める（準則第95条）。グランドデータ（P233，地表面の３次元座標データ），単点観測法（P168）参照。

重要問題7 等高線の測定法 重要度★★

トータルステーションを用いた縮尺1/1 000の地形図作成において，傾斜が一定な直線道路上の点Aの標高を測定したところ51.8 mであった。一方，同じ直線道路上の点Bの標高は49.1 mであり，点Aから点Bの水平距離は48.0 mであった。

点Aから点Bを結ぶ直線道路とこれを横断する標高50 mの等高線との交点は，地形図上で点Aから何cmの地点を横断するか。

1．1.6 cm　2．2.0 cm　3．2.4 cm　4．2.8 cm　5．3.2 cm

解説 **解答 5**

点Aから標高50m地点までの水平距離ℓ，図上距離ℓ'とすると，

式（4・1）から，$\dfrac{H}{L}=\dfrac{h}{\ell}$　$\therefore \ell=\dfrac{h}{H}L=\dfrac{1.8}{2.7}\times 48=32\ \mathrm{m}$

図上距離$\ell'=\dfrac{1}{m}\times\ell=\dfrac{1}{1\,000}\times 3\,200\ \mathrm{cm}=\underline{3.2\ \mathrm{cm}}$

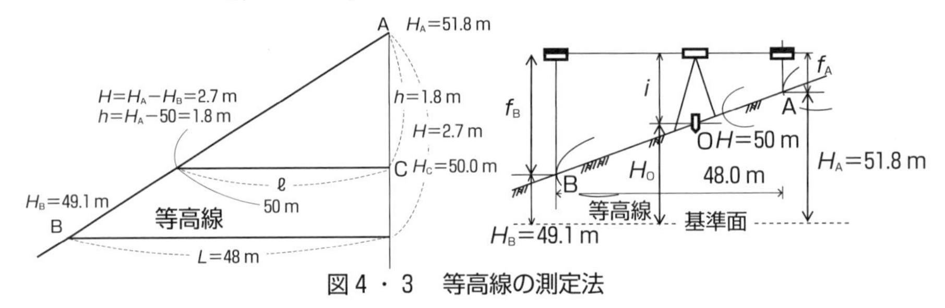

図4・3 等高線の測定法

突破のポイント

1．等高線の測定法

(1) 標高の測定は，地性線（凸，凹線）及び標高値を測定し，図形編集装置によって等高線描画を行う。

(2) 等高線の間接測定法として，傾斜が一様であるという前提で等高線を記入する方法と，主要な地性線上の標高を測定し等高線の性質と地形を考えて，なめらかに等高線を描く方法がある。後者は，多くの点の標高を測定しておき，2点間を結んだ直線上において必要な等高線の通る点を求める。

(3) 図4・4において，2点A，Bの標高をそれぞれH_A，H_Bとし，水平距離をLとする。点Aから点1，点2までの水平距離ℓ_1，ℓ_2，高低差h_1，h_2，$H_B-H_A=H$とすれば，ℓ_1，ℓ_2は次のとおり。

$$\frac{H}{L}=\frac{h_1}{\ell_1}=\frac{h_2}{\ell_2}$$

$$\therefore \ell_1=\frac{h_1}{H}L,\quad \ell_2=\frac{h_2}{H}L$$

………式（4・1）

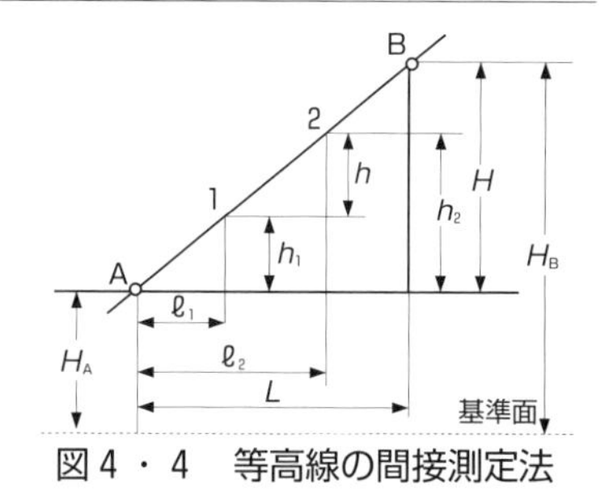

図4・4　等高線の間接測定法

2．等高線

(1)　**等高線**は，同一標高点を連ねた線で，地形図の地ぼうを表現する。等高線の基準となる曲線を**主曲線**といい，細い実線で表す。主曲線の数を読みやすくするため，主曲線を5本目ごとに太い実線で表した等高線を**計曲線**という。必要に応じて主曲線の1/2，1/4間隔の**補助曲線**を用いる（P263，270）。図4・6は，地形を理解する上での**地性線**（凸線，凹線，傾斜変換線）を示す。

(2)　2点間の見通について，2点間の見通線上の等高線で判断する。図4・5において，海岸Aから山頂Cは途中の山頂Bのため，見通せない。

(3)　等高線の性質については，P193，問4参照のこと。

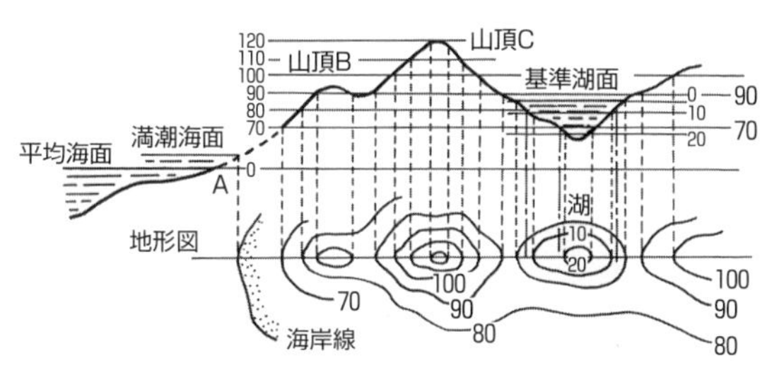

図4・5　地形断面図・等高線

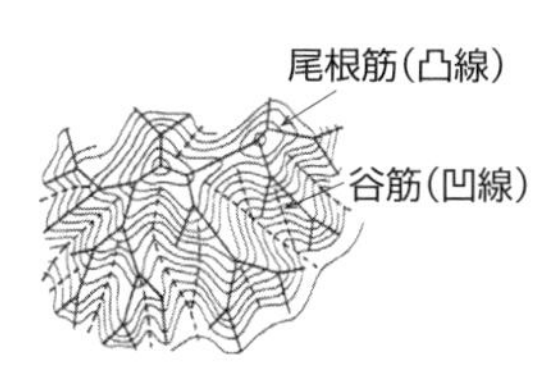

図4・6　地性線

表4・6　等高線・等深線

縮尺＼等高線の種類	主曲線	補助曲線		計曲線	備考
		間曲線	補助曲線		
	細い実線	細い破線	細い点線	太い実線	
1/500	1 m	0.5 m	0.25 m	5 m	作業規程
1/1 000	1 m	0.5 m	0.25 m	5 m	
1/2 500	2 m	1　m	0.5　m	10 m	図式規程
1/5 000	5 m	2.5 m	1.25 m	25 m	
1/25 000	10 m	5　m	2.5　m	50 m	
1/50 000	20 m	10　m	5　　m	100 m	

重要問題8　数値標高モデル（DEM）

重要度★★

次の文は，数値標高モデル（DEM）の特徴について述べたものである。［ア］～［オ］に入る語句の組合せとして適当なものはどれか。

DEMとは，［ア］の標高を表した格子状のデータのことである。DEMは，既存の［イ］データや，［ウ］から作成することができる。DEMは，その格子間隔が［エ］ほど詳細な地形を表現でき，洪水などの［オ］のシミュレーションには欠かせないものである。

	ア	イ	ウ	エ	オ
1．	地表面	ジオイド高	正射投影画像	大きい	被災想定区域
2．	地表面	等高線	航空レーザ測量成果	小さい	被災想定区域
3．	地物の上面	等高線	正射投影画像	大きい	発生頻度
4．	地物の上面	ジオイド高	航空レーザ測量成果	小さい	発生頻度
5．	地表面	等高線	航空レーザ測量成果	大きい	被災想定区域

解説

解答　2

(1)　標高データには，空中写真測量から得られる地表の樹木や建物の高さを含んだみかけの地形データの**数値表層モデル**（DSM），地表面の等高線の地形データの**数値地形モデル**（DTM）及び航空レーザ測量から得られる格子点の標高データの**数値標高モデル**（DEM）がある。

航空レーザ測量で，地表面以外の高さのデータを取り除くフィルタリング処理を行ったものが**数値標高モデル（DEM）**である。なお，数値標高モデルと数値地形モデルは，ともに地表面を表す地形データである（P231）。

(2)　**数値標高モデル**（DEM）は，航空レーザ測量（P232参照）で地形を計測して得られる格子状の標高データ（グリッドデータ，P233）から等高線を求める。数値標高モデルの規格は，地上での格子間隔で表現し，地図情報レベルと格子間隔は表4・7に示すとおり。格子間隔が小さいほど詳細な地形を表現できる。

表4・7　地理情報レベルと格子間隔

地図情報レベル	格子間隔
500	0.5m 以内
1 000	1 m 以内
2 500	2 m 以内
5 000	5 m 以内

突破のポイント

1．数値標高モデル（Digital Elevation Model）

(1)　航空レーザ測量から得られる**数値標高モデル**（DEM）は，地盤面の地形のデジタル表現であり，図4・7のように，対象となる区域を等間隔の**格子（グリッド）**に分割して，各格子点の平面座標（X，Y）と標高（Z）を表した標高データである。標高より，等高線を描く（図4・8）

① DEMの格子間隔が小さいほど密度の高い多くの標高値を得ることができ，詳細な地形を表現できる。
② 等高線を活用して数値標高モデル（DEM）を作成することができる。
③ 2つの格子点を結ぶ直線と，直線上の縦断面図から，格子点間の視通（見通せるかどうか）を判断できる。
④ DEMを利用して，景観や都市のモデリング，可視化や洪水・排水のモデリングに利用され，水害の浸出範囲のシュミレーション（P282）や山頂間の視通の推定などを行うことができる。

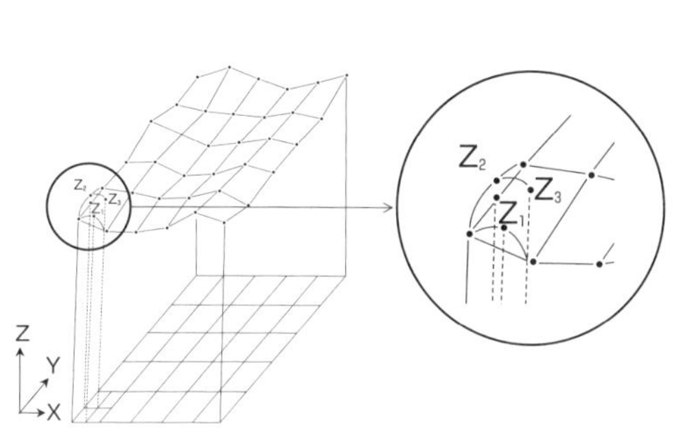

図4・7　数値標高モデル（DEM）

332	349	358	369	380	394	410	412	433
343	372	385	384	395	418	435	437	449
370	400	410	409	409	438	480	465	455
358	406	436	445	445	435	482	492	482
390	405	440	475	485	463	480	504	502
348	395	432	470	512	493	499	521	522
321	337	380	410	465	500	531	539	537
335	347	358	406	420	482	510	545	545
347	379	374	377	410	446	470	525	546

図4・8　グリッドデータと等高線

関連問題

次の文は，数値標高モデル（DEM）の特徴について述べたものである。間違っているものはどれか。

1. DEMの格子点間隔が大きくなるほど詳細な地形を表現できる。
2. DEMは等高線から作成することができる。
3. DEMから二つの格子点間の視通を判断することができる。
4. DEMから二つの格子点間の傾斜角を計算することができる。
5. DEMを用いて水害による浸水範囲のシミュレーションを行うことができる。

関連問題の解説　数値標高モデルの特徴　　解答　1

DEMの格子点間隔が小さくなるほど，もとの格子点間に新たな格子点が作られる。新たな格子点の標高値を得ることで詳細な地形を表現できる。逆に格子点間隔が大きくなると，もとの格子点が一定の割合で失われることになり，詳細な地形を表現できなくなる。

重要問題 9　車載写真レーザ測量

新分野★

次の文は，公共測量における車載写真レーザ測量（移動計測車両による測量）について述べたものである。明らかに間違っているものはどれか。

1．車両に搭載したGNSS/IMU装置やレーザ測距装置，計測用カメラなどを用いて，主として道路及びその周辺の地形や地物などのデータ取得をする技術である。

2．航空レーザ測量では計測が困難である電柱やガードレールなど，道路と垂直に設置されている地物のデータ取得に適している。

3．トンネル内など上空視界の不良な箇所における数値地形図データ作成も可能である。

4．道路及びその周辺の地図情報レベル500や1 000などの数値地形図データを作成する場合，トータルステーションなどを用いた現地測量に比べて，広範囲を短時間でデータ取得できる。

5．地図情報レベル1 000の数値地形図データ作成には，地図情報レベル500の数値地形図データ作成と比較して，より詳細な計測データが必要である。

解説

解答 5

(1)　**車載写真レーザ測量**は，車載写真レーザ測量システム（GNSS/IMU装置・走行距離等の自車位置姿勢データ取得装置，レーザ測距装置・計測カメラ等の計測・解析システム）を使用し，主に道路の数値地形図データを作成する技術である。（注）IMU装置（P233，慣性計測装置）

(2)　車載写真レーザ測量により作成する数値地形図データの地図情報レベルは，500及び1 000を標準とする（準則第107条）。

地図情報レベル500の数値地形図データ作成は，地図情報レベル1000の数値地形図データ作成と比較して，より詳細な計測データが必要となる。

なお，航空レーザ測量（P232）参照。

突破のポイント

(1)　**車載写真レーザ測量**とは，車両に自車位置姿勢データ取得装置及び数値図化用データ取得装置を搭載した計測・解析システムを用いて道路及びその周辺の地形，地物を測定し，取得したデータから数値図化機及び図形編集装置により，数値地形図データを作成する作業をいう（準則第106条）。

(2)　車載写真レーザ測量により作成する数値地形図データの地図情報レベル

は，500及び1 000を標準とする（準則第107条）。

(3) **工程別作業区分及び順序**は，次のとおり（準則第108条）。

図4・8 工程別作業区分及び順序（準則第108条）

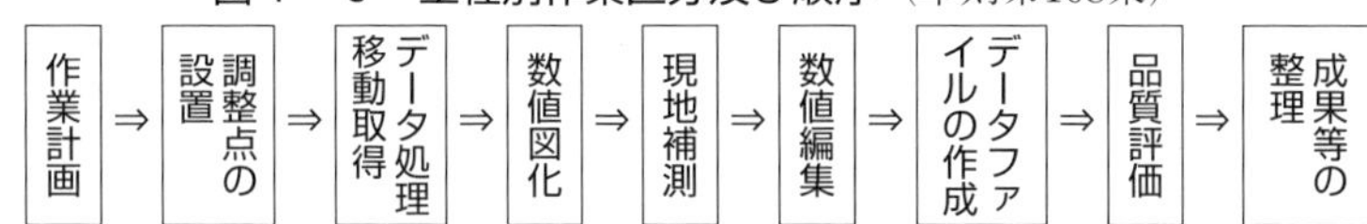

(4) 車載写真レーザ測量では，調整点や現地補測等の作業が必要となる。**調整点の設置**とは，既設点のほかに解析結果の点検や調整処理に必要な水平位置及び標高の基準となる**調整点**を設置する作業をいう。調整点は，走行区間の路線長や景況に応じて2点以上設置する（準則第110，111条）。

① GNSS衛星からの電波の受信が困難な箇所（高架橋下，トンネル内）

② カーブや右左折等の進路変動箇所

③ 取得区間の始終点

(5) **数値図化**とは，車載写真レーザ測量用数値図化機を用いて，地図情報を数値形式で取得し，数値図化データを記録する作業をいう（準則第114条）。

関連問題

次の文は，車載写真レーザ測量について述べたものである。［ア］～［エ］に入る語句の組合せとして最も適当なものはどれか。

車載写真レーザ測量とは，計測車両に搭載した［ア］と［イ］を用いて道路上を走行しながら三次元計測を行い，取得したデータから数値地形図データを作成する作業であり，空中写真測量と比較して［ウ］な数値地形図データの作成に適している。但し，車載写真レーザ測量では［エ］の確保ができない場所は行うことができない。

	ア	イ	ウ	エ
1．	レーザ測距装置	GNSS/IMU装置	高精度	計測車両から視通
2．	レーザ測距装置	高度計	高精度	計測車両の上空視界
3．	レーザ測距装置	GNSS/IMU装置	広範囲	計測車両の上空視界
4．	トータルステーション	GNSS/IMU装置	広範囲	計測車両から視通
5．	トータルステーション	高度計	高精度	計測車両の上空視界

関連問題の解説 車載写真レーザ測量 **解答 1**

車載写真レーザ測量は，位置精度をGNSS衛星からの電波に依存しており，道路の高架橋下やトンネル内などの上空視界が不良な場合は，電波の受信が困難となるため，調整点により位置の調整を行い数値地形図データを作成する。

重要問題10　数値地形測量（データの形式）　　重要度★★

次の文は，数値地形測量により作成される数値地形図のデータについて述べたものである。［ア］～［オ］の中に入る語句はどれか。

a．数値地形図のデータは，水平位置の転位や間断等の処理を行わず，データの連続性の確保と測定した座標の保持を重視した［ア］と，水平位置の転位や間断等の処理が行われている［イ］に分類される。また，データの形式によりベクタ形式とラスタ形式の2種類に分類できる。

b．ベクタ形式のデータは，トータルステーションを用いた地形測量や空中写真の数値図化により取得する方法のほか，地形図や既成図から［ウ］を用いて直接取得する方法がある。

c．一方，ラスタ形式のデータは，既成図から［エ］を用いて数値データを取得し，取得した数値データを［オ］によりベクタ形式のデータにすることも可能である。

	ア	イ	ウ	エ	オ
1．	真位置データ	作図データ	デジタイザ	スキャナ	デジタル化
2．	真位置データ	作図データ	スキャナ	デジタイザ	ラスタ・ベクタ変換
3．	作図データ	真位置データ	スキャナ	デジタイザ	デジタル化
4．	作図データ	真位置データ	デジタイザ	スキャナ	デジタル化
5．	真位置データ	作図データ	デジタイザ	スキャナ	ラスタ・ベクタ変換

解説　　解答　5

数値地形図データには，**真位置データ**と転位等の処理が行われた**作図データ**に分類され，データの形式には**ベクタデータ**と**ラスタデータ**（メッシュデータ，画像データ）がある。デシタイザを用いて数値化されたデータはベクタデータであり，スキャナを用いて数値化されたデータはラスタデータである（P276）。bについては，P169，関連問題参照。

突破のポイント

1．数値地形測量，データ形式

(1)　**真位置データ**とは，水平位置の転位，間断等の処理を行わず，データの連続性と真位置を重視したデータをいう。

(2)　**作図データ**とは，水平位置の転位，間断等の図式に従った処理が行われているデータをいう（P259）。真位置データに比較して，転位した量だけ精度が悪くなっているため，計測及び設計等を行うことには向いていない。

(3) **ベクタ形式のデータ**は，地形，地物の形状を点（**ポイント**），線（**ライン**），面（**ポリゴン**）に分け，それぞれを（x，y，z）などの位置座標及び座標列により表現したものをいう。

(4) **ラスタ形式のデータ**とは，細かい区間（メッシュ）に分割して，各区画（画素，ピクセル）の属性を数値，DN（階調数）で表示したものをいう。

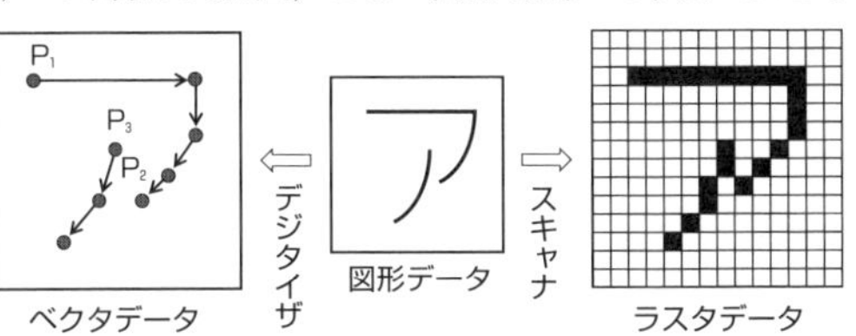

図4・9　ベクタデータとラスタデータ

表4・8　地図表現とデータ形式

データ形式	ベクタデータ	ラスタデータ
地図表現	・正確に表現できる ・地図縮尺を大きくしても，形状は崩れない。	・メッシュ内部の情報は不明である。 ・縮尺を大きくすると，地図表現が粗くなる。
地図の特性	地図に使用されているデータは，座標を持った点（学校等の建物）と，線（道路や鉄道等の線状構造物）と，面（土地や湖沼など線で囲まれた物）にその全てが分類される。	

関連問題

次の文は，地理情報システムで扱うラスタデータとベクタデータの特徴について述べたものである。間違っているものはどれか。

1．ラスタデータを変換処理することにより，ベクタデータを作成する。
2．閉じた図形を表すベクタデータを用いて，図形の面積を算出する。
3．ラスタデータは，一定の大きさの画素を配列して，地物などの位置や形状を表す。
4．ネットワーク解析による最短経路検索には，一般にラスタデータよりベクタデータの方が適している。
5．ラスタデータは，拡大表示するほど，地物などの詳細な形状を見ることができる。

関連問題の解説　ラスタデータ，ベクタデータ　　解答　5

5．拡大しても，塗りつぶしたメッシュが大きくなるだけである。

重要問題11　地理情報システム（GIS）1（トポロジー）　参考事項

次の文は，数値地図データを点，線分，面の図形要素で表現するときの基本的な規則について述べたものである。不適当なものはどれか。

1．ある地点の位置を示す点のデータは，その点の識別子とその点の座標値を用いて表す。
2．地物の直線状の部分を表現する線分のデータは，その線分の識別子とその線分の始点・終点となる点の識別子を用いて表す。
3．曲線状の地物を表現する曲線のデータは，その曲線の識別子とその曲線の折れ線で近似して構成する線分の識別子を用いて表す。
4．広がりを持つ地物の範囲を表現する面のデータは，その面の識別子とその面の内側にある代表点の識別子を用いて表す。
5．隣接する2つの領域の境界を表現する線分のデータを構造化するには，その線分の識別子とその線分の左右の領域を示す面の識別子を用いる。

解説　**解答　4**

(1)　**地理情報システム**（GIS）とは，空間の位置に関連づけられた自然，社会，経済などの地理情報を総合的に処理，管理，分析するシステムである。図形の位置関係（**トポロジー**）をコンピュータが認識できるように，ベクタ型データを点，線，面に**位相構造化**する（図4・10）。

(2)　面（**ポリゴン**）のデータは，地図データの性質や諸元を定義する文字列や数値等の**識別子**と面を構成する線分（**ライン**）で表す。図4・10において，ポリゴンS_1は，チェインC_1，C_2，C_5，C_6で表す。

突破のポイント

1．地理情報システム（GIS）の基礎

(1)　数値地形図データの形式は，ベクタ型データとラスタ型データがある。

①　**ベクタ型データ**とは，座標値をもった点列によって表現される図形データで，点（ポイント），線（ライン），面（ポリゴン）で構成され，それぞれ識別子（文字列や数値等）を付与することができ，GISによるネットワーク解析に適している。

②　**ラスタ型データ**とは，行と列に並べられた画素の配列によって構成される画素データをいう。スキャナで読み込まれた紙地図の画像データは，ラスタ型データである。ラスタ型データは，ラスタ・ベクタ変換（細線化法）により，ベクタ型データに変換する（P279）。

2．ベクタ型データの位相構造化

(1)　**ノード位相構造**：座標値（x，y）をもつP_1，P_2，…，P_7（○）を**ポイント**，隣接する2つのポイントを結ぶ線分を**ライン**，3本以上の線分の交点を**ノード**（○）という。

(2)　**チェイン位相構造**：ノードとノードを結ぶ線分$C_1=\overrightarrow{P_1P_2}=\overrightarrow{n_1n_2}$，$C_2=\overrightarrow{P_2P_3P_4}=\overrightarrow{n_2n_3}$，…をチェインという。始点，終点のノード番号で表す。

(3)　ポリゴン位相構造：面（ポリゴン）を構成するチェイン番号で表し，時計回りを＋，反時計回りを－とする。

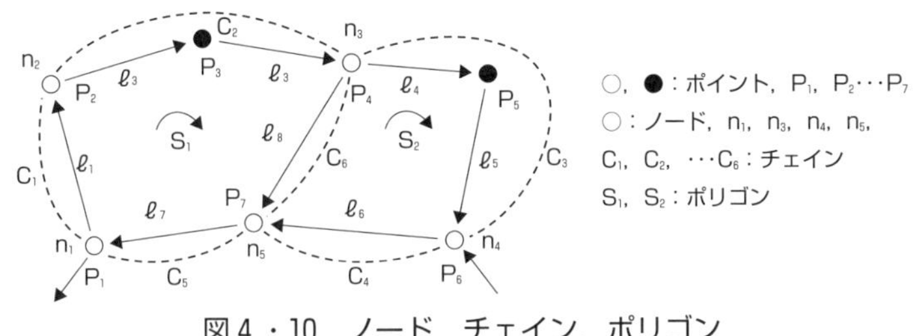

図4・10　ノード，チェイン，ポリゴン

3．ベクタ型データ，ラスタ型データ

(1)　**ベクタ型データ**は，図形を構成する点の座標及び線の座標列（方向性）によって表示される。**ラスタ型データ**は，図形内を細かい網目，メッシュ（格子）に分け各区画にその属性を1つ与えたものをいう。

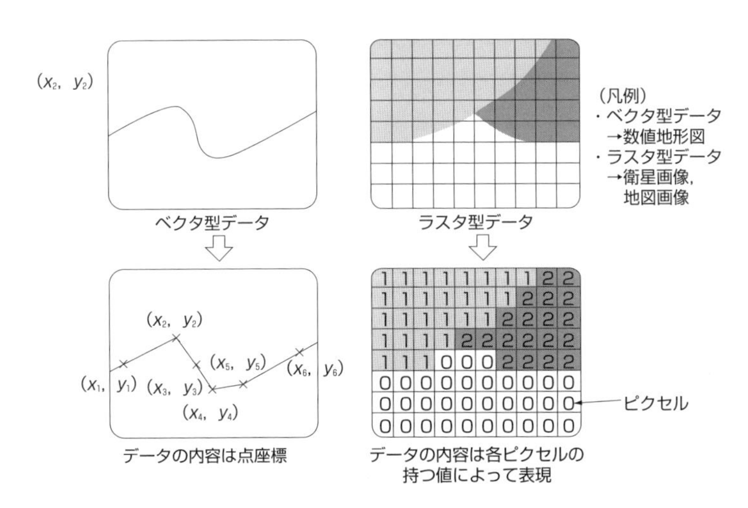

図4・11　ベクタ型データ・ラスタ型データ

重要問題12　地理情報システム（GIS）2（レイヤ管理）　　参考事項

図は，ある地域の交差点，道路中心線及び街区面のデータについて模式的に示したものである。P_1～P_7 は交差点，L_1～L_9 は道路中心線，S_1～S_3 は街区面を表し，既にデータ取得されている。この図において，P_1とP_7 間に道路中心線 L_{10} を新たに取得した。

今後，必要な作業内容について，間違っているものだけの組合せはどれか。

a．道路中心線L_6，L_{10}，L_8により街区面を取得する。
b．道路中心線L_8，L_9，L_4，L_5により街区面を取得する。
c．道路中心線L_2，L_3，L_9，L_7により街区面を取得する。
d．道路中心線L_1，L_7，L_{10}により街区面を取得する。
e．道路中心線L_1，L_7，L_8，L_6により街区面を取得する。

1．a，b，c
2．a，c，d
3．a，d，e
4．b，c，e
5．b，d，e

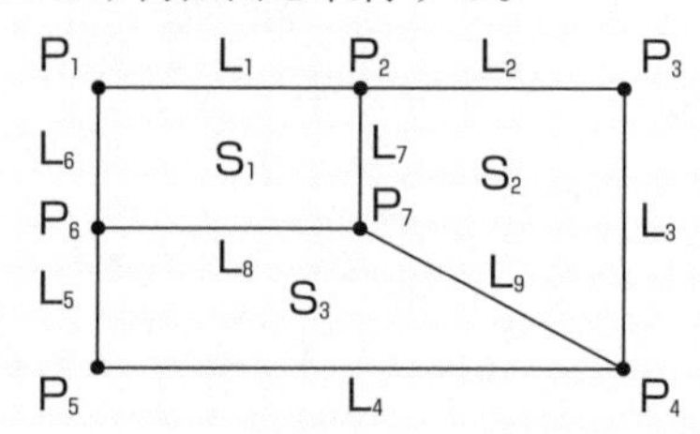

解説　　**解答 4**

L_{10}により，新たにポリゴンS_1-1，S_1-2ができる。チェインナンバーはS_1-1が（L_1，L_7，L_{10}），S_1-2が（L_6，L_{10}，L_8）となる。4はすべての街区面が取得済みで，今後の作業は不要となる。

突破のポイント

1．地理情報システム（GIS）

(1)　地図情報データは，幾何図形データとその属性データで構成される。**地理情報システム**（GIS）は，地図データ（空間データ基盤）に様々な属性データ（点，線，面に対応した地形・地物・注記等を示すデータ）を結び付け，利用者の用途・目的に合った項目別データが得られるシステムである。

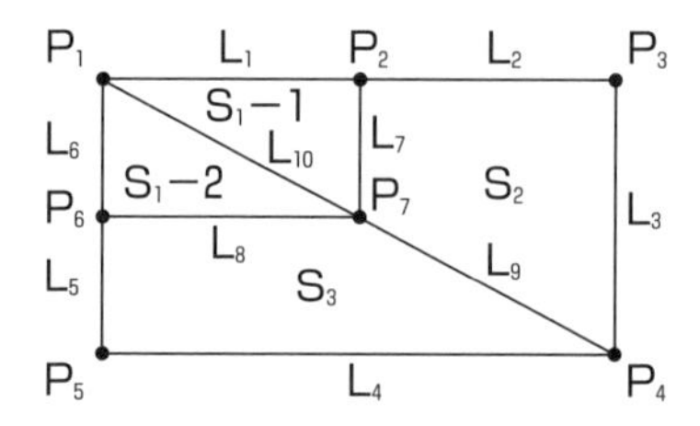

作業内容	取得街区面
1．a，b，c	S_1-2，S_3，S_2
2．a，c，d	S_1-2，S_2，S_1-1
3．a，d，e	S_1-2，S_1-1，S_1
4．b，c，e	S_3，S_2，S_1
5．b，d，e	S_3，S_1-1，S_1

図4・12　道路のトポロジー

(2)　地理データ等の項目別の管理単位を**レイヤ**という（P277）。

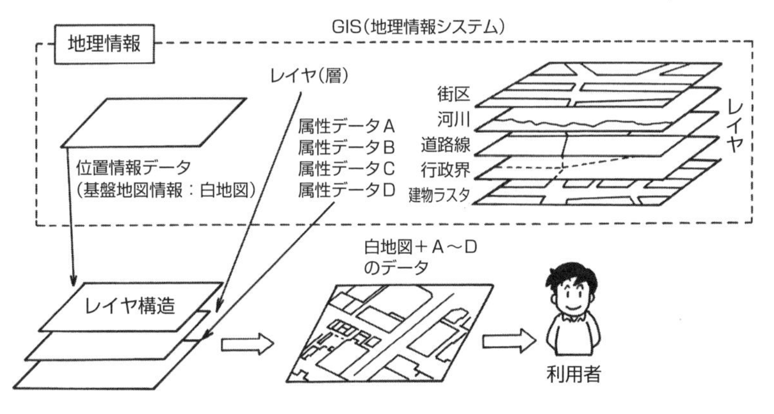

図4・13　GIS（地理情報システム）

関連問題

次の文は，地理情報システム（GIS）の機能及びGISで扱うデータの特徴について述べたものである。明らかに間違っているものはどれか。

1．GISの機能の一つに，地図の重ね合わせ機能がある。
2．GISの機能の一つに，地図の任意部分の切り出し機能がある。
3．ベクタデータは，点，線，面を表現でき，それぞれ属性を付加する。
4．衛星画像データやスキャナを用いて取得した画像データは，一般にベクタデータである。
5．ラスタデータは，一定の大きさの画素を配列して位置や形状を表すデータ形式である。

関連問題の解説　**GISのデータの特徴**　　**解答　4**

ベクタデータ→ラスタデータ。スキャナで読込まれたデータは，ラスタデータである。スキャナでラスタデータは，ラスタ・ベクタ変換により，ベクタデータ化する（原画像のラスタ精度を超えることはない）。

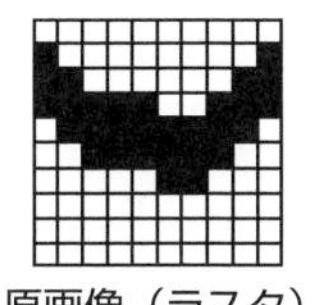
原画像（ラスタ）

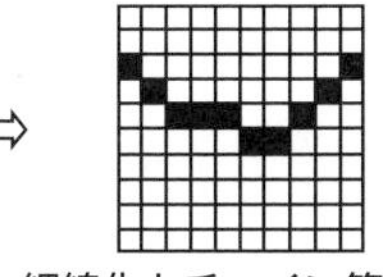
細線化とチェイン符号化

ベクタデータ

図4・14　ラスタ・ベクタ変換（細線化法）

重要問題13 地理空間情報 重要度★★

次の文は，地理情報に関する国際標準化の動向について述べたものである。あきらかに間違っているものはどれか。

1．地理情報標準プロファイル（JPGIS）は，地理情報に関する国際規格及び日本工業規格の地図の図式部分を体系化したものである。

2．JPGISの基礎になっている地理情報に関する国際規格は，国際標準化機構により定められている。

3．基盤地図情報の整備にあたっては，基本測量成果，公共測量成果を利用している。

4．測量計画機関は，測量成果の種類，内容，構造，品質などを示すJPGISに準拠した製品仕様書を定めなければならない。

5．基盤地図に係る項目は，国土交通省令で測量の基準点，海岸線，公共施設の境界線，行政区画等，13項目である。

解説 **解答 1**

(1) **GIS**（Geographic Information System：**地理情報システム**）は，空間の位置に関連づけられた自然，社会，経済などの地理情報を総合的に処理・管理・分析するシステムをいう。都市計画，災害対策，ナビゲーションシステムなど広い分野で利用されている（P276参照）。

(2) **JPGIS**（Japan Profile for Geographic Information Standards：**地理情報標準プロファイル**）は，日本国内における地理情報の標準で，地理情報に関する国際標準化機構（ISO191）及び日本産業規格（JIS X 71）に準拠している。JPGISにより，空間データの検索，整備，活用などの地理空間情報に関して様々な場面で自由な交換を実現することができる。

JPGISでは，空間データの設計の考え方，位置の表し方，空間データの品質の考え方，作成する際の仕様書の作り方，空間データの交換のルール等を規定している。図式を決めている訳ではない。

(3) **基盤地図情報**は電子地図上における測量の基準点，海岸線，行政区画などの位置情報（白地図）を，国土交通省令で定める電磁的方式により記録したもので，誰でも自由に数値データへのアクセスが可能なシステムである。

突破のポイント

1．基盤地図情報の作成

(1) 基盤地図情報の作成とは，**地理空間情報活用推進推進法**に基づく基盤地図情報項目・基準の規定を満たす位置情報を作成する作業をいう（準則第365条）。作成方法は，新たな測量作業による方法，既存の測量成果等の編集による（準則第366条）。

(2) 「**地理空間情報**」とは，次の情報をいう。

① 空間上の特定の地点又は区域の位置を示す情報（**位置情報**）

② 位置情報に関連付けられた情報（**地理空間情報**）

(3) 「**地理情報システム（GIS）**」とは，地理空間情報の地理的な把握又は分析を可能とするため，電磁的方式により記録された地理空間情報を電子計算機を使用して電子地図上で一体的に処理するシステムをいう。

(4) 「**基盤地図情報**」とは，地理空間情報のうち，電子地図上における地理空間情報の位置を定めるための基準となる測量の基準点，海岸線，公共施設の境界線，行政区画その他の国土交通省令で定めるものの位置情報であって電磁的方式により記録されたものをいう。

表4・9　基盤地図情報（準則第8条）

基盤地図情報の項目	
① 測量の基準点	⑧ 軌道の中心線
② 海岸線	⑨ 標高点
③ 公共施設の境界線（道路区域界）	⑩ 水涯線
④ 公共施設の境界線（河川区域界）	⑪ 建築物の外周線
⑤ 行政区画の境界線及び代表点	⑫ 市町村の町若しくは字の境界線及び代表点
⑥ 道路縁	
⑦ 河川堤防の表法肩の法線	⑬ 街区の境界線及び代表点

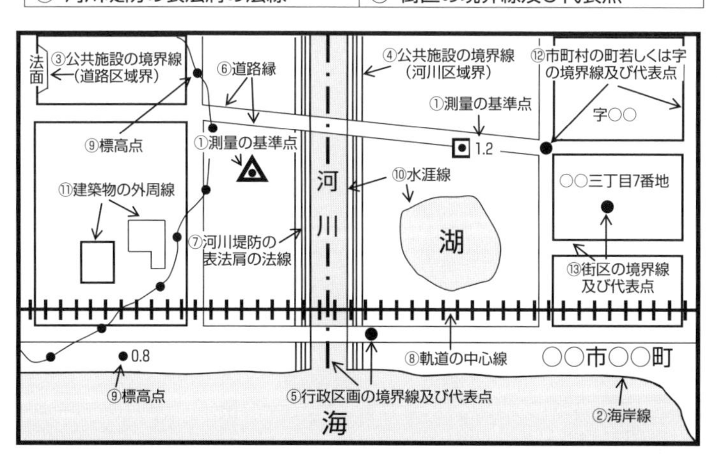

第4章
演習問題

（トータルステーション・GNSS測量機）

問1　次の文は，地形測量について述べたものである。［ア］～［エ］に入る語句の組合せとして適当なものはどれか。

［ア］の方法のうち，携帯型パーソナルコンピュータなどの図形処理機能を用いて，現地で図形表示しながら計測及び編集を行う方式を，オンライン方式といい，［イ］と電子平板を用いた方式が一般的である。これらの方法により得られたデータは，通常［ウ］形式であり，編集済データの端点の接続は，［エ］により点検することができる。

	ア	イ	ウ	エ
1.	同時調整	電子レベル	画像	電子基準点
2.	同時調整	トータルステーション	ベクタ	プログラム
3.	細部測量	電子レベル	ベクタ	電子基準点
4.	細部測量	トータルステーション	画像	電子基準点
5.	細部測量	トータルステーション	ベクタ	プログラム

問2　次の文は，トータルステーション又はGNSS測量機を用いた細部観測について述べたものである。間違っているものはどれか。

1. トータルステーションによる，地形・地物の測定は，放射法により行う。
2. 地形・地物などの状況により，基準点にトータルステーションを整置して細部測量を行うことが困難な場合は，TS点を設置することができる。
3. RTK観測では，霧や弱い雨にほとんど影響されずに観測を行うことができる。
4. RTK観測による，地形・地物の水平位置の測定は，基準点と観測点間の視通がなくても行うことができる。
5. ネットワーク型RTK法を用いる細部測量では，GNSS衛星からの電波が途絶えても，初期化の観測をせずに作業を続けることができる。

解　答

問1-5　P167参照。

問2-5　GNSS観測中に，障害物等で衛星からの電波が途絶えた場合，再初期化を行う。**初期化**（リセット）とは，整数値バイアスを確保することをいう。

（等高線）

問3　トータルステーションを用いた縮尺1/1 000の地形図作成において，傾斜が一定な直線道路上の点Aの標高は66.6 m，一方，同じ直線道路上の点Bの標高は59.7 mであり，点Aから点Bの水平距離は54.0 mであった。

点Aから点Bを結ぶ直線道路とこれを横断する標高62 mの等高線との交点は，この地形図上で点Aから何cmの地点を横断するか。

1．1.8 cm　　2．2.0 cm　　3．2.8 cm　　4．3.2 cm　　5．3.6 cm

問4　等高線について，間違っているものはどれか。

1．１本の等高線は，原則として，図面の内又は外で必ず閉合する。
2．計曲線は，等高線の標高値を読みやすくするため，一定本数ごとに太めて描かれる主曲線である。
3．補助曲線は，主曲線で表せない緩やかな地形を表現するために用いる。
4．山の尾根線や谷線は，等高線と直角に交わる。
5．閉合する等高線の内部には必ず山頂がある。

解　答

問3-5　$\dfrac{x}{54}=\dfrac{62-59.7}{66.6-59.7}$ より，$x=18.0$ cm

$y=54.0-18.0=36.0$ m

縮尺1/1 000では，3.6 cmとなる。

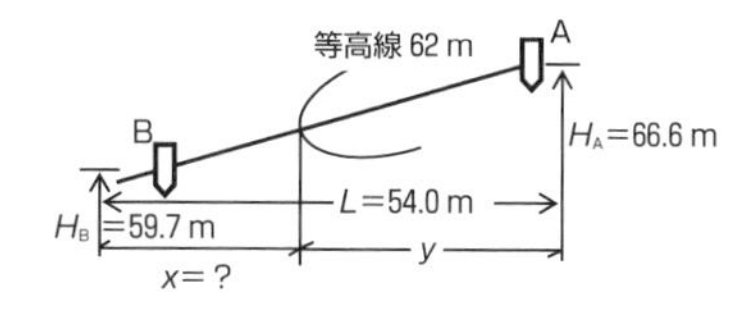

問4-5　**等高線の性質**は，次のとおり。

① 同一等高線上のすべての点は，同じ高さである。
② １本の等高線は，その図面の内又は外で必ず閉合する。
③ 一番内側の等高線が閉合するところは，山頂か凹地である。
④ 高さが異なる２本以上の等高線は，交わらない。

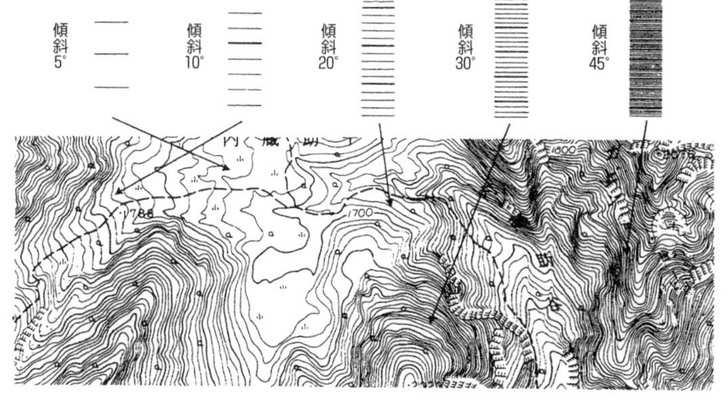

図４・15　等高線間隔と傾斜（勾配）

（細部測量）

問5　次のａ～ｄの文は，トータルステーション（TS）又はGNSS測量機を用いた細部測量について述べたものである。［ア］～［エ］に入る語句の組合せとして最も適当なものはどれか。

ａ．細部測量とは，地形，地物などを測定し，［ア］を取得する作業である。

ｂ．TSを用いた地形，地物などの測定は，主に［イ］により行われる。

ｃ．GNSS測量機を用いた地形，地物などの測定は，［ウ］がなくても行うことができる。

ｄ．地形，地物などの状況により，基準点にTSを整置して作業を行うことが困難な場合，［エ］を設置することができる。

	ア	イ	ウ	エ
1．	グラウンドデータ	単点観測法	上空視界	仮想基準点
2．	数値地形図データ	放射法	基準点と観測点間の視通	TS点
3．	グラウンドデータ	放射法	基準点と観測点間の視通	仮想基準点
4．	数値地形図データ	単点観測法	基準点と観測点間の視通	仮想基準点
5．	数値地形図データ	放射法	上空視界	TS点

問6　細部測量において，基準点Ａにトータルステーションを整置し，点Ｂを観測したときに2′30″の方向誤差があった場合，点Ｂの水平位置の誤差はいくらか。

但し，点Ａ，Ｂ間の水平距離は92 m，角度１ラジアンは$2'' \times 10^5$とする。

１．46 mm,　２．50 mm,　３．54 mm,　４．61 mm,　５．69 mm

解　答

問5－2　P168，P170参照。

問6－5　P83「式（2・20）測角誤差と水平位置誤差」を参照。

角誤差±ε''＝2′30″＝150″，距離L＝92 mのとき，測点Ｂの水平位置誤差e_aは次のとおり。

$$e_a = \frac{\varepsilon''}{\rho''} \times L = \frac{150''}{2'' \times 10^5} \times 92 \times 10^3 \text{ mm}$$

$$= \underline{69 \text{ mm}}$$

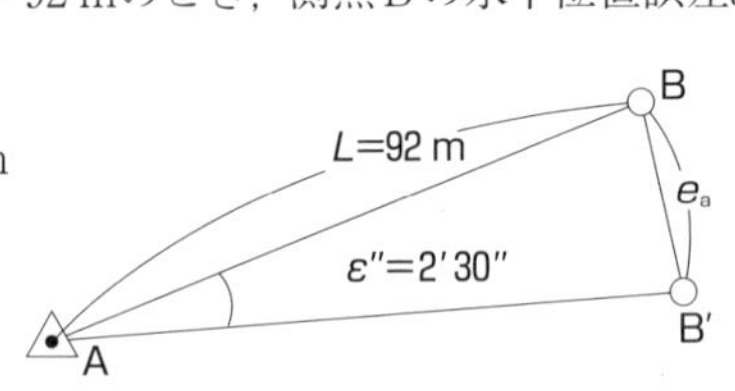

B
L=92 m
e_a
ε″=2′30″
B′
A

問7　次のａ～ｃの文は，GNSS測量機を用いた細部測量について述べたものである。［ア］～［オ］に入る語句の組合せとして適当なものはどれか。

ａ．キネマティック法又はRTK法によるTS点の設置は，［ア］により行い，観測は干渉測位方式により２セット行うものとする。１セット目の観測値を［イ］とし，観測終了後に再初期化をして，２セット目の観測を行い，２セット目を［ウ］とする。

ｂ．キネマティック法又はRTK法によるTS点の設置で，GPS衛星のみで観測を行う場合，使用する衛星数は［エ］衛星以上とし，セット内の観測回数はFIX解を得てから10エポック以上を標準とする。

ｃ．ネットワーク型RTK法によるTS点の設置は，間接観測法又は［オ］により行う。

	ア	イ	ウ	エ	オ
1．	放射法	参考値	採用値	5	直接観測法
2．	放射法	採用値	点検値	4	直接観測法
3．	交互法	参考値	採用値	4	直接観測法
4．	交互法	採用値	点検値	5	単点観測法
5．	放射法	採用値	点検値	5	単点観測法

解　答

問7－5　P174　地形・地物の測定１（GNSS観測）参照。

ａ．キネマティック法又はRTK法による**TS点の設置**は，基準点にGNSS測量機を整置し，放射法により行う。観測は，干渉測位方式により２セット行う。１セット目の観測値を採用値とし，観測終了後に再初期化をして，２セット目の観測を行い，２セット目を点検値とする（準則第93条）。

ｂ．観測の使用衛星数及び較差の許容範囲は次のとおり。

表４・10　使用衛星数・許容範囲（準則第93条）

使用衛星数	観測回数	データ取得間隔	許容範囲		備考
５衛星以上	FIX解を得てから10エポック以上	１秒（但し，キネマティック法は５秒以下）	ΔN ΔE	20 mm	ΔN：水平面の南北成分のセット間較差 ΔE：水平面の東西成分のセット間較差 ΔU：水平面からの高さ成分のセット間較差
			ΔU	30 mm	
摘要	GLONASS衛星を用いて観測する場合は，使用衛星数は６衛星以上とする。但し，GPS・準天頂衛星及びGLONASS衛星を，それぞれ２衛星以上を用いること。				

ｃ．ネットワーク型RTK法によるTS点の設置は，間接観測又は単点観測法により観測及び使用衛星数及び較差の許容範囲は表４・10のとおり（準則第94条）。

なお，**間接観測法**は，２地点の三次元座標差から移動局間の基線ベクトルを求める。**単点観測法**は，仮想点又は電子基準点を固定点とした放射法による観測をいう。

問8　次の文は，数値地形モデル（DTM）の特徴について述べたものである。間違っているものはどれか。

但し，ここでDTMとは，等間隔の格子の代表点（格子点）の標高を表したデータとする。

1．DTMから地形の断面図を作成することができる。
2．DTMを用いて水害による浸水範囲のシミュレーションを行うことができる。
3．DTMの格子間隔が小さくなるほど詳細な地形を表現できる。
4．DTMは，等高線データから作成することができないが，等高線データはDTMから作成することができる。
5．DTMを使って数値空中写真を正射変換し，正射投影画像を作成することができる。

(GIS)

問9　次の文は，ラスタデータとベクタデータについて述べたものである。間違っているものはどれか。

1．ラスタデータは，ディスプレイ上で任意の倍率に拡大や縮小しても，線の太さを変えずに表示することができる。
2．ラスタデータは，一定の大きさの画素を配列して，写真や地図の画像を表すデータ形式である。
3．ラスタデータからベクタデータへ変換する場合，元のラスタデータ以上の位置精度は得られない。
4．ベクタデータは，地物を点，線，面で表現したものである。
5．道路中心線のベクタデータをネットワーク構造化することにより，道路上の２点間の経路検索が行えるようになる。

解　答

問8-4　P180　数値標高モデル（DEM）参照。
DTMは，等高線データから作成することができる。

問9-1　P184　数値地形測量（データの形式）参照。
ラスタデータは，図形を細かいメッシュ（画素）の集合体で表現したもので，拡大しても線の太さが大きくなるだけで地図表現が粗くなる（P184参照）。

写真測量

1．空中写真測量は，航空機等から撮影された空中写真を用いて土地の形状及び地物等を計測し，数値地形図データ等を作成する作業をいう。

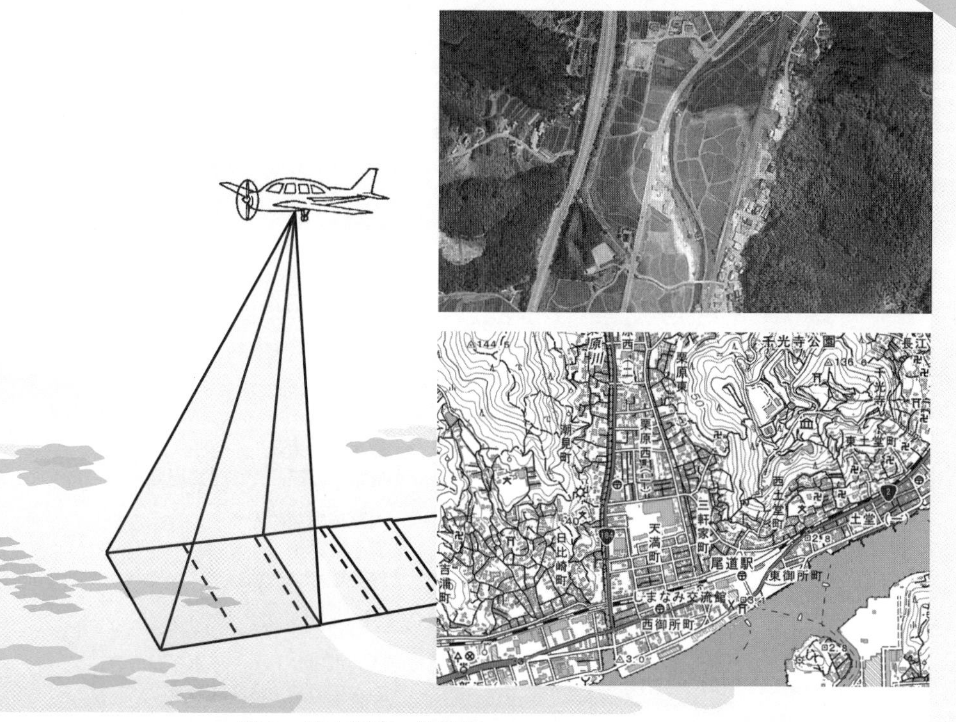

図１　空中写真・地形図

学習のポイント

① 空中写真測量の作業区分（対空標識）
② 撮影計画（写真縮尺，撮影高度，オーバーラップ等）
③ 単写真の特徴（比高によるひずみ，視差差と比高）
④ 数値図化（デジタルステレオ図化機，同時調整）
⑤ 写真地図の作成（特徴，作業工程）
⑥ 航空レーザ測量（標高データ，作業工程）

重要問題 1　空中写真測量の作業区分　重要度★★

写真測量による地形図作成の作業工程として，標準的なものはどれか。

但し，a：標定点測量，b：対空標識設置，c：撮影，
　　　d：現地調査，　e：数値図化，　　f：同時調整

1．作業計画→a→b→c→d→e→f→数値編集→数値地形図
2．作業計画→b→f→a→c→d→e→数値編集→数値地形図
3．作業計画→a→b→f→c→d→e→数値編集→数値地形図
4．作業計画→b→f→c→d→a→e→数値編集→数値地形図
5．作業計画→a→b→c→f→d→e→数値編集→数値地形図

解説　　**解答　5**

(1)　**空中写真測量**とは，空中写真（数値化された空中写真を含む）を用いて数値地形図データを作成する作業をいう（準則第150条）。

(2)　空中写真測量により作成する数値地形図データの地図情報レベルは，500，1000，2500，5000及び10000を標準とする（準則第151条）。

(3)　工程別作業区分及び順序は，次のとおり（準則第152条）。

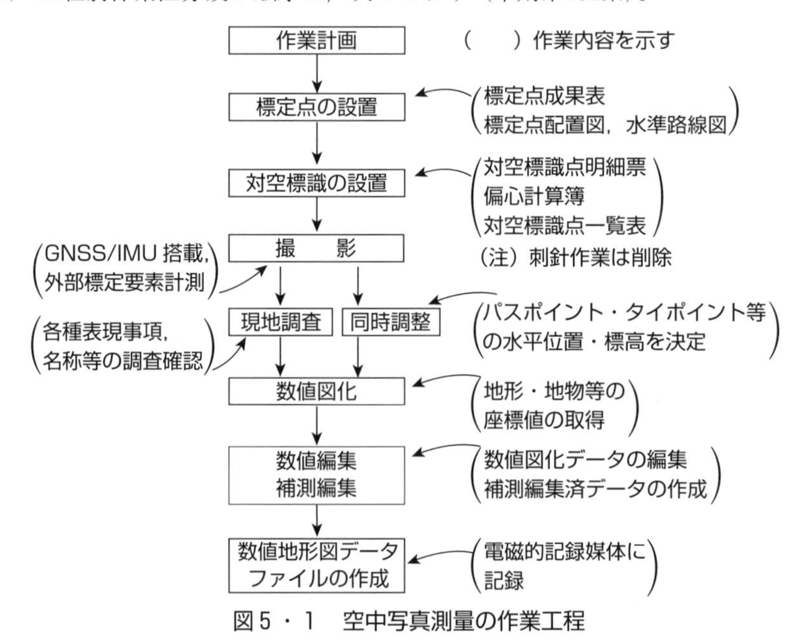

図5・1　空中写真測量の作業工程

突破のポイント

1．空中写真測量の作業区分・順序

(1) **作業計画**：地形図の使用目的，図化区域，精度等に応じ，作業規程の準則に基づいて測量計画を立てる。また，必要人員，所用器材の準備を行う。

(2) **標定点**及び**対空標識の設置**：同時調整及び数値図化に必要な基準点及び水準点（以上，**標定点**）を現地に設置し，測地座標を地上測量によって求める。これらの標定点を写真上に明確に写すために**対空標識**を設置する。

(3) **撮影**：測量用空中写真を撮影する作業をいい，後続作業に必要な外部標定要素の取得及びデータ解析，写真処理及び数値写真の作成工程を含む。

(4) **現地調査**：数値地形図データを作成するために必要な各種表現事項・名称等を現地において調査・確認し，数値図化及び編集に必要な資料を作成する。

(5) **同時調整（空中三角測量）**：図化に必要なパスポイント・タイポイント及び基準点等の座標をデジタルステレオ図化機等で測定し，水平位置及び標高を決定する。

(6) **数値図化**：空中写真を撮影時と同一条件にしてデジタルステレオ図化機にかけ，地形・地物を描画し，数値図化データを記録する。

(7) **補測編集**：必要に応じて現地に出向いて，確認及び修正測量を行う。

関連問題

空中写真測量の特徴について，明らかに間違っているものはどれか。

1．現地測量に比べて，広い範囲を一定の精度で測量することができる。
2．起伏のある土地を撮影した場合でも，同一写真の中ではどこでも地上画素寸法が同じになる。
3．撮影高度が高いほど，一枚の写真に写る地上の範囲は広くなる。
4．高塔や高層建物は，写真の鉛直点を中心として放射状に広がる。
5．地物の形状，大きさ，色調，模様などから，土地利用の状況が分かる。

関連問題の解説　**空中写真測量の特徴**　　**解答　2**

写真縮尺$M_B=\dfrac{\Delta\ell}{\Delta L}=\dfrac{f}{H-h}$より，

$\Delta L=\dfrac{\Delta\ell}{f}(H-h)$

比高hによって，地上画素寸法は変化する（P203）。

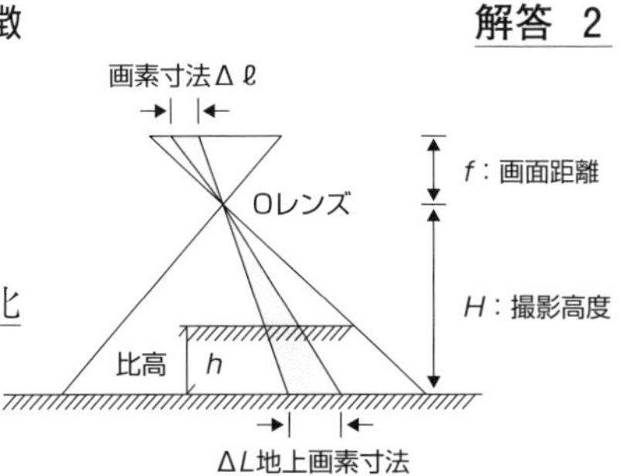

重要問題2　対空標識の設置

重要度★

次の文は，対空標識設置作業について述べたものである。間違っているものはどれか。

1．地図情報レベル2500の空中写真の撮影を行うため，対空標識板は45 cm×45 cmの正方形とした。
2．広角カメラを用いて撮影するので，天頂から45°以上の上空視界を確保して対空標識を設置した。
3．樹木の密生地の中に三角点があったので，対空標識板を付近の樹冠より50 cm程度高くして設置した。
4．対空標識は，あらかじめ土地の所有者又は管理者の許可を得て設置した。
5．対空標識は，他の測量に利用できるように撮影作業完了後も設置したまま保存した。

解説

解答　5

1．空中写真測量では，基準点等を写真上に明確に写す必要がある。**対空標識の設置**とは，既知点の他に同時調整（P218）に必要な水平位置及び標高の基準となる点（標定点）を設置する作業をいう（準則第154条）。

対空標識の規格は，地図情報レベルに応じて表5・1の大きさとする。

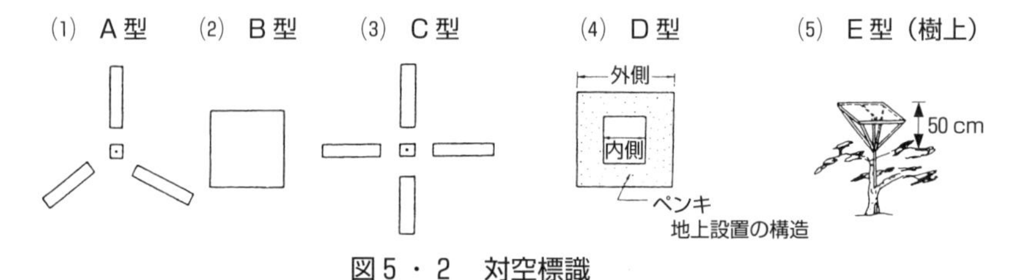

図5・2　対空標識

表5・1　対空標識の規格（準則第159条）

地図情報レベル	A・C型	B・E型	D　型	厚さ
500	20 cm×10 cm	20 cm×20 cm	内側 30 cm・外側 70 cm	4 mm ～ 5 mm
1 000	30 cm×10 cm	30 cm×30 cm		
2 500	45 cm×15 cm	45 cm×45 cm	内側 50 cm・外側100 cm	
5 000	90 cm×30 cm	90 cm×90 cm	内側100 cm・外側200 cm	

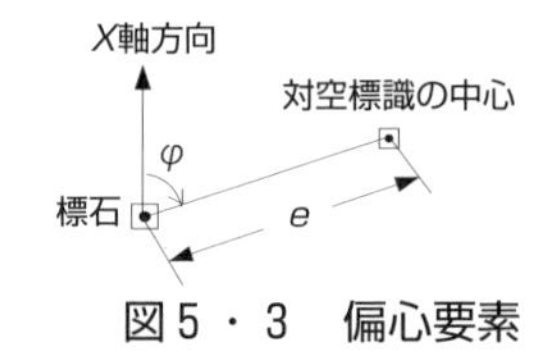

図5・3　偏心要素

2．対空標識の各端点において，天頂から45°以上の上空視界を確保する。
3．対空標識を樹上に設置する場合は，付近の樹冠より50 cm程度高くする。
4．対空標識は，あらかじめ土地の所有者又は管理者の許可を得て，設置する。
5．設置した対空標識は，撮影作業完了後，速やかに現状を回復する。

突破のポイント

1．対空標識の設置

⑴　**対空標識**は，あらかじめ土地の所有者又は管理者の許可を得て，堅固に設置する。設置完了後は，設置点付近の見取図を明細簿に記入し，写真撮影等の作業を行う。撮影作業完了後，速やかに現状を回復する。

⑵　対空標識の基本型は，A型及びB型とする。対空標識板の色は白色を標準とし，状況により黄色又は黒色とする。

⑶　対空標識を基準点等（基準点，水準点，標定点等）に直接設置できない場合は，基準点等から偏心して設置し，偏心距離及び偏心角（**偏心要素**）を測定し，偏心計算を行う（図5・3）。

⑷　撮影作業終了後，直ちに空中写真上に対空標識が写っているかどうか確認する。対空標識の確認は，フィルム航空カメラの場合は4倍伸ばしの写真で，デジタル航空カメラの場合は数値写真上で行う。

関連問題

空中写真測量により地図情報レベル2500を作成するため，対空標識を設置した。対空標識の設置方法が適切でないものはどれか。

1．正方形の板の中心が偏心点である標杭の真上にくるように設置した。
2．基準点が林の中にあったため，近くの樹上に付近の樹冠より50 cm高くして設置した。
3．天頂からおおむね45°の上空視界を得るため，池のすぐ近くに偏心して設置した。
4．風などで破損されないように堅固に設置した。
5．建物の屋上では，床面よりもすこし高くして設置した。

関連問題の解説　対空標識の設置　　**解答　3**

池のすぐ近くは，池の水によるハレーションによって対空標識が写真上で消えることも考えられるので，このような場所は避ける。

上空視界の確保については，フィルム航空カメラで約45°，デジタル航空カメラでは45°より狭くてよい。

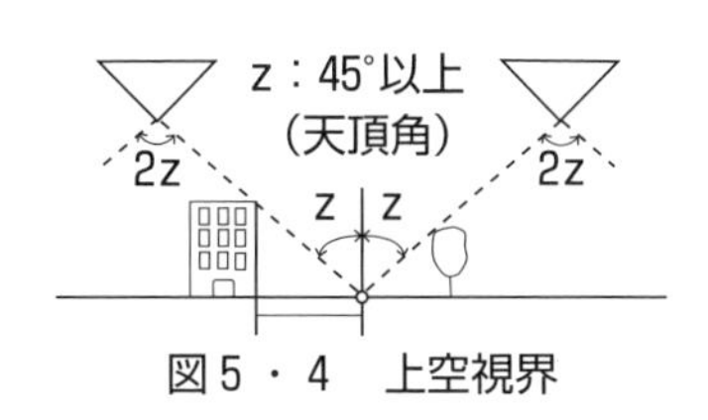

図5・4　上空視界

重要問題3　撮影高度と写真縮尺

重要度★★

画面距離10 cm，撮像面での素子寸法12 μm のデジタル航空カメラを用いて，海面からの撮影高度2 500 m で，標高500 m程度の高原の鉛直空中写真の撮影を行った。この写真に写っている橋の長さを数値空中写真上で計測すると1 000 画素であった。この橋の実長はいくらか。

但し，橋は標高 500 mの地点に水平に架けられており，写真の短辺に平行に写っている。

1．180 m　　2．240 m　　3．300 m　　4．360 m　　5．420 m

解説　　**解答 2**

式（5・1）より

$$写真縮尺 M_{\mathrm{b}}=\frac{f}{H-h}=\frac{\Delta\ell}{\Delta L} より$$

$$\frac{0.1\ \mathrm{m}}{2\,500\ \mathrm{m}-500\ \mathrm{m}}=\frac{12\mu\mathrm{m}\times 1\,000}{\Delta L}$$

$$\Delta L=12\times 10^{-6}\mathrm{m}\times 10^{3}\times 2\times 10^{4}$$

$$=24\times 10=\underline{240\ \mathrm{m}}$$

（$\overset{マイクロ}{\mu}=10^{-6}$，接頭語）

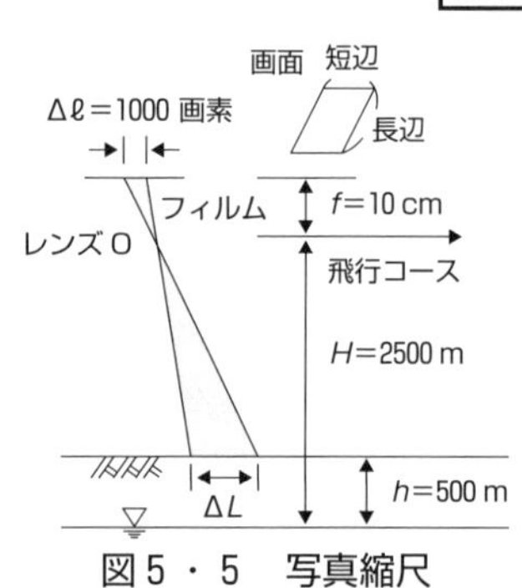

図5・5　写真縮尺

突破のポイント

1．撮影計画

(1)　同一コースは，直線かつ等高度の撮影となるよう計画する。

(2)　同一コース内の隣接空中写真との重複度（**オーバーラップ**）60%，隣接コースの重複度（**サイドラップ**）は30%を標準とする（準則第169条）。

2．鉛直写真の縮尺

(1)　地上AB（距離L，ΔL）が写真上にab（距離ℓ，$\Delta\ell$）として投影されているとき，写真縮尺M_{b}は次のとおり。図5・6において，△OAB∽△Oabより，

$$\left.\begin{array}{ll}\textbf{写真縮尺} & M_{\mathrm{b}}=\dfrac{\mathrm{ab}}{\mathrm{AB}}=\dfrac{\ell}{L}=\dfrac{f}{H}=\dfrac{1}{m_{\mathrm{b}}} \\ \textbf{写真縮尺} & M_{\mathrm{b}}=\dfrac{素子寸法\Delta\ell}{地上画素寸法\Delta L}=\dfrac{1}{m_b} \\ \textbf{対地高度} & H=f\cdot m_{\mathrm{b}}\end{array}\right\}\cdots\cdots\cdots 式（5・1）$$

但し，f：画面距離，　L：地上距離　　H：対地高度

$\Delta\ell$：素子寸法，ΔL：地上画素寸法

⑵　対空高度 H により写真縮尺 M_b は変化する。基準面は，その地域を代表する標高 h をとる。比高がある場合は，縮尺は一定とならず，標高の高い地域の縮尺は，標高の低い地域より大きくなる。

①　A点の縮尺　②　B点の縮尺　③　海面上の縮尺

$$M_b=\frac{f}{H_A}=\frac{f}{H_0-h_a}\qquad M_b=\frac{f}{H}=\frac{f}{H_0-h}\qquad M_b=\frac{f}{H_0}$$

………式（5・2）

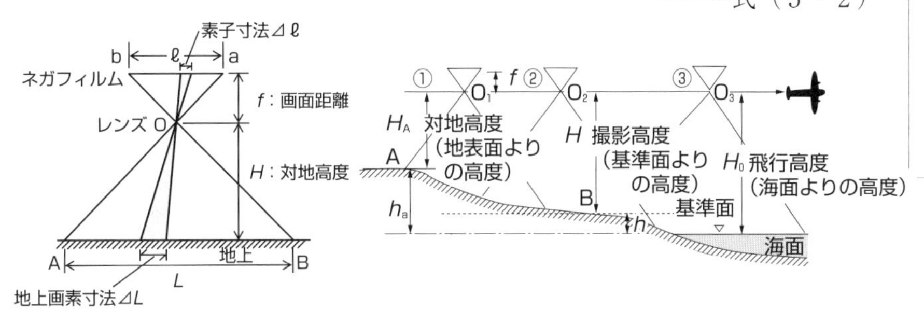

図5・6　写真縮尺M_b　　　図5・7　飛行高度，撮影高度

（注１）　フィルム航空カメラを用いる場合の対地高度 H は，撮影縮尺（$1/m_b$）及びフィルム航空カメラの画面距離 f から求める。

（注２）　デジタル航空カメラ（注）を用いる場合の対地高度Hは，地上画素寸法$\varDelta L$，素子寸法 $\varDelta \ell$ 及び画面距離 f から求める。（注）P211参照。

（注３）　画像は，点（dot）の集合であり，この点を受光素子（CCD）又は画素（ピクセル）という。デジタル航空カメラの素子寸法は 7～12 μm（マイクロメータ）（$\mu=10^{-6}$）である。1インチ当たりのドット数が大きい程，解像度（キメの細かさ）は高い。

（注４）　素子寸法12 μm，画面の大きさ14000 画素×7500 画素とは，縦に14 000×12 μm＝16.8 cm，横に7 500×12 μm＝9.5 cmの大きさの画面である。

関連問題

画面距離7cm，素子寸法6μmのデジタル航空カメラを用いて，数値空中写真の撮影計画を作成した。このときの撮影基準面（標高０m）での地上画素寸法を18 cmとした場合，撮影高度はいくらか。

1．1 500 m　2．1 700 m　3．1 900 m　4．2 100 m　5．2 300 m

関連問題の解説　撮影高度　　**解答　4**

$$\text{写真縮尺}M_b=\frac{\text{素子寸法}\varDelta\ell}{\text{地上画素寸法}\varDelta L}=\frac{6\,\mu\text{m}}{18\,\text{cm}}=\frac{6\times10^{-6}\,\text{m}}{18\times10^{-2}\,\text{m}}=\frac{1}{3}\times10^{-4}\fallingdotseq\frac{1}{30\,000}$$

撮影高度$H=f\cdot m_b=7\text{cm}\times30\,000=7\times10^{-2}\,\text{m}\times30\,000=\underline{2100\,\text{m}}$

重要問題 4　撮影計画 1（オーバーラップ）　　重要度★★

画面距離12 cm，撮像面での素子寸法12 μm，画面の大きさ14 000 画素×7 500 画素のデジタル航空カメラを用いて，海面からの撮影高度2 400 m で標高0mの平たんな地域の鉛直空中写真の撮影を行った。

撮影基準面の標高 0 mとし，撮影基線方向の隣接空中写真間の重複度が60%の場合，撮影基準面における撮影基線方向の重複の長さはいくらか。

但し，画面短辺が撮影基線と平行とする。

1．540 m　2．900 m　3．1 080 m　4．1 200 m　5．1 440 m

解説　　解答 3

写真縮尺$M=f/H_0=1/20\,000$

地上短辺寸法 $S_L=a\cdot m_b$

$=12\,\mu\text{m}\times7\,500\times20\,000$

$=1\,800\text{ m}$

撮影基線長 $B=S_L(1-p/100)$

$=720\text{ m}$

重複の長さ 1 800−720=1 080 m

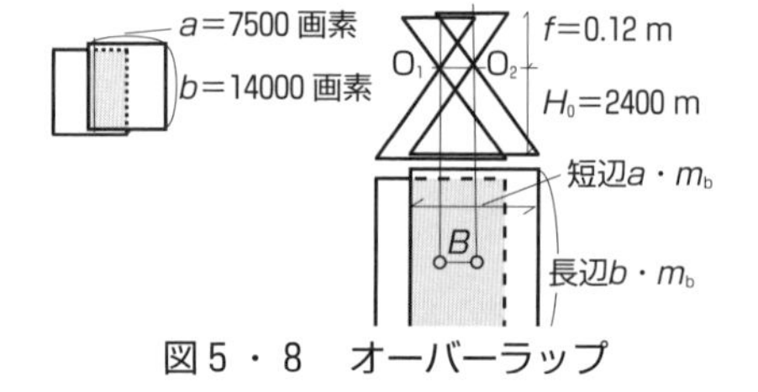

図5・8　オーバーラップ

突破のポイント

1．空中写真の撮影

(1) 連続する写真は，地表が必ず重複して撮影されなければならない。隣り合う写真との重複度を**オーバーラップp**といい，60%を原則とする。隣接コースとの重複度を**サイドラップq**といい，30%を原則とする。

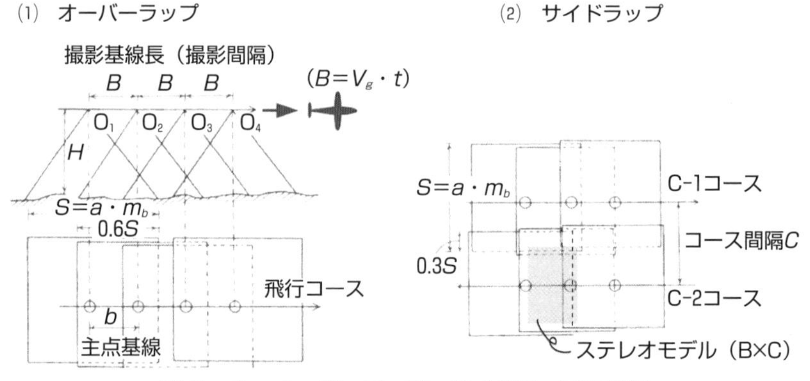

図5・9　オーバーラップ・サイドラップの関係

オーバーラップ　$p=\dfrac{(S-B)}{S}\times 100$　………式（5・3）

サイドラップ　$q=\dfrac{(S-C)}{S}\times 100$　………式（5・4）

但し，S：1枚の写真に写る地上の範囲（$S=a\cdot m_b$）

B：撮影基線長，C：コース間隔

(2)　土地に起伏があると重複度は変化する。基準面においてオーバーラップが p_1 のとき，基準面上 h の高さのオーバーラップ p_2 は，次のとおり。

$$\frac{100-p_2}{100-p_1}=\frac{H}{H-h}$$ …式（5・5）

(3)　**撮影間隔（撮影基線長）Bとコース間隔C**は，次のとおり。なお，**主点基線長b**とは，隣り合う2枚の密着写真上の主点を結ぶ線の長さをいう。

撮影基線長　$B=a\cdot m_b(1-\dfrac{p}{100})$　………式（5・6）

主点基線長　$b=\dfrac{B}{m_b}=a(1-\dfrac{p}{100})$　………式（5・7）

コース間隔　$C=a\cdot m_b(1-\dfrac{q}{100})$　………式（5・8）

但し，a：画面の大きさ，　p：オーバーラップ

m_b：写真縮尺の分母数　q：サイドラップ

関連問題

画面距離10 cm，画面の大きさ26 000 画素×15 000 画素，素子寸法 4 μm のデジタル航空カメラを用いて，海面からの撮影高度3 000 mで標高 0 m の平たんな地域の鉛直空中写真を撮影した。

撮影基準面の標高 0 m，撮影基線方向の隣接空中写真間の重複度を60%とするとき，撮影基線長はいくらか。

1．720 m　2．1 080 m　3．1 250 m　4．1 800 m　5．1 870 m

関連問題の解説　撮影基線長　**解答　1**

$$B=am_b(1-\frac{p}{100})$$

$$a=15\,000\times 4\mu\text{m}=6\times 10^{-2}\text{ m}$$

$$M=\frac{f}{H}=\frac{0.1\text{ m}}{3\,000\text{ m}}=\frac{1}{3\times 10^4}$$

$m_b=3\times 10^4$，$p=60\%$より

$$B=6\times 10^{-2}\times 3\times 10^4(1-0.6)$$

$$=\underline{720\text{ m}}$$

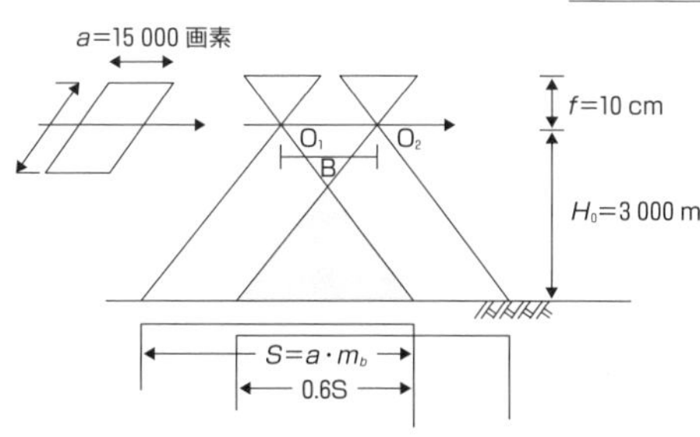

図5・10　撮影基線長

重要問題5　撮影計画2（ステレオモデル）

画面距離10 cm，画面の大きさ20 000画素×13 000画素，素子寸法5 μmのデジタル航空カメラを用いて鉛直空中写真を撮影した。

撮影基準面での地上画素寸法を20cmとした場合，撮影高度はいくらか。

但し，撮影基準面の標高は0 mとする。

1．3 200 m　2．3 600 m　3．4 000 m　4．4 400 m　5．4 800 m

解説　　**解答　3**

写真縮尺 $M_b=\frac{f}{H}=\frac{\Delta \ell}{\Delta L}$ より

$$\frac{0.1}{H}=\frac{5\mu\,\mathrm{m}}{0.2\,\mathrm{m}},\quad \mu=10^{-6}$$

$$\therefore\quad H=\frac{2\times10^{-2}}{5\times10^{-6}}=\frac{2}{5}\times10^{4}=\underline{4\,000\,\mathrm{m}}$$

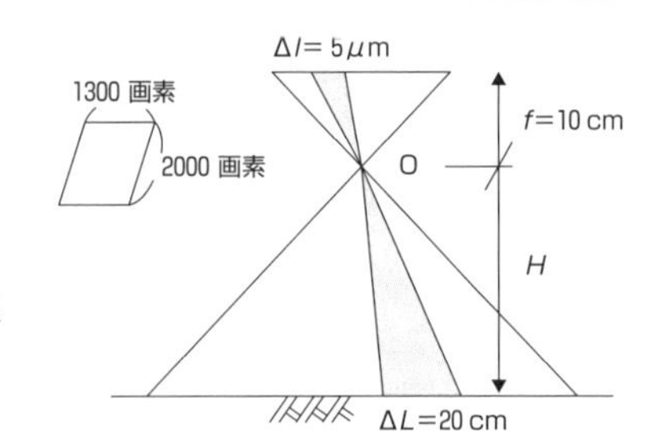

突破のポイント

1．撮影計画（ステレオ有効面積）

(1)　撮影計画は，撮影区域の地形の状況に応じて実体空白部を生じないように**コース撮影**又は**地域撮影**とする。飛行コースは，水平飛行とし，計画撮影高度，計画撮影コースを保持する。

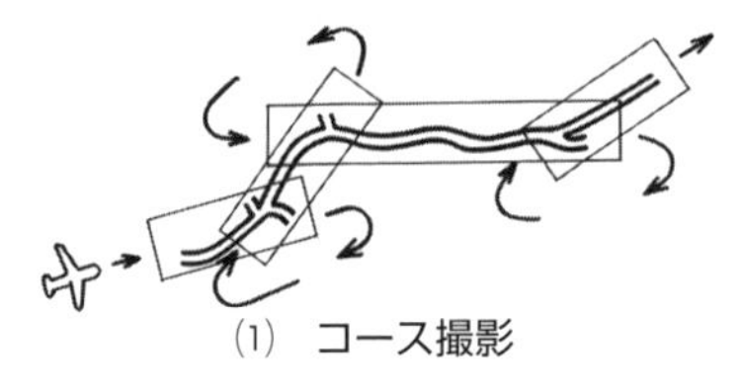
(1)　コース撮影

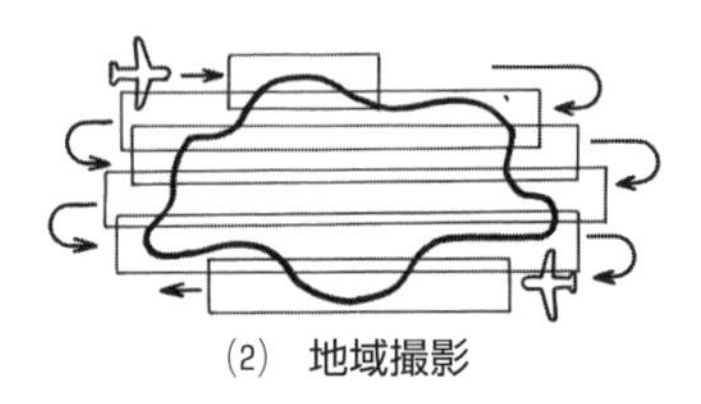
(2)　地域撮影

図5・11　コース撮影と地域撮影

①　同一コースの撮影は，直線かつ等高度とする。

②　隣接空中写真間の重複度（オーバーラップ）は60％で最小でも53％とする。コース間（サイドラップ）は，30％で最小重複度でも10％以上とする。

③　フィルム航空カメラの写真縮尺及びデジタル航空カメラの地上画素寸法と地理情報レベルは，表5・2のとおり。

（航空カメラ（フィルム航空カメラ，デジタル航空カメラ）：P210参照）

表５・２　空中写真の撮影縮尺及び地上画素寸法（準則第168条）

地図情報レベル	フィルム航空カメラ（注1）撮影縮尺	デジタル航空カメラ（注2）地上画素寸法（式中のB：基線長［m］，H：対地高度［m］）
500	1/3 000〜1/4 000	90 ㎜×２×（B/H）〜120 ㎜×２（B/H）
1000	1/6 000〜1/8 000	180 ㎜×２×（B/H）〜240 ㎜×２（B/H）
2500	1/10 000〜1/12 500	300 ㎜×２×（B/H）〜375 ㎜×２（B/H）
5000	1/20 000〜1/25 000	600 ㎜×２×（B/H）〜750 ㎜×２（B/H）
10000	1/30 000	900 ㎜×２×（B/H）

（注１）対地高度は，撮影縮尺及び画面距離から求める，$M_b=f/H=1/m_b$，$H=f\cdot m_b$
（注２）対地高度は，地上画素寸法，素子寸法及び画面距離から求める，$M_b=\Delta\ell/\Delta L=1/m_b$，$H=f\cdot m_b$
（注）撮影高度＝対地高度＋基準面高，式（５・１）参照。

⑵　隣り合う撮影によって重複する部分を**ステレオモデル**という。モデルの数値図化範囲は，原則として，パスポイントで囲まれた区域内（ステレオ有効面積）とする。

ステレオ有効面積　$A_0=B\times C$　………式（５・９）

但し，B：撮影基線長，式（５・６）
　　　C：コース間隔，式（５・８）

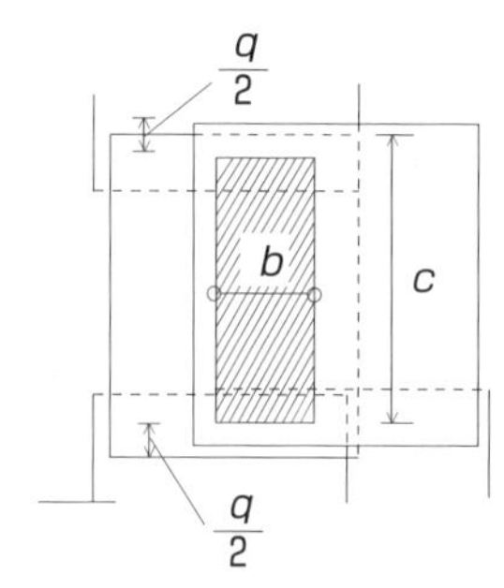

図５・12　ステレオ有効面積

関連問題

画面の大きさ23 cm×23 cm，画面距離 15.3 cmの航空カメラを用い，海抜撮影高度1 650 mで，標高120 mの平たんな土地を撮影した等高度鉛直空中写真がある。ステレオ有効モデルに含まれる土地の面積はいくらか。

但し，オーバーラップは60%，ステレオ有効モデルの形は長方形とし，短辺の長さは主点基線長と等しく，長辺の長さは主点基線長の２倍とする。

1．1.5 km²　2．1.7 km²　3．2.1 km²　4．2.4 km²　5．2.8 km²

関連問題の解説　ステレオ有効面積　　**解答　2**

⑴　写真縮尺$M_b=\dfrac{f}{H_0-h}=\dfrac{0.153}{1\,650-120}=\dfrac{1}{10\,000}$，　$\therefore m_b=10\,000$

⑵　撮影基線長$B=a\cdot m_b(1-\dfrac{p}{100})=0.23\text{ m}\times10\,000(1-\dfrac{60}{100})=0.92\text{ km}$

⑶　コース間隔$C=2bm_b=2B=2\times920\text{ m}=1\,840\text{m}=1.84\text{ km}$

ステレオ有効面積$A_0=B\times C=0.92\text{ km}\times1.84\text{km}\fallingdotseq\underline{1.69\text{ km}^2}$

重要問題6　撮影計画3（シャッタ間隔等）　　重要度★

対地高度1 200 m，対地速度180 km/hの航空機に搭載した画面距離15 cmの航空カメラにより，シャッター速度1/500秒で平たんな地域を撮影した。その写真像のずれの量は，写真上で何μmか。

1．11.0 μm　　2．11.5 μm　　3．12.0 μm
4．12.5 μm　　5．13.0 μm

解説　　**解答 4**

(1)　空中写真は，飛行機上から撮影する関係上，カメラと被写体との相対的な運動によって写真像のずれ（ぶれ）が生じる。このずれ量は，飛行機の速度〔m/s〕，シャッター速度〔m/s〕及び写真縮尺（$1/m_b$）によって決まる。

(2)　写真縮尺$M_b=\dfrac{f}{H}=\dfrac{0.15}{1\,200}=\dfrac{1}{8\,000}$，$m_b=8\,000$

飛行速度＝180 km/h＝50 m/s，$\Delta t=1/500\,s$，式（5・10）から，

∴　写真のずれの量$\Delta S=50\times\dfrac{1}{500}\times\dfrac{1}{8\,000}=12.5\times10^{-6}\mathrm{m}=\underline{12.5\,\mu\mathrm{m}}$

但し，10^{-6}の指数単位をマイクロ（μ）という。$1\mu\mathrm{m}=10^{-6}\,\mathrm{m}$

突破のポイント

1．撮影計画（シャッタ速度）

(1)　撮影間隔は，撮影基線長であり，航空カメラの露出時間は，飛行速度，使用フィルム（撮影素子），フィルター，撮影高度等を考慮して決定する。前進ぶれの量を最小に抑える必要から**シャッター間隔**を決める。

$$\left.\begin{array}{ll}\textbf{シャッター間隔} & t=\dfrac{B}{v_g}=am_b\left(1-\dfrac{p}{100}\right)\times\dfrac{1}{v_g}\\ \textbf{前進ぶれの量} & \Delta S=\dfrac{v_g\cdot t}{m_b}\end{array}\right\}\quad\cdots\cdots\cdots\text{式（5・10）}$$

但し，a：画面の大きさ，　p：オーバラップ，v_g：飛行速度，
t：シャッター間隔，Δt：シャッター速度
m_b：写真縮尺の分母数（$M_b=1/m_b$）

(2)　シャッターの開閉に同期させて，フィルムを前方に移動させ画像のぶれを減少させる（前ぶれ補償機構）。

2．空中写真の性質

(1)　空中写真は，中心投影であるため**鉛直写真**（光軸と鉛直線が一致）で撮影された地物は，写真主点pを中心に放射状に写る。写真の主点p，鉛直点n，

等角点ｊは一致する。高低のない平たんな地域の鉛直写真では，写真縮尺は写真上どこでも同じで，地表面の正方形は正方形として写る（図５・13）。

⑵　カメラの軸（光軸）が正しく鉛直方向に向いていない**垂直写真**では，写真主点ｐと鉛直点ｎとは一致しない（図５・13）。この場合，等角点ｊから遠いところほど写真縮尺は小さく，近いところほど大縮尺で写る。これを**カメラの傾きによるひずみ**という（P210，特殊３点）。

⑶　垂直写真上で，鉛直写真と同縮尺になる点は，等角点ｊ点である。また，写真像は正しい位置からずれて写り，その方向は等角点を中心とした放射線状に生じる（図５・14）。

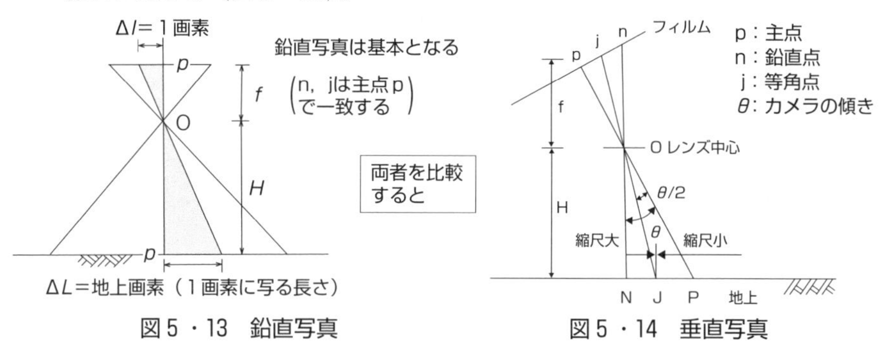

図５・13　鉛直写真　　　図５・14　垂直写真

関連問題

画面距離15 cm，画面の大きさ23 cm×23 cmの航空カメラを用いて，オーバーラップ60%で平たんな土地の鉛直空中写真の撮影を行いたい。対地速度が時速207 kmの飛行機で撮影することとし，シャッター間隔が最小で４秒とすると，撮影可能な最大の縮尺に近いものはどれか。

１．1/2 500　　２．1/3 000　　３．1/3 500
４．1/4 000　　５．1/4 500

関連問題の解説　写真縮尺　　　　**解答　1**

撮影基線長$B=V_g\cdot t$，及び$B=V_g\cdot t=a\cdot m_b\left(1-\dfrac{p}{100}\right)$より，

$V_g=207\ \text{km/h}=207\times10^3\ \text{m}/3\,600\ s=57.5\ \text{m/s}$，$t=4\ s$

$a=0.23\ \text{m}$，$p=60\ \%$を代入すると，

$$m_b=\frac{V_g\cdot t}{a\left(1-\dfrac{p}{100}\right)}=\frac{57.5\times4}{0.23\left(1-\dfrac{60}{100}\right)}=2\,500,\quad \therefore M_b=\frac{1}{2\,500}$$

重要問題7　単写真の幾何学的性質（主点，鉛直点）

重要度★

次の文は，航空カメラで撮影された空中写真について述べたものである。間違っているものはどれか。但し，普通角カメラは画面距離 21 cm，広角カメラは画面距離 15 cmとする。

1．一般に撮影縮尺が同じ場合，広角カメラより普通角カメラで撮影する方が，高さの測定精度が高くなる。
2．撮影高度が同一であれば，広角カメラより普通角カメラで撮影する方が写真縮尺は大きくなる。
3．高塔や高層建物は，写真の鉛直点を中心として放射状に広がる。
4．写真を正射変換すると，得られた画像の縮尺は画像全体で一定になる。
5．写真の主点は，周囲の指標から求めることができる。

解説

解答　1

写真縮尺（$M_b=f/H$）が同じ場合，普通角カメラより画面距離fが小さい広角カメラで撮影する方が，低い高度で撮影でき，高さの測定精度はよくなる（図5・16(2)）。

突破のポイント

1．航空カメラと空中写真の特殊3点

(1)　カメラの光軸が鉛直軸から3°〜5°傾斜している写真を**垂直写真**という。特に傾きが0°のものを**鉛直写真**といい，空中写真測量の基本となる。

(2)　カメラが傾いた状態で撮影された垂直写真では，**主点**p，**鉛直点**n，**等角点**jの**特殊3点**が生じる。鉛直写真ではn，j点は，主点pと一致する。

①　**主　点p**：写真の中心点で，レンズから画面へ下ろした垂線の足。
②　**鉛直点n**：レンズの中心を通る鉛直線と画面との交点。地上に比高がある場合，鉛直点nを中心とした放射線上にひずみが生じる。
③　**等角点j**：鉛直線と光軸との交角θを2等分する線が画面と交わる点。

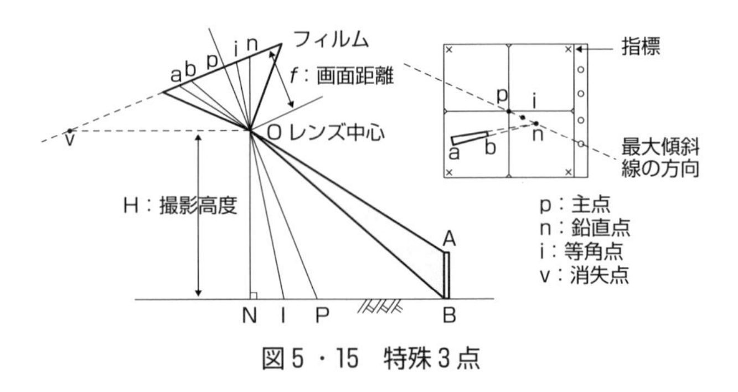

図5・15　特殊3点

(3) **航空カメラ**には，フィルム航空カメラとデジタル航空カメラがある。

① **フィルム航空カメラ**は，広角航空カメラが用いられ，画面の大きさは23 cm×23 cm，シャッタ速度1/50〜1/1 000秒である。

② **デジタル航空カメラ**は，撮影した画像をデジタル信号として記録するもので，レンズから入った光を電気信号に変換する画像素子（CCD）と画像取得用センサーを搭載している。デジタル航空カメラでは，フィルム航空カメラに匹敵する撮影範囲が確保できないため，複合型フレームセンサーで分割取得された4画像を合成して一枚の写真とする。

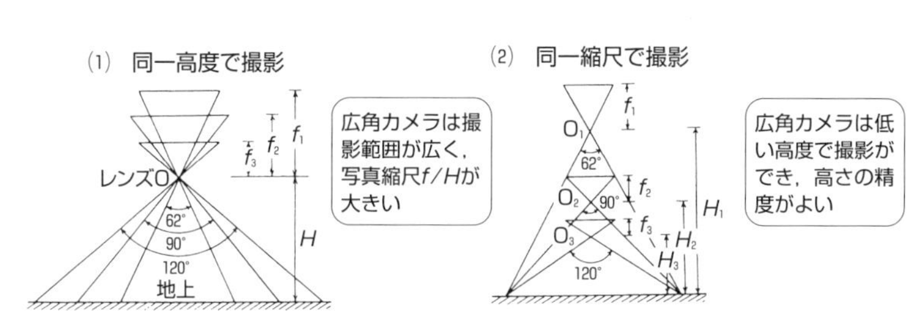

図5・16　画角と撮影高度

表5・3　カメラの規格（フィルム航空カメラ）

種類	焦点距離 f(mm)	画角 (°)	画わく 写真の大きさ (a×a)	備　考	特　徴
普通角カメラ	300 mm	56°	23 cm×23 cm	森林調査用 都市の大縮尺用	ひずみが小さい。像が鮮明である。経費大（写真枚数が多くなる。）
広角カメラ	153 mm	94°	23 cm×23 cm	一般の調査・測量用	高さの測定精度がよい。

関連問題

デジタル航空カメラに関して，正しいものはどれか。

1．デジタル航空カメラで撮影した画像は，画質の点検を行う必要はない。
2．GNSS/IMU装置を使った撮影では，必ず鉛直空中写真となる。
3．デジタル航空カメラで撮影した画像は，正射投影画像である。
4．デジタル航空カメラは，雲を透過して撮影できる。
5．デジタル航空カメラの画像は，空中写真用スキャナを使う必要はない。

関連問題の解説　デジタル航空カメラ　**解答 5**

1．必要。2．位置情報とカメラの傾きが得られるが，鉛直写真ではない。3．中心投影画像である。4．できない。5．スキャナ（P279）。

重要問題 8　単写真の特徴（比高によるひずみ）　重要度★★

対地高度1 800 mで撮影した平たんな土地の鉛直空中写真に，高塔が写っている。写真の鉛直点から12 cm離れた位置に高塔の先端が写っており，高塔の像の長さは3.0 mmであった。

高塔の高さはいくらか。

1．30 m　　2．40 m　　3．45 m　　4．50 m　　5．55 m

解説　**解答 3**

(1)　地上に比高があると，写真像は鉛直点nを中心とした放射線上にひずむ。写真像は，比高hが基準面より高い地点は外側に，低い地点は内側にひずんでいる（図5・15参照）。

(2)　比高によるひずみdrは，鉛直点nからの距離r及び比高hに比例し，撮影高度Hに反比例する。式（5・11）から，比高hを求めると，

$$比高h=\frac{H\cdot dr}{r}=\frac{1\,800\ \mathrm{m}\times 0.3\ \mathrm{cm}}{12\ \mathrm{cm}}=\underline{45\ \mathrm{m}}$$

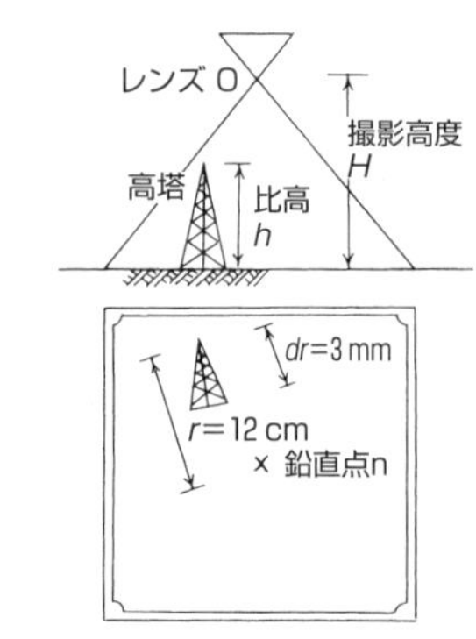

図5・17　比高によるひずみ

突破のポイント

1．比高によるひずみ（単写真測高法）

(1)　図5・19に示すように，基準面より比高hの山頂Aは，真上から見た状態で投影する**正射投影**ではA′に，レンズを中心とする**中心投影**の写真ではA′の位置に写る。

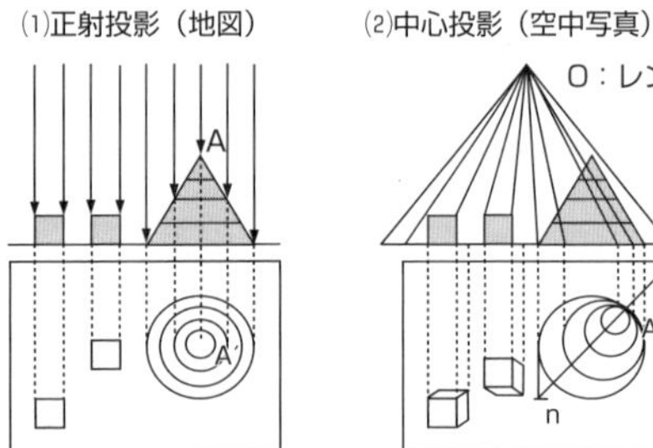

図5・18　正射投影と中心投影

(2)　図5・19において，山頂Aはa点に写り，正しい位置a′（この点は高塔等の下部が見える場合を除き，写真上に写らない。）との間に$\overline{aa'}=dr$のひずみが生じる。

△Oaa′∽△OAA″から，

$$\frac{dr}{f}=\frac{AA''}{H-h}\qquad \therefore\quad f\cdot AA''=dr(H-h)\qquad \cdots\cdots\cdots\cdots①$$

同様に，△Oa′n∽△AA′A″から，

$$\frac{r-dr}{f}=\frac{AA''}{h} \quad \therefore \quad f \cdot AA''=h(r-dr) \qquad \cdots\cdots\cdots②$$

故に，①，②から，$dr(H-h)=h(r-dr)$

∴　**ひずみ量**　$dr=\dfrac{h \cdot r}{H}$　………式（5・11）

但し，H：撮影高度，h：比高

r：鉛直点nから像までの距離

(3) 式（5・11）から，比高による写真像の**ひずみ*dr***は，「鉛直点nからの距離r及び比高hに比例し，撮影高度Hに反比例する」ことが分かる。したがって，鉛直点nに対して山は外側に，谷は内側にひずんで写る。

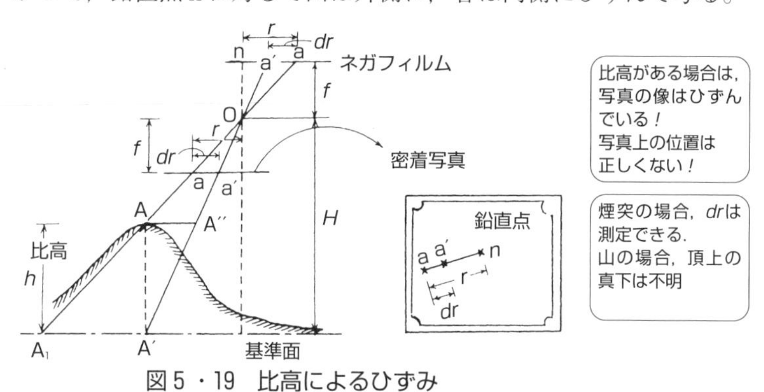

図5・19　比高によるひずみ

関連問題

画面距離が15 cm，画面の大きさが23 cm×23 cmの航空カメラを用いて，海抜2 200 mの高度から撮影した鉛直空中写真に，鉛直に立っている高さ50 mの直線状の高塔が写っている。

高塔の先端は，鉛直点から70.0 mmの位置に写っており，高塔の像の長さは2.0 mmであった。この高塔が立っている地表面の標高はいくらか。

1．30 m　　2．400 m　　3．450 m　　4．750 m　　5．850 m

関連問題の解説　ひずみと対地高度　　**解答　3**

標高hは，H_o=2 200 m，h=50 m，r=70 mm，dr=2 mm

$dr=\dfrac{h \cdot r}{H}$より，$H=\dfrac{h \cdot r}{dr}=\dfrac{50\text{ m}\times 70\text{ mm}}{2\text{ mm}}=1\,750\text{ m}$

$h=H_o-H=2\,200\text{ m}-1\,750\text{ m}=\underline{450\text{ m}}$

重要問題 9　実体視の原理

基本事項

一対の空中写真を用いて，左写真上の刺針点Pを右写真上の対応する点P'に移写した。移写が正しく行われたかどうか確認するため，この写真を実体視したところ，刺針点が空中に浮いて見えた。原因は何か。

1．移写された点が，正しい位置から上側にずれている。
2．移写された点が，正しい位置から下側にずれている。
3．移写された点が，正しい位置から左側にずれている。
4．移写された点が，正しい位置から右側にずれている。
5．移写された点が，正しい位置から右下方にずれている。

解説

解答 3

1．実体視の方法（実体視の原理）

(1) 重複して撮影された隣り合う2枚の写真の主点p_1，p_2を求める。

(2) 写真Ⅰの主点p_1を写真Ⅱに**移写**（点を移すこと）しその点をp'_1とする。同様に写真Ⅱの主点p_2を写真Ⅰに移写しp'_2とする。

(3) p_1，p_2及びp'_1，p'_2を結ぶ（**主点基線**）。

(4) 両主点基線が一直線上にくるように写真を標定（並べる）する。なお，上下がずれると縦視差が生じ，光線が交わらず実体視がきない。

(5) 両眼を結ぶ眼基線（左右の眼を結ぶ線）を主点基線と平行にして両写真を見る。

(6) 両写真の同一点からの対応交点が像となる。交角（収束角）の大きいもの程，浮き上がってみえ，**実体視（ステレオモデル）**ができる。収束角の差が遠近感（実体感）を与える。

(7) 以上より，刺針点が地表面より浮き上がる場合は，pp′間の距離が小さくなって交角が大きくなってからである。故に，移写したp′が左側にずれている。反対に右側にずれた場合は，地面にもぐってしまう。

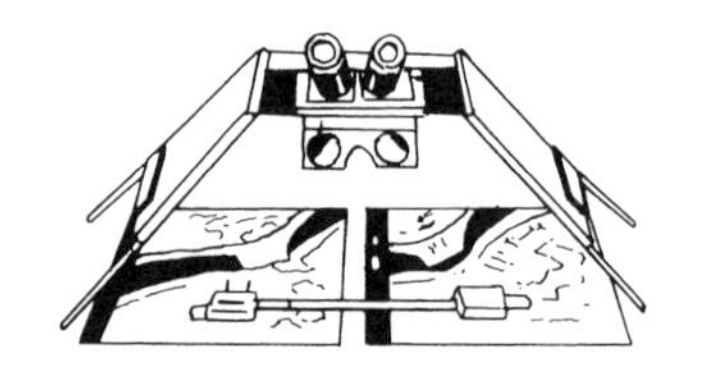

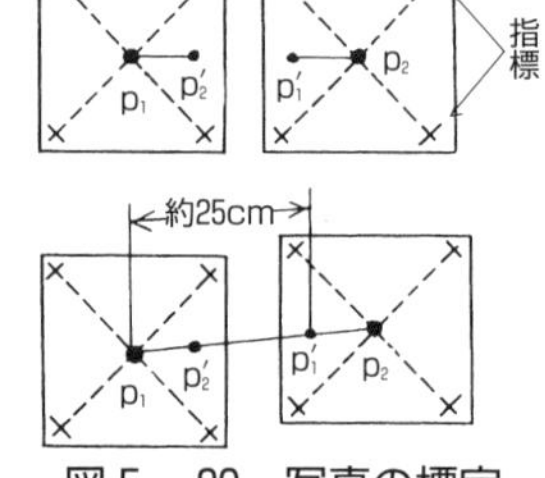

図5・20　写真の標定

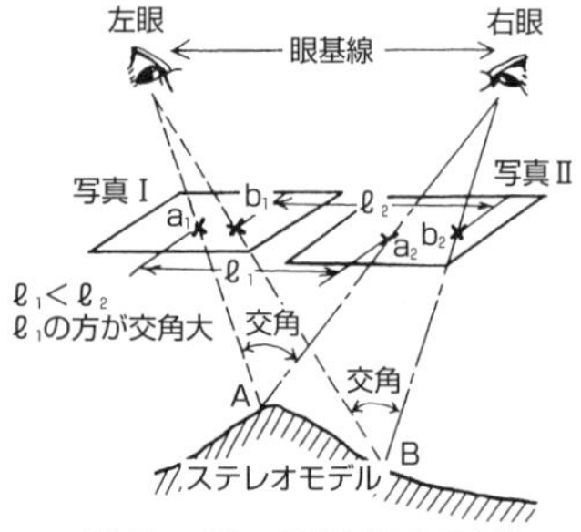

図5・21　実体視の原理

突破のポイント

1．実体視の原理

(1) **実体視**とは，１つの目標を左右の眼で少し離れた角度で眺めることにより網膜上の像の異相から，遠近を判断する方法である。実体視の原理により，平面の**実体写真**（同一物体を視点を変えて写したもの）を立体的に観測し測定することができる。なお，**視差**（縦視差，横視差）のうち，縦視差があれば光線が交わらず実体視はできない。

(2) **実体感**は，同一目標物を両眼で見ることにより，遠くの物は近くの物より両眼に入る交角（収束角）が小さいことにより生じる。

関連問題

図は，平たんな土地を撮影した一対の等高度鉛直空中写真を，縦視差のない状態で同一平面上に並べて置いたものである。双方の写真には共通の地物Aが写っており，主点ｐ及び地物Aの間隔を計測したところ，図のとおりであった。この写真のオーバーラップはいくらか。

但し，航空カメラの画面の大きさは 23 cm×23 cm。

1．73 %
2．75 %
3．78 %
4．80 %
5．83 %

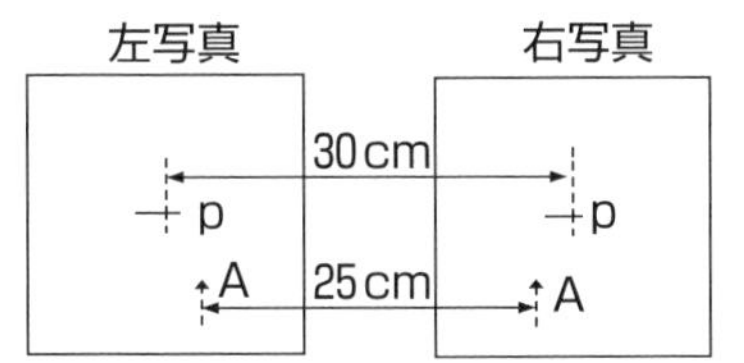

関連問題の解説　オーバーラップ　　**解答　3**

主点基線長bは，隣り合う２枚の密着写真上の主点を結ぶ長さをいう。図5・22において，$\overline{P_1P_2}(=L)$，$\overline{a_1a_2}(=\ell)$の差がbに該当する。

主点基線長$b=L-\ell$

$=30-25=5\text{ cm}$

$b=a\left(1-\dfrac{p}{100}\right)$より，

$p=100\left(1-\dfrac{b}{a}\right)=100\left(1-\dfrac{5}{23}\right)$

$=\underline{78.3\ \%}$

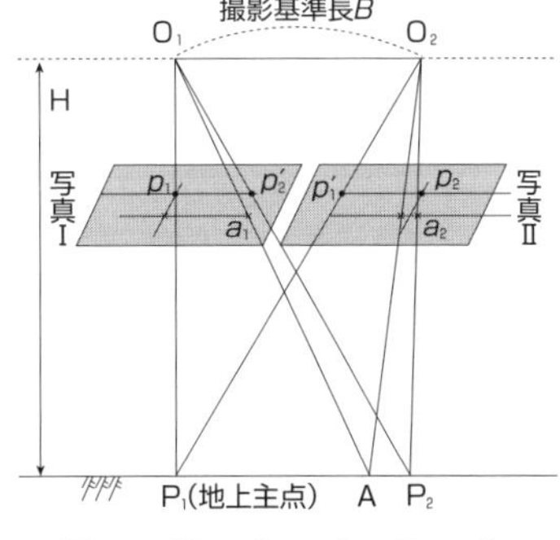

図5・22　オーバーラップ

重要問題10　視差差（比高の測定）　重要度★

画面距離 15 cm，画面の大きさ 23 cm×23 cm，対地高度1 000 m，オーバーラップ 60%で撮影された平たんな地域の鉛直写真がある。隣接する密着写真上で，比高 30 mに対する視差差の大きさはいくらか。

但し，比高 $dh=H/b\cdot dp$とする。

1．1.84 mm　2．2.76 mm　3．3.68 mm　4．5.52 mm　5．7.36 mm

解説　**解答 2**

高さが異なる地点では，視差が異なる。横視差の差（dp：**視差差**）を測定することにより，2点間の高低差 h を求めることができる。

式（5・7）から，主点基線長$b=a(1-\frac{p}{100})=230\text{ mm}(1-\frac{60}{100})=92\text{ mm}$

式（5・13）から，視差差$dp=\frac{b\cdot h}{H}=\frac{92\text{ mm}\times 30\text{ m}}{1\,000\text{ m}}=\underline{2.76\text{ mm}}$

突破のポイント

1．撮影高度と視差

(1) 図5・23は，O_1，O_2で撮影した一対の鉛直写真の断面図である。基準面より高さhにある山頂A点と基準面上のB点は，写真Ⅰではa_1，b_1に，写真Ⅱではa_2，b_2に写っている。

(2) $\overline{O_1a_1}$，$\overline{O_1b_1}$に平行に$\overline{O_2a'_1}$，$\overline{O_2b'_1}$を引くと，$P_a=\overline{a'_1a_2}$，$P_b=\overline{b'_1b_2}$がそれぞれ2枚の写真に写る位置のちがい（視差）を示す。**視差（パララックス）**とは，観測点が変わることにより物体の位置が偏位することをいう。なお，視差（縦視差，横視差）のうち，**横視差**の差が高低差を与える。

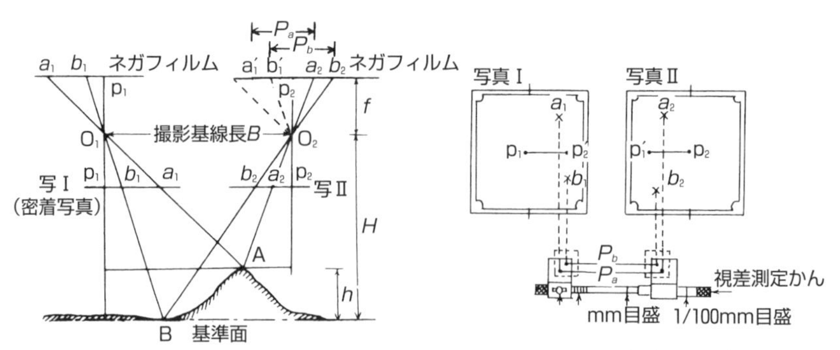

図5・23　視差と標高との関係　　図5・24　視差の測定

(3)　A点，B点の視差P_a，P_bは，次のとおり。

$\triangle O_1O_2A \backsim \triangle a'_1a_2O_2$から，$\dfrac{f}{H-h}=\dfrac{P_a}{B}$　　$\therefore\ P_a=\dfrac{f\cdot B}{H-h}$　………①

$\triangle O_1O_2B \backsim \triangle b'_1b_2O_2$から，$\dfrac{f}{H}=\dfrac{P_b}{B}$　　$\therefore\ P_b=\dfrac{f\cdot B}{H}$　………②

2．視差差による比高の測定

(1)　高さの異なる2点の視差の差（**視差差**）を**視差測定かん**で測定することにより，2点間の高低差，つまり比高を求める。①，②より

視差差dp＝①－②＝P_a-P_b

$$=\frac{f\cdot B}{H-h}-\frac{f\cdot B}{H}=\frac{f\cdot B}{H}\times\frac{h}{H-h}=b\times\frac{h}{H-h}$$

$\therefore\ dp(H-h)=b\cdot h$

$\therefore$　**比高**　$h=\dfrac{H\cdot dp}{b+dp}$　………式（5・12）

但し，dp：**視差差**，b：主点基線長

なお，比高hが撮影高度Hの3％以下の場合は，次の近似式を用いる。

比高　$h=\dfrac{H\cdot dp}{b}$，**視差差** $dp=\dfrac{b\cdot h}{H}$　………式（5・13）

(2)　撮影高度Hと視差Pとは反比例する。視差の等しい点を連ねると等高線が得られる。また，高い地点の視差は，低い地点の視差より大きい。

関連問題

画面距離15 cm，画面の大きさ23 cm×23 cmのカメラで撮影された縮尺1/20 000 の空中写真の基準面上のオーバーラップは 60%である。

この密着写真上で煙突の高さを求めるため，視差測定かんを用いて視差を測定したところ，頂の読み15.07 mm，根元の読み14.07 mmであった。煙突の高さはいくらか。

1．10 m　　2．18 m　　3．27 m　　4．33 m　　5．41 m

関連問題の解説　**視差差と比高**　　**解答 4**

視差差dp＝15.07 mm－14.07 mm＝1.0 mm

主点基線長b＝230 mm×（1－60/100）＝92 mm

撮影高度$H=f\cdot m_b$＝0.15 m×20 000＝3 000 m

$\therefore\ h=3\,000\text{ m}\times\dfrac{1\text{ mm}}{92\text{ mm}}=\underline{32.6\text{ m}}$

重要問題11　同時調整（空中三角測量）　　重要度★★

次の文は，空中写真で用いるGNSS/IMU装置について述べたものである。［ア］～［エ］に入る語句の組合せとして適当なものはどれか。

空中写真測量とは，空中写真を用いて数値地形図データを作成する作業をいう。空中写真の撮影に際しては，GNSS/IMU装置を用いる。GNSSは，人工衛星を使用して［ア］を計測するシステムのうち，［イ］を対象とするシステムであり，IMUは，慣性計測装置である。

空中写真測量においてGNSS/IMU装置を用いた場合，GNSS測量機とIMUでカメラの［ウ］を，IMUでカメラの［エ］を同時に観測することができる。これにより，空中写真の外部標定要素を得ることができ，後続作業の時間短縮や効率化につながる。

	ア	イ	ウ	エ
1．	現在位置	全地球	位置	傾き
2．	衛星位置	全地球	傾き	位置
3．	現在位置	日本	傾き	傾き
4．	現在位置	全地球	傾き	位置
5．	衛星位置	日本	位置	傾き

解説　　解答　1

(1)　60％の重複を持つ一対の写真をレンズの収差（ひずみ）をなくし，撮影時と同一状態で投影すると，隣り合う2枚の写真の同一点から出た光線はもとの地点で交わりステレオモデルができる（**共線条件**）。これを**再現の原理**という。共線条件を満たすため，同時調整を行う。

(2)　**同時調整**とは，デジタルステレオ図化機を用いて，空中三角測量により，パスポイント，タイポイント，標定点の写真座標を測定・調整（**内部標定**）し，モデル座標・コース座標への変換（**外部標定**）を行い，パスポイント，タイポイント等の水平位置及び標高を決定する作業（画像座標→指標座標→写真座標→（内部標定完了）→モデル座標（相互標定）→コース座標（接続検定）→（外部標定完了）→水平位置・標高）をいう（準則第196条）。

(3)　**GNSS/IMU装置**は，空中写真の露出位置を解析するため，航空機搭載のGNSS測量機による航空機の位置及び空中写真の露出時の傾きを検出するための3軸のジャイロ及び加速計のIMU（慣性計測装置）及び解析ソフト等で構成される位置・姿勢計測システムである。

突破のポイント

1．同時調整（空中三角測量）

(1)　**同時調整**は，モデルの標定に必要な外部標定要素（撮影時のカメラの状態を再現する要素）を求める作業をいう。

(2)　同時調整は，GNSS/IMU装置により，モデルの標定に必要な外部標定要素（撮影位置と傾き）を求め，内部標定により写真座標を，外部標定でモデル座標を求める（図５・27参照）。

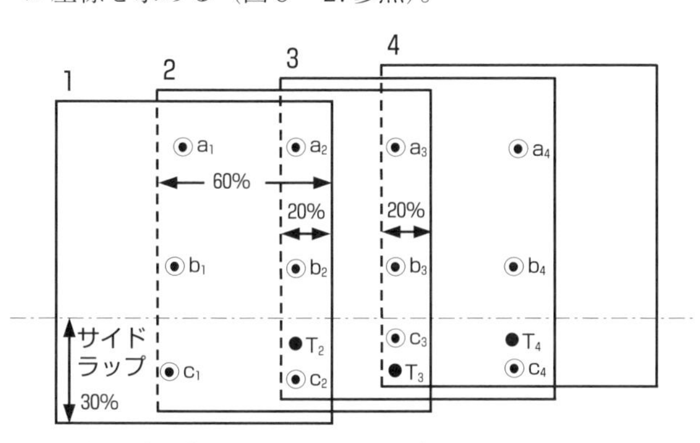

図５・25　パスポイント・タイポイント

関連問題

次の文は，同時調整におけるパスポイント及びタイポイントについて述べたものである。間違っているものはどれか。

1．パスポイントは，撮影コース方向の写真の接続を行うために用いられる。
2．パスポイントは，各写真の主点付近及び主点基線に直角な両方向の，計３箇所以上に配置する。
3．タイポイントは，隣接する撮影コース間の接続を行うために用いられる。
4．タイポイントは，撮影コース方向に直線上に等間隔で並ぶように配置する。
5．タイポイントは，パスポイントで兼ねて配置することができる。

関連問題の解説　パスポイント，タイポイント　　**解答　4**

ブロック調整では，タイポイントはジグザグ状になるように配置する。

重要問題12　解析写真測量（内部標定）　　重要度★

空中写真の密着ポジフィルムの指標間距離を測定したところ，平均値は211.85 mmであった。この密着ポジフィルムを用いて図化を行う場合，図化機の画面距離をいくらにすればよいか。

但し，この空中写真を撮影した航空カメラの指標間距離は212.00 mm，画面距離は150.20 mmとする。

1．150.04 mm　　2．150.09 mm　　3．150.15 mm
4．150.20 mm　　5．150.26 mm

解説　　**解答　2**

図化機の画面距離fは，式（5・13）から，次のとおり。

$$f = f_o \times \frac{r}{r_o} = 150.20 \times \frac{211.85}{212.00} = \underline{150.09\ \text{mm}}$$

突破のポイント

1．解析写真測量の原理，標定作業

(1)　60％の重複度を持つ一対の実体写真を投影器に取り付け，撮影時と同一状態にして投影すると隣り合う2枚の写真の同一点から出る対応光線は元の地点で交わる。図化機の描画器の測標（メスマーク）を交会点に合わせ，位置と高さを測定し図化する。

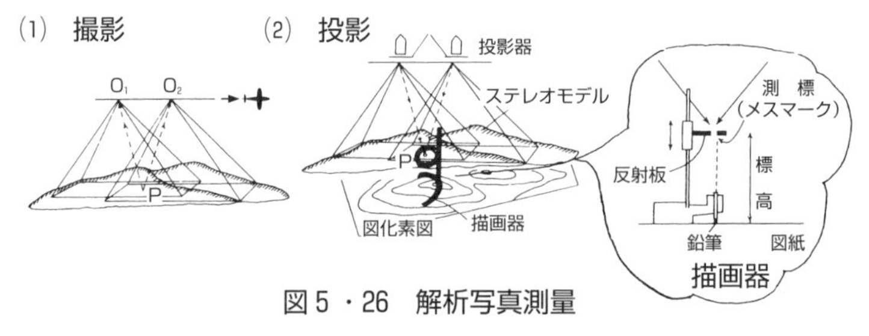

図5・26　解析写真測量

(2)　**標定**とは，写真の幾何学的な条件を再現することをいう。カメラやフィルム（CCD）に関連した内部幾何構造の補正を**内部標定**，撮影した時のカメラの位置・姿勢を決定することを**外部標定**という。

①　**内部標定**：座標計測装置（コンパレータ，解析図化機等）により，主点からの写真座標と画面距離等の内部定位を定める作業。

②　**外部標定**：投影器の傾きを撮影時と同一状態にセットする。撮影時のカメラのX，Y，Z軸に対する傾き（ω，ϕ，κ）と写真中心の地上座標（外

部標定要素）を求める作業。

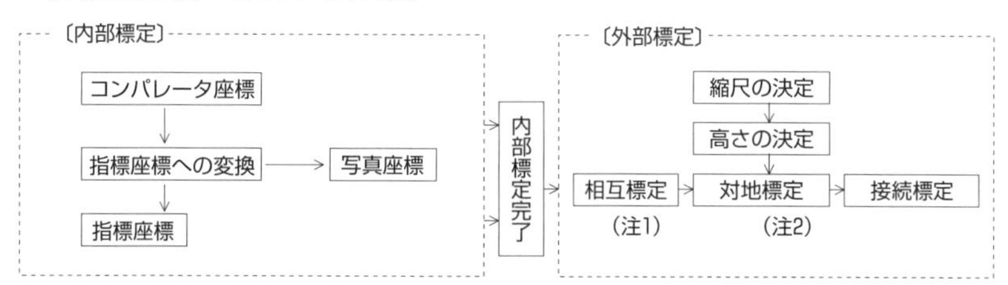

（注１）相互標定：地上とは無関係に両写真の関係位置・傾斜を決定する。写真座標からモデル座標（３次元直交座標）への変換。

（注２）対地標定：標定点を用いて縮尺と方位を正し，水準面を修正する。コース座標から測地座標系に変換。

図５・27　標定のフローチャート

２．内部標定

(1)　**内部標定**とは，画像座標（コンパレータ座標）から，写真指標の中心を原点とする指標座標へ，つまり写真主点（投影中心）を原点とする写真座標へと変換する作業である。

①　撮影カメラの光軸と図化機の投影器の光軸とを一致させる。

②　撮影カメラの焦点距離f_oを正しく投影器の画面距離fにセットする。

(2)　なお，アナログ図化機では，写真は，写真処理の工程で多少伸縮するので，次のように画面距離を調整する。図５・28において，点a，bが，a′，b′に伸びている場合，正しい方向aA，bBを保つため，Δfだけ補正する。

△Oab ∽ △Oa″b″から，$\dfrac{f_o}{r_o}=\dfrac{f_o+\Delta f}{r}$ より，

正しい画面距離　$f=f_o+\Delta f=f_o\dfrac{r}{r_o}$　……式（５・14）

但し，f_o：撮影カメラの画面距離

r_o：標準指標間距離

r：ポジ写真の指標間距離

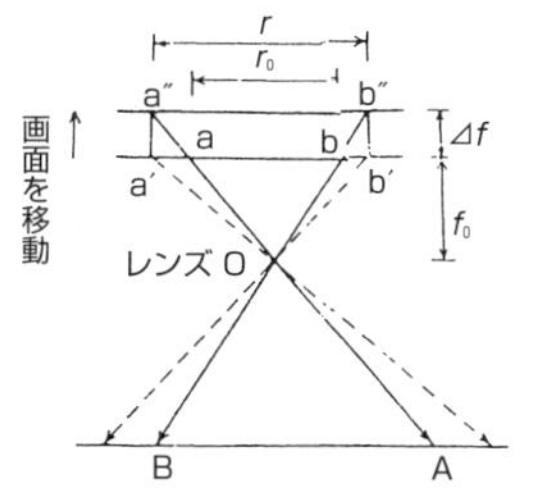

図５・28　画面距離の決定

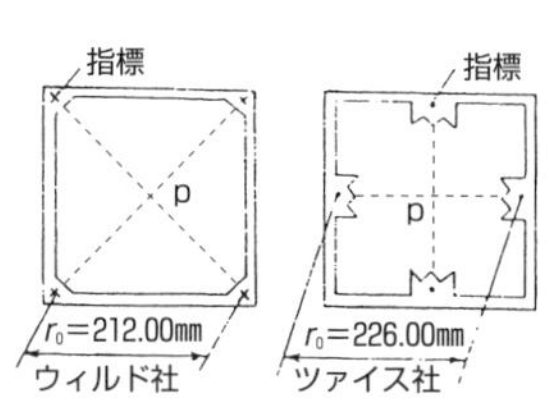

図５・29　指標間距離

重要問題13　相互標定1（標定要素）

重要度★

相互標定について，間違っているものはどれか。

1．相互標定を行うためには，5つの独立な標定要素が必要である。
2．相互標定を行うためには，標定要素としてωが必要である。
3．相互標定を行うためには，標定要素としてκ_1，κ_2，byの中から少なくとも二つを選択しなければならない。
4．bxは，相互標定に使用しない。
5．φは，相互標定に使用できない。

解説

解答　5

1．相互標定

(1)　視差があるとステレオモデルは形成されない。**横視差**は投影面を上下させることで消去でき，**縦視差**を標定要素を用いて消去する（**相互標定**）。

(2)　図5・30は，写真撮影及びステレオモデルの投影状態を示す。飛行方向をX軸，鉛直方向をZ軸，X・Z軸に直角な方向をY軸とする。投影方向を表すため，時計回りを正とし，カメラの**旋回角**κ（カッパー）（Z軸の回転），**前後の傾き**φ（ファイ）（Y軸の回転），**左右の傾き**ω（オメガ）（X軸の回転）で表す。

(3)　投影状態を表すには，写真Ⅰでは座標（x，y，z）とカメラの3つの回転要素（κ_1，φ_1，ω_1）の6元，写真Ⅱでは座標差（bx，by，bz）とカメラの回転要素（κ_2，φ_2，ω_2）の6元，合計12元の**標定要素**が必要となる。

(4)　**縦視差**を消去するため，シフトグループ（κ_1，κ_2，b_y）から2つ，スケールグループ（φ_1，φ_2，b_z）から2つ，オメガグループ（ω_1，ω_1）から1つの合計5元を使用して**相互標定**を行う（P224）。

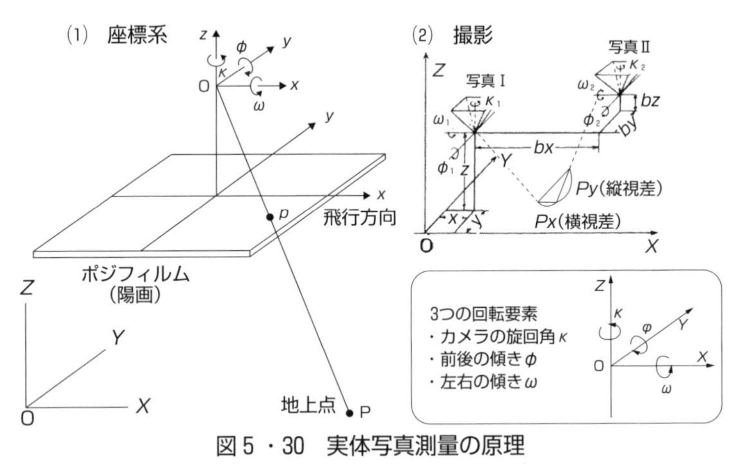

図5・30　実体写真測量の原理

突破のポイント

1．投影カメラの動きと視差（標定要素の動き）

写真の標定要素bx，by，κ，bz，φ，ωを少量動かしたとき，写真全体の像の動き（縦視差の変化）は表５・４のとおり。dxは，縦視差に影響しない。

表５・４　投影カメラの動きと視差

要素	パスポイントの移動図（添字1：右のカメラ　添字2：左のカメラ）	説明
① by_2	シフトグループ 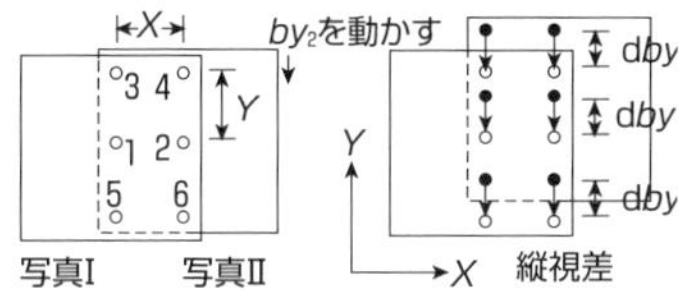 by_2を動かす　写真Ⅰ　写真Ⅱ　縦視差	byを少量Δby動かすと，像は一様に同一量ΔbyだけY方向に動く。$\Delta by = \Delta P_y$の縦視差。
② κ_2	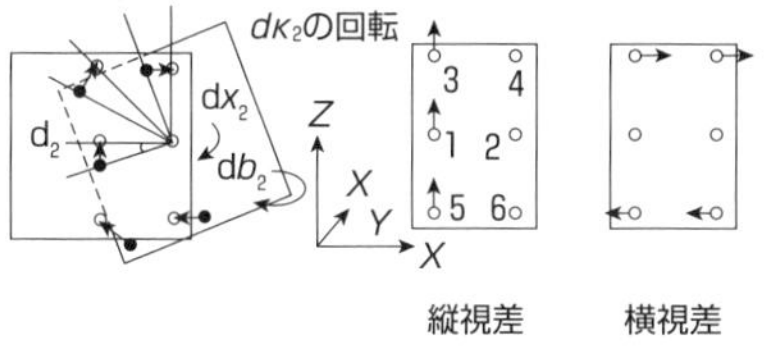 シフトグループ $d\kappa_2$の回転　縦視差　横視差	旋回角κを少量$\Delta\kappa$動かすと，点１，３，５に生じる縦視差は，$P_y = b\Delta\kappa$すべて同量同方向。
③ bz_2	スケールグループ 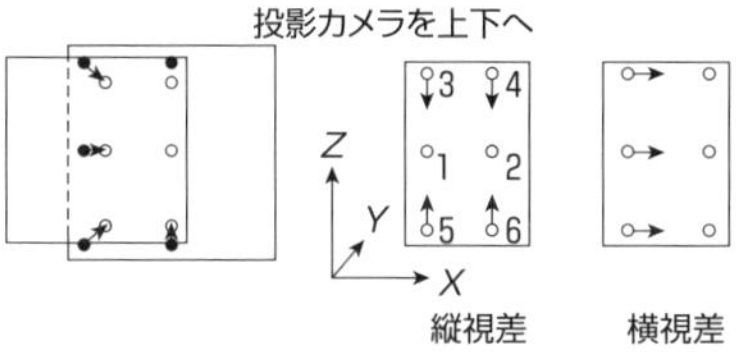 投影カメラを上下へ　縦視差　横視差	bzを動かすと像の縮尺が変わる。点３，４と点５，６に生じる縦視差は等しく反対方向。
④ φ_2	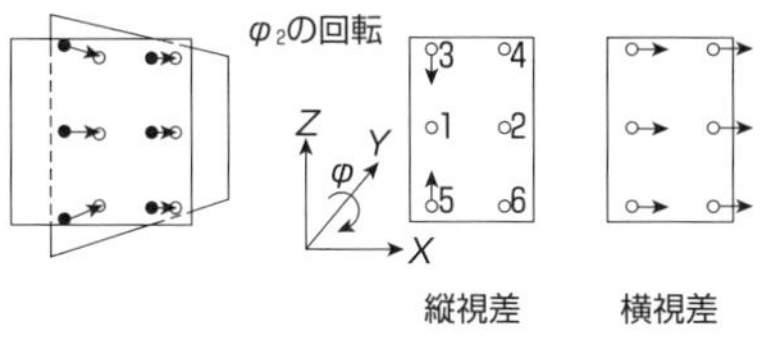 スケールグループ φ_2の回転　縦視差　横視差	φを少量$\Delta\varphi$動かすと，点３，５では同量，反対方向に縦視差。
⑤ ω_2	オメガグループ 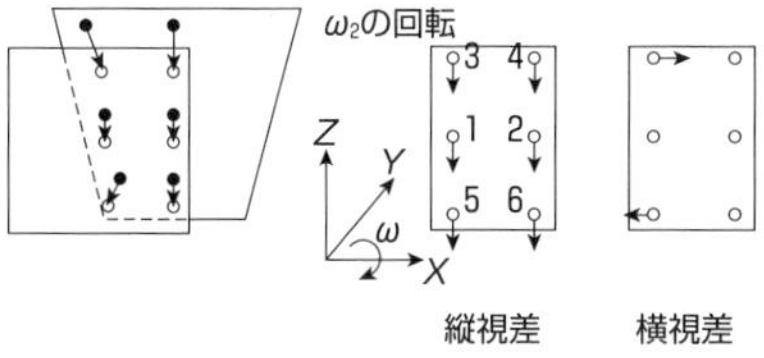 ω_2の回転　縦視差　横視差	ωを少量動かすと，点１，２は同量，点３，４と点５，６も同量で同方向の縦視差。

重要問題14　相互標定2（縦視差の消去）　重要度★

図は，平たんな土地のモデルの標定において，図化機の投射器のある標定要素を動かしたときの縦視差と横視差の変化を示したものである。どの標定要素を動かしたか。

但し，標定要素の添字1は左投射器，添字2は右投射器を示す。

1．κ_2
2．φ_1
3．ω_2
4．by_1
5．bz_2

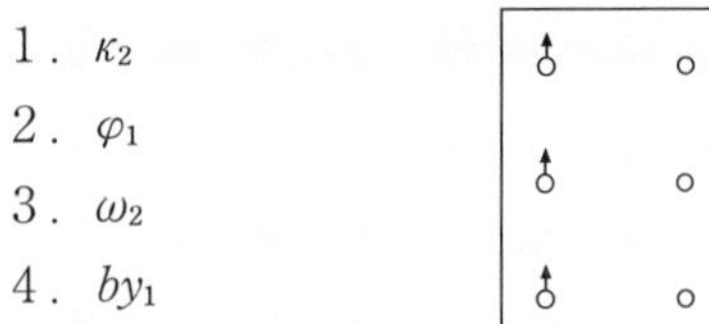

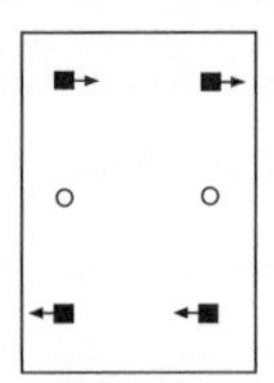

解説　　解答　1

標定要素による写真像の動きを，横視差P_xと縦視差P_yに分けると図5・31に示すとおり。**相互標定**とは，縦視差を消去することであるから，標定要素と縦視差の動きを理解しておくこと。設問は，左投射器の旋回角κ_2である。

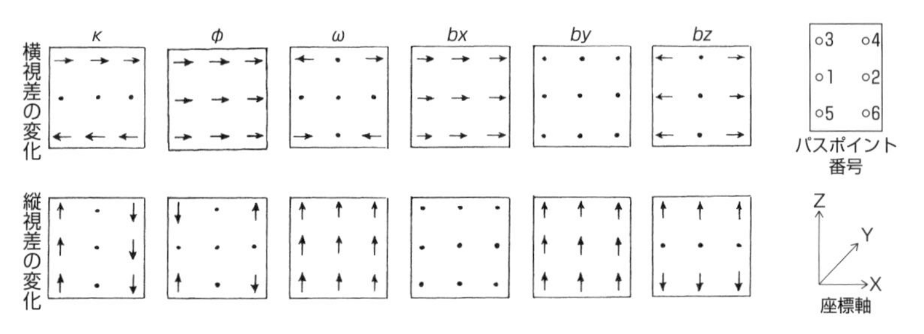

図5・31　横視差と縦視差の変化

突破のポイント

1．横視差P_xと縦視差P_y

(1)　図5・32は，2枚の空中写真を任意の状態で投影したもので，写真上の同一点a_1，a_2はそれぞれA_1，A_2に投影され，対応光線は交わらず，ステレオモデルは形成されない。この$\overline{A_1A_2}$を**視差（パララックス）**という。

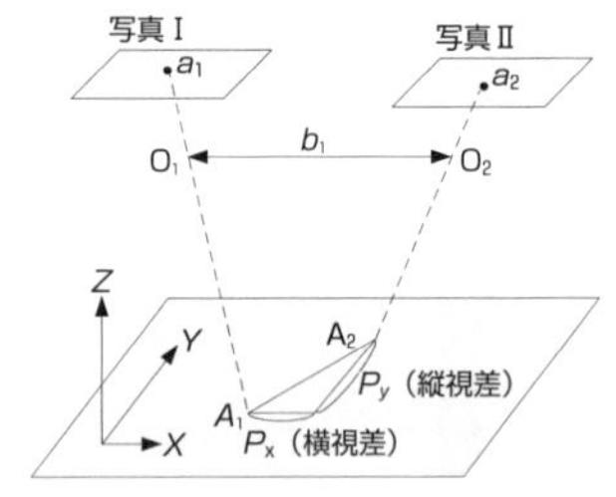

図5・32　横視差P_xと縦視差P_y

(2) 幾何学的には，ステレオモデル上に適当に選んだ５点において，対応光線が交われば，他のすべての対応光線は交わる。したがって，５つの独立した標定要素が必要となる。

(3) 視差$\overline{A_1A_2}$のうち，X方向の**横視差P_x**は投影面を上下させることにより消去，Y方向の**縦視差P_y**をκ_1，κ_2，φ_1，φ_2，ωの５元の標定要素の操作で消去する。

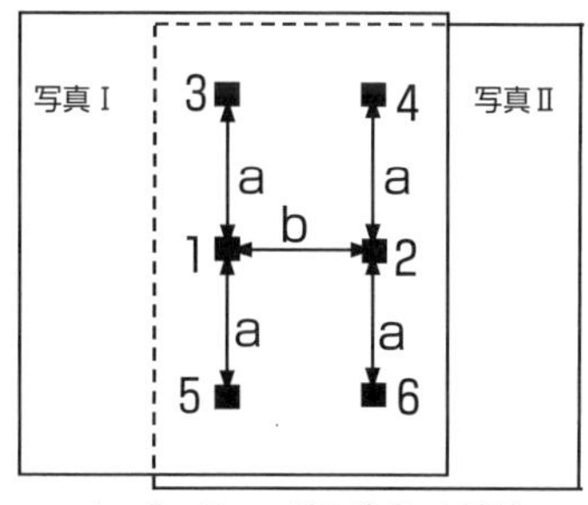

1，2，3……パスポイント番号
b…主点基線長
点３，５，又は点４，６は両主点と垂直で写真上で等距離

図５・33　パスポイント配置

(4) 両写真を撮影時と同一条件にセットできれば，縦視差が生じないので完全なステレオモデルができる。**相互標定**とは，縦視差を消去することである。

(5) コース方向の写真を標定するために，図５・33に示すように，写真Ⅰ，Ⅱの主点１，２を含めて６点の**パスポイント**を選定する。隣接コース相互間の写真の**接続標定**に用いる標定点を**タイポイント**という。

関連問題

次の相互標定の要素の組合せで，相互標定ができないものはどれか。

1．κ_1，κ_2，φ_1，φ_2，ω_2
2．κ_2，by_2，bz_2，ω_2，φ_2
3．κ_1，by_1，φ_2，bz_2，ω_1
4．κ_1，κ_2，φ_1，φ_2，bz_2
5．κ_1，κ_2，φ_1，bz_2，ω_2

関連問題の解説　標定要素（相互標定）　**解答　4**

標定要素の３グループ：標定要素のうち縦視差についてみると，それぞれの要素の動きの特徴から，次のようにグループ分けする。このうち，相互標定ではシフトグループから２個，スケールグループから２個，オメガグループから１個の計５個が必要である。４はオメガグループが欠けている。

① **シフトグループ**　：（κ_1，κ_2，by）から２個
② **スケールグループ**：（φ_1，φ_2，bz）から２個
③ **オメガグループ**　：（ω_1，ω_2）から１個

第5章　写真測量

重要問題15　数値図化（デジタルステレオ図化機）

重要度★★

次の文は，デジタルステレオ図化機を用いる場合の特徴について述べたものである。明らかに間違っているものはどれか。

1．数値図化データを画面上で確認することができる。
2．数値図化データの点検を省略することができる。
3．数値地形モデルを作成することができる。
4．ステレオ視装置を介してステレオモデルを表示することができる。
5．外部標定要素を用いた同時調整を行うことができる。

解説

解答 2

1．数値図化（図化作業）

(1) **数値図化**とは，空中写真及び同時調整等で得られた成果を使用し，デジタルステレオ図化機により**ステレオモデル**を構築し，地形，地物等の座標値を取得し，**数値図化データ**等を作成する作業をいう（準則第211条）。

(2) **図化機**は，ステレオ視装置を介して，実際の地形と相似のステレオモデルを作り，モデルの表面に浮標（メスマーク）を密着させて各種測定・図化を行う機械である。

(3) **デジタルステレオ図化機**は，電子計算機，ステレオ視装置，スクリーンモニター及び3次元マウス又はXYハンドル，Z盤等で構成され，内部標定，外部標定等の同時調整（P218）を行う機能がある。

(4) **図化の精度**：平面位置の標準偏差は図上±0.7 mm以内，標高点の高さの精度は等高線間隔の1/3以内，等高線の精度は等高線間隔の1/2以内とする。

(5) **数値図化データ**の点検は，数値図化データをスクリーンモニターに表示させて，空中写真，現地調査資料等を用いて行う。必要に応じて地図情報レベルの相当縮尺の出力図を用い，取得の漏れ及び平面位置・標高の誤りの有無，接合の良否，地形表現データの整合等の点検を行う（準則第221条）。

突破のポイント

1．デジタルステレオ図化機

(1) **デジタル写真測量**は，デジタルステレオ図化機を用いて数値画像の観測・画像データ処理を行う技術をいう。数値画像は，デジタルカメラで直接取得するほか，カラースキャナで空中写真をデジタル化し間接的に得られる。

(2) **デジタルステレオ図化機**は，相互標定・対地標定など実体計測に必要な写真座標値をコンピュータで処理する**コンパレータ**の機能を有し，投影関係式の調整計算，水平位置・標高を求める同時調整（P218，内部標定，外部標定）ができる。

(3)　**ステレオモデル**の構築とは，デジタルステレオ図化機において，同時調整を行った外部標定要素を用い，空中写真のステレオモデルを構築し，地上座標系と結合させる作業をいう（準則第214条）。

①　ステレオモデルの構築は，同時調整を行った外部標定要素を用いる。

②　ステレオモデルの点検は，６点のパスポイント付近で残存縦視差が１画素以内であること。

2．細部数値図化

(1)　細部数値図化は，線状対象物，建物，植生，等高線の順序で行い，必ずデータの位置，形状等をスクリーンモニターに表示し，データの取得漏れのないよう留意する。

(2)　等高線は，主曲線を１本ずつ測定し，必要に応じて補助曲線等を取得する。

(3)　陰影，ハレーション等の障害により判読困難な場合は，現地において補測する測量（**現地補測**）を行う。

関連問題

次のａ～ｄの文は，デジタルステレオ図化機の特徴について述べたものである。間違っているものはいくつあるか。

ａ．デジタルステレオ図化機では，デジタル航空カメラで撮影したデジタル画像のみ使用できる。

ｂ．デジタルステレオ図化機では，数値地形モデルを作成することができる。

ｃ．デジタルステレオ図化機では，外部標定要素を用いた同時調整を行うことができる。

ｄ．デジタルステレオ図化機では，ステレオ視装置を介してステレオモデルを表示することができる。

１．０　　２．１つ　　３．２つ　　４．３つ　　５．４つ

関連問題の解説　デジタルステレオ図化機の特徴　　解答　2

デジタルステレオ図化機は，数値写真からステレオモデルを作成及び表示し，数値地形データを取得及び記録する機能をもつ。

ａ．デジタルステレオ図化機では，フィルムカメラで撮影した写真をスキャナでデジタル化した画像も使用できる。ｂ，ｃ，ｄの文章は正しい。

重要問題16 数値地形図データ

重要度★

次のa～dの文は，デジタルステレオ図化機の特徴について述べたものである。[ア]～[エ]に入る語句として適当なものはどれか。

a．デジタルステレオ図化機は，コンピュータ上で動作するデジタル写真測量用ソフトウェア，コンピュータ，[ア]，ディスプレイ，三次元マウス又はXYハンドル及びZ盤などから構成される。

b．デジタルステレオ図化機で使用するデジタル画像は，フィルム航空カメラで撮影したロールフィルムを，空中写真用[イ]により数値化して取得するほか，デジタル航空カメラにより取得する。

c．デジタルステレオ図化機では，デジタル画像の内部標定，相互標定及び対地標定の機能又は[ウ]によりステレオモデルを構築する。

d．一般にデジタルステレオ図化機を用いることにより，[エ]を作成することができる。

	ア	イ	ウ	エ
1.	ステレオ視装置	スキャナ	デジタイザ	数値地形モデル
2.	描画台	スキャナ	外部標定要素	スキャン画像
3.	ステレオ視装置	編集装置	デジタイザ	数値地形モデル
4.	ステレオ視装置	スキャナ	外部標定要素	数値地形モデル
5.	描画台	編集装置	デジタイザ	スキャン画像

解説

解答 4

(1) **デジタル写真測量**は，デジタルステレオ図化機を用いて数値画像の観測・画像データ処理を行う技術をいう。数値画像は，各種のデジタルカメラによって直接取得するか，[イ]高精度カラースキャナで空中写真をデジタル化することによって間接的に得られる。

(2) 1画素の大きさ（解像力）は，10～15μm（マイクロメートル）を標準とし，諧調数は8～11ビットで出力される。画像上の計測位置が座標値として記録されるので，復元することができる。($\mu=10^{-6}$，ビット：2進数の0と1。最小の情報単位)

(3) **標定**は，デジタルステレオ図化機において空中写真のステレオモデルを構築し，地上座標系と結合させる作業で，基準点等及び[ウ]外部標定要素の成果を用いることを標準とする。

(4) 標定は，解析図化機と同様に指標などの座標観測を行い，以降は計算機処理を行う。標定された実体画像（[エ]数値地形モデル）は，立体視用のメガネ（[ア]ステレオ視装置）を用いて図化する。

突破のポイント

(1) 数値地形図データ

数値地形図データ：写真測量の図化の段階で地形・地物を描画しながらその位置を数値として連続的に記録し，その数値（デジタルデータ）をもとに地形図を編集する。

関連問題

次の文は，公共測量における空中写真測量による図化について述べたものである。明らかに間違っているものはどれか。

1．各モデル図化範囲は，原則として，パスポイントで囲まれた区域内でなければならない。
2．等高線の図化は，高さを固定しメスマークを常に接地させながら行うが，道路縁の図化は，高さを調整しながらメスマークを接地させて行う。
3．陰影，ハレーションなどの障害により図化できない箇所が有る場合は，その部分の空中三角測量を再度実施しなければならない。
4．標高点の測定は2回行い，測定値の較差が許容範囲を超える場合は，更に1回の測定を行い，3回の測定値の平均値を採用する。
5．傾斜が緩やかな地形において，計曲線及び主曲線では地形を適切に表現できない場合は，補助曲線を取得する。

関連問題の解説　図化作業　　**解答 3**

1．数値図化の範囲は，原則として，パスポイントで囲まれた区域内とする（準則第216条）。
3．陰影，ハレーション等の障害により判読困難な部分又は図化不能部分がある場合は，その部分の範囲を表示し，現地補測を行う（準則第215条）。
4．標高点の測定は，1回目の測定終了後，点検のための測定を行い，測定値の較差の許容範囲を超える場合は，更に1回測定を行い，3回の測定値の平均値を採用する（準則第219条）
5．細部数値図化は，線状対象物，建物，植生，等高線の順序で行い，必ずデータ位置，形状をスクリーンモニターに表示し，データの取得漏れのないように留意する。

　等高線は，主曲線を1本ずつ測定して取得し，主曲線だけでは地形を適切に表現できない部分について補助曲線等を取得する（準則第215条）。

重要問題17　写真地図作成

重要度★★

公共測量における写真地図作成の標準的な作業工程に関して ア ～ エ に入る工程別作業区分の組合せとして適当なものはどれか。

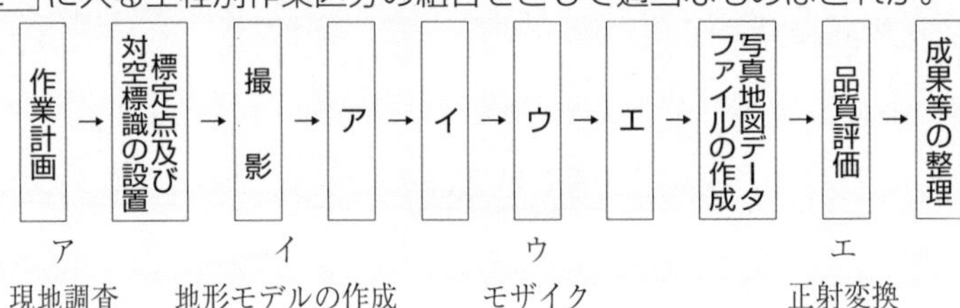

	ア	イ	ウ	エ
1.	現地調査	地形モデルの作成	モザイク	正射変換
2.	同時調整	正射変換	モザイク	地形モデルの作成
3.	現地調査	同時調整	地形モデルの作成	モザイク
4.	同時調整	地形モデルの作成	正射変換	モザイク
5.	正射変換	同時調整	モザイク	現地調査

解説　　**解答 4**

(1) **工程別作業区分**及び**順序**は，次を標準とする（準則第292条）。

表5・5　工程別作業区分及び順序（準則第292条）

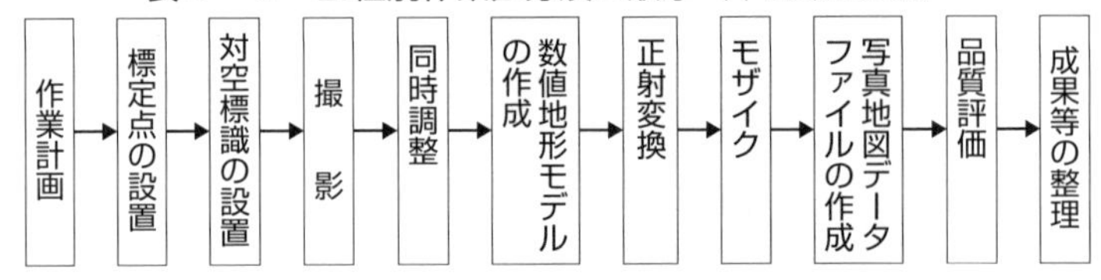

(2) 写真地図作成とは，数値写真を正射変換（中心投影から正射投影に変換）した正射投影画像を作成した後，必要に応じてモザイク画像を作成し写真地図データファイルを作成する作業をいう（準則第289条）。

なお，**モザイク**とは，隣接する正射投影画像をデジタル処理により結合させモザイク画像を作成する作業をいう（準則第304条）。

(3) 写真地図作成は，空中写真から空中写真用スキャナにより数値化した数値写真又はデジタル航空カメラで撮影写真を，デジタルステレオ図化機等を用いて正射変換し，写真地図データファイルを作成する作業をいう。必要に応じて隣接正射投影画像をデジタル処理により結合させたモザイク画像を作成する作業を含む（準則第290条）。

(4) 中心投影である空中写真は，正射投影画像に変換しない限り，地形の標高の影響により歪んだ形状で撮影され，位置関係が実際と異なるため，地図と重ね合わせても一致しない。

突破のポイント

1．数値地形モデル（DTM）の作成

(1) **標高の取得**：デジタルステレオ図化機用いて，標高を取得する。

(2) 標高には，空中写真から得られる**数値地形モデル**（DTM），**数値表層モデル**（DSM）及び航空レーザ測量で得られる**数値標高モデル**（DEM，グリッドデータ）がある。数値地形モデルと数値標高モデルは同じものである。

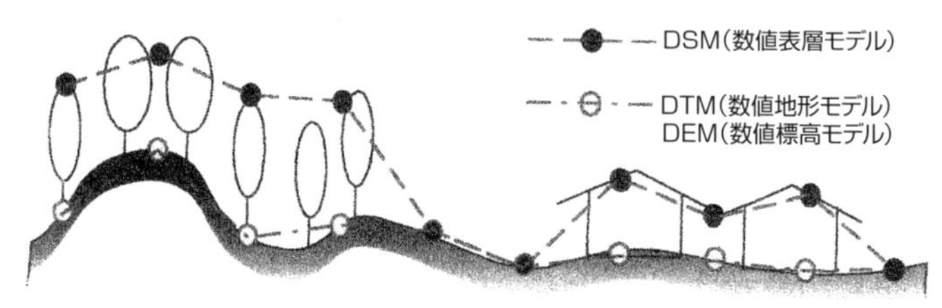

図5・34　DSM，DTM，DEMの概念図

2．写真地図（オルソ画像）の特徴

(1) **デジタル画像**は，デジタル航空カメラ又は空中写真をスキャナで数値化して取得し，デジタルステレオ図化機で写真地図を作成する。

(2) 写真地図は，地形図と同様に縮尺は一定である。縮尺が分かれば画像計測により2地点間の距離を求めることができる。なお，等高線が描かれていないので傾斜（斜距離）は計測できない。

(3) 写真地図では，実体視はできない。

関連問題

次の文は，数値空中写真を正射変換し位置情報を付与した正射投影画像データ（以下「オルソ画像」という。）の特徴について述べたものである。正しいものはどれか。

1．オルソ画像は，正射投影されているため実体視に用いることができない。
2．オルソ画像は，画像上で距離を計測することができない。
3．フィルム航空カメラで撮影された写真からは，オルソ画像を作成することができない。
4．オルソ画像は，画像上で土地の傾斜を計測することができる。
5．オルソ画像は，起伏が大きい場所より平坦な場所の方が地形の影響によるひずみが生じやすい。

関連問題の解説　オルソ画像の特徴　　**解答 1**

2．できる。3．できる。4．できない。5．生じにくい。

重要問題18　航空レーザ測量1（作業区分）　重要度★★

次の文は，航空レーザ測量について述べたものである。明らかに間違っているものはどれか。

1．航空機からレーザパルスを照射し，地表面や地物で反射して戻ってきたレーザパルスを解析し，地形などを計測する測量方法である。
2．空中写真撮影と同様に，データ取得時に雲の影響を受ける。
3．対地高度以外の計測諸元が同じ場合，対地高度が高くなると，取得点間距離が短くなる。
4．フィルタリング及び点検のための航空レーザ用数値写真を同時期に撮影する。
5．計測したデータには，地表面だけでなく，構造物や植生で反射したデータも含まれる。

解答　3

(1) **航空レーザ測量**とは，航空レーザ測量システムを用いて地形を計測し，格子状の標高データである**数値標高モデル**（**グリッドデータ**，P180）等の数値地形図データファイルを作成する作業をいう。（準則第312条）。
(2) **航空レーザ用数値写真**は，空中から地表を撮影した画像データで，フィルタリング及び点検のため撮影する。画像データ（オリジナルデータ）から，地表面以外のデータを取り除く**フィルタリング処理**を行う。
(3) 天候条件は，空中写真測量と同様に，風速10m/s以下で，降雨・降雪・濃霧などがないこと。対地高度を高くすると，取得点間隔は長くなる。

突破のポイント

1．航空レーザ測量

(1) **航空レーザ測量**は，空中から地形・地物の標高を計測する技術であり，航空レーザ測量システム（GNSS / IMU装置，レーザ測距装置，解析ソフトウェア等）を用いて数値地形図データファイルを作成する。工程別作業区分及び順序は次のとおり（準則第314条）。

表5・6　工程別作業区分及び順序（準則第314条）

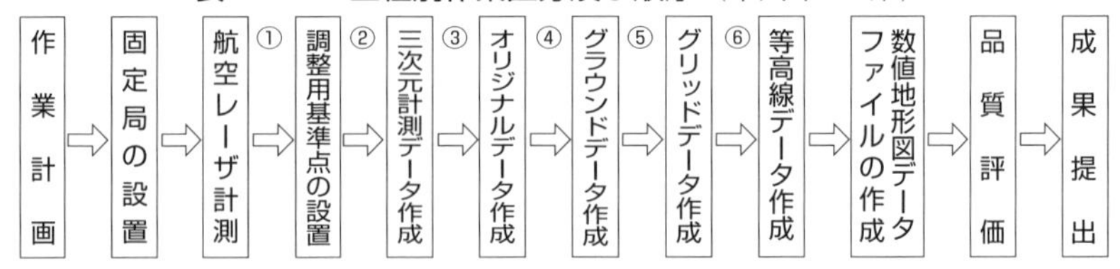

① **調整用基準点**：3次元計測データの点検調整のための基準点の設置。
② **三次元計測データ**：計測データを統合解析し，計測位置の3次元座標データ

の作成。

③　**オリジナルデータ**：調整用基準点を用いて３次元計測データの点検調整を行った標高データ。

④　**グラウンドデータ**：オリジナルデータから地表面以外のデータを取り除いた（フィルタリング）地表面の３次元座標データ。

⑤　**グリッドデータ**：格子状の一定間隔に整備された地形上の標高。**数値標高モデル**（DEM）。なお，グリッドデータの作成は，ランダムに生じているグランドデータを格子状のグリッド間隔に変換する**内挿補間法**による（P181）。

⑥　**等高線データ**：グリッドデータから発生させた等高点のデータ。

(2)　スキャン式レーザ測距装置

航空機の進行方向と直角に斜め下方へ，**レーザパルス**をスキャンしながら，その反射波の到達時間から反射点までの距離を測定する。反射点の３次元座標を求めるために，**レーザ測距装置センサヘッド**の位置と傾きを高精度で決定するため，GNSSとIMU（慣性計測装置）を装備する。

①　**GNSS**（Global Navigation Satellite System：汎地球測位システム）

電子基準点又はGNSS基準局（既知点）との間で連続キネマティック方式による干渉測位を行うことにより，スキャナ中心位置を１～0.5秒のエポック間隔（データ取得間隔）で計測する。

②　**IMU**（Inertial Measurement Unit：**慣性計測装置**）

IMUは，３軸ジャイロ加速度計から構成されている。IMUによるデータ取得間隔は，1/200秒＝0.005秒を標準とする。

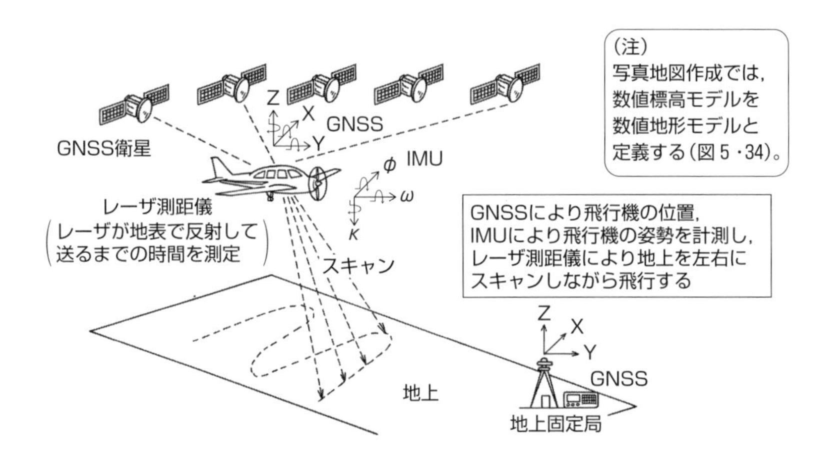

図５・35　航空レーザ測量

重要問題19　航空レーザ測量２（用語）

重要度★

次の文は，航空レーザ測量による標高データの作成工程について述べたものである。［ア］～［オ］に入る語句として適当なものはどれか。

1．航空レーザ測量は，航空機にレーザ測距装置，［ア］装置，デジタルカメラなどを搭載して，航空機から地上に向けてレーザパルスを発射し，反射して戻ってきたレーザパルスから，地表の標高データを求める。

2．取得されたレーザ測距データは，［イ］での計測値との比較やコース間での標高値の点検（精度検証，標高値補正）により，［ウ］データとなる。この［ウ］データには構造物や植生などから反射したデータが含まれているため，地表面以外のデータを取り除くフィルタリング処理を行い，地表の標高だけを示す［エ］データを作成する。

3．地表面を撮影した画像データは，［ウ］データから作成された数値表層モデルを用いて正射変換されて，［オ］データなどの取得やフィルタリング処理の確認作業に利用される。

4．［エ］データは地表のランダムな位置の標高値が分布しているため，地表を格子状に区切ったグリッドデータに変換する。グリッドデータは，［エ］データの標高値から内挿補間法を用いて作成する。

	ア	イ	ウ	エ	オ
1.	GNSS/IMU	調整用基準点	オリジナル	グラウンド	水部ポリゴン
2.	GNSS/IMU	デジタルカメラ	グラウンド	オリジナル	欠測
3.	合成開口レーダ	デジタルカメラ	グラウンド	オリジナル	水部ポリゴン
4.	合成開口レーダ	調整用基準点	グラウンド	オリジナル	欠測
5.	GNSS/IMU	デジタルカメラ	オリジナル	グラウンド	水部ポリゴン

解説

解答　1

(1)　**航空レーザ測量**は，レーザパルス（電磁波，数10 kHz）を進行方向と直角斜め下方にスキャンし，その反射波から三次元座標データを計測し，格子状の標高データである**数値標高モデル**（DEM，グリッドデータ）等の数値地形図データファイルを作成する作業をいう。

航空レーザ測量システムは，GNSS/IMU装置（GNSSとの間でのキネマティック法による干渉側位，ジャイロと加速度計で構成される慣性計測装置），レーザ測距装置及び解析ソフトウェアから構成される。

(2)　計測データの取得は，固定局のGNSS観測データ，航空機上のGNSS観測データ，IMU観測データ及びレーザ測距データについて行う。

(3) **航空レーザ用数値写真**は，空中から地表を撮影した画像データで，フィルタリング及び点検のために撮影する。

(4) **調整用基準点**は，三次元計測データの点検及び調整を行うための基準点をいう。４級基準点測量及び４級水準点測量により実施する。

(5) **水部ポリゴンデータ**は，レーザ光線の水面での吸収・反射による標高のバラツキを除去するため，航空レーザ用写真地図データを用いて水部の範囲を対象に作成する。

(6) **オリジナルデータ**は，三次元計測データから調整用基準点成果を用いて点検・調整した三次元座標データであり，**グランドデータ**はオリジナルデータからフィルタリング処理をした地表面の三次元座標データである。**グリッドデータ**はグランドデータから内挿補間をした格子状の標高データである。

(7) オリジナルデータは，地表の樹木や地物の高さを含んだみかけの地表データで**数値表層モデル**（DSM），グランドデータは地表面の地形データで**数値地形モデル**（DTM）である。グリッドデータを**数値標高モデル**（DEM）という（P231，図５・34参照）。

関連問題

次の文は，公共測量における航空レーザ測量について述べたものである。明らかに間違っているものはどれか。

1．航空レーザ測量では，GNSS／IMU装置を用いるため，計測の点検及び調整を行うための基準点を必要としない。

2．航空レーザ測量では，レーザ測距装置，GNSS／IMU装置などにより構成されたシステムを使用する。

3．航空レーザ測量では，計測データを基にして数値地形モデルを作成することができる。

4．航空レーザ測量で計測したデータには，地表面だけでなく，構造物や植生で反射したデータも含まれる。

5．グランドデータは，取得した測距データから地表面以外のデータを取り除くフィルタリング処理をした地表面の三次元座標データである。

関連問題の解説　航空レーザ測量　**解答　1**

GNSS／IMU装置（P218）は，GNSSアンテナと地上基準点（電子基準点）間でキネマティック法により航空機の位置を決め，IMUは航空機の姿勢計測に用いる。調整用基準点は必要である。

重要問題20 空中写真の判読

基本事項

次の文は，夏季に航空カメラで撮影した空中写真の判読結果について述べたものである。明らかに間違っているものはどれか。

1．道路に比べて直線又は緩やかなカーブを描いており，淡い褐色を示していたので，鉄道と判読した。
2．山間の植生で，比較的明るい緑色で，樹冠が丸く，それぞれの樹木の輪郭が不明瞭だったので，針葉樹と判読した。
3．水田地帯に，適度の間隔をおいて高い塔が直線状に並んでおり，塔の間をつなぐ線が見られたので，送電線と判読した。
4．丘陵地で，林に囲まれた長細い形状の緑地がいくつも隣接して並んでいたので，ゴルフ場と判読した。
5．耕地の中に，緑色の細長い筋状に並んでいる列が何本もみられたので，茶畑と判読した。

解説

解答 2

空中写真上に表れた地物・地形を観測し，形状及び質的情報を読み取り，それが何であるかを判断することを**空中写真の判読**という。

広葉樹は色調が明るく，樹冠が丸みをおびている。一方，針葉樹は色調が黒く，樹冠がとがって見える。なお，**色調**（**階調**）とは，白黒（**パンクロマチック**）写真の黒と白の濃淡の変化をいう。

突破のポイント

1．判読のための基本事項

(1) 地形図と空中写真を比較すると，地形図は図式記号・図式規程により比較的に読図が容易となるように工夫されている。一方，空中写真は，写真像が平面形で小さく，何も加工されないまま写っており写真判読を困難にしている。写真判読のための要素は，次のとおり。

① **撮影条件**：撮影時期・天候・撮影高度・フィルム（パンクロ，赤外，カラーなど）・レンズ（普通角，広角）の種類等を確認する。

② **形状**：形状特徴は判読上最も重要である。都市・集落・河川・鉄道・道路・耕作地等は平面形で，また学校・神社・工場・病院等は建築様式と平面配列で判読する。

③ **色調**又は**階調**（トーン）：白黒（パンクロマチック）写真において，黒

と白の濃淡の変化は植生状況の判読に重要な手がかりとなる。

④　**陰影**：単写真で実体感を得られ，地形的観察上重要な手がかりとなる。

⑤　**パターン（模様）**：パターンは，写真像の配列の状態で，同一パターンの広がりは地理・地質・土壌・森林等の調査に役立つ。

⑥　**きめ**（テクスチャー）：写真のきめは，個々のものを識別するには小さすぎる地表の対象物が集合をなし，その微細な色調変化によって作られる。きめを作り出すものは，色調，形，大きさ，陰影等の組合せである。

2．地物の判読のポイント

表5・7　判読のポイント

対　象	判　読　ポ　イ　ン　ト
学　校	同じ敷地内にLやI，コ型の大きな建物及びグラウンド，プール，体育館の有無
鉄　道	交差点の有無，ゆるいカーブ，直線の長さ
道　路	交差点の有無，カーブの多さ，通行車両の有無
橋	地形と道路・鉄道・河川などの位置関係
住宅地	特殊な形状，ほぼ定まった形状の密集
送電線	適度な間隔（ほぼ等間隔），高塔が線状に並ぶ
針葉樹林	階調が暗い（黒色），とがった樹冠，円錐形
広葉樹林	階調が明るい（灰色），楕円状の樹冠，樹冠表面の凹凸
竹　林	階調が明るい（淡灰色），ヘイズ（ちり）のかかったきめ，樹冠は不明瞭
果樹園	土地の形状（扇状地や耕地など），規則正しい配列（碁盤の目）樹冠
茶　畑	土地の形状（台地や丘陵の緩斜面など），灰色と黒灰色が交互に列をつくる
水　田	土地の形状（平たん，長方形など），一様なきめ，連続性，耕地と耕地の間のあぜ
畑	耕地一面ごとの異なる階調，あぜがない
牧草地	きめの細かい植生，色ムラがない，あぜがない，サイロや厩舎等の構造物，柵の有無

関連問題

次の文は，1/20 000 空中写真（パンクロマチック）の判読要素について述べたものである。間違っているものはどれか。

1．牧草地は，きめ（テクスチャー）に特徴がある。

2．鉄道は，線形形状に特徴がある。

3．橋の構造は，陰影によって分かることがある。

4．住宅団地は，特有のパターンを示す事が多い。

5．杉とひのきの人工林は，階調（トーン）の違いにより，識別し易い。

関連問題の解説　空中写真の判読　　**解答　5**

杉とひのきの識別は，きめの細かさにより植生を判読する。

第5章 演習問題

問1　次のa～eの文は，空中写真測量の特徴について述べたものである。明らかに間違っているものだけの組合せはどれか。

a. 現地測量に比べて，広域な範囲の測量に適している。

b. 空中写真に写る地物の形状，大きさ，色調，模様などから，土地利用の状況を知ることができる。

c. 他の撮影条件が同一ならば，撮影高度が高いほど，一枚の空中写真に写る地上の範囲は狭くなる。

d. 高塔や高層建物は，空中写真の鉛直点を中心として放射状に倒れこむように写る。

e　起伏のある土地を撮影した場合でも，一枚の空中写真の中では地上画素寸法は一定である。

1．a，c　　2．a，d　　3．b，d　　4．b，e　　5．c，e

問2　次の文は，通常の地図作成のために使用される空中写真について述べたものである。間違っているものはどれか。

1．撮影高度と画面距離が一定ならば，航空カメラの画面の大きさが大きいほど写真縮尺が大きくなる。

2．オーバーラップしている2枚の空中写真を用いて視差差を測定することにより，比高を求めることができる。

3．空中写真は，正射投影ではなく，中心投影によって得られる像である。

4．空中写真の主点は，写真の四隅又は四辺の各中央部にある相対する指標を結んだ交点として求めることができる。

5．山間部を撮影した空中写真は，同一写真の中でも場所により縮尺が異なる。

解答

問1－5　c．狭く→広く。e．一定である。→変化する。

問2－1　写真縮尺$M_b = f/H$であり，航空カメラの画面の大きさaとは無関係である。

問3　画面距離10 cm，画面の大きさ26 000画素×15 000画素，撮像面での素子寸法4 μmのデジタル航空カメラを用いて鉛直空中写真を撮影した。撮影基準面での地上画素寸法を12 cmとした場合，海面からの撮影高度はいくらか。但し，撮影基準面の標高は300 mとする。

1．2 400 m　　2．2 700 m　　3．3 000 m　　4．3 300 m
5．3 600m

問4　画面距離12 cm，撮像面での素子寸法12 μmのデジタル航空カメラ用いて，海面からの撮影高度2 500 mで鉛直空中写真の撮影を行ったところ，一枚の数値空中写真の主点付近に画面の短辺と平行に橋が写っていた。この橋は標高100 mの地点に水平に架けられており，画面上で長さを計測したところ1 250画素であった。この橋の実長はいくらか。

1．300 m　　2．313 m　　3．325 m　　4．338 m　　5．350 m

問5　画面距離10.5 cmのデジタル航空カメラを使用して，撮影高度2 800 mで数値空中写真の撮影を行った。このときの撮影基準面での地上画素寸法はいくらか。但し，撮影基準面の標高は0 mとし，デジタル航空カメラの撮像面での画素寸法は9 μmである。

1．18 cm　　2．21 cm　　3．24 cm　　4．27 cm　　5．30 cm

解　答

問3－4

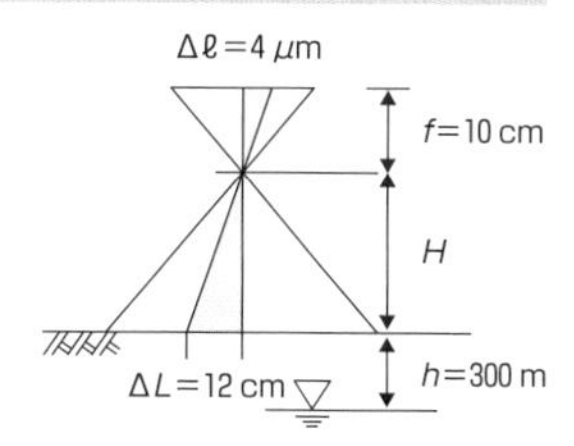

$$\frac{\Delta\ell}{\Delta L}=\frac{f}{H},\quad \frac{4\ \mu\mathrm{m}}{12\times10^{-2}\ \mathrm{m}}=\frac{0.1\ \mathrm{m}}{H},\quad H=3000\ \mathrm{m}$$

撮影高度　$H_0=H+h=\underline{3\,300\ \mathrm{m}}$

問4－1

橋地点の縮尺　$M_b=\dfrac{12\ \mathrm{cm}}{(2\,500-100)\mathrm{m}}=\dfrac{12\times10^{-2}\ \mathrm{m}}{2\,400\mathrm{m}}=\dfrac{1}{20\,000}$

橋の長さ$L=12\ \mu\mathrm{m}\times1250$画素$\times20\,000=\underline{300\ \mathrm{m}}$

問5－3

画素寸法$\Delta\ell=9\ \mu\mathrm{m}=9\times10^{-6}\ \mathrm{m}$，画面距離$f=10.5\ \mathrm{cm}=0.105\ \mathrm{m}$

撮影高度$H=2\,800\ \mathrm{m}=2.8\times10^3\mathrm{m}$のとき，地上画素寸法を$\Delta L$とすれば，

$\dfrac{\Delta L}{\Delta\ell}=\dfrac{H}{f}$より，$\Delta L=\dfrac{H\cdot\Delta\ell}{f}=\dfrac{2.8\times10^3\times9\times10^{-6}}{0.105}=24\times10^{-2}\ \mathrm{m}=\underline{24\ \mathrm{cm}}$

問6　図は，公共測量における空中写真測量の作業工程を示したものである。[ア]～[エ]に入る語句の組合せとして最も適当なものはどれか。

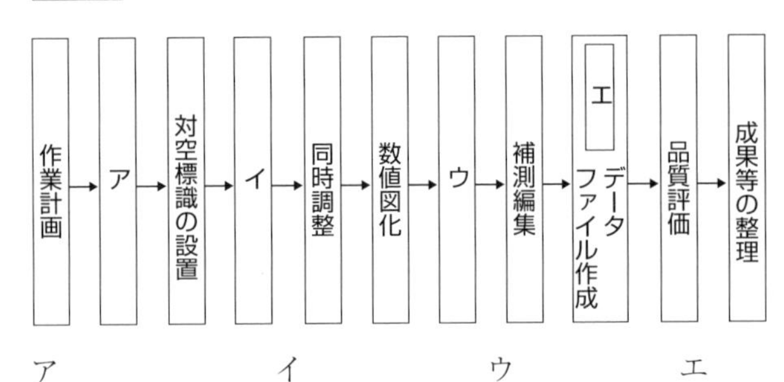

	ア	イ	ウ	エ
1．	標定点の設置	撮影	数値編集	数値地形図
2．	撮影	標定点の設置	数値編集	数値写真
3．	標定点の設置	撮影	正射変換	数値写真
4．	撮影	標定点の設置	正射変換	数値地形図
5．	標定点の設置	撮影	正射変換	数値地形図

問7　航空カメラを用いて，海面からの撮影高度1 900 mで標高100 mの平たんな土地を撮影した鉛直空中写真に，鉛直に立っている直線状の高塔が写っていた。図のように，この高塔の先端は主点Pから70.0 mm離れた位置に写っており，高塔の像の長さは2.8 mmであった。この高塔の高さはいくらか。

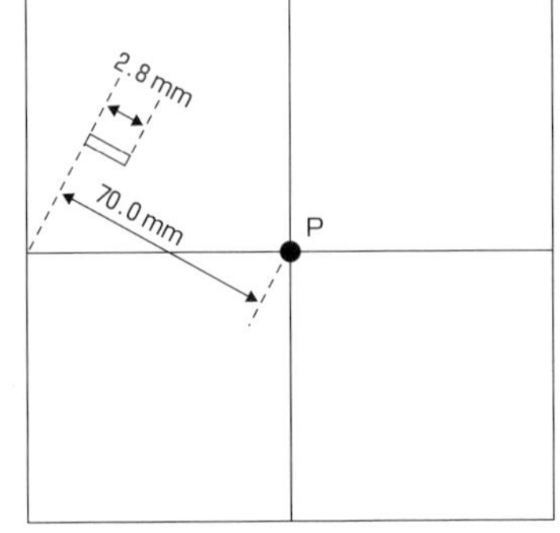

1．68 m
2．72 m
3．76 m
4．80 m
5．84 m

解　答

問6－1　P198，図5・1参照。

問7－2　比高$h=\dfrac{H\cdot dr}{r}=\dfrac{1\,800\text{ m}}{70.0\text{ mm}}\times 2.8\text{ mm}=72\text{ m}$

（$r=70.0$ mm，$dr=2.8$ mm，$H=H_D-h=1900\text{ m}-100\text{ m}=1\,800\text{ m}$）

問8　画面の大きさが23 cm×23 cm，写真縮尺が撮影基準面で1/20 000の空中写真フィルムを空中写真用スキャナで数値化した。数値化した空中写真のデータは，11 500 画素×11 500 画素であった。

数値化した空中写真データ１画素の撮影基準面における寸法はいくらか。

1．1 cm　2．4 cm　3．10 cm　4．25 cm　5．40 cm

問9　標高150 mの平たんな土地を撮影した鉛直写真を，スキャナを用いて2 000 dpiで数値化しデジタル写真画像を得た。この画像上には，一辺が69 mある正方形の貯水池が写っており，この貯水池の一辺の長さを計測したところ400画素であった。また，スキャニング方向は貯水池の縁に平行であった。このときの海抜撮影高度はいくらか。

但し，航空機のカメラの画面距離は15 cm，１インチ2.54 cmとする。

1．2 100 m　2．2 187 m　3．2 907 m　4．3 127 m　5．3 457 m

問10　次の文は，空中三角測量におけるパスポイント及びタイポイントについて述べたものである。間違っているものはどれか。

1．パスポイントは，撮影コース方向の写真の接続を行うために用いる。
2．タイポイントは，隣接する撮影コース間の接続を行うために用いる。
3．パスポイントは，各写真の主点付近及び主点基線上に配置する。
4．タイポイントは，ブロック調整の精度を向上させるため，撮影コース方向に一直線に並ばないようジグザグに配置する。
5．タイポイントは，パスポイントで兼ねることができる。

解　答

問8－5　密着写真上での１画素の寸法$\Delta\ell$は，$\Delta\ell = 23\text{ cm}/11\,500$である。
撮影基準面での１画素の寸法ΔLは，$\Delta L = m_b \cdot \Delta\ell = 20\,000 \times 23\text{ cm}$
$=$40 cmとなる。

問9－2　dpi（dot per inch），１インチ当りのドット数，解像度を示す。画像は１インチに何画素（受光素子，画像表示の最小単位）含まれるかで示す。

１画素当たりの解像度，2.54 cm/2 000 = 0.001 27 cm/dpi

69 mの長さが400 dpiで写っているから，0.001 27 cm/dpi×400 = 0.508 cm

写真縮尺$M_b = \dfrac{f}{H-h} = \dfrac{0.508\text{ cm}}{69\text{ m}} \fallingdotseq \dfrac{1}{13\,583}$より，

$$H-h = 0.15 \times 13\,583 \fallingdotseq 2\,037\text{ m},\quad \therefore\quad H = 2\,037\text{ m} + 150\text{ m} = 2\,187\text{ m}$$

問10－3　パスポイントは主点基線に直角な方向で，かつ，主点からの距離が密着写真上で７cm以上，10 cm以下のほぼ等間隔の位置に選定する。

（航空レーザ測量）

問11　次の文は，公共測量における航空レーザ測量について述べたものである。明らかに間違っているものはどれか。

1．航空レーザ測量は，航空機からレーザパルスを下向きに照射し，地表面や地物に反射して戻ってきたレーザパルスを解析し，地形を計測する測量方法である。
2．航空レーザ測量システムは，レーザ測距装置，GNSS/IMU装置，解析ソフトウェアなどにより構成されている。
3．航空レーザ測量では，空中写真撮影と同様に，データ取得時に雲の影響を受ける。
4．航空レーザ測量は，雲の影響を受けずにデータを取得できる。
5．グラウンドデータとは，取得したレーザ測距データから，地表面以外のデータを取り除くフィルタリング処理をした，地表面の三次元座標データである。

（読図）

問12　夏季に撮影した縮尺1/30 000のパンクロマチック空中写真の判読の結果について述べたものである。間違っているものはどれか。

1．水田地帯に適度の間隔をおいて高塔が直線状に並んでいたので，送電線と判読した。
2．谷筋にあり，階調が暗く，樹冠と思われる部分がとがって見えたので，広葉樹と判読した。
3．耕地の中に規則正しく格子状の配列を示す樹冠らしきものがみられたので，果樹園と判読した。
4．道路と比べて階調が暗く，直線又はゆるいカーブを描いていたので，鉄道と判読した。
5．コの字型の大きな建物と運動場やプールなどの施設が同じ敷地内にあることから，学校と判断した。

解　答

問11－4　P232，航空レーザ測量参照。航空機からレーザパルスを照射して計測するため，天候に左右される。天候条件は，風速20ノット（約10 m/s）を超えず，降雨や降雪，濃霧がないこと。

問12－2　P236，空中写真の判読参照。
階調が暗く（全体に黒っぽい），樹冠がとがって見える場合は，針葉樹と判読する。

第6章

GISを含む地図編集

1．地図編集は，既成の数値地形図データを基に編集資料（基準点測量成果，地図，空中写真及び数値図化データ等）を参考に，新たな数値地形図データを作成する作業である（準則第349条）。

世界地図（メルカトル図法）

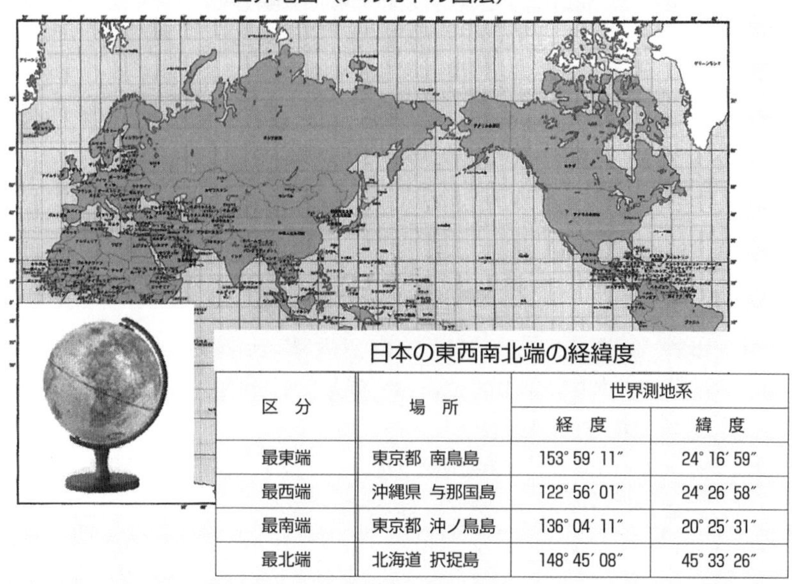

日本の東西南北端の経緯度

区　分	場　所	世界測地系	
		経　度	緯　度
最東端	東京都 南鳥島	153° 59′ 11″	24° 16′ 59″
最西端	沖縄県 与那国島	122° 56′ 01″	24° 26′ 58″
最南端	東京都 沖ノ鳥島	136° 04′ 11″	20° 25′ 31″
最北端	北海道 択捉島	148° 45′ 08″	45° 33′ 26″

学習のポイント

① 地図投影法（UTM図法，平面直角座標）
② 地図編集の原則（取捨選択，総描，転位）
③ 図式記号（建物，道路，鉄道等）
④ 地形図の読図（電子地形図25000，図上計測）
⑤ GIS（地理空間情報，データ形式）

重要問題 1　地図投影と図法　　基本事項

次の文は，地図の投影法について述べたものである。明らかに間違っているものはどれか。

1．正距図法は，地球上の距離と地図上の距離を正しく対応させる図法であり，すべての地点間の距離を同一の縮尺で表示することができる。
2．平面上に描かれた地図において，地球上のすべての地点の角度及び面積を同時に正しく表すことはできない。
3．海図の投影法は，正角円筒図法であるメルカトル図法を主に使用している。
4．平面直角座標系に用いることが定められている投影法は，楕円筒図法の一種であるガウスの等角投影法（ガウス・クリューゲル図法）である。
5．ユニバーサル横メルカトル図法（UTM図法）は，北緯84°から南緯80°の間の地域を経度差6°ずつの範囲に分割して投影している。

解説　　**解答 1**

1．地図投影の誤差（歪曲）

(1) **地図**は，球体である地球の表面を平面に表したものである。地球表面を完全に平面に表すことは理論上不可能であり，角度，距離，面積に**誤差**（**歪曲**）が生じる。誤差のうち，どの関係を正しく保つかによって，次の3図法に分かれる。

① **正距（等距離）図法**：ある特定の方向線，線群で距離の誤差がない図法であるが，地図上の任意点間の距離を正しく保つことは不可能である。

② **正角（等角・相似）図法**：地図上の任意の点間の方向が地上と等しい関係に保たれており，精密地図（横メルカトル図法）に用いられている。

③ **正積（等積）図法**：地図上の面積と地上の面積との関係が相似となる図法。

(2) 正距図法と正角図法，正距図法と正積図法の条件を同時に正しくすることは可能であるが，正角図法と正積図法の条件を同時に正しくすることは不可能である（図6・2）。

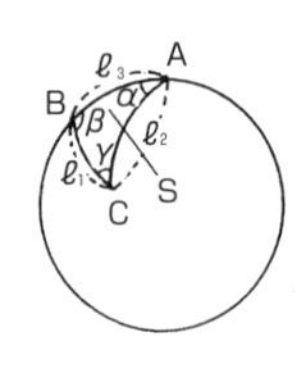

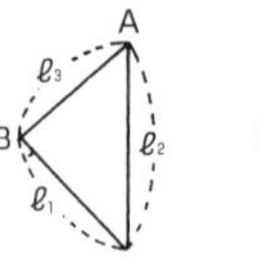

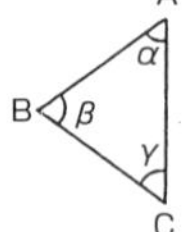

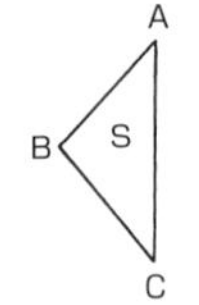

図6・1　歪曲の3要素

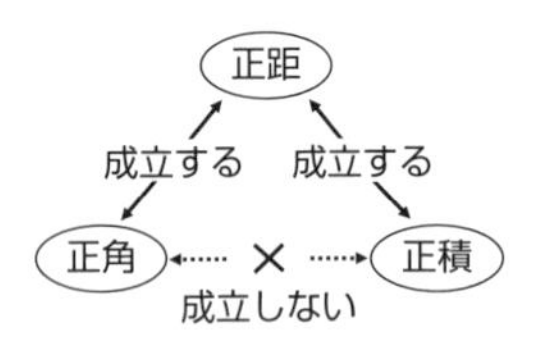

図6・2　正距，正角，正積の関係

突破のポイント

1．地図編集（投影面による分類）

⑴　**地図編集**とは，既成の数値地形図データを基に，編集資料を参考に編集し，新たな数値地形図データを作成する作業をいう（準則第349条）。

⑵　平面の地図を作るのが目的であるから，投影面は平面，あるいは立体曲面であっても１つの母線で切り開けば平面とすることができるものとして円筒曲面及び円錐曲面の３つがある。（　）は対象地域を示す。

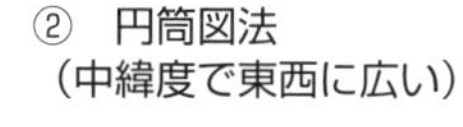

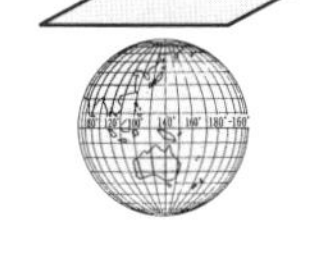

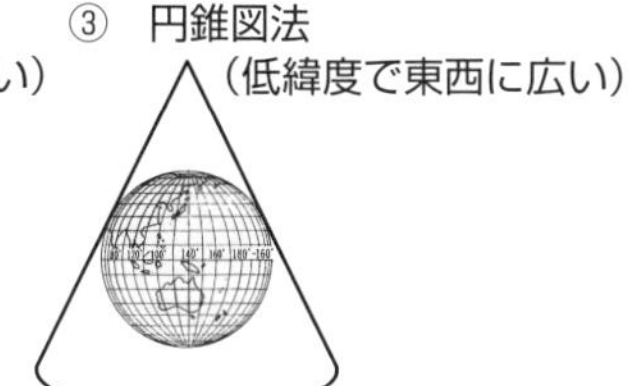

①　方位図法：地球の形を球として，直接平面に投影する方法。
②　円筒図法：地球に円筒をかぶせてその円筒に投影し，切開いて平面にした方法。
③　円錐図法：地球に円錐をかぶせてその円錐に投影し，切開いて平面にした方法。

図６・３　投影図

関連問題

次の文は，地図投影について述べたものである。間違いはどれか。

1．投影法は，投影面の種類によって分類すると，方位図法，円錐図法及び円筒図法に大別される。
2．平面上に描かれた地図において，距離（長さ），角度（方位）及び面積を同時に正しく表すことはできない。
3．同一の図法により描かれた地図において，正距図法と正角図法，又は正距図法と正積図法の性質を同時に満たすことは可能である。
4．ユニバーサル横メルカトル図法（UTM図法）と平面直角座標系で用いる投影法は，ともに横円筒図法の一種であるガウス・クリューゲル図法である。
5．正距図法では，地球上の任意の２点間の距離を正しく表すことができる。

関連問題の解説　地図投影　　**解答　5**

正距図法は，特定の方向線で距離を正しく表すことはできるが，地球上の任意の２点間の距離を正しく表すことはできない。３はP247，P253（横メルカトル図法，表６・１）参照。

重要問題2　メルカトル図法と横メルカトル図法　基本事項

次の文は，メルカトル図法に関する説明である。間違いはどれか。

1．この図法で描かれた赤道上の距離は，地上の距離の縮尺による距離が等しい。
2．投影された経緯線の形状は，経線は一定間隔の平行直線で，緯線は経線の投影線に直交し，各緯線の間隔は赤道を隔てて高緯度になるにつれて増大する。
3．この図法は一種の等角図法で，この投影図上で2点を結ぶ直線は地球上の等方位線を示す。
4．この等方位線は，地球上の最短線に一致する。
5．この図法による投影図の縮尺は，緯度○○度において○○万分の1というように標記する必要がある。

解説　**解答　4**

(1)　**メルカトル図法**は，視点を地球の中心に置いて，円筒面内に投影する**心射円筒図法**に等角条件を加えたものであり，その特徴は次のとおり。

① 等角図法である。
② 赤道上の距離は地上と等しい。
③ 緯線の距離は高緯度になるにつれ増大し極で無限大となる。
④ 地図上の2点を結ぶ直線は，**航程線**（等方位角）で針路を示す。

(2)　船や飛行機は，方位は変化する（曲線）が最短コースである**大圏**（たいけん）**コース**で目的地に着くのが経済的である。大圏（けん）（大円）とは，地球の中心を通る平面が球面と交わってできる円をいう。**航程線**は，距離は大きくなるが出発時に目的の方位角を定めれば（方位が一定），自然に目的地に着くことができる。

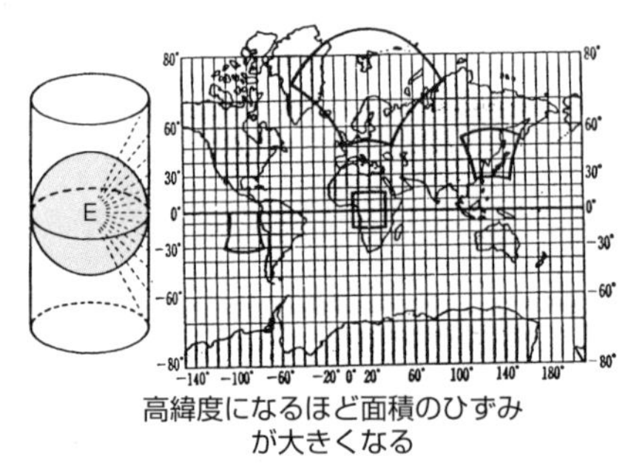

図6・4　メルカトル図法

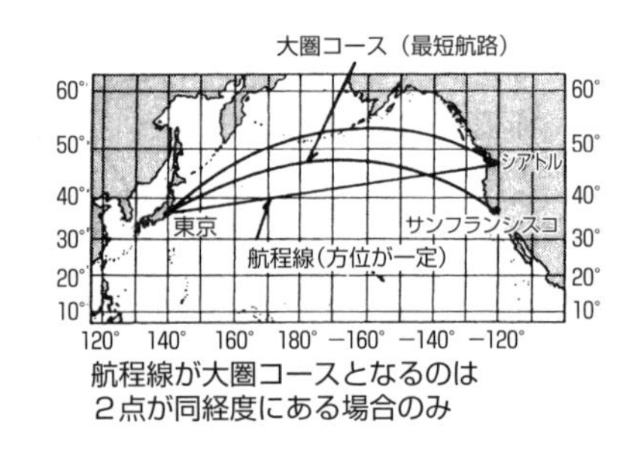

図6・5　大圏コースと航程線

突破のポイント

1．横メルカトル（横円筒）図法

(1) **横メルカトル図法**（ガウス・クリューゲル図法）は，赤道と平行に円筒をかぶせて投影し，正角条件を満たした図法である。この図法は，適用する条件により**平面直角座標**，**UTM図法**に分けられる（P253，表6・1）。

(2) 横メルカトル図法の経緯線網は，楕円の交わり（経線と緯線は直交する）となり，**中央子午線**から離れるに従い距離の歪曲が増大する。経線間隔は，緯線によって異なり，高緯度になるにつれて縮まり，中央子午線より離れるにつれて増大する。

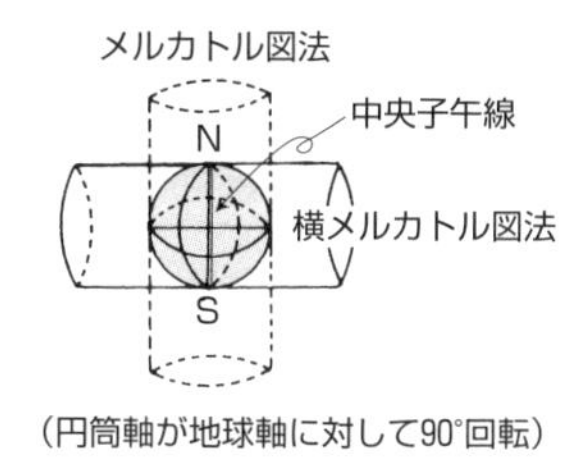

（円筒軸が地球軸に対して90°回転）

図6・6　横メルカトル図法

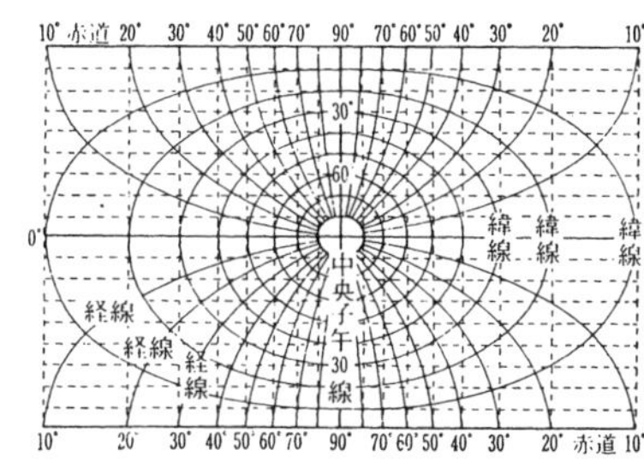

（点線はメルカトル図法の経緯線網を90°回転したものである。）

図6・7　横メルカトル図法

関連問題

次の文は，地図投影について述べたものである。間違いはどれか。

1．平面直角座標系は，横円筒図法の一種であるガウス・クリューゲル図法を適用している。
2．投影法は，地図の目的，地域，縮尺に合った適切なものを選択する必要がある。
3．平面直角座標系において，座標系のY軸は，座標系原点において子午線に一致する軸とし，真北に向かう値を正とする。
4．投影法は，投影面の種類によって分類すると，方位図法，円錐図法及び円筒図法に大別される。
5．コンピュータの画面に地図を表示したり，プリンタを使って紙に地図を出力する場合も，投影法について考慮する必要がある。

関連問題の解説　地図投影　　**解答　3**

平面直角座標系（P112参照）において，座標系のX軸は，各座標系原点において子午線に一致する軸で，真北に向かう値を正（＋）とする。座標系のY軸は，各座標系原点においてX軸と直交する軸である。

重要問題3　平面直角座標系　重要度★★

次のa～eの文は，平面直角座標系について述べたものである。明らかに間違っているものだけの組合せはどれか。

a．平面直角座標系で用いる投影法は，横円筒図法の一種であるガウス・クリューゲル図法である。

b．平面直角座標系のX軸上における縮尺係数は，1.0000である。

c．平面直角座標系では，日本全国を16の区域に分けている。

d．平面直角座標系の座標系原点の座標値は，$X=0.000$ m，$Y=0.000$ m である。

e．平面直角座標系におけるY軸は，座標系原点において子午線に直交する軸とし，東に向かう方向を正としている。

1．a，d　2．a，e　3．b，c　4．b，e　5．c，d

解説　**解答 3**

(1)　我国の基準点測量の成果表に用いられる**平面直角座標系**は，横メルカトル図法で，地球楕円体（GRS楕円体）から直接円筒面に投影した**ガウス・クリューゲル図法**（等角図法）である。

(2)　中央経線（子午線）の**縮尺係数**は0.9999，原点より東西に90 km付近で1.0000，さらに130 km付近で1.0001に拡大している。これにより，投影範囲内の距離誤差を±1/1万 以内とすることができる。

(3)　日本全国を**19の座標系**に分け，その適用範囲は原則として行政単位（都府県）ごとに決められている（P113，図2・54）。

(4)　各座標とも，原点において経線と一致する直線をX座標軸とし，これに直交する直線をY座標軸とする（原点の座標軸は，$X=0$ m，$Y=0$ m）。

突破のポイント

1．平面直角座標系・縮尺係数（線拡大率）

(1)　**平面直角座標系**は，ガウス・クリューゲル図法を我国に適用したもので，全国を19の座標系（緯度差約1°～2°の範囲）に分け，それぞれに原点（$X=0.000$ m，$Y=0.000$ m）を設定している。公共測量に用いられる。

(2)　測量で得られる距離は，**球面距離S**である。これを平面直角座標系では**平面距離s**に換算する。平面直角座標の平面距離sとこれに対応する球面距離Sとの比を**縮尺係数m**という（P114）。

$$\text{縮尺係数}\quad m=\frac{\text{平面距離 } s}{\text{球面距離 } S} \qquad \cdots\cdots\text{式}(6\cdot1)$$

(3)　平面直角座標系では，投影面の距離誤差が±1/1万以内となるように，**縮尺係数**を原点上で0.999 9（1/1万縮小）とし，原点から東西約90 kmの地点で1.000 0，約130 kmの地点で1.000 1（1/1万拡大）とする。

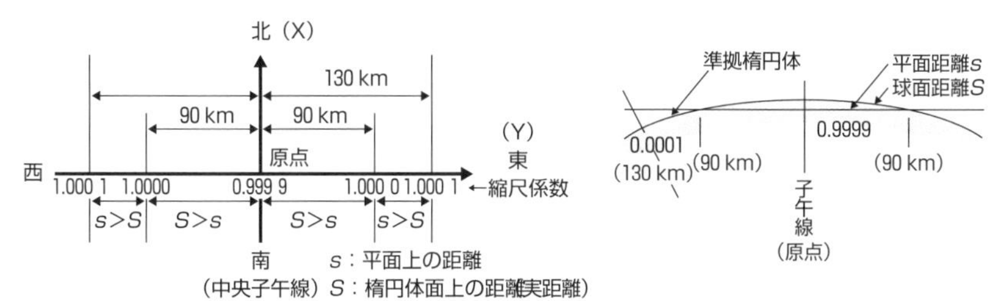

図６・８　縮尺係数（平面直角座標系）

(3)　**平面直角座標系**は，ガウス・クリューゲルの等角投影法により，球面座標から平面座標へ投影したものである。座標原点を通る子午線は等長に，図形は等角の相似形に投影される。距離については，原点から東西に離れるに従い平面距離が増大していく。

(4)　**平面直角座標の特徴**は，次のとおり。

①　適用範囲として，全国を19の区域に分ける（経度差１～２°）。

②　座標は縦軸X，横軸Yとし，座標原点はX＝０m，Y＝０mとする。

③　原点から東及び北方向を＋，西及び南方向を－の値とする。

④　座標原点より東西130 kmを適用範囲とする。

関連問題

平面直角座標系について，正しいものの組合せはどれか。

a．中央経線からそれと直交する方向に約180 km離れた点の縮尺係数は1.000 0である。

b．各座標系における原点の座標値は，X＝0.000 m，Y＝0.000 mである。

c．座標系のX軸上における縮尺係数は0.999 9である。

d．地球全体を６度幅ごとの経度帯に区分している。

e．投影法は，ガウス・クリューゲル図法である。

1．a，b，d　　2．a，b，e　　3．b，c，d
4．b，c，e　　5．c，d，e

関連問題の解説　平面直角座標系　　**解答　4**

P253，表６・１参照。aとdは，UTM図法に関するもの（但し，eは共通）である。

重要問題4 **UTM図法**　重要度★★

次の文は，ユニバーサル横メルカトル図法（UTM図法）について述べたものである。間違っているものはどれか。

1．この図法は，地球全体を6度幅の経度帯に分け，各経度帯についてガウス・クリューゲル図法で投影する図法である。

2．一つの経度帯において中央経線との経度差が同一の経線は，中央経線を軸として左右対称の形に投影される。

3．一つの経度帯を経緯線で区画に区切り，区画単位に投影して得られた地図は，そのすべてを平面上で裂け目なくつなぎ合せることができる。

4．この図法による座標系の原点は，中央経線と赤道との交点で，その座標値は北半球の場合 E=500 000 m，N= 0 mである。

5．縮尺係数は，中央経線上で0.999 9であり，中央経線から東西方向に約90 km離れた地点で1.000 0となる。

解説　**解答 5**

◎　**UTM図法**は，横メルカトル図法（ガウス・クリューゲル図法）に国際的な各種条件（UTMシステム）を加えたものである。

1．地球全体を6度幅の経度帯（ゾーン）に分け，各ゾーンについて**ガウス・クリューゲル図法**を投影する。

2．1つの経度帯の中では，経緯線を図郭とする地図の形が全部異なり，中央経線を軸として左右対称形に投影される。

3．1つの経度帯内で，経緯線を図郭とする地図は，裂け目なくつなぎ合せることができる。

4．**UTM図法**の座標系の原点は，中央経線と赤道との交点で，その座標値は，

① 北半球の場合，E=500 000 m=500 km，N= 0 m，

② 南半球の場合，E=500 000 m=500 km，$S=10^7$ m=10 000 kmである。

5．**縮尺係数**は，中央経線上で0.999 6であり，中央経線から東西方向に約180 km離れた地点で1.000 0で球面距離 S と平面距離 s が等しくなる。また，270 km付近で1.000 4に拡大され最大となる。

突破のポイント

1．UTM（ユニバーサル横メルカトル）図法

(1)　地球を経度6°ごとに60の帯（ゾーン）に分け，各経度帯の原点は，中央経

線（子午線）と赤道との交点とする。

(2) 各ゾーンの番号は，西経180°～174°のゾーンをNo. 1とし，東回りに6°ごとに番号をつけ，東経174°～180°のゾーンをNo.60とする。

(3) この投影の適用範囲は，北緯84°～南緯80°の範囲とする。

(4) この図法は，1/2.5万，1/5万の中縮尺の地形図等に用いられる。

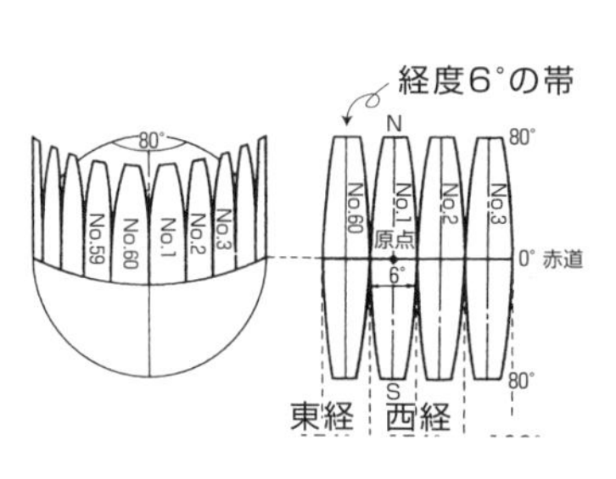

図6・9　UTM図法

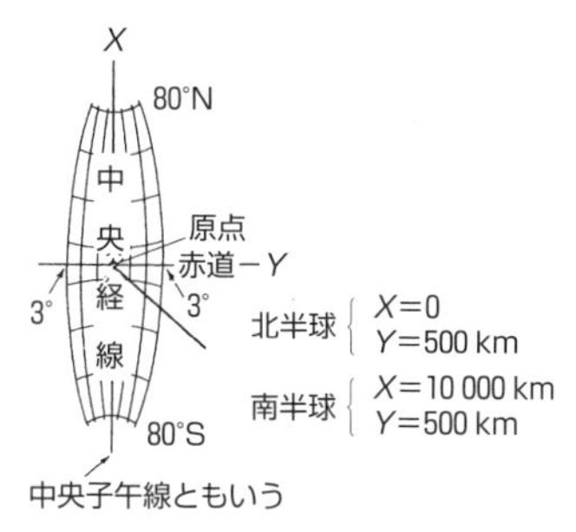

図6・10　UTM図法の座標原点

関連問題

次の文は，ユニバーサル横メルカトル図法（UTM図法）及び平面直角座標系について述べたものである。明らかに間違っているものはどれか。

1. UTM図法に基づく座標系の縮尺係数は，中央経線上において0.9996，中央経線から約180 km離れたところで1.0000である。
2. UTM図法に基づく座標系は，地球全体を経度差6°の南北に長い座標帯に分割し，各座標帯の中央経線と赤道の交点を原点としている。
3. UTM図法と平面直角座標系で用いる投影法は，ともに横円筒図法の一種であるガウス・クリューゲル図法である。
4. 平面直角座標系におけるX軸は，座標系原点において子午線に一致する軸とし，真北に向かう方向を正としている。
5. 平面直角座標系では，日本全国を16の区域に分けて定義されているが，その座標の原点はすべて赤道上にある。

関連問題の解説　UTM図法，平面直角座標系　　**解答 5**

P253，表6・1参照。平面直角座標系では，日本全国を19の区域に分け，19の座標ごとに原点を設けている。UTM図法の原点は，各ゾーンの中央経線と赤道の交点とする。

重要問題5 平面直角座標系とUTM図法

重要度★★

次の文は，UTM（ユニバーサル横メルカトル）図法と我国で用いられている平面直角座標系とに共通する性質を述べたものである。正しいものはどれか。

1．中央経線上の縮尺係数は，0.999 9である。
2．投影法としては，ガウス・クリューゲル図法を適用している。
3．適用範囲は，緯度84°N～80°Sである。
4．座標系の原点は，赤道と中央経線との交点である。
5．地球全体を6度幅ごとの経度帯に分け，この経度帯ごとに投影する。

解説

解答 2

UTM図法と日本の公共測量の座標である**平面直角座標系**（P113，19座標系参照）とに共通する性質は2点である。

① 投影法が共に**ガウス・クリューゲル図法**である。
② 高さの表示が共に**東京湾平均海面**からの高さである。

その他の要素の相異点は，表6・1（P253）に示すとおり。

関連問題

次の文は，我が国で一般的に用いられている地図の投影法について述べたものである。間違っているものはどれか。

1．ユニバーサル横メルカトル図法(UTM図法)を用いた地形図の図郭は，ほぼ直線で囲まれた不等辺四角形である。
2．ユニバーサル横メルカトル図法（UTM図法）は，中縮尺地図に広く適用される。
3．各平面直角座標系の原点を通る子午線上における縮尺係数は0.999 9であり，子午線から離れるに従って縮尺係数は大きくなる。
4．平面直角座標系は，横円筒図法の一種であるガウス・クリューゲル図法を適用している。
5．平面直角座標系は，日本全国を19の区域に分けて定義されているが，その座標系原点はすべて赤道上にある。

関連問題の解説　UTM図法，平面直角座標系

解答 5

座標系の原点は，19の座標系ごとに設けられる。赤道上に原点を設けるのは，UTM図法である。

突破のポイント

1．UTM図法と平面直角座標系の比較

(1)　**UTM図法**と**平面直角座標系**の比較は，表6・1のとおり。1/2.5万，1/5万の地形図（UTM図法）及び1/2 500，1/5 000の国土基本図（平面直角座標）の投影図法，1図葉の区画など整理しておくこと（P169，表4・3）。

(2)　UTM図法では，各図郭は不等辺四辺形となるが，同ゾーン内では完全につなぎ合わすことができ，継目に裂け目が残らない。

表6・1　国土地理院作成の大・中縮尺地図の各要素

要素＼地図の種類	1：2 500 国土基本図	1：5 000 国土基本図	1：25 000 地形図	1：50 000 地形図
投影図法	平面直角座標系		ユニバーサル横メルカトル図法 （UTM図法）	
図法の性質	正角（等角）図法（ガウス・クリューゲル図法）			
投影範囲	日本国土を19の座標系に分け，その座標系ごとに適用。		東経（又は西経）180°から東回りに経度差6°ごと，北緯84°～南緯80°の範囲に適用，これを経度帯（ゾーン）という。	
座標の原点	19の座標系ごとに原点を設けている。縦軸方向をX，横軸方向をYとし，原点の座標を$X=0$ m，$Y=0$ mとする。 X軸は，北を「+」，南を「−」。 Y軸は，北を「+」，南を「−」。		各ゾーンの中央経線と赤道との交点を原点，縦軸方向をN，横軸方向をE，原点の座標を$N=0$ m，$E=500\,000$ m（南半球では$N=10\,000\,000$ mとする）。 我国に関するもの（中央子午線） No.51（E 120°～126°）E 123° No.52（E 126°～132°）E 129° No.53（E 132°～138°）E 135° No.54（E 138°～144°）E 141° No.55（E 144°～150°）E 147°	
図郭線の表示	平面直角座標系による原点からの距離による表示。		経度及び緯度による表示。	
高さの表示	東京湾平均海面（ジオイド）からの高さ。			
縮尺係数	原点で0.999 9，原点から横座標で90 km離れた地点で1.000 0。		原点で0.999 6，原点から横座標で180 km離れた地点で1.000 0。	
距離誤差	1/10 000以内		4/10 000～6/10 000	
地図の大きさ	80 cm×60 cm （2 km×1.5 km）	80 cm×60 cm （4 km×3 km）	7′30″（経度差）× 5′（緯度差）	15′（経度差）× 10′（緯度差）
投影面積	3 km²	12 km²	約100 km²	約400 km²
等高線間隔	2 m	5 m	10 m	20 m
1図葉の形	長方形		不等辺四辺形	

重要問題６　**地形図の経緯度・図郭**　　　　基本事項

図はユニバーサル横メルカトル図法により投影された1/5万地形図の図郭を示したものである。この図の属す緯度帯の中央経線の経度は何度か。

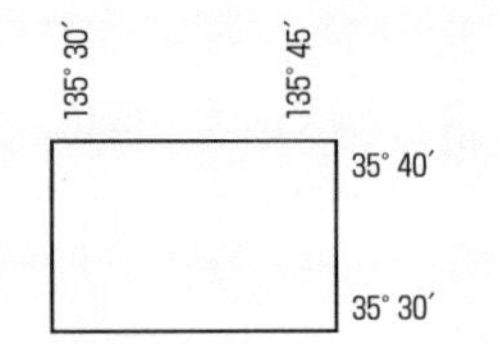

1．東経129°　　2．東経135°
3．東経141°　　4．西経129°　　5．東経132°

解説　　　　**解答　２**

(1)　東経135° 30′～135° 45′の地図が属する経度帯は，
180°（西経分）＋135° 30′＝315° 30′＝315.5°
315.5°÷6°≒52.6（切り上げ）で，No.53のゾーンである。
（ゾーン数）×6°－180°（西経の分）－(6°/2）＝中央経線の経度［東経の場合］

(2)　No.53の中央経線は，53×6°－180°－(6°/2）＝135°
故に，この地形図の属する経度帯の中央経線の経度は，東経135°である。

突破のポイント

1．国際1/100万，地勢図1/20万の図郭

(1)　経度差6°，緯度差4°の範囲を投影する図郭の大きさを**国際1/100万**という。記号NI－53（N：北緯，I：緯度32°～36°，53ゾーン，つまり，N32°～36°，E132°～138°の投影範囲）等で示される（P255参照）。

(2)　**国際1/100万の図郭**を６×６等分すると，**経度差1°**，**緯度差40′**の図郭ができ，この大きさが**1/20万の地勢図**（第１次メッシュ）となる。NI-53-14の14は36コマの14番目に該当する（図６・11参照）。

(3)　国際1/100万の地図は，正角割円錐図法（円錐を地球表面に交わらせて投影）を採用し，1/20万の地勢図は，UTM図法が採用されている。

経度：132°　133°　134°　135°　136°　137°　138°

31	25	19	13	7	1
32	26	20	14	8	2
33	27	21	15	9	3
34	28	22	16	10	4
35	29	23	17	11	5
36	30	24	18	12	6

緯度：36° 00′　35° 20′　34° 40′　34° 00′　33° 20′　32° 40′　32° 00′

図６・11　ＮＩ－53－14
（１/20万地勢図の図郭）

経度：135° 00′　135° 15′　135° 30′　135° 45′　136° 00′

13	9	5	1
14	10	6	2
15	11	7	3
16	12	8	4

緯度：35° 20′　35° 10′　35° 00′　34° 50′　34° 40′

図６・12　ＮＩ－53－14－８
（１/５万地形図の図郭）

2．地形図1/5万，1/2.5万の図郭

(1) 1/20万の地勢図（経度差 1°，緯度差 40′）を図6・12のように4×4等分すると，経度差 15′，緯度差 10′の**1/5万の地形図**の図郭となる。NI-53-14-**8**の**8**は16コマの8番目に該当する。

(2) 1/5万の地形図（経度差 15′，緯度差 10′）を図6・13のように2×2等分すると，経度差 7′ 30″，緯度差 5′ の**1/2.5万の地形図**の図郭となる（第2次メッシュ）。NI-53-14-8-**4**は4コマの4番目に該当する（図6・13参照）。

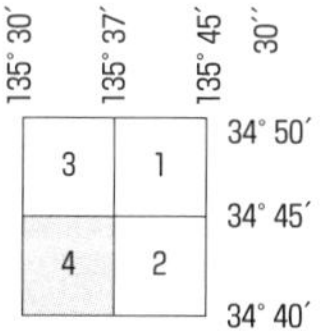

135° 30′　135° 37′ 30″　135° 45′

3	1
4	2

34° 50′　34° 45′　34° 40′

図6・13　NI－53－14－8－4
（1/2.5万地形図の図郭）

表6・2　地図の図郭

地図の縮尺	経度差	緯度差
1/100万　国際図	6°	4°
1/20 万　地勢図	1°	40′
1/5　万　地形図	15′	10′
1/2.5万　地形図	7° 30″	5′

関連問題

次の文は，東経135° 00′と136° 00′の経線及び北緯 34° 40′と 35° 20′の緯線を，ユニバーサル横メルカトル図法で縮尺1/200 000 に展開したときの経緯線の形について述べたものである。正しいものはどれか。

1．経線も緯線も直線である。
2．経線も緯線も曲線である。
3．一つの経線のみ直線で，他の経線と緯線は曲線である。
4．経線は曲線で，緯線は直線である。
5．経線は直線で，緯線は曲線である。

関連問題の解説　UTM図法の経緯線

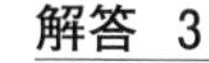
解答 3

(1) 東経135°00′の位置するゾーンは，
(135°＋180°)÷6＝52.5（No.53のゾーン）
53のゾーン（E 132°～138°）の経度帯の中央子午線の経度は135°である。

(2) この図葉の1つは，中央子午線に該当する。故に，中央子午線と赤道のみが直線で他のすべての**経緯度線**は曲線である。

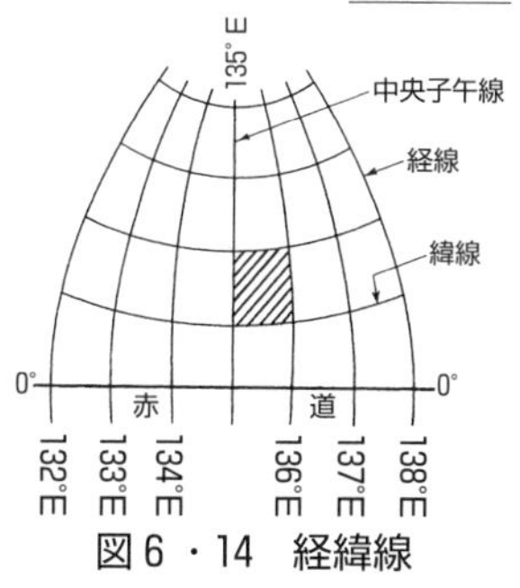

図6・14　経緯線

重要問題7　地形図の利用（経緯度の求め方）

重要度★★

図は，国土地理院刊行の電子地形図25 000の一部である。この図にある博物館の経緯度で最も近いものを次の中から選べ。

但し，表に示す数値は，図の中にある三角点の経緯度を表す。

表

経　度	緯　度
東経129° 58′ 06″	北緯33° 27′ 00″
東経129° 58′ 37″	北緯33° 26′ 33″

1．東経129° 57′ 49″　北緯33° 27′ 08″
2．東経129° 58′ 02″　北緯33° 26′ 43″
3．東経129° 58′ 14″　北緯33° 26′ 59″
4．東経129° 58′ 18″　北緯33° 27′ 12″
5．東経129° 58′ 27″　北緯33° 27′ 02″

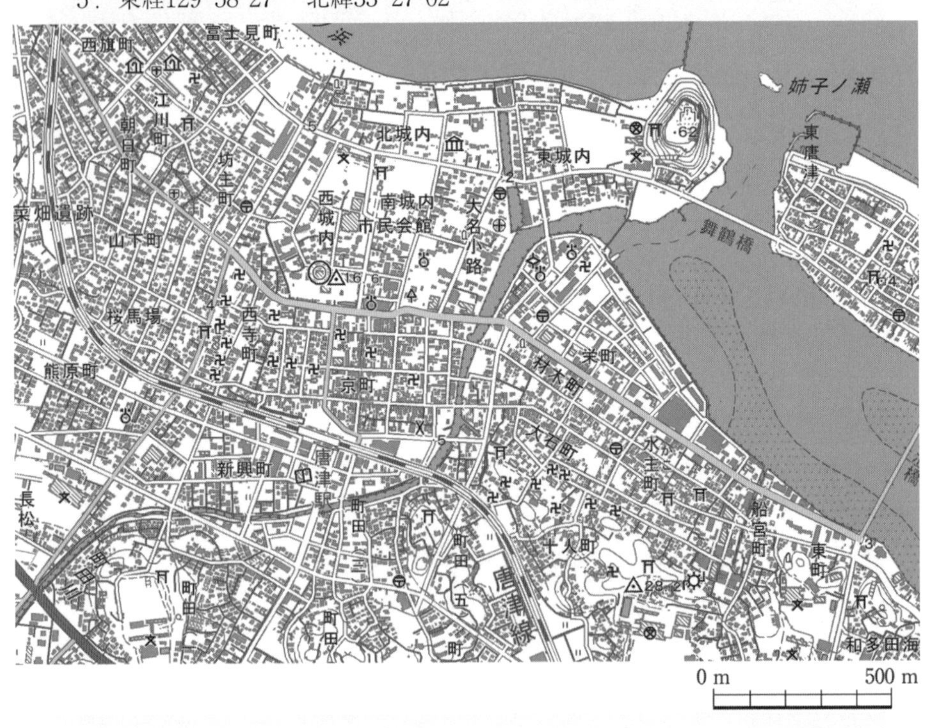

解説　　解答　4

電子地図（P262）には，P255に示す図郭線はない。与えられた表より求める。博物館（🏛），三角点△を確認し，図上距離を求める。

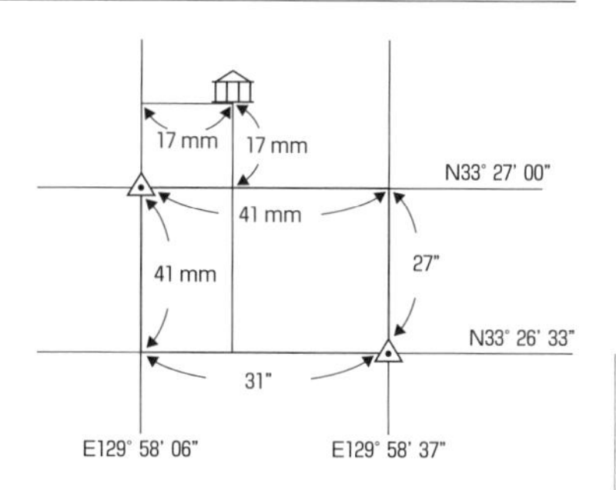

$$東経 = 129°\,58'\,06'' + \frac{17\ \mathrm{mm}}{41\ \mathrm{mm}} \times 31''$$

$$\fallingdotseq \underline{129°\,58'\,18''}$$

$$北緯 = 33°\,26'\,33'' + \frac{58\ \mathrm{mm}}{41\ \mathrm{mm}} \times 27''$$

$$\fallingdotseq \underline{33°\,27'\,11''}$$

突破のポイント

1．地形図から緯度・経度の求め方

図6·15に示す点Pの緯度 φ，経度 λ は次のとおり。

$$\left.\begin{aligned} 緯度\quad \varphi &= \varphi_1 + \frac{a}{\ell}(\varphi_2 - \varphi_1) \\ 経度\quad \lambda &= \lambda_1 + \frac{b}{d}(\lambda_2 - \lambda_1) \end{aligned}\right\} \quad 式（6·2）$$

但し，φ_1，φ_2：下線・上線の緯度
　　λ_1，λ_2：左線・右線の経度
　　a，ℓ：$\overline{\mathrm{NP}}$，$\overline{\mathrm{AB}}$の長さ
　　b，d：$\overline{\mathrm{AN}}$，$\overline{\mathrm{AC}}$の長さ

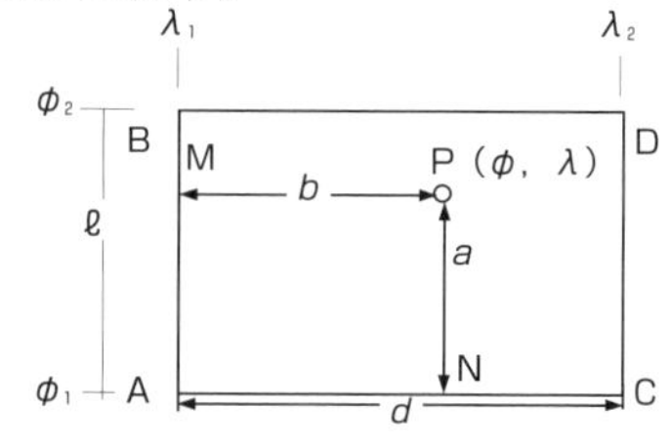

図6・15　経緯度の求め方

関連問題

図の点ＡＢＣＤは，1/25 000 地形図の図郭の四隅を示す。図におけるＰ点の経緯度値を求めるために必要な各点間の距離は，次のとおり。

$\overline{y_1y_2} = 45.2\ \mathrm{cm}$，$\overline{x_1x_2} = 36.8\ \mathrm{cm}$，$\overline{y_1\mathrm{P}} = 29.5\ \mathrm{cm}$，$\overline{x_1\mathrm{P}} = 14.8\ \mathrm{cm}$

Ｐ点の経緯度はいくらか。

1．経度139° 57′ 14″
　　緯度 35° 41′ 50″

2．経度139° 57′ 16″
　　緯度 35° 42′ 1″

3．経度139° 57′ 24″
　　緯度 35° 42′ 1″

4．経度139° 57′ 31″
　　緯度 35° 42′ 14″

5．経度139° 57′ 24″
　　緯度 35° 41′ 50″

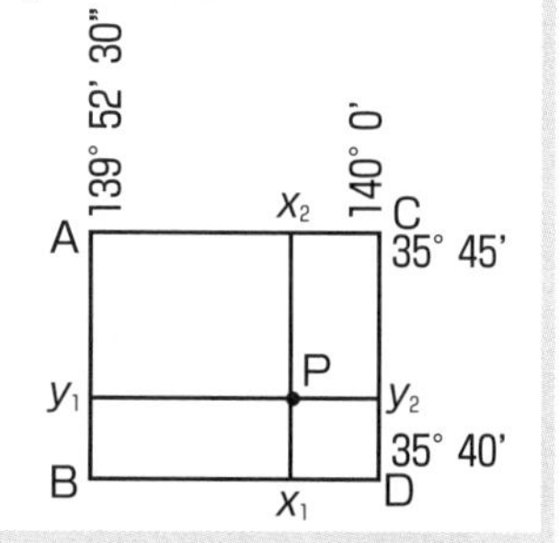

関連問題の解説　経緯度の求め方　　**解答 3**

経度＝139° 52′ 30″＋29.5 / 45.2×450″＝139° 52′ 30″＋4′ 54″＝<u>139° 57′ 24″</u>
緯度＝35° 40′＋14.8 / 36.8×300″＝35° 40′＋2′ 01″＝<u>35° 42′ 01″</u>

重要問題8　地図編集（取捨選択・総描・転位）　重要度★★

次の1～5は，国土地理院発行の1/25 000地形図を基図として，縮尺1/50 000地形図を編集するときの編集描画の順序について示したものである。適当なものはどれか。

1．三角点→道　路→河　川→建　物→行政界→植　生→等高線
2．三角点→河　川→道　路→建　物→行政界→植　生→等高線
3．三角点→道　路→建　物→河　川→等高線→植　生→行政界
4．三角点→河　川→道　路→建　物→等高線→行政界→植　生
5．三角点→道　路→河　川→行政界→建　物→等高線→植　生

解説　**解答　4**

(1)　既存の数値地形データや各種のデータ・資料を基図にして，新たな数値地形図データを作成することを**地図編集**という（準則第349条）。

(2)　公共測量，基本測量によって整備された地図（1/2 500及び1/5 000 国土基本図等）を**基図**として，中縮尺の地図を編集する場合，地図の精度の保持及び作業効率から，**編集描画の順序**は次のとおり。

①　基準点
②　骨格地物（河川・海岸線）
③　骨格地物（鉄道・道路）
④　建物・諸記号
⑤　等高線，行政界
⑥　植生界・植生記号

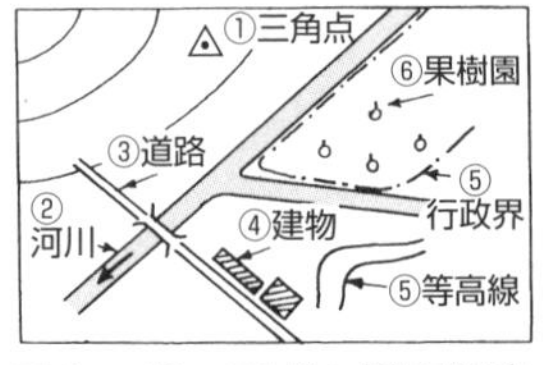

図6・16　図式と描画順序

(3)　編集は，**基準点**を最優先とし，次に自然の**骨格地物**である河川・水涯線等の水部，人工の骨格地物の鉄道・道路，そして建物などの順序に編集描画する。

突破のポイント

1．取捨選択・総合描示

(1)　小縮尺の地図では，地物や地形など表現できる内容・形状に限度があり，地図の内容を縮尺や目的に応じて省略しなければならない。これを地図編集における**取捨選択**という。

①　重要度の高い対象物を省略することのないようにする。
②　地域的な特徴の対象物は，特に留意し，編集図の目的を考慮する。

(2)　取捨選択によって採用する地物や地形が決まっても，基図どおりに表現

するとかえって複雑になり読図しにくいところが出てくる。基図の形態や特徴を保持した上でその形状を省略したり，縮尺に応じて現況を理解しやすいようにまとめて表現する。これを地図編集における**総描**という。

(3) 総描の一般的な原則は，次のとおり。

① 地形，地物の形状の特徴を損なわないこと。

② 現状の形状と相似性を失わない程度に総描する。

③ 必要に応じて形状を多少修飾して現況を理解しやすく総描する。

④ 山間部の細かい屈曲のある等高線は，地形の特徴を考慮して総描する。

3．転位

(1) 小縮尺の地図を編集する場合，地物が接近して真位置に表示することが困難となる。このような場合，必要最小限の移動を行い表示する（**転位**）。

(2) 真位置に編集描画すべき地物の優先順位は，次のとおり。

基準点→河川・海岸線→道路・鉄道→建物→等高線・行政界→注記。

① 基準点（水準点は除く）及び自然地物（河川，海岸線など）は転位しない。

② 自然地物と人工地物が近接するときは，自然地物を真位置に表示し，人工地物を転位する。

③ 有形線（海岸線，河川，鉄道など）と無形線（行政界，等高線など）が近接するときは，有形線を真位置に表示し，無形線を転位する。

④ 同程度の地物が近接するときは，両者の中間を中心線として双方を転位する。

4．注記

注記（文字・数値情報）は，地図に描かれているものを分かりやすくするため，地域・人工物・自然物等の固有の名称，標高，等高線数値に用いる。

関連問題

次の文は，一般的な地図編集における転位の原則について述べたものである。明らかに間違っているものはどれか。

1．三角点は転位しない。

2．道路と市町村界が近接する場合は市町村界を転位する。

3．一条河川は，原則として転位しない。

4．海岸線と鉄道が近接し，どちらかを転位する場合は海岸線を転位する。

5．転位にあたっては，相対的位置関係を乱さないようにする。

関連問題の解説　転位の原則　　**解答　4**

海岸線と鉄道が近接するとき，鉄道を転位する。

重要問題 9　**地図編集（基図・編集図）**　重要度★

次の文は，中縮尺地図の編集における表示の原則について述べたものである。間違っているものはどれか。

1．土地の利用状況は，一つの利用区分の範囲が地図に表示する面積の基準以下であっても，特に必要な場合には誇張して表示する。
2．三角点は，転位しないで表示する。
3．描画は，等高線，河川・海岸線，鉄道・道路，基準点，植生の順序で行う。
4．有形線（道路，河川など）と無形線（等高線，境界など）とでは，有形線を優先して表示する。
5．道路の小屈曲が連続して存在し，そのすべてを表示することが困難な場合には，その概況が適切に表現されるように総描して表示する。

解説　**解答 3**

1．**地図編集**は，骨格となる基図を縮小する関係上，基図の形状をそのまま表現することができない場合がある。このような場合，対象物の特徴を明確にするため，基図の特徴を誇張して表現し描画する。これを**総描**という。
2．電子基準点及び三角点の転位は許されない。
3．描画の順序は，基準点 ⇨ 海岸線・河川（自然物）⇨ 鉄道・道路（有形線）⇨等高線（無形線）⇨ 植生の順で行う。
4．**有形線**（道路，河川など）と**無形線**（等高線，境界など）では，有形線を優先して表示し，無形線は転位して表示する。
5．道路の小屈曲が連続して存在し，そのすべてを表示することが困難な場合には，**総描**して表示する。

突破のポイント

1．地図編集

(1)　**地図編集**とは，既成の数値地形図（**基図**）に基づいて新たな地図（**編集図**）を作成することをいう（準則第349条）。基図は，編集図よりも地図情報レベルの大きい地図を使用する（地図情報レベル2500 → 5000）。なお，基図は，空中写真（建物の機能・地物の名称，行政界の位置等不明）ではなく，既製図（地図情報項目が記載済み）を使用する。

(2)　地図編集は，使用目的・地図情報レベル，作成範囲，地図投影法，図式等を検討し，編集資料（基準点測量成果，空中写真，各種地図資料等）を参考に，図形編集装置を用いて編集原図データを作成する。

(3) 地図の縮尺が小さくなればなるほど表示対象物を真幅で表示することが困難となるため，地図記号を用いる。図式に基づいて表示対象物の省略，簡略，移動等の**取捨選択**，**総合描示（総描）**，**転位**を行う。

2．標示の一般原則

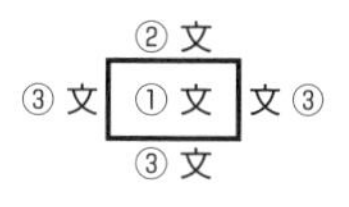

図6・17　建物記号

① 地図の縮尺や目的に応じて各事項を**取捨選択**し，**総描**を行う。図形は，現況を理解させるために多少誇張，**整飾表示**する。

② 形状の表現は，**正射影**（真上から見た形状）で表示する。

③ 平面位置の移動の許容範囲は図上 0.5mm 以内とする。

④ **建物記号**は図郭下辺に対し直立に表示し，表示の優先順は，建物の中央，建物の上方，建物の側方又は下方で表示する。

⑤ **正射影記号**（平面記号）は，図形の中心線（点）を**真位置**に表示する。**側面記号**は，影の部分を除いた下辺の中心を真位置に表示する。

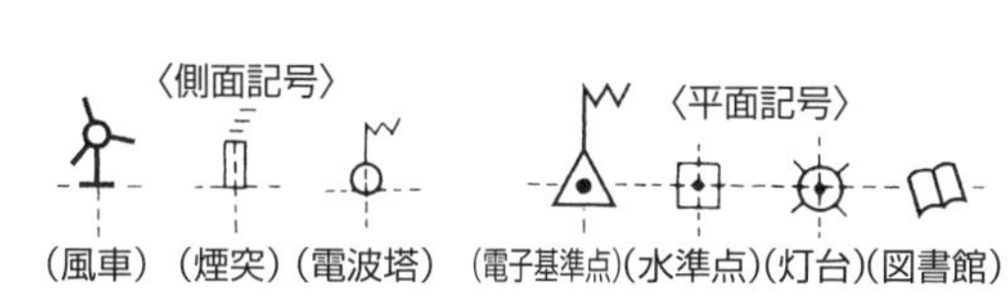

（破線の交点が真位置）
図6・18　記号の真位置

関連問題

国土地理院発行の1/25 000 地形図を基図として，縮尺1/50 000 の管内図を編集するときの地図記号の転位について，間違いはどれか。

1．河川と鉄道が近接して並行しているところでは，鉄道を真位置に表示し，河川を転位した。
2．境界と一条河川が近接して並行しているところでは，一条河川を真位置に表示し，境界を転位した。
3．記念碑と三角点が近接しているところでは，三角点を真位置に表示し，記念碑を転位した。
4．記号化して表示する二条道路（記号道路）の縁に水準点があるところでは，二条道路を真位置に表示し，道路の縁に水準点を転位した。
5．国道と鉄道が近接して並行しているところでは，両者の中央の位置を変えず，双方を転位した。

関連問題の解説　基図，編集図　　**解答 1**

自然物と人工物が隣接する場合，鉄道・道路等を転位して表示する。

重要問題10　電子地形図25000の概要

重要度★

次の図式の名称を［　　］内に記入しなさい。

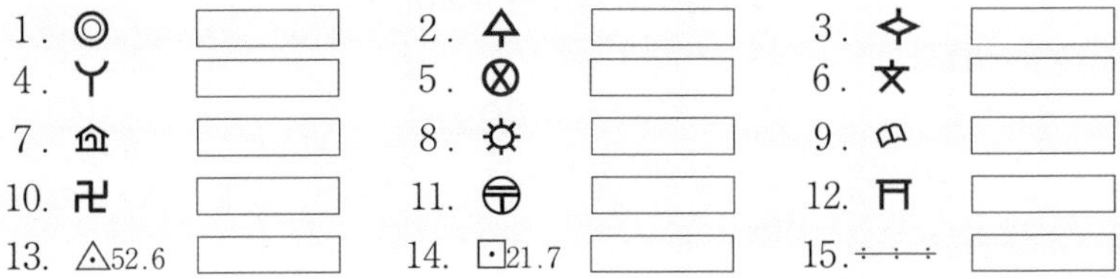

1. ◎ ［　　］	2. ［　　］	3. ［　　］
4. ［　　］	5. ⊗ ［　　］	6. 文 ［　　］
7. ［　　］	8. ［　　］	9. ［　　］
10. 卍 ［　　］	11. ［　　］	12. ［　　］
13. △52.6 ［　　］	14. ⊡21.7 ［　　］	15. ［　　］

解説

1．市役所（市町村役場は○），2．裁判所，3．税務署，4．消防署，5．警察署（交番は X），6．小・中学校（高等学校は⊗），7．老人ホーム，8．工場，9．図書館，10．寺院，11．郵便局，12．神社，13．三角点（標高52.6m），14．水準点（標高21.7m），15．送電線

突破のポイント

1．線の区分とその色彩

(1)　**図式記号**は，点と線の組合せである。地図の表示内容をより豊富に見やすくするため，線の太さ，線の種類（実線，破線，点線，鎖線）を変え，色で区分する。1/2.5万地形図では，線の太さは0.08 mm~0.40 mmで，色の区別は現行の3色（黒：地物，茶：等高線，青：水面）刷から電子地形図では多色刷や地形に陰影の付く多彩な色に表現する新しいタイプに移行している。但し，試験ではすべて黒となっている（黒と白の階調で判断する）。

(2)　同色の記号で表示される各種表示事項は，記号を重複してはならない。なお，各種の表示事項の形状には，平面図形と側面図形がある。平面図形は，記号の中心位置が真位置，側面図形は記号の下辺の中央が真位置である。

2．電子地形図25 000（電子地図）

(1)　地形図読図は，国土地理院刊行の電子地形図25 000が使用される。現在，国土地理院がインターネット（Web）で配信する**電子地図**へ移行している。

(2)　**電子地形図25 000**は，区画の範囲が固定されていた従来の紙地図1/25 000地形図と異なり，ユーザが必要とする場所が必要な大きさで提供される地図である。電子地形図25 000の図式は，従来の1/25 000地形図とほぼ同様である。

(3)　実距離の計測は，1/25 000地形図（紙地図）の場合は，「図上距離×縮尺の分母数」を掛けて求める。電子地図では，縮尺目盛が記載されており，図上距離と縮尺目盛との比例計算で求める。

(4) 対象地物の標高は，三角点（△52.6），水準点（⊡21.7），標高点（・124.7），及び等高線数値を手がかりに求める。電子地形図25 000の等高線間隔（主曲線）は，1/25 000地形図と同様10 mである。

(5) 対象地物の経緯度は，図郭の経緯度差から比例計算で求める。電子地形図では，図郭線がないので与えられた経緯度値から比例計算で求める。

(6) 傾斜角（θ）は，対象地物間の水平距離（L）と等高線等から求めた標高差（H）より，$\tan\theta = H/L$で求める。標高断面図の求め方は，次のとおり。

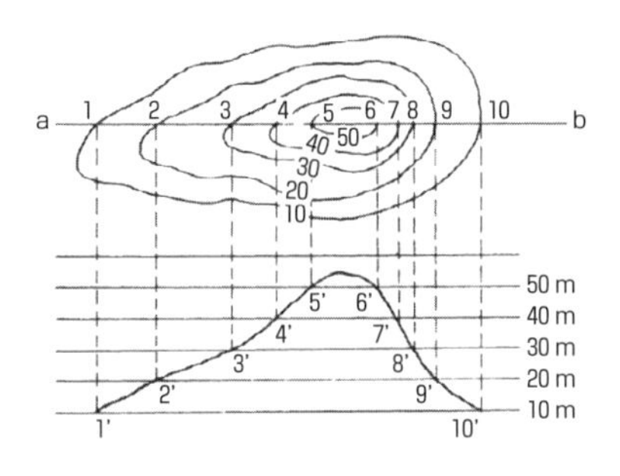

図6・19　断面図の作成

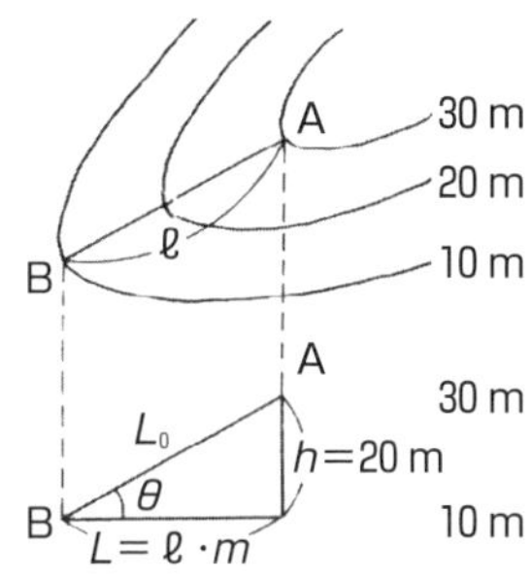

図6・20　距離の図上測定

関連問題

次の電子地形図25 000に示す建物記号を拾い出し，名称を記入しなさい。

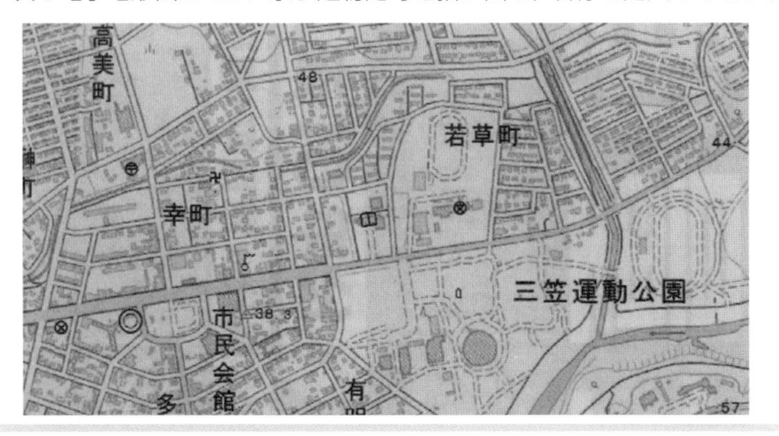

関連問題の解説　建物記号

左から⊗警察署，◎市役所，〒郵便局，卍寺院，📖図書館，⊗高等学校，Ω記念碑がある。なお，△標高38.3mの三角点，標高48 m，44 m，57 mを示す標高点がある。

重要問題11　**電子国土（地理院地図）**　　　　重要度★★

図は，地理院地図から国土地理院が提供している地図である。この図に表現されている内容について，間違っているものはどれか。

1．山麓駅と山頂駅の標高差は約250 mである。
2．税務署と裁判所の距離は約460 mである。
3．消防署と保健所の距離は約350 mである。
4．裁判所の南側に消防署がある。
5．市役所の東側に図書館がある。

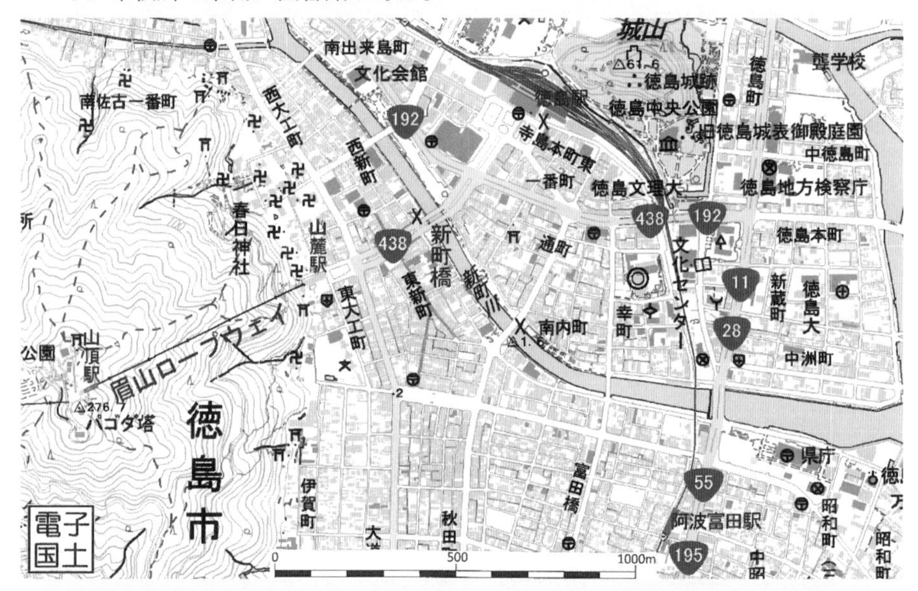

解説　　　　　　　　　　　　　　　　**解答　2**

◎　図上より，税務署（◇）と裁判所（△）の距離を測り，図上の縮尺目盛と対比すれば，距離270 mと判断できる。なお，1．山麓駅と山頂駅の標高差は，等高線（10m）が24本あり，約250 mである。

突破のポイント

1．電子国土基本図

(1)　**電子国土基本図**（地図情報）とは，道路，建物などの電子地図上の位置の基準である基盤地図情報（P191，表4・9）と，植生，崖，構造物などの土地の状況を表す項目をまとめたベクトル形式の基盤データ（数値地図）で，これまでの1/2.5万地形図に替わる新たな基本図である。

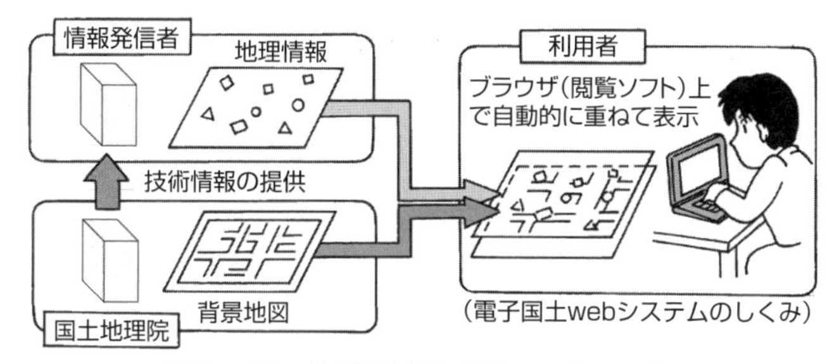

図6・21　地理院地図（電子国土Web）

(2)　電子国土は，基盤地図情報に土地の状況（地理情報）をまとめたベクトル形式のデータで，総合的な地理空間情報をもつ数値地図であり，コンピュータ上で再現するサイバ国土で，**地理院地図**（旧電子国土ポータル）で閲覧できる。

2．電子地形図 25 000

(1)　**電子地形図 25 000**は，国土地理院がインターネットで配信している電子国土Webの地図情報レベル25 000の地図であり，地図記号は1/25 000地形図と同様である。

(2)　**地理院地図**は，場所・位置に関する様々な情報の提供者と利用者を繋ぎ，情報を相互に利用しあう「電子国土」Webサイトをいう。利用者は，必要な情報を探し，目的に応じて加工し，利用することができる。

(4)　電子国土基本図は，**基盤地図情報**と統合した情報から成る。従来の1/2.5万地形図の更新は，今後，電子国土基本図に基づいて行われる。

(5)　電子国土では，縮尺の概念がなくコンピュータ上で自由に縮小拡大ができるため，スケールが標示されている。

3．地理情報システム，電子国土Webシステム

(1)　**地理情報システム**（GIS，Geographic Information System）は，地図データベース（基盤となる地形の骨格，白地図）に，地理的な様々な情報検索，情報分析，編集，分析結果の地図・グラフ表示機能を加え，地域の各種の調査・分析・表示を可能とする（P189，図4・13参照）。

(2)　**電子国土Webシステムの機能**：①スクロール（上下左右に移動），②拡大・縮小，③座標指定による表示，④縮尺指定による表示，⑤シンボル，線，面表示，⑥文字表示，⑦リンク先の属性表示，⑧グラフ（棒，折れ線）表示，⑨距離，面積の計測，⑩座標計測など。

重要問題12　図式の概要1（道路・鉄道記号）

重要度★

次の文は，国土地理院発行の1/25 000地形図の描示について述べたものである。間違っているものはどれか。

1．道路記号の中心線と道路の真位置の中心線は，必ず一致して描示する。
2．三角点は，記号の中心を真位置に描示する。
3．鉄道記号の中心線と鉄道の真位置の中心線とは，一致させないで描示する場合もある。
4．河川と鉄道が近接して並行している場合は，河川を真位置に表示し，鉄道を転位して描示する。
5．記号道路とは，道路の幅員，路面の状態等に応じて分類した各種の道路に対し，一定の記号で表示する道路をいう。

解説

解答 1

1．**道路**は，原則として，**道路記号**の中心線と道路の真位置の中心線とを一致して表示する。但し，道路に近接して他の自然地物がある場合は，道路を転位して表示する。
2．**三角点**は，記号の中心を真位置に表示し，その**標高数値**（45.2等の小数点表示）を付記する（P272，図6・30）。
3．鉄道の中心線は，道床の中心線を**正射影**で表示する。但し，自然の有形線と隣接する場合は，鉄道等の人工の有形線を転位する。
4．河川（自然物）は真位置に表示し，鉄道（人工物）は転位して表示する。
5．**記号道路**とは，道路の種類，幅員によって一定の記号で表示する道路である。図6·23のような道路記号で表示する。

突破のポイント

1．道　路

(1) **道路**の表示は，**真幅道路**と**記号道路**とに区分して表示する。**真幅道路**とは，道路幅を1：2.5万に縮小して1.0 mm（実幅25 m）以上，街路では0.4 mm（実幅10 m）以上について，縮尺化して表示する。（1/2.5万の地形図では，ほとんどが記号道路で表示される。）

(2) **国道**（一般国道・高速道路）は，褐色の網点で表示し，国道番号を記入して表示する。**有料道路**は有料道路記号で表示する。

(3) 府県道，町道，地方道については，幅員3 m以上の道路（**二条道路**）は，原則としてすべて表示する。幅員1.5m～3 mの道路（**一条道路**）は，地域の状況を考慮して，重要度の低い軽車道は，省略する。

⑷　**建設中の道路**は，現地調査時に建設中の道路で，幅員３m以上のものに適用する。

⑸　道路に接する**住宅の表示**は，二条道路と一条道路により表示が異なる。

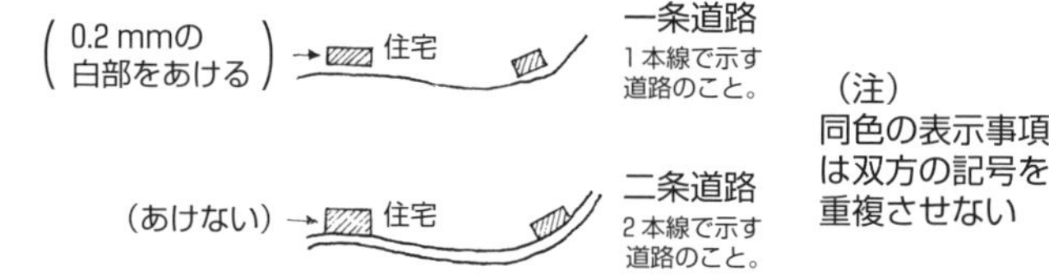

図６・22　住宅の表示法

2．鉄　道

⑴　**鉄道**は，普通鉄道・地下鉄及び地下鉄道・路面の鉄道・特殊軌道・リフト等に区分して表示する。

⑵　**普通鉄道**は，JR線とそれ以外の線に区分し，それぞれ単線・複線以上・貨物線に分けて表示する。

⑶　建設中の鉄道は，現地調査時に建設中のものは適用する。

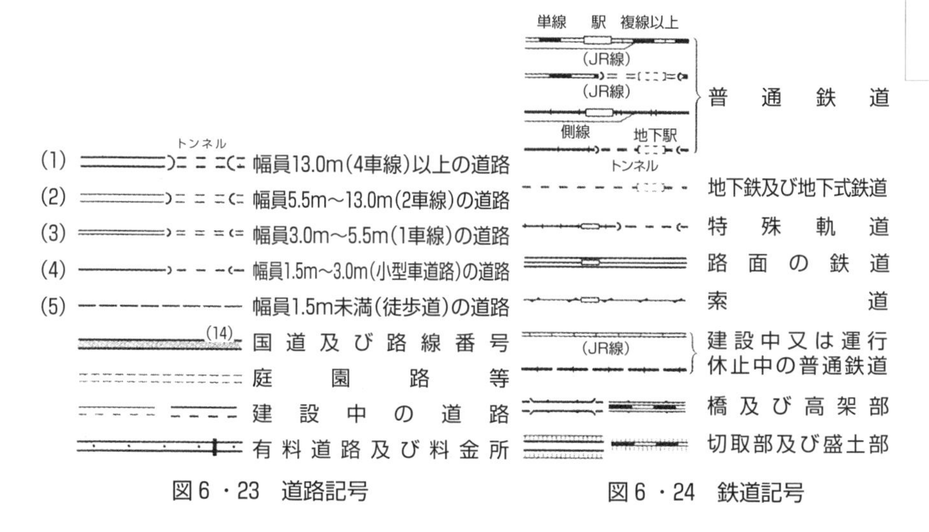

図６・23　道路記号　　図６・24　鉄道記号

〔読図のポイント〕

地形図は，北が上，東が右となる。地形図に表示される地形・地物は，すべて記号化されている。図式記号は，形・大きさ・線の太さ・線の種類・色彩で表示する。

重要問題13　図式の概要２（建物記号）

重要度★

図は，地理院地図として国土地理院が提供している図（一部改変）である。次の文は，この図に表現されている内容について述べたものである。間違っているものはどれか。

1．両神橋と忠別橋を結ぶ道路沿いに交番がある。

2．常磐公園の東側には図書館がある。

3．旭川駅の建物記号の南西角から大雪アリーナ近くにある消防署までの水平距離は，およそ850 mである。

4．図中には複数の老人ホームがある。

5．忠別川に掛かる二本の橋のうち，上流にある橋は氷点橋である。

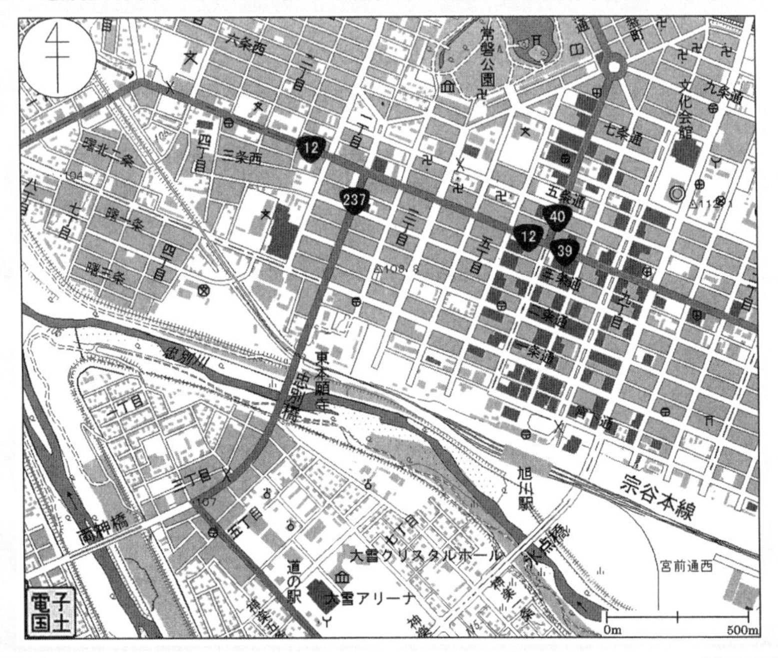

解説

解答　4

1．2．4．**地理院地図**（P265）参照。建物記号：交番（X），図書館（📖），消防署（Y），老人ホーム（⌂）。図中，老人ホームはどこにも見当たらない。

3．図上距離 ℓ ＝3.2 cm，縮尺目盛500 mが1.9 cm，

$$\frac{\ell}{x}=\frac{1.9\text{cm}}{500\text{m}}\qquad \therefore x=\frac{500\text{m}\times\ell}{2.2\text{cm}}=\frac{500\text{m}\times 3.2\text{cm}}{1.9\text{cm}}\fallingdotseq 842\text{ m}$$

5．河川の流水方向（→）から，氷点橋が上流となる。

突破のポイント

1．建物等の表示，建物記号

(1)　**建物**は，**①独立建物**，**②中高層建物**，**③建物類似**の構築物に区分して表示する。公共施設は建物記号を添えて表示する。

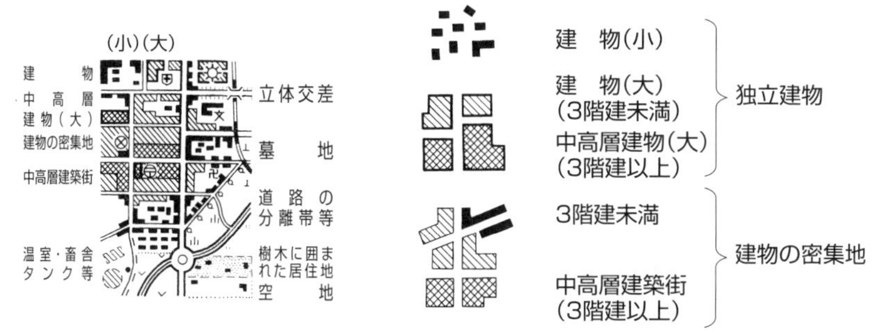

図６・25　建物の表示

(2)　**建物記号**は，地形図に表示された建物のうち，その用途，機能を示す必要がある場合，その建物にそえて表示する。建物記号は，次の区分に表示する。なお，建物記号は，その建物の向きにかかわらず常に図郭下辺に対して直立するように表示する。

市役所	税務署	消防署	小・中学校	発電所	神社
町村役場	病院	警察署	高等学校	工場	寺院
官公署(注)	保健所	交番	森林管理所	図書館	郵便局
裁判所	気象台	自衛隊	老人ホーム	博物館・美術館	

（注）官公署のうち，特定の記号のないもの

図６・26　建物記号

2．地図情報（位置情報，地理情報）

(1)　地形図の図形から読み取る**位置情報**

①　点情報……三角点，水準点，標高点，ダム，建物記号など。

②　線情報……道路，鉄道，河川，海岸線，境界線，送電線，等高線など。

③　面情報……土地の利用系（市街地，集落，耕地），地形（等高線の形状）。

(2)　地形図から読み取る**地理情報**

①　行政名，施設名，地名，山岳・河川の名称など。

②　位置（三角点），高さ（水準点，標高点），岸高，比高等より地形を知る。

③　三角点，標高点，電子基準点，高塔等は真位置である。

④　水準点，道路・鉄道，建物，等高線，行政界等は，相対位置である。

重要問題14 図式の概要3（水部・陸部の地形記号） 重要度★

図式規程に関して，間違っているものはどれか。

1．1/25 000 地形図において，主曲線とは平均海面又は湖等の水面標高から換算して20 mごとに表示する等高線，等深線をいう。

2．細かい屈曲のある等高線は，地形の特徴を考慮して総描する。

3．1/10 000 地形図では，傾斜角 60°，法面の長さ 8 mのがけは，正射影で表示することができる。

4．水涯線は，河川と湖沼の場合は平水時の，海の場合は満潮時の位置を描示する。

5．1/10 000 地形図の等高線間隔は 2 ～ 4 mとすることが多い。

突破 **解答 1**

1．1/2.5万の地形図では，**等高線・等深線の主曲線間隔**は，10mで表示する。なお，1/5万の地形図の主曲線間隔は20 mである。

2．細かい屈曲のある等高線は，現地の景況と相似性を失わないよう地形の特徴を考慮して総描する。

3．1/1万の地形図では，傾斜角60°，法面（のり）の長さ 8 mのがけ（急斜面）は，正射影（図上のがけの長さ $\ell = 8 \times 10^3\,\mathrm{mm} \times \cos 60° / 10^4 = 0.4\mathrm{mm} \geqq 0.2\mathrm{mm}$）で表示可能である。

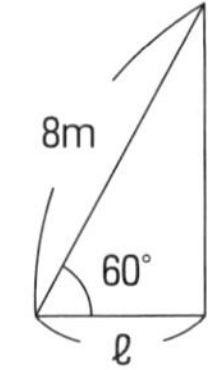

4．**水涯線**は，河川・湖沼等陸水部において平水時，海部においては満潮時における正射影で表示する。

5．1/1万の地形図の等高線間隔は，基本的に 2 m間隔であるが，**山岳部**では 4 m間隔で表示する。

突破のポイント

1．等高線・等深線

(1) **等高線**と**等深線**は，主曲線・計曲線・補助曲線に区分して表示する（表示できない場合は，がけ・岩等の記号)。等高線間隔は，傾斜が一様な場合には等しく，急傾斜地では狭くなり，緩傾斜地では広くなる（P193）。

(2) **主曲線**は，平均海水面又は湖等の水面標高から起算して一定の標高ごとに細い実線（0.08 mm）で表示する等高線及び等深線である。

(3) **計曲線**は，等高線の読図を容易にするため，主曲線の 5 本目ごとに太い実線（0.15 mm）で描き，等高線を間断して標高を記入する。

(4) **補助曲線**は，主曲線で表現でない部分は，主曲線間隔の1/2の間隔（補助曲線）と1/4の間隔（特殊補助曲線）で表示する（0.08 mmの細い破線）。

表６・３　地形図の等高線間隔　［単位　m］

縮尺 / 等高線の種類	1/2 500	1/5 000	1/10 000 基本	1/10 000 山岳	1/25 000	1/50 000
主曲線	2	5	2	4	10	20
補助曲線	1	2.5	1	2	5	10
	0.5	1.25	—	—	2.5	5
計曲線	10	25	10	20	50	100

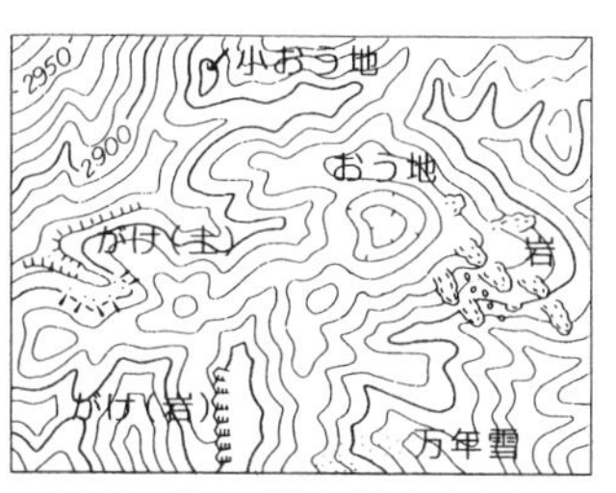

図６・27　等高線の表示

2．河川及び湖・海等

(1)　水部の地形は，河川・湖・海等の水涯線のほか流水方向・滝・かれ川・干がた及び湖の水面標高・等深線の記号を表示する。

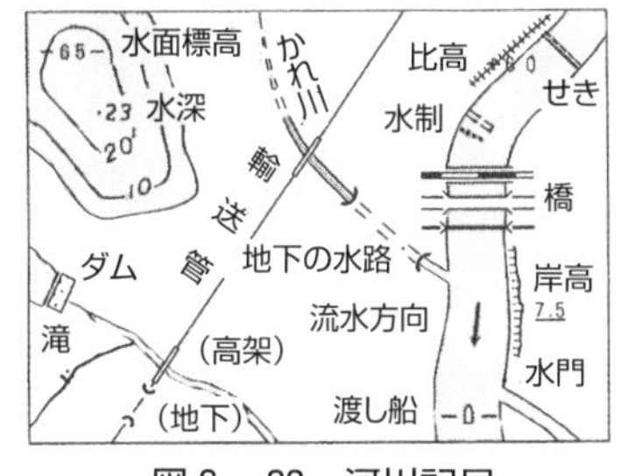

図６・28　河川記号

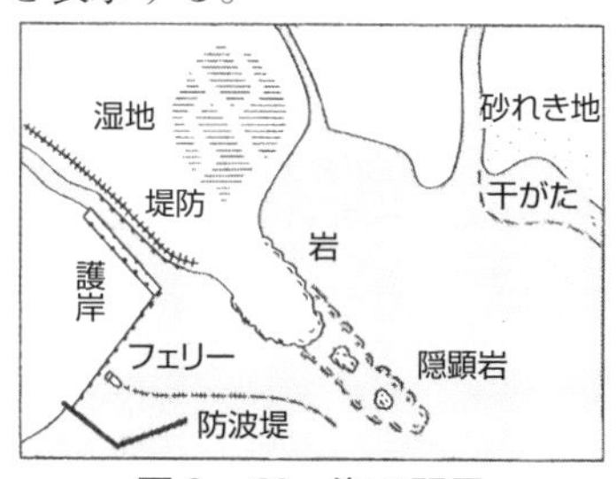

図６・29　海の記号

(2)　水涯線は海部では満潮時，河川・湖は平水時の正射影で表示する。

(3)　平水時の幅員が1.5 m以上の河川については表示する。平水時の幅５m以上のものは**二条河川**，これに満たないものは**一条河川**で表示する。

(4)　河川や湖において季節的に水涯線の位置が著しく変化するもの，水涯線が判然としないものは**不定水涯線**（平水時に予測される位置）で表示する。

関連問題

1/25 000の地形図の等高線について，間違っているものはどれか。

1．主曲線は，必ず閉塞して描示しなければならない。
2．主曲線の等高線間隔は10 mで，常に一定間隔である。
3．補助曲線は，必ずしも閉塞して描示しなくてよい。
4．等高線の標高数値は，平均海水面を基準とする。
5．おう地を示す等高線は，必ずしも閉塞して描示しなくてもよい。

関連問題の解説　等高線の性質　**解答　5**

おう地を示す等高線は，必ず閉塞して表示しなければならない（P193）。

重要問題15　図式の概要4（基準点，植生等の記号）　　基本事項

表は，国土地理院発行の縮尺1/25 000地形図に表示されている記号とその名称とを組合せたものである。正しいものはどれか。

1.	記　号	・123	—123—	⊡　123.4
	名　称	標高点（現地測量による）	水面標高	水　準　点
2.	記　号	⇧	◇	⊗
	名　称	税　務　署	裁　判　所	警　察　署
3.	記　号	ȸ	ılı	∴
	名　称	果　樹　園	畑	茶　畑
4.	記　号	♂	・ ： ・ ： ・ ：	≡
	名　称	高　塔	せ　き	温　泉
5.	記　号	⚐	△	━・━━・━━・
	名　称	電子基準点	三　角　点	都府県界

解説　　　解答　5

1．**標高点**（現地測量によるもの）⇒・123.4（小数第一位まで表示する）。
　　　　　（写真測量によるもの）⇒・123　（整数で表示する）。

2．税務署⇨◇（ソロバンの玉を示している），裁判所は⇧である
　　裁判所⇨⇧（高札を示し，古い記号「⇧掲示場」から変形したものである）

3．畑　　⇨∨（種子から発芽した2枚葉），ılıは荒地の記号である。

4．高塔　⇨⌑（高塔を上方より見下ろして脚が出ているイメージ）
　　電波塔　⇨♂（アンテナと電波の組合せ）
　　温泉・鉱泉⇨♨（温泉の湯気と湯壷のイメージ）
　　噴火口・噴気口⇨≡（火口と噴煙を組合せたもの）

5．三つとも正しい記号で表示されている。

> 図式記号はその物のイメージで表示される物が多い（P275）

突破のポイント

1．種々の目標物記号

(1)　種々の目標物とは，現地と地図と位置を照合する各種の人工物及び基準点等をいう。目標物記号は**正射影**による**平面記号**と**側面記号**がある。

(2)　**基準点**は，電子基準点・三角点・水準点・標高点に区分し，1/2.5万の地形図では，現地測量による標高点，写真測量による標高点を表示する。

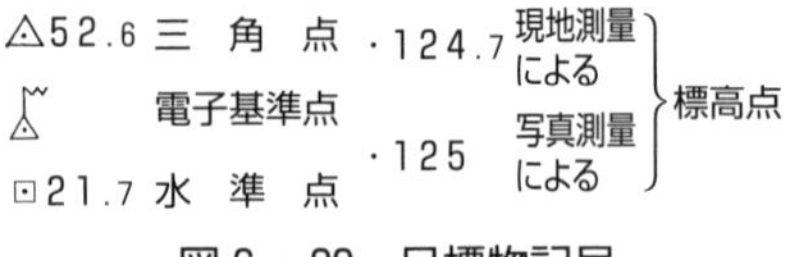

△52.6　三　角　点　　・124.7　現地測量による ｝標高点
⚐　　　電子基準点
⊡21.7　水　準　点　　・125　写真測量による

図6・30　目標物記号

⌑	高塔
⌂	記念碑
	煙突
	電波塔
	風車
☼	灯台
	城跡
∴	史跡名勝天然記念物
	噴火口・噴気口
♨	温泉・鉱泉
⚒	採鉱地
	採石地
⌒	坑口
⚓	重要港
⚓	地方港
⚓	漁港
―┼―┼―	送電線
―┬―┬―	へい
▥▥▥	石段

図6・31　種々の目標物

植生	記号	植生	記号
田		荒地	
畑		その他の樹木畑	
果樹園		広葉樹林	
桑畑		針葉樹林	
茶畑		ハイマツ	
竹林		ヤシ科樹林	
笹地			

図6・32　植生記号

2．植生記号

植生とは，地表面の植物の種類及びその覆われている状態をいう。植生は，その区分（既耕地と未耕地及び異なる既耕地間）に従ってその境を**植生界**の記号で表示する（図6・32）。

3．比高，岸高，水面標高，水深記号

小さな地域の高低差については，その周辺を基準面として数値で表示する。陸部では平たん地を基準として土堤・岸やくぼ地の比高（－3，＋4.5）を，川や湖では平水時の水面標高（－15－）を基準として岸高や水深を表示する。

4．境界（行政界）記号

境界とは，地方自治法で定める行政区画の境をいう。境界記号は境界の真位置と記号の中心線が一致するように表示する。異種の境界記号が重複する場合には，図6・33の順位で表示する。

①―・―・―　都府県界
②―・・・―　支庁界
③―・・―・・―　郡市界
④―・―・―・―　町村界

図6・33　境界記号

関連問題

1/25 000地形図に用いる記号に，平面図形と側面図形のものがある。平面図形でないものはどれか。

1．水準点　2．高塔　3．煙突　4．坑口　5．灯台

関連問題の解説　平面図形，側面図形　**解答　3**

個々に独立して描かれる記号には，平面図形（中心が真位置）と側面図形（記号の下辺が真位置）がある。煙突は，側面図形である（P261，図6・18）。

重要問題16 電子地形図25 000の読図　　　　重要度★★

図は，国土地理院刊行の1/25 000 地形図の一部である。次の文は，この図に表現されている内容について述べたものである。明らかに間違っているものはどれか。

1．龍野新大橋と鶏籠山の標高差は，およそ190 mである。
2．龍野のカタシボ竹林は，史跡，名勝又は天然記念物である。
3．龍野橋と龍野新大橋では龍野新大橋の方が下流に位置する。
4．裁判所と税務署では税務署の方が北に位置する。
5．本竜野駅の南に位置する交番から警察署までの水平距離は，およそ1,190 mである。

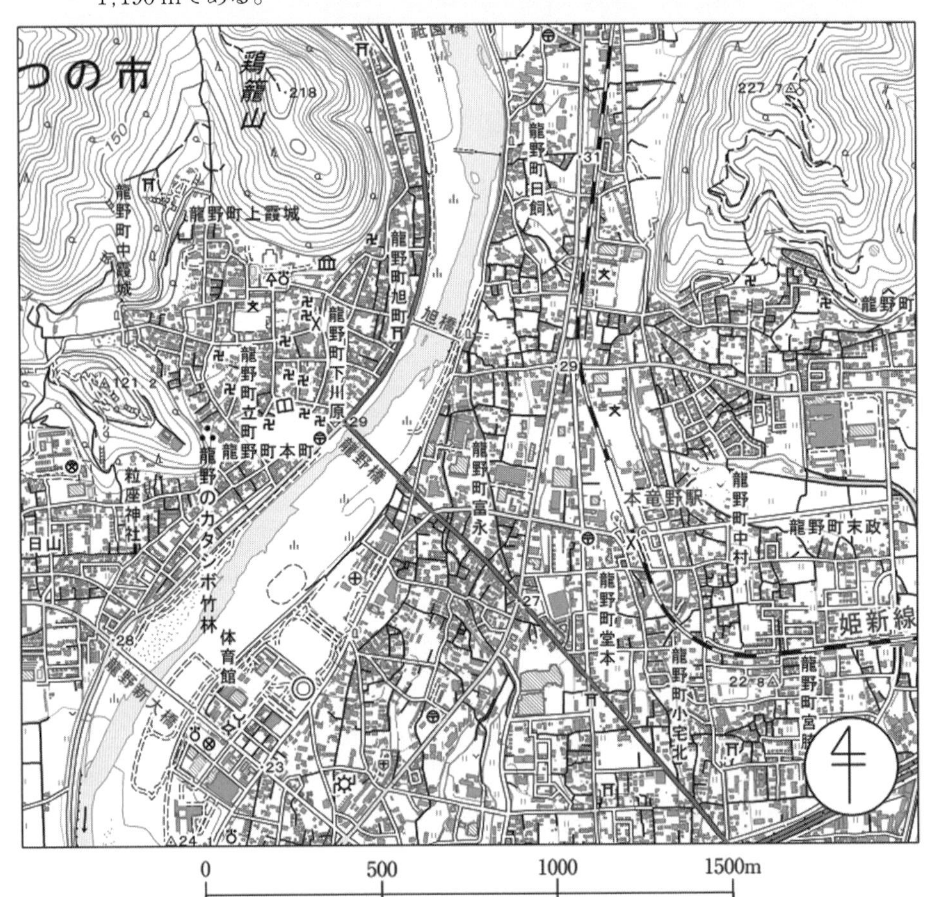

解説　　**解答　4**

1．鶏籠山の標高点（・218 m），龍野新大橋の標高点（・28 m），その高低差は190 mである。

2．目標物記号（∴）は，史跡名勝天然記念物を示す。

3．河川の流水方向（↓）又は両橋の標高点（・29）と（・28）より，龍野新大橋が下流になる。

4．裁判所（个）は図中左上に，税務署（✧）は図中左下にある。裁判所が北に位置する。

5．交番（X）と警察署（⊗）の図中の距離5.7 cmを標尺目盛（500 mが2.4 cm）にあてると5.7 cm×500 m / 2.4≒1190 mとなる。

表6・4　記号形の起源（覚え方）

△ 三角点……各三角点を結んだ三角網の一部。	記念碑……石碑の正面形。
⊡ 水準点……水準点標石の上面の形。	煙　突……煙突の側面形と煙の組み合せ。
官公署……「公」の文字形。（古い書体）	電波塔……アンテナと電波の組み合せ。
个 裁判所……高札。「揭示場」から変形。	⌗ 油井・ガス井……「井」の文字形。
✧ 税務署……そろばんの玉。	✲ 灯　台……光源の平面形と光線の組み合せ。
米 営林署……「木」の文字形。（古い書体）	⌒ 坑口・洞口……トンネルや坑道の入口。
⊤ 気象台……風速計。	城　跡……築城の経始（工事をするときの縄ばりの形）の一部
X 駐在所・派出所……警棒（六尺棒）の交差。	
⊗ 警察署……警棒の交差を丸で囲んだ。	⊥ 墓　地……立型の墓標（石塔）
Y 消防署……消防用のさすまた。	自衛隊……旗。「陸軍の兵営」から変形。
⊕ 保健所……赤十字章を丸で囲んだ。	噴火口・噴気口……火口と噴煙の組み合せ。
〒 郵便局……郵便局のマークを丸で囲んだ。	॥ 田　……稲を刈取ったあとの切りかぶ。
🏛 博物館……東京国立博物館の建物の形。	ó 果樹園……りんご，なしなどの果実。
📖 図書館……開いた書籍。	桑　畑……桑の木の象形。
☼ 工　場……歯車。	∴ 茶　畑……茶の実。
発電所・変電所……歯車と電鍵の組合せ。	∨ 畑・牧草地……種子から発芽した二枚葉。
文 小・中学校……「文」の文字形。	Q 広葉樹林………樹形から記号化。
⊗ 高等学校……「文」を丸で囲んだ。	Λ 針葉樹林………樹形から記号化。
⊞ 病　院……旧軍隊の衛生隊符号と赤十字章。	↓ はいまつ地……樹形から記号化。
⛩ 神　社……鳥居の正面形。	竹　林…………竹の葉から記号化。
卍 寺　院……まんじ（仏教のシンボルマーク）	しの地…………竹林記号の変形。
高　塔……角錐形鉄塔などの射影形。	荒　地…………雑草の象形。

重要問題17　地理情報システム（GIS）

重要度★★

次の文は，様々な地理空間情報をGISでの処理及び数値データの特徴について述べたものである。明らかに間違っているものはどれか。

1．過去の市町村の行政界データを重ね合わせて，市町村合併の変遷を視覚化するシステムを構築する。
2．コンビニエンスストアの位置情報と，詳細な人口分布データ等を利用し，任意の地点から指定した距離を半径とする円内に出店されているコンビニエンスストアの数や居住人口を計算することで，新たなコンビニエンスストアの出店計画を支援する。
3．ネットワーク解析による最短経路検索には，一般にベクタデータよりラスタデータの方が適している。
4．スキャナで読み込んだ紙地図の画像データに含まれる等高線をラスタ・ベクタ変換して，等高線のベクタデータを作成する。
5．ベクタデータは，点，線，面を表現でき，いずれの場合も属性を付加することができる。

解説

解答　3

◎　**地理情報システム**（GIS）とは，コンピュータ上で位置に関する情報（地理空間情報）を加工・管理し，視覚的に表示し，高度な分析や迅速な判断を可能にする技術である（P186参照）。

1．2．GISの機能として，複数のベクタデータを重ね合せて表示することができる（P189，レイヤ構造）。市町村合併の変遷を視覚化及び各種の位置情報とその属性情報を重ね合せて，エリアマーケティングなどの統計解析を行うことができる。

3．GISで扱うデータ形式は，ラスタデータ（画像データ）とベクタデータ（図形データ）がある。ベクタデータは，点，線，面の座標値に，それぞれの属性情報を付けるため，ネットワーク解析に適している。

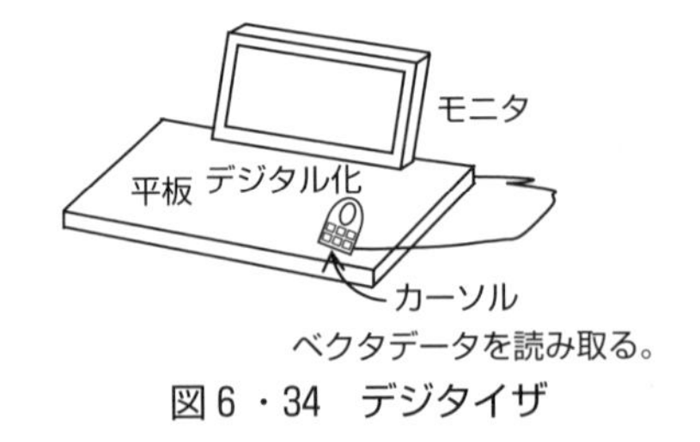

図6・34　デジタイザ

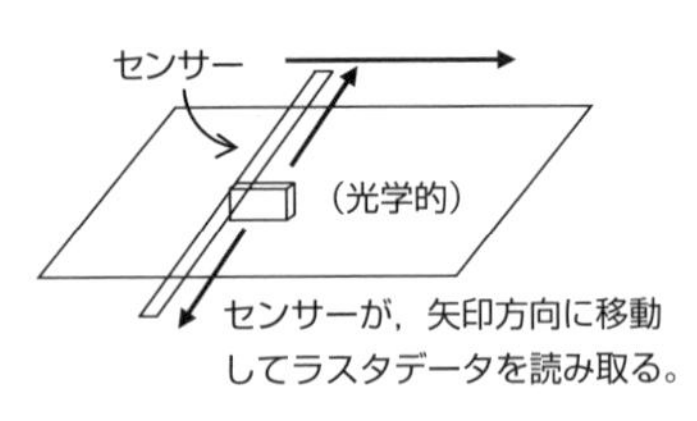

図6・35　スキャナ（センサー）

突破のポイント

1．地理情報システム（GIS）

(1) **地理情報システム**（Geographic Information System）は，地図データベースに，地理的な様々な情報検索，情報分析，編集，分析結果の地図・グラフ表示機能を加え，地域の各種の調査・分析・表示を可能とする。自然・社会・経済地理データ等の項目別の管理単位を**レイヤ**（P189）という。

(2) 管理単位として，ある地点・ある線からx km以内の情報検索，ある閉じた区域内の情報検索など，編集・分析機能として，情報の分類や統合，その結果の数値化，統計解析など，地図・グラフ表示機能として，得られた情報の地図・グラフ・分析表の表示，メッシュマップ，等高線図，**コロプレスマップ**（階級区分図，統計単位ごとの数量を色別表示）の作成・表示などの検索が可能となる。

関連問題

次の文は，ラスタデータとベクタデータについて述べたものである。明らかに間違っているものはどれか。

1．ラスタデータは，ディスプレイ上で任意の倍率に拡大や縮小しても，線の太さを変えずに表示することができる。
2．ラスタデータは，一定の大きさの画素を配列して，写真や地図の画像を表すデータ形式である。
3．ラスタデータからベクタデータへ変換する場合，元のラスタデータ以上の位置精度は得られない。
4．ベクタデータは，地物をその形状に応じて，点，線，面で表現したものである。
5．道路中心線のベクタデータをネットワーク構造化することにより，道路上の2点間の経路検索が行える。

関連問題の解説　ラスタデータ，ベクタデータ　　**解答　1**

ラスタデータは，行と列に並べられた画素の配列によって構成される画像データであり，ディスプレイ上で拡大・縮小した場合，画線の太さが変わる。

ベクタデータは，座標値をもった点列によって表現される図形データをいい，点（ポイント），線（ライン），面（ポリゴン）で構成され，それぞれ属性を付与することができ，GISによるネット解析に適している（P186）。

重要問題18 地理空間情報の活用（ネットワーク解析）　　重要度★★

次の文は，防災分野における地理空間情報の利用について述べたものである。明らかに間違っているものはどれか。

1．災害対策の基本計画を立案するため，緊急避難場所データを利用することとしたが，緊急避難場所は，地震や洪水など，あらゆる種別の災害に対応しているとは限らないことから，対応する災害種別が属性情報として含まれるデータを入手した。
2．最短の避難経路の検討を行うため，道路データを入手したが，ネットワーク化された道路中心線データでは経路検索が行えないので，ラスタデータに変換して利用した。
3．洪水による浸水範囲の高精度なシミュレーションを行うため，航空レーザ測量により作成されたデータを入手したが，建物の高さが取り除かれた数値標高モデル（DEM）だったことから，三次元建物データを合わせて利用した。
4．地震や洪水などの災害による被害を受けやすい箇所を推定するため，過去の土地の履歴を調べる目的で，過去の地図や空中写真のほか，土地の成り立ちを示した地形分類データを合せて利用した。
5．土砂災害や雪崩などの危険箇所を推定するため，数値標高モデル（DEM）を利用して地形の傾斜を求めた。

解説　　**解答　2**

⑴　地理情報システム（GIS）では，さまざまな地理空間情報（位置情報，地理情報）を層（レイヤ）に分けて管理することにより，ライフライン管理システムやネットワーク解析による最短経路検索などができる。

⑵　ネットワーク解析による最短経路検索は，ベクタデータが適している。ベクタデータは，点（ポイント，交差点データ）と線（チェイン，道路線データ）で座標値をもち，ネットワーク連結により地理的要素を表現できる（P184）。ラスタデータでは，ネットワーク連結を行うことができない。

⑶　地理情報システムでは，地理空間情報に，点，線，面に対応した地形，地物，注記等を示す属性情報を結び付け，利用者の用途・目的に合ったシステムとする。

突破のポイント

1．ラスタ・ベクタ変換

①　**中心線法**は，線の輪郭線の対をベクタ化して対ベクタの中心線ベクタを求める（P189，図4・14）。

② **細線化法**は，ラスタデータで得られた線の幅を順に細くしていき，1画素の幅を持った線にしてベクタデータに変換する。

③ ラスタデータは，重ね合わせが容易なので，背景画像として用いられることが多い。ラスタデータからベクタデータに変換する場合，元のラスタデータ以上の位置精度は得られない。

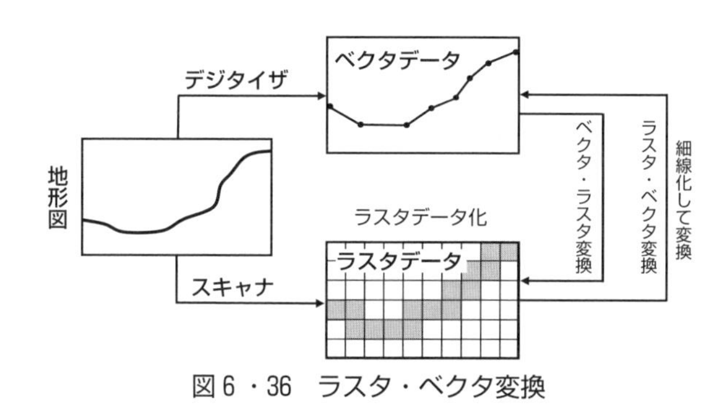

図6・36　ラスタ・ベクタ変換

関連問題

ベクタデータとラスタデータについて，間違っているものはどれか。

1. ラスタデータからベクタデータへ変換する場合，元のラスタデータ以上の位置精度は得られない。
2. 衛星画像データやスキャナを用いて取得したデータは，一般にラスタデータである。
3. ネットワーク解析による最短経路検索には，一般にベクタデータよりラスタデータの方が適している。
4. ベクタデータには，属性を持たせることができる。
5. ラスタデータは，背景画像として用いられることが多い。

関連問題の解説　ベクタデータ，ラスタデータの特徴　**解答　3**

(1) ベクタデータは，点と線で座標値をもっており，ネットワーク結合によって地理的要素が表現できるが，ラスタデータは，ネットワーク連結を行うことは困難である。したがって，ラスタデータは，ネットワーク解析による最短経路検索には適さない。

(2) ベクタデータの作成は，地図上の点や線の情報をデジタイザで計測して，座標値・座標列（方向性）及び属性情報をもたせる。ラスタデータは，各画素ごとにコード化したもので，スキャナ（画像を光学的に読み込む）で入力し，デジタル（ベクタデータ）に変換する。

重要問題19　地理空間情報（メタデータ）

重要度★

次の文は，地理空間情報の利用について述べたものである。［ア］～［エ］に入る語句の組合せとして適当なものはどれか。

地理空間情報をある目的で利用するためには，目的に合った地理空間情報の所在を検索し，入手する必要がある。［ア］は，地理空間情報の［イ］が［ウ］を登録し，［エ］がその［ウ］をインターネット上で検索するための仕組みである。
［ウ］には，地理空間情報の［イ］・管理者などの情報や，品質に関する情報などを説明するための様々な情報が記述されている。

	ア	イ	ウ	エ
1．	地理情報標準	作成者	メタデータ	利用者
2．	クリアリングハウス	利用者	地理情報標準	作成者
3．	クリアリングハウス	作成者	メタデータ	利用者
4．	地理情報標準	作成者	クリアリングハウス	利用者
5．	メタデータ	利用者	クリアリングハウス	作成者

解説

解答　3

地理空間情報の利用方法については，次のとおり。

(1)　(ア)クリアリングハウスは，地理空間情報の(イ)作成者が(ウ)メタデータを登録し，(エ)利用者がその(ウ)メタデータをインターネット上で検索する仕組みである。

(2)　(ウ)メタデータは，地理空間情報の(イ)作成者・管理者などの情報や品質に関する情報などを説明するための様々な情報が記述されている。

突破のポイント

1．地理空間情報

(1)　**地理空間情報**は，空間上の特定の地点又は区域の位置を示す情報（**位置情報**）及び位置情報に関連付けられた情報（**地理情報**）をいう（P191参照）。

(2)　**地理情報システム**（GIS）は，空間の位置に関連づけられた自然，社会，経済などの様々な地理空間情報を総合的に処理・管理及び加工・分析するための情報システムである。地理情報システムでは，数値化された地図データや属性データをコンピュータ上で一元管理して，それを加工し高度な分析をすることができる。

2．メタデータ

(1)　**メタデータ**は，地理空間データの種類，所在，内容等について説明したデータ（カタログ情報）である。記載する項目は，データの概要，データの整備範囲，データの品質情報，問い合わせ先，データの配布情報，引用情報などである（IT用語）。

(2)　メタデータには，地理空間情報の作成者・管理者などの情報や品質に関する情報などを説明するための様々な情報が記述されている。

3．クリアリングハウス

(1)　**クリアリングハウス**は，インターネット上で活用したい空間データの所在を検索する仕組み（YahooやGoogle等の検索エンジン）をいう。

(2)　利用者は，クリアリングハウスに登録されているメタデータの中に記述されている情報をもとに検索を行うことができる。

関連問題

次の文は，地理情報標準に基づいて作成された，位置に関する情報を持ったデータ（以下「地理空間情報」という。）について述べたものである。間違っているものはどれか。

1．ベクタデータは，点，線，面を表現できる。また，それぞれに属性を付加することができる。

2．衛星画像データやスキャナを用いて取得した地図画像データは，ベクタデータである。

3．鉄道の軌道中心線のような線状地物を位相構造解析に利用する場合は，ラスタデータよりもベクタデータの方が適している。

4．地理情報標準は，地理空間情報の相互利用を容易にするためのものである。

5．空間データ製品仕様書は，空間データを作成するときにはデータの設計書として，空間データを利用するときにはデータの説明書として利用できる。

関連問題の解説　地理空間情報　　**解答　2**

衛星画像データやスキャナを使用して取得した**地図画像データ**は，ラスタデータである。なお，デジタイザ（P276，図6・34）を使用して数値化したデータは，ベクタデータである。

重要問題20　ハザードマップ　重要度★

次の文は，ハザードマップについて述べたものである。明らかに間違っているものはどれか。

1．地震・洪水などの災害をもたらす自然現象を予測して，想定される被害の種類・程度とその範囲をハザードマップに示した。
2．地震・洪水災害など災害の種類に応じたハザードマップを作成した。
3．洪水災害のハザードマップの使用を希望した者がハザードマップを作成した自治体の職員ではなかったので，使用を許可しなかった。
4．地域の土地の成り立ちや地形・地盤の特徴，過去の災害履歴などの情報を用いてハザードマップを作成した。
5．最新の基図データを使用したハザードマップの作成を，公共測量として実施した。

解説　**解答　3**

1．**ハザードマップ**とは，自然災害による被害の軽減や防災対策に使用する目的で，被害想定区域や避難場所・避難経路などの防災関連施設の位置などを表示した地図（主題図）である。
2．ハザードマップには，自然災害（洪水，土砂災害，地震，津波，火山災害など）に応じた地図が作成される。
3．ハザードマップには，被害想定区域や避難経路が記載されており，広く利用されなければ何の意味も持たない。
4．ハザードマップの作成には，その地域の土地の成り立ちや地形・地盤の特徴，過去の災害履歴，避難場所・避難経路などの情報を盛り込む必要がある。
5．ハザードマップの作成を公共測量として実施する場合は，国土地理院へ測量法による手続を行う。

突破のポイント

1．ハザードマップ

(1)　**ハザードマップ**（被害予想地図）は，自然災害による被害を予測し，その被災範囲を地図化したものである。
　①　洪水ハザードマップ：破堤等の河川氾濫，水害，治水等の河川浸水など。
　②　土砂災害：土石流の発生渓流，がけ崩れの危険地など。
　③　地震災害：液状化現象が発生する範囲，大規模な火災が発生する範囲。
　④　津波浸水・高潮：浸水地域，高波時通行止め箇所など。
(2)　ハザードマップは，位置情報データに各種のデータを重ね合せ結び付け（リンゲージ）て作成する。

2．地理情報システム

(1) 地理情報システム（GIS）は，コンピュータ上で位置に関する情報（地理空間情報）を加工・管理し，視覚的に表示し，高度な分析や迅速な判断を可能にする技術である。GISでは，次のことが可能である。

① 地図上で距離，重心座標，面積などの幾何学的計測
② 上下水道管・ガス管等の位置等ライフラインの管理システム
③ 災害対策の分析・被害情報の管理等の防災情報システムの構築
④ 人口分布・顧客データより，商圏調査・出店計画への活用
⑤ 最短経路の探索，道路ネットワーク分析

関連問題

N市では，津波，土砂災害，洪水のハザードマップや各種防災に関する地理空間情報を利用できるGISを導入した。次の文は，こうした地理空間情報をGISで処理することによってできることや，GISでの処理方法について述べたものである。明らかに間違っているものはどれか。

1．河川流域の地形の特徴を表した地形分類図に，過去の洪水災害の発生箇所に関する情報を重ねて表示すると，過去の洪水で堤防が決壊した場所が旧河道に当たる場所であることがわかった。
2．津波ハザードマップと土砂災害ハザードマップを重ねて表示すると，津波が発生した際の緊急避難場所の中に，土砂災害の危険性が高い箇所があることがわかった。
3．住民への説明会用に，航空レーザ測量で得た数値表層モデル（DSM）を用いて，洪水で水位が上昇した場合の被害のシミュレーション画像を作成した。
4．標高の段彩図を作成する際，平地の微細な起伏を表すため，同じ色で示す標高の幅を，傾斜の急な山地に比べ平地では広くした。
5．災害時に災害の危険から身を守るための緊急避難場所と，一時的に滞在するための施設となる避難所との違いを明確にするため，別の記号を表示するようにした。

関連問題の解説　洪水のハザードマップ　　**解答　4**

位置情報データに段彩図（**コロプレスマップ**，地形を立体的に標高を色分けした地図）の同色の標高幅を調整し，重ね合わせることはできない。

地図記号一覧
(平成25年 2万5千分1地形図図式)

◎　地形図を作成する際の約束事について，図解で示したものを**図式**，文章で示したものを**図式規程**という。読図をする上で，以下の図式は覚えておく必要がある。

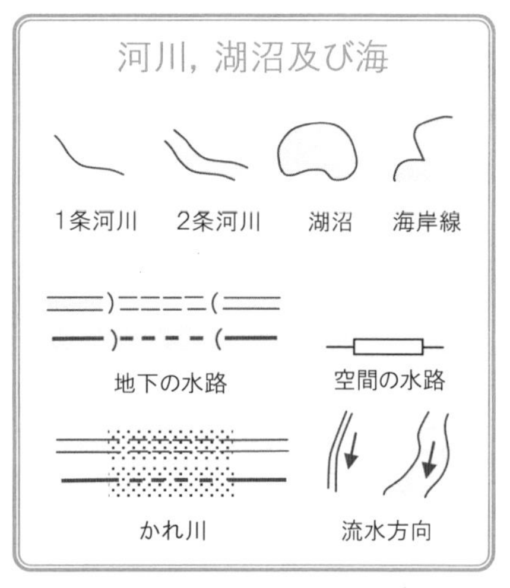

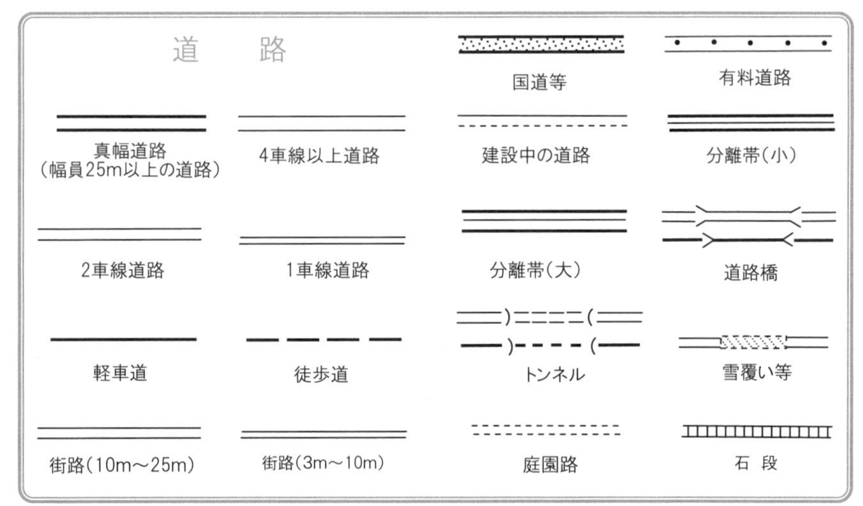

(注) 表示内容を見やすくするため，線の太さ・種類及び３色（青：河川等水に関するもの，茶：地形表現，黒：その他。但し，試験ではすべて黒。）で表示する。

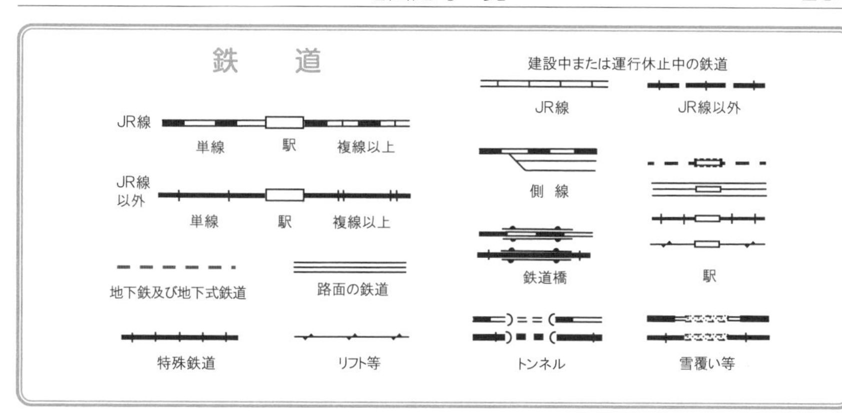

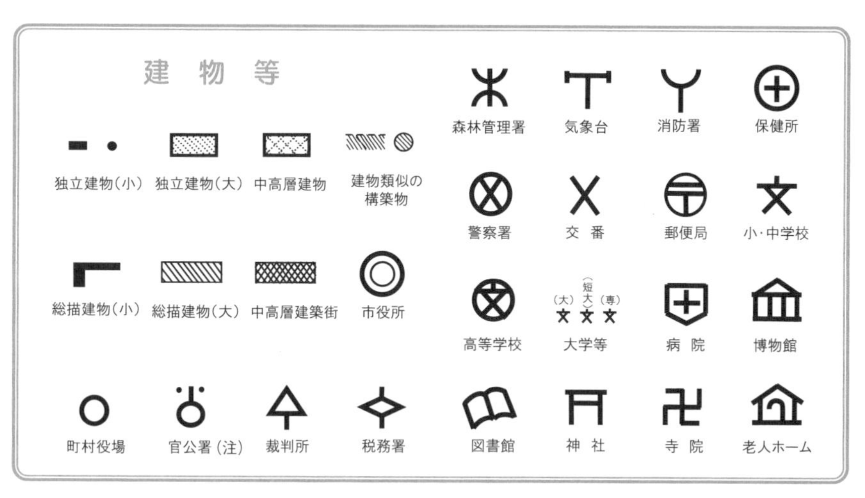

（注）官公署のうち，特定の記号のないもの

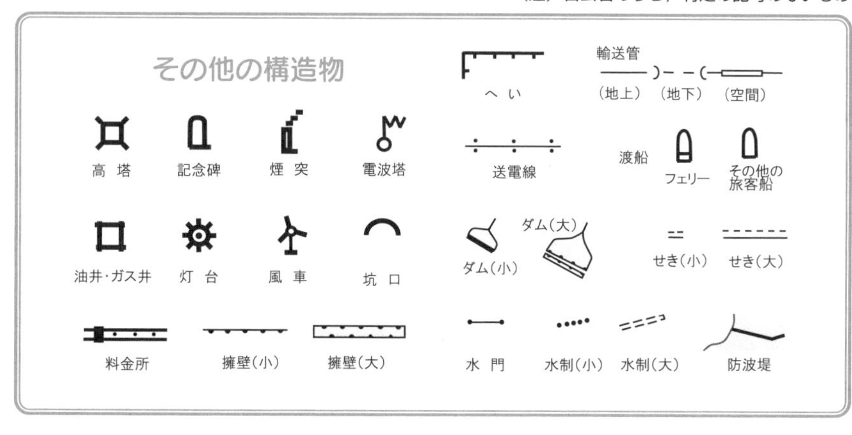

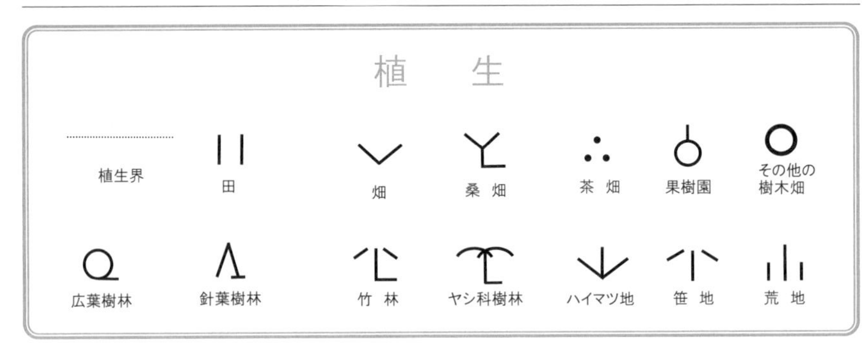
植　生
植生界
田
畑
桑　畑
茶　畑
果樹園
その他の樹木畑
広葉樹林
針葉樹林
竹　林
ヤシ科樹林
ハイマツ地
笹　地
荒　地

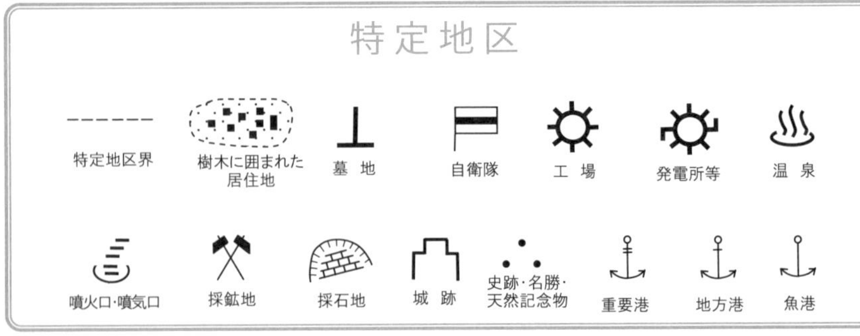
特定地区
特定地区界
樹木に囲まれた居住地
墓　地
自衛隊
工　場
発電所等
温　泉
噴火口･噴気口
採鉱地
採石地
城　跡
史跡･名勝･天然記念物
重要港
地方港
漁港

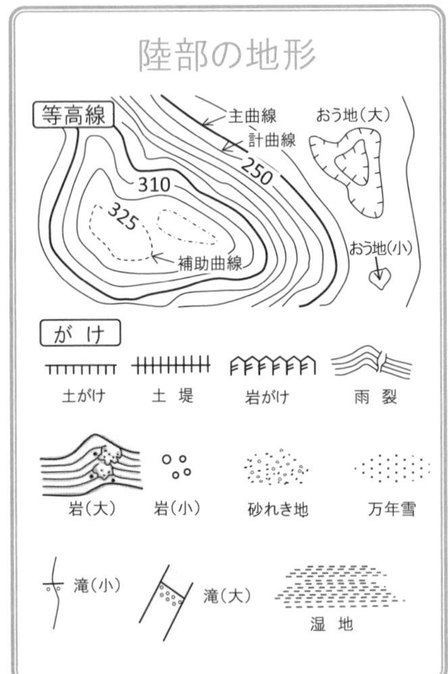
陸部の地形
等高線
主曲線
計曲線
おう地(大)
250
310
325
補助曲線
おう地(小)
がけ
土がけ
土　堤
岩がけ
雨　裂
岩(大)
岩(小)
砂れき地
万年雪
滝(小)
滝(大)
湿　地

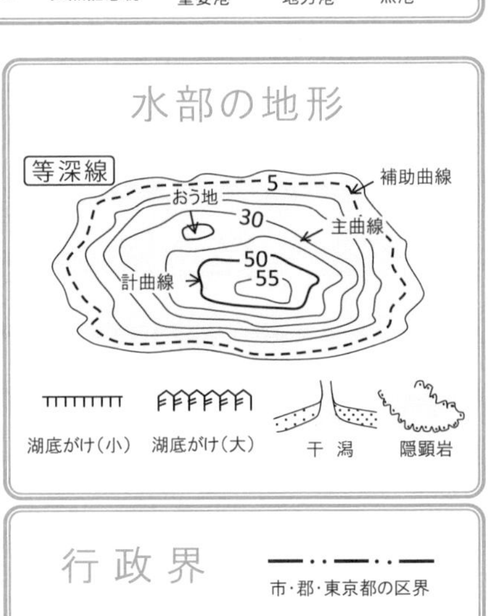
水部の地形
等深線
5
補助曲線
おう地
30
主曲線
50
55
計曲線
湖底がけ(小)
湖底がけ(大)
干　潟
隠顕岩

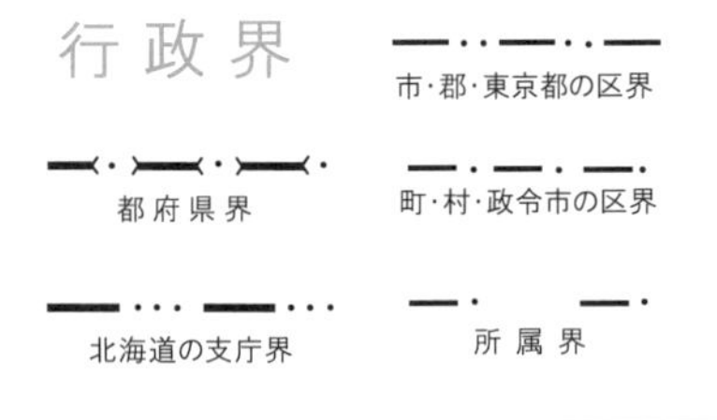
行政界
市･郡･東京都の区界
都府県界
町･村･政令市の区界
北海道の支庁界
所属界

第6章
演習問題

まとめ,確認
繰り返しTry!

（地図の投影，UTM図法と平面直角座標系）

問1　三次元立体である地球を二次元平面に投影するに当たり，様々な投影法が考案されている。このうち，地球を取り巻く円筒面を投影図（地図）とするものを円筒図法という。円筒図法のうち，メルカトル図法と呼ばれているものは，どの図法に分類されるか。

1．平射円筒図法　　2．正射円筒図法　　3．正距円筒図法
4．正積円筒図法　　5．正角円筒図法

問2　次のａ～ｅの文は，我が国で一般的に用いられている地図の投影法について述べたものである。正しいものだけの組合せはどれか。

ａ．国土地理院発行の1/25 000地形図は，ユニバーサル横メルカトル図法（UTM図法）を採用している。
ｂ．平面直角座標系は，横円筒図法の一種であるガウス・クリューゲル図法を適用している。
ｃ．平面直角座標系は，日本全国を19の区域に分けて定義されており，各座標系の原点はすべて同じ緯度上にある。
ｄ．平面直角座標系における座標値は，*X*座標では座標系原点から北側を「正（＋）」とし，*Y*座標では座標系原点から東側を「正（＋）」としている。
ｅ．メルカトル図法は，面積が正しく表現される正積円筒図法である。

1．ａ．ｃ　　2．ｂ．ｅ　　3．ａ．ｂ．ｄ
4．ａ．ｃ．ｄ　　5．ｂ．ｄ．ｅ

解　答

問1－5　P246参照。メルカトル図法は，正角（等角）図法であり，円筒図法である。
赤道上の距離は地上と等しくなる。
緯線の距離は，高緯度になるにつれて増大し，極で無限大になる。

問2－3　P253参照。ｃ．平面直角座標系は，日本全国を19ブロックに分け，ブロック毎に原点を設けている。原点の位置は，各々の緯線と経線の交点であるが，各座標系の原点はすべて同じ緯度上でない。
ｅ．メルカトル図法は，正角円筒図法であり，正積円筒図法ではない。

問3　図は，国土地理院刊行の電子地形図25 000の一部である。

この図内に示す消防署の経緯度はいくらか。但し，表に示す数値は，図内に示す三角点の経緯度及び標高を表す。

1．東経140° 06′ 03″　北緯36° 05′ 30″　2．東経140° 06′ 07″　北緯36° 05′ 26″

3．東経140° 06′ 24″　北緯36° 05′ 32″　4．東経140° 06′ 28″　北緯36° 05′ 35″

5．東経140° 06′ 55″　北緯36° 05′ 34″

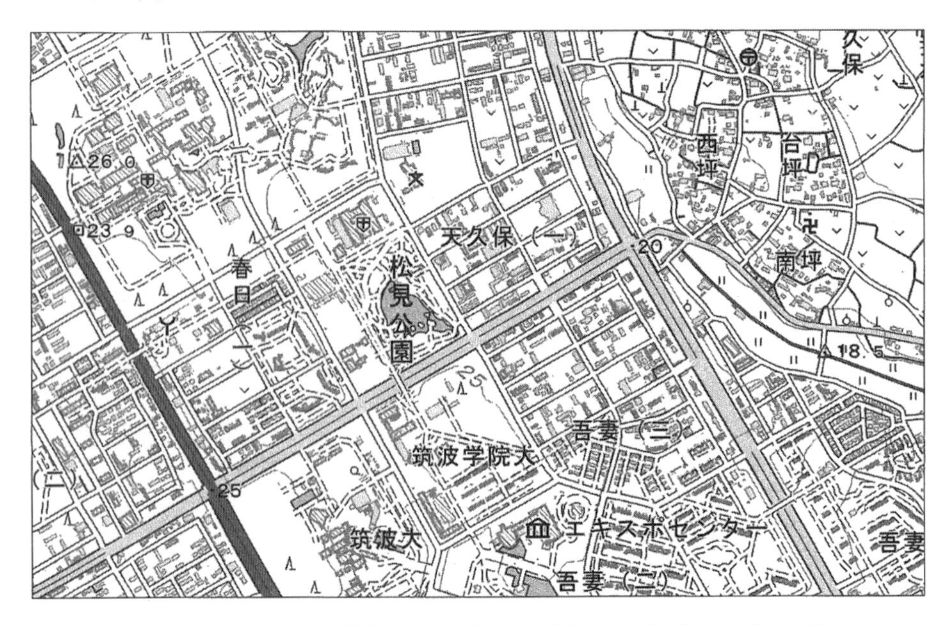

種別	経度	緯度	標高〔m〕
三等三角点	東経140° 06′ 00″	北緯36° 05′ 36″	25.98
四等三角点	東経140° 07′ 02″	北緯36° 05′ 23″	18.48

解　答

問3-2　P256参照。消防署（Y）

経度　102mm：62″＝12mm：λ

$\lambda = 7''$

140° 06′ 00″＋7″＝<u>140° 06′ 07″</u>

緯度　26mm：13″＝4 mm：ϕ

$\phi = 2''$

36° 05′ 23″＋2″＝<u>36° 05′ 25″</u>

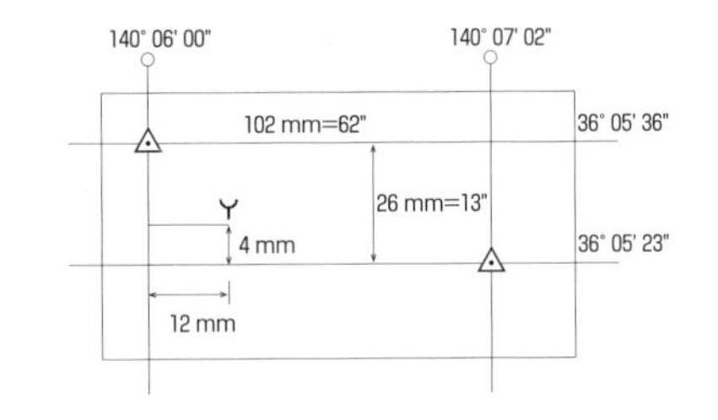

（地図編集の原則）

問4　次のａ～ｅの文は，一般的な地図編集について述べたものである。［ア］～［オ］に入る語句の組合せとして最も適当なものはどれか。

ａ．新たに編集して作成する地図の基図は，より縮尺が［ア］，かつ最新のものを使用する。
ｂ．基図を基に縮尺の小さい地図を作成する場合，重要度の高い地図情報を選択し，その他の情報を適切に省略する必要がある。これを地図編集における［イ］という。
ｃ．基図を基に縮尺の小さい地図を作成する場合，形状を適宜簡略化して表示する必要が生じる。これを地図編集における［ウ］という。
ｄ．基図を基に縮尺の小さい地図を作成する場合，地形や地物の重要性に応じて，必要最小限の量でこれらを移動させることになる。これを地図編集における［エ］という。
ｅ．［オ］とは，文字又は数値による表示をいい，地域，人工物，自然地物などの名称，特定の記号のないものの名称，標高値，等高線数値などに用いる。

	ア	イ	ウ	エ	オ
1．	大きく	取捨選択	総描	転位	整飾
2．	大きく	取捨選択	総描	転位	注記
3．	大きく	総描	転位	取捨選択	注記
4．	小さく	取捨選択	総描	転位	整飾
5．	小さく	総描	転位	取捨選択	注記

問5　次の文は，地図編集の原則について述べたものである。明らかに間違っているものはどれか。

1．水部と鉄道が近接する場合は，水部を優先して表示し，鉄道を転位する。
2．山間部の細かい屈曲のある等高線は，地形の特徴を考慮して総描する。
3．真位置に編集描画すべき地物の一般的な優先順位は，三角点，等高線，道路，建物，注記の順である。
4．建物が密集して，すべてを表示する事ができない場合は，建物の向きと並びを考慮し，取捨選択して表示する。
5．編集の基となる地図は，新たに作成する地図の縮尺より大きく，かつ，最新のものを採用する。

解　答

問4-2　P258参照。基図は，編集図の縮尺より大きく，かつ最新のものとする。
問5-3　P258，地図編集の描画順序参照。
優先順位は，三角点→道路→建物→等高線→注記の順となる。

（読図）

問6　図は，国土地理院刊行の電子地形図25 000の一部である。この図に表現されている内容について，明らかに間違っているものはどれか。

1．尾道駅前にある郵便局の南東に灯台がある。

2．市役所と博物館の水平距離は850 m以上である。

3．栗原川は北から南へ流れている。

4．竜王山の山頂と尾道駅の標高差は130 m以下である。

5．裁判所と警察署が隣接している。

解　答

問6－4　P274，電子地形図25 000の読図参照。

竜王山の三角点の標高値は144.5 m，尾道駅付近の水準点の標高は3.1 mである。標高差は140 m以上となる。地形図にある建物記号は，次のとおり。

郵便局	灯台	市役所	博物館	裁判所	警察署	交番	小・中学校	官公署	病院	消防署
〒	☼	◎	血	仐	⊗	X	文	♉	⊕	Y

（地理空間情報）

問7　次の文は，地理情報システム（GIS）に用いられている空間データについて述べたものである。間違っているものはどれか。

1．スキャナを用いて取得した画像データや衛星画像データは，一般にベクタ形式の空間データである。
2．ラスタ形式は，一定の大きさの画素を配列して，位置や形状を表すデータ形式である。
3．地理情報標準は，空間データの互換性を確保するために必要な事項を規定したものである。
4．クリアリングハウスは，メタデータ内に記述されている空間データの所在，内容，利用条件などの情報をもとに検索を行うための仕組みである。
5．空間データの品質評価の結果をメタデータに記載することで，その空間データを利用する者が，他の目的で利用できるかどうかを判断することが容易になる。

問8　次の文は，地理情報システムで扱うラスタデータとベクタデータの特徴について述べたものである。間違っているものはどれか。

1．ラスタデータを変換処理することにより，ベクタデータを作成することができる。
2．閉じた図形を表すベクタデータを用いて，図形の面積を算出することができる。
3．ラスタデータは，一定の大きさの画素を配列して，地物などの位置や形状を表すデータ形式である。
4．ネットワーク解析による最短経路検索には，一般にラスタデータよりベクタデータの方が適している。
5．ラスタデータは，拡大表示するほど，地物などの詳細な形状を見ることができる。

解　答

問7-1　P276～P281，地理情報システム参照。
スキャナで取得したデータは，画像ファイルとして保存されるため，取得直後の状態ではラスタデータである。

問8-5　P278参照。
ラスタデータは，拡大表示するほど画像がぎくしゃくして不鮮明になり，地形・地物などの詳細な形状を見ることができなくなる。

問9　次の文は，地理情報システム（GIS）の機能及びGISで扱う代表的なデータの特徴について述べたものである。間違っているものはどれか。

1．GISの機能の一つに，地図の重ね合わせ機能がある。
2．GISの機能の一つに，地図の任意部分の切り出し機能がある。
3．ベクタデータは，点，線，面を表現でき，それぞれ属性を付加することができる
4．衛星画像データやスキャナを用いて取得したデータは，一般にベクタデータである。
5．ラスタデータは，一定の大きさの画素を配列して位置や形状を表すデータ形式である。

問10　次の文は，地理空間情報を用いたGIS（地理情報システム）での利用について述べたものである。明らかに間違っているものはどれか。

1．50 mメッシュ間隔の人口メッシュデータと避難所の点データを用いて，避難所から半径1 kmに含まれるおおよその人口を計算した。
2．ネットワーク化された道路中心線データを利用し，消防署から火災現場までの最短ルートを表示した。
3．航空レーザ測量で得た数値地形モデル（DTM）と基盤地図情報の建築物の外周線データを用いて，建物の高さ15 m以上の津波避難ビルの選定を行った。
4．公共施設の点データに含まれる種別属性と建物の面データを用いて，公共施設である建物面データを種別ごとに色分け表示した。
5．浸水が想定される区域の面データと地図情報レベル2500の建物の面データを用いて，浸水被害が予想される概略の家屋数を集計した。

解　答

問9－4　P276，278参照。
衛星画像データやスキャナを用いて取得した画像データは，一般にラスタデータである。

問10－3　P278参照。
写真測量から得られる数値地形モデル（DTM）は，地表面の地形データであり，建物の高さのデータは取得できない。津波の避難ビルの選定はできない。

第7章

応用測量

応用測量は，路線測量，用地測量，河川測量等に区分される。

1．路線測量とは，線状築造物建設のための調査，計画，実施設計等に用いられる測量をいう（準則第387条）。

2．用地測量とは，土地及び境界線等について調査し，用地取得等に必要な資料及び図面を作成する作業をいう（準則第431条）。

3．河川測量とは，河川，海岸等の調査及び河川の維持管理等に用いる測量をいう（準則第411条）。

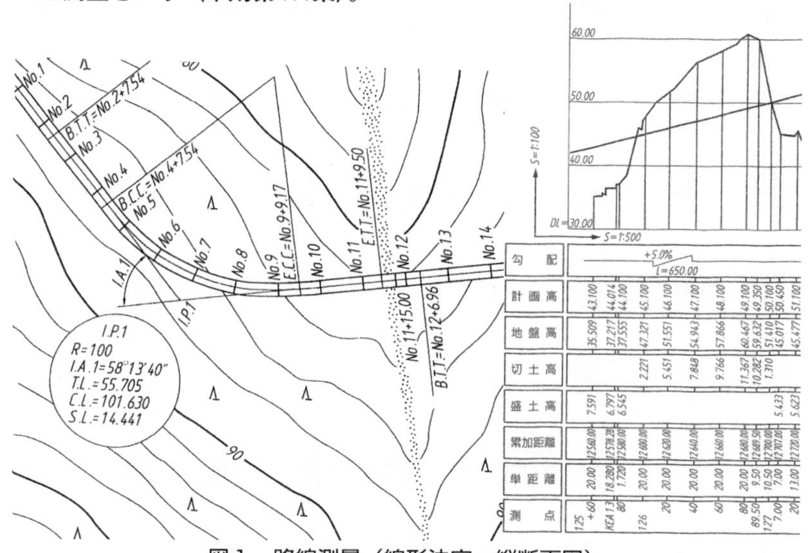

図1　路線測量（線形決定・縦断面図）

学習のポイント

① 路線測量の作業工程（細分）

② 円曲線の測設法（偏角測設法，路線変更等）

③ 用地測量の作業工程（細分）

④ 面積計算（座標法，境界線の整正）

⑤ 河川測量の作業工程（細分）

重要問題１　路線測量の作業工程（細分）

重要度★★

図は，路線測量の作業工程を示したものである。［ア］～［オ］に入る作業名として適当なものはどれか。

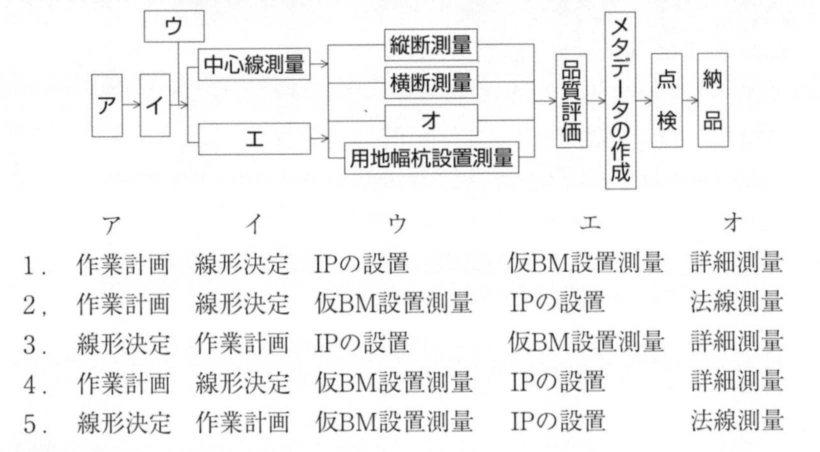

	ア	イ	ウ	エ	オ
1．	作業計画	線形決定	IPの設置	仮BM設置測量	詳細測量
2，	作業計画	線形決定	仮BM設置測量	IPの設置	法線測量
3．	線形決定	作業計画	IPの設置	仮BM設置測量	詳細測量
4．	作業計画	線形決定	仮BM設置測量	IPの設置	詳細測量
5．	線形決定	作業計画	仮BM設置測量	IPの設置	法線測量

解説　　**解答　1**

(1)　**路線測量**とは，線状築造物建設のための調査，計画，実施設計等に用いられる測量をいう。線状建築物とは，道路・水路等幅に比べて延長の長い構造物をいう（準則第387条）。

(2)　路線測量は，図７・１に示す測量等に細分する（準則第388条）。

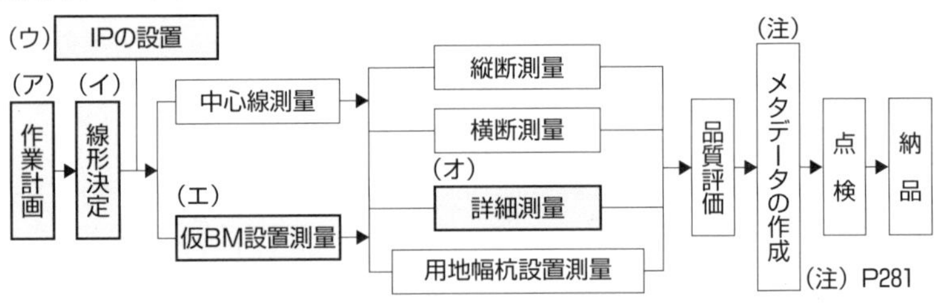

図７・１　路線測量の作業工程（細分）

突破のポイント

(1)　IPは，線形計算の基準となる重要なポイントではあるが，必ずしも現地に設置する必要はない。IP杭を設置しなくても線形計算及び中心線測量はできる。

(2)　線形決定により定められた座標値をもつIPは，近傍の４級基準点以上の基準点に基づき，放射法等により設置する。

表７・１　作業工程（細分）の概要（準則第388条）

作業区分	概　　要
作業計画 （準則第389条）	資料の収集，計画路線の踏査，作業方法，工程，使用器材等を計画準備し，計画書を作成する作業をいう。
線形決定 （準則第390条）	路線選定の結果に基づき，地形図上の IP の位置を座標として定め，線形図を作成する作業をいう。線形図データファイルを作成する。
IP の設置 （準則第392条）	線形決定で定められた，IP の座標を現地に測設又は，直接に基準点等から測量して座標値を与える作業をいう。 IP は，４級以上の基準点に基づき放射法等により設置する。また，IP には標杭（IP 杭）を設置する。
中心線測量 （準則第393条）	主要点，中心点を現地に設置し，線形地形図を作成する作業をいう。 中心杭の設置は，４級基準点以上の基準点，IP 及び主要点に基づき，放射法等により行う。線形地形図データファイルを作成する。
仮 BM 設置測量 （準則第396条）	縦断測量，横断測量に必要な水準点（仮 BM）を現地に測設し，標高を求める作業をいう。 仮 BM 設置測量は，平地においては３級水準測量，山地においては４級水準測量により行う。仮 BM の設置間隔は0.5 kmを標準とする。
縦断測量 （準則第399条）	中心杭高，中心点ならびに中心線上の地形変化点の地盤高及び中心線上の主要な構造物の標高を仮 BM 又はこれと同等以上の水準点に基づき，平地においては４級水準測量，山地部においては簡易水準測量により測定する。また，縦断測量の結果に基づき，縦断面図データファイルを作成する作業をいう。 横断面図データファイルを図紙に出力する場合は，距離を表す横の縮尺は，平面線形を表した地形図と同一。高低差を表す縦の縮尺は，横の縮尺の５倍又は10倍を標準とする。
横断測量 （準則第401条）	中心杭等を基準として，中心点における中心線の接線に対して直角方向の線上にある地形変化点や地物について，中心点からの距離及び地盤高を定め，横断面図データファイルを作成する作業をいう。 横断測量は，直接水準測量又は間接水準測量で実施する。
詳細測量 （準則第403条）	主要構造物の設計に必要な詳細平面図，縦断面図，横断面図（各データファイル）を作成する作業をいう。 縦断面図の作成は縦断測量，横断面図の作成は横断測量によって行う。 この場合の横断測量は，平地においては４級水準測量，山地部においては簡易水準測量とする。 詳細平面図データファイルの地図情報レベルは，250を標準とする。
用地幅杭設置測量 （準則第405条）	取得等に係わる用地の範囲を示すため，所定の位置に用地幅杭を設置し，杭打図を作成する作業をいう。
品質評価	路線測量成果について，製品仕様書が規定するデータ品質を満足しているか評価する。
メタデータの作成	路線測量のメタデータは，製品仕様書に従い，ファイルの管理及び利用において必要となる事項について作成する（P281）。

重要問題2　仮BM設置と縦断測量・横断測量　　重要度★

次の文は，公共測量における路線測量について述べたものである。明らかに間違っているものはどれか。

1．IPの設置とは，設計条件及び現地の地形・地物の状況を考慮して標杭（IP杭）を設置する作業をいう。

2．中心線測量とは，路線の主要点及び中心点を設置する作業をいう。主要点には役杭を設置し，中心点には中心杭を設置する。

3．仮BM設置測量とは，縦断測量及び横断測量に必要な水準点を設置し，標高を求める作業をいう。仮BMを設置する間隔は100 mを標準とする。

4．縦断測量とは，仮BMなどに基づき水準測量を行い，中心杭高や地盤高などを測定し，路線の縦断面図を作成する作業をいう。

5．横断測量とは，中心杭などを基準にして，中心線と直角方向の地形・地物の変化点の中心杭からの距離と高さを求め，横断面図を作成する作業をいう。

解説　　解答 3

(1) **仮BM設置測量**は，高さの統一，利便性等を考慮して，現場近くに**水準点（仮BM）**を設ける測量である。仮BMは，路線測量の始点，終点の地盤堅固な場所に設置する。設置間隔は，0.5 kmを標準とする（表7・1参照）。

突破のポイント

1．仮BM設置測量及び縦断測量・横断測量

(1) **仮BM設置測量**は，縦断測量及び横断測量に必要な水準点を現地に設置し，標高を定める作業をいう（準則第396条）。

(2) **縦断測量**とは，中心杭等の標高を定め，縦断面図データファイルを作成する作業をいう（準則第399条）。縦断測量は，中心杭高及び中心点並びに縦断変化点の地盤高及び中心線上の主要な構造物の標高を求める。縦断測量は，中心線の始点側に設けられた仮BMを基準にして，次の仮BMに結合させる。

(3) 縦断面図データファイルを図紙に出力する場合は，横の縮尺は線形地形図の縮尺と同一とし，高さ（縦）の縮尺は，横の縮尺の5～10倍とする。

(4) **横断測量**とは，中心杭等を基準にして地形の変化点等の距離及び地盤高を定め，横断面図データファイルを作成する作業をいう（準則第401条）。

(5) 横断面図データファイルを図紙に出力する場合は，横断面図の縮尺は縦断面図の縦の縮尺と同一とする。

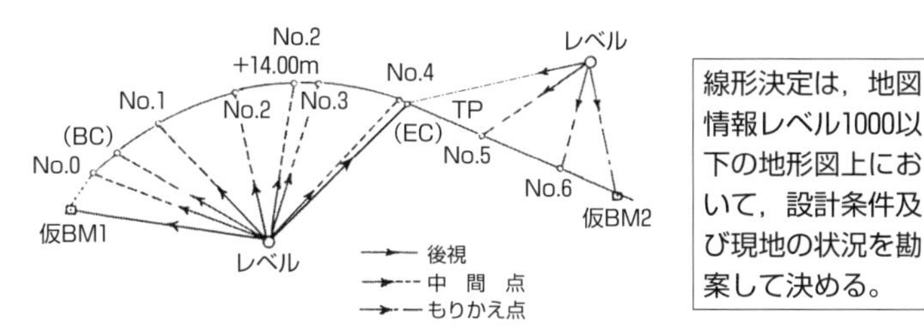

図7・2　中心線測量と縦断測量

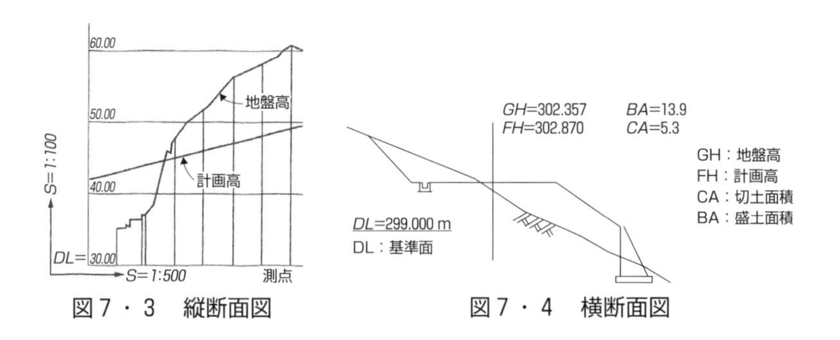

図7・3　縦断面図　　　図7・4　横断面図

関連問題

次の文は，公共測量における路線測量について述べたものである。明らかに間違っているものはどれか。

1．線形図データファイルは，計算等により求めた主要点及び中心点の座標値を用いて作成する。
2．線形地形図データファイルは，地形図データに主要点及び中心点の座標値を用いて作成する。
3．縦断面図データファイルを図紙に出力する場合は，縦断面図の距離を表す横の縮尺は線形地形図の縮尺と同一のものを標準とする。
4．横断面図データファイルを図紙に出力する場合は，横断面図の縮尺は縦断面図の横の縮尺と同一のものを標準とする。
5．詳細平面図データの地図情報レベルは250を標準とする。

関連問題の解説　路線測量　　　**解答　4**

(1)　**線形決定**の結果を線形図データファイルに，**中心線測量**の結果を線形地形図データファイルに作成する（P295）。

(2)　横断面図データファイルを図紙に出力する場合は，横断面図の縮尺は縦断面図の縦の縮尺と同一のものを標準とする（準則第402条）。

重要問題 3　**縦断面図・横断面図**　基本事項

道路の中心線に沿って縦断測量を行い，表に示す結果を得た。測点No.3の地盤高を基準として，1％の上り勾配の道路に改良したい。

この場合，測点No.6の切取り高はいくらか。

測　点	No.1	No.2	No.3	No.4	No.5	No.6
距　離〔m〕	0	20	40	60	80	100
地盤高〔m〕	81.05	80.02	82.07	83.90	84.60	85.00

1．1.93 m　2．2.33 m　3．2.87 m　4．2.95 m　5．3.53 m

解説　**解答 2**

(1) **No.3〜No.6の高低差の計算**：No.3の地盤高を0として，No.3〜No.6（ℓ ＝60 m）の高低差hを求めると

$$h=\frac{1}{100}\times 60\ \mathrm{m}=0.60\ \mathrm{m}$$

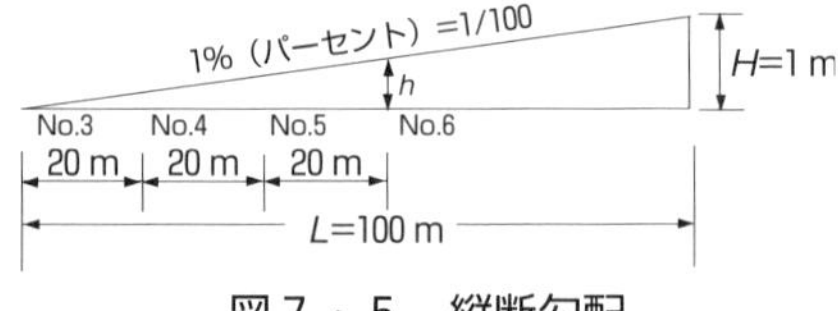

図7・5　縦断勾配

(2) **測点No.6の計画高Hの計算**：

H＝(No.3の地盤高)＋h

＝82.07＋0.60＝82.67 m

(3) **測点No.6の切取り高の計算**：

切取り高＝(地盤高)－(計画高)＝85.00－82.67＝2.33 m

突破のポイント

1．縦断面図・横断面図（計画高と切土・盛土高）

(1) **縦断面図**は，用紙の左側を起点に，高さ（縦）の縮尺を1/100，距離（横）の縮尺を1/1 000として作成する。**追加距離**は，工事起点（No.0）から各中心杭までの累積の距離である。

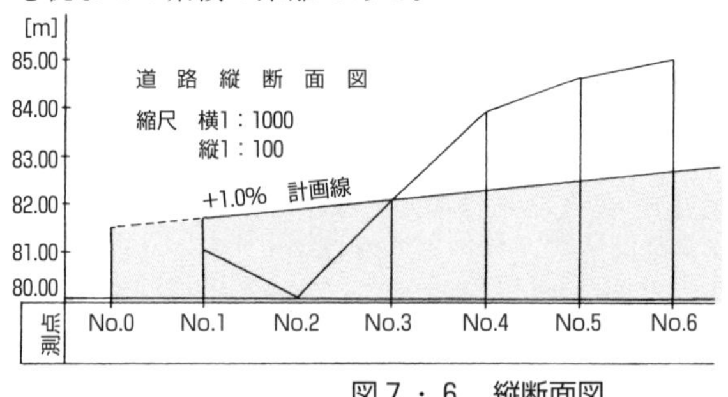

・距離は線形地形図と同一縮尺とする。

・高さ（縦）の縮尺は線形地形図の5〜10倍とする。

図7・6　縦断面図

(2) **切取り高**と**盛土高**は，次式のとおり。

切取り高＝(地盤高)－(計画高)，但し，負（－）の場合は盛土高である。

(3)　**横断測量**は，図7・7に示すように各中心杭について，中心線の接線に直角方向に中心杭から左右の地形・地物等の変化点の高さと距離を測定する。横断面図の縮尺は，縦断面図の縦（高さ方向）の縮尺と同じにする。

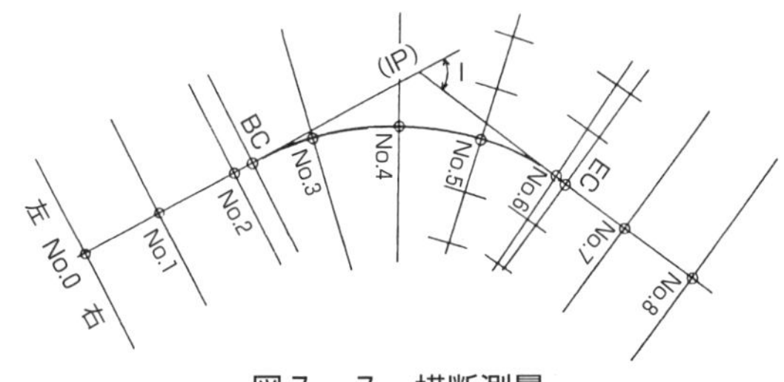

図7・7　横断測量

(4)　横断測量における地盤高の測定は，地形・地物等の状況により直接水準測量又は間接水準測量により行う。間接水準測量は，次のとおり。

①　TS等を用いる場合は，単観測昇降式とする。

②　キネマティック法，RTK法又はネットワーク型RTK法による観測は，1セット行う。使用衛星及び較差の許容範囲等（P174，表4・5）。

③　ネットワーク型RTK法による観測は，間接観測又は単点観測法を用いる。

関連問題

ある道路計画路線の中心杭No.15で横断測量を行い，表の結果を得た。測点Eの地盤高はいくらか。中心杭No.15の地盤高は15.25 mとする。

1．10.80 m
2．12.36 m
3．12.39 m
4．15.18 m
5．15.32 m

測点	距離	後視	前視	地盤高
No.15	0	1.53		15.25
A	12		1.28	
B	25		1.65	
C	30		1.45	
D	42	1.33	1.57	
E	50		1.36	

関連問題の解説　横断測量　　**解答　4**

$H_D = 15.25 + 1.53 - 1.57 = 15.21$ m

$H_E = H_D + 1.33 - 1.36 = 15.21 + 1.33 - 1.36 = \underline{15.18\ \text{m}}$

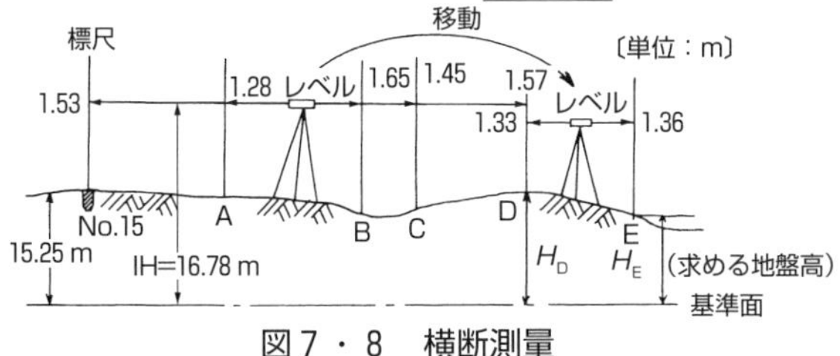

図7・8　横断測量

重要問題4　単心曲線（名称と公式）　重要度★★

図の円曲線において，曲線半径R=100 m，交角I=108°のとき，円曲線始点BCから曲線の中点SPまでの弦長はいくらか。

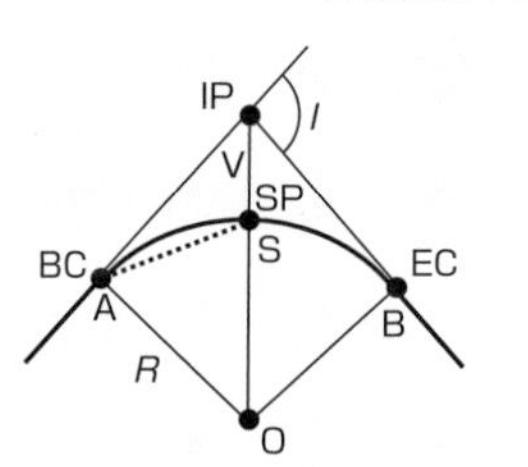

1．45.40 m　2．75.00 m　3．90.80 m
4．99.40 m　5．161.80 m

解説　**解答 3**

接線と弦が成す角は円周角に等しく，円周角は中心角の1/2である（**接弦定理**）。中心角は交角と等しい。接線と曲線中点SPと成す角θは，中心角∠AOS(=I/2)の1/2であるから，I=108°

$$\theta=\frac{\angle AOS}{2}=\frac{I}{4}=27°$$，式（7・5）より

弦長ℓ=2Rsin27°=2×100×sin27°=<u>90.80 m</u>

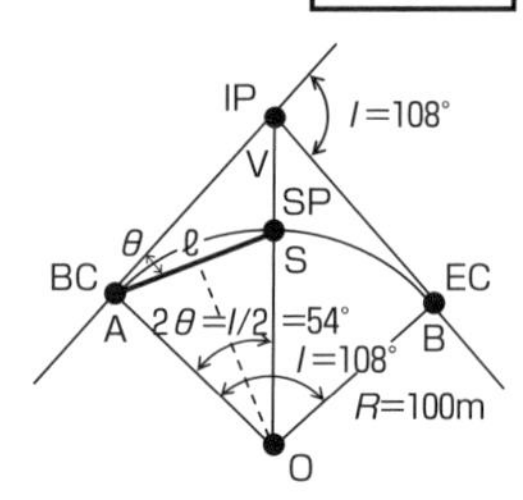

図7・9　曲線中点SP

突破のポイント

1．円曲線の名称と略号

(1)　**単心曲線**の名称は表7・2のとおり。

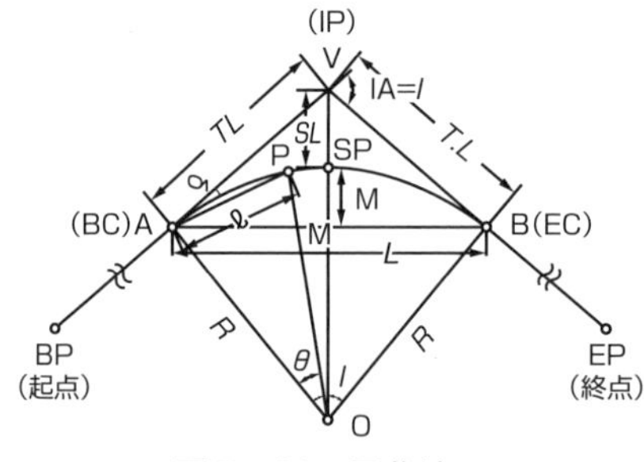

図7・10　円曲線

表7・2　円曲線の術語と記号

記号	術　語	摘　要
BC	円曲線始点	A
EC	円曲線終点	B
IP	交　点	V
R	半　径	$\overline{OA}=\overline{OB}$
TL	接線長	$\overline{VA}=\overline{VB}$
SL	外線長	$\overline{VS}$
M	中央縦距	$\overline{SM}$
SP	曲線中点	S
CL	曲線長	$\overset{\frown}{ASB}$
L	長　弦	$\overline{AB}$
ℓ	弦　長	$\overline{AP}$
c	弧　長	$\overset{\frown}{AP}$
I	交　角	総中心角 ∠AOB
δ	偏　角	∠VAP
θ	中心角	∠AOP
I/2	総偏角	∠VAB=∠ VBA

2．円曲線の公式

(1)　交角Iと中心角θ（∠AOB）は等しい。曲線長（弧長）Cと中心角θ及び偏角（接線AVからの傾き）δは，$C=R\theta=2R\delta$（θ，δはラジアン）となる。交角Iと曲線半径Rが決まれば，次の諸量が求まる。

① **接線長**　$TL=R\tan\frac{I}{2}$　………式（7・1）

② **曲線長**　$CL=RI[\text{rad}]=\frac{\pi RI°}{180°}$
弧長　$c=R\cdot\theta=2R\cdot\delta$　………式（7・2）

③ **外線長**　$SL=R\left(\sec\frac{I}{2}-1\right)$　………式（7・3）

④ **中央縦距**　$M=R\left(1-\cos\frac{I}{2}\right)$　………式（7・4）

⑤ **弦長（長弦）**$L=2R\sin\frac{\theta}{2}$，弦長$\ell=2R\sin\delta$　………式（7・5）

⑥ **偏　角**　$\delta=\frac{\theta}{2}=\frac{c}{2R}[\text{rad}]=\frac{c}{2R}\cdot\frac{180°}{\pi}$（但し，$c\fallingdotseq\ell$）
………式（7・6）

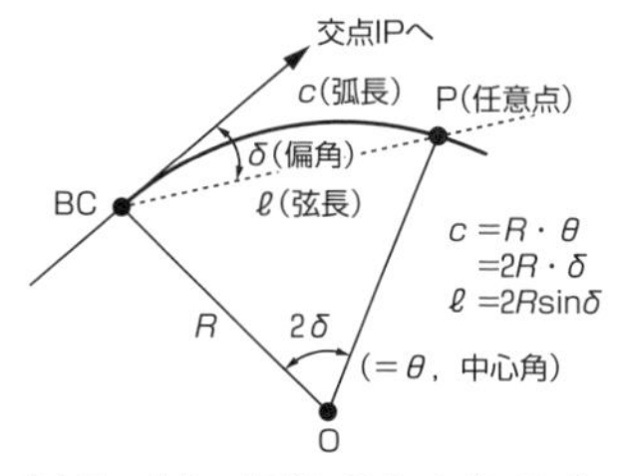

図7・11　偏角δと中心角θ

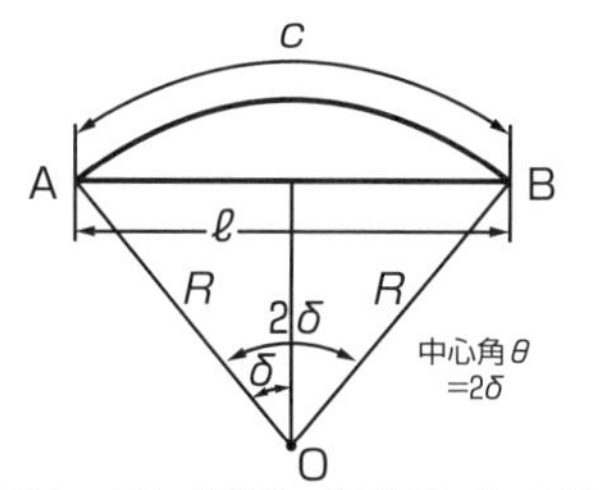

図7・12　弧長cと弦長ℓとの関係

2．弧長 c と弦長 ℓ の関係

(1)　図7・11において，弧長 c と弦長 ℓ の差を求めると，
弧長 $c=R\theta=R\cdot2\delta$ より，$\delta=c/2R$となる。
弦長 $\ell=2R\sin\delta=2R\sin(c/2R)$ をテーラ展開（P341）とすると，

$$\sin\frac{c}{2R}\fallingdotseq\frac{c}{2R}-\frac{1}{3!}\left(\frac{c}{2R}\right)^3=\frac{c}{2R}-\frac{c^3}{48R^3}$$となり，第１項で近似すると

弦長$\ell=2R\sin\frac{c}{2R}=c-\frac{c^3}{24R^2}$となる。

$$\therefore\quad c-\ell=\frac{c^3}{24R^2}$$ ……式（7・7）

(2)　$c=20$m，$R=100$mのとき，$c-\ell=0.033$m，Rにより表7・3となる。

表7・3　弧長cと弦長ℓの差

R［m］	100	200	300	400	500
c－ℓ[mm]	33	8	4	2	1

$c/R\leqq1/10$（$c=20$m，$R\geqq200$m）のとき，$c\fallingdotseq\ell$とする。

重要問題5　偏角測設法　　重要度★★

図に示すように，起点をBP，終点EPとし，始点BC，終点EC，曲線半径R=200 m，交角I=90°で，点Oを中心とする円曲線を含む新しい道路の建設のために，中心線測量を行い，中心杭を，起点BPをNo.0として，20 mごとに設置することになった。

このとき，BCにおける，交点IPからの中心杭No.15の偏角δはいくらか。

但し，IPの位置は，BPから270 m，EPから320 mとする。また，円周率π=3.14とする。

なお，関数の数値が必要な場合は，巻末の関数表を使用すること。

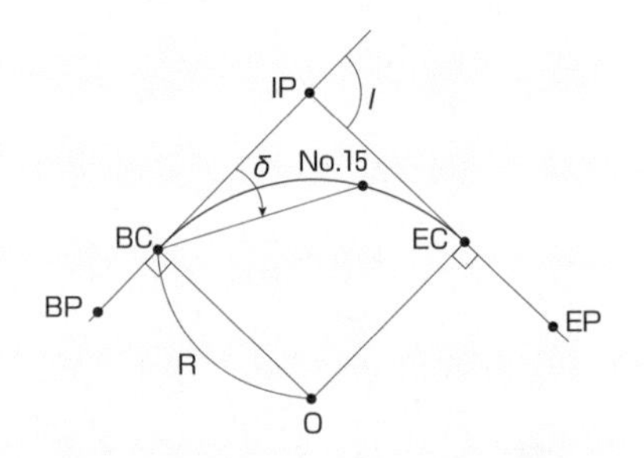

1．19°
2．25°
3．33°
4．35°
5．57°

解説　　**解答　3**

1．偏角測設法による測設（偏角弦長法）

(1)　**偏角測設法**は，A点にセオドライトを設置し偏角δ及び鋼巻尺で曲線の弦長ℓ（弧長は測るのは難しい）を測って曲線を設置する。

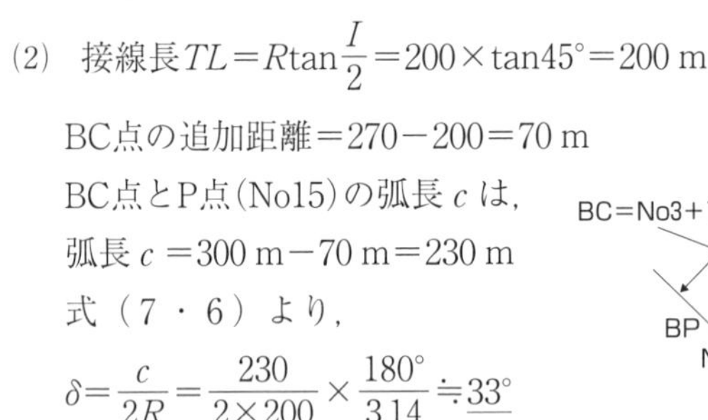

(2)　接線長$TL = R\tan\dfrac{I}{2} = 200\times\tan 45° = 200$ m

BC点の追加距離＝270－200＝70 m

BC点とP点(No15)の弧長cは，

弧長c＝300 m－70 m＝230 m

式（7・6）より，

$$\delta = \frac{c}{2R} = \frac{230}{2\times 200}\times\frac{180°}{3.14} \fallingdotseq \underline{33°}$$

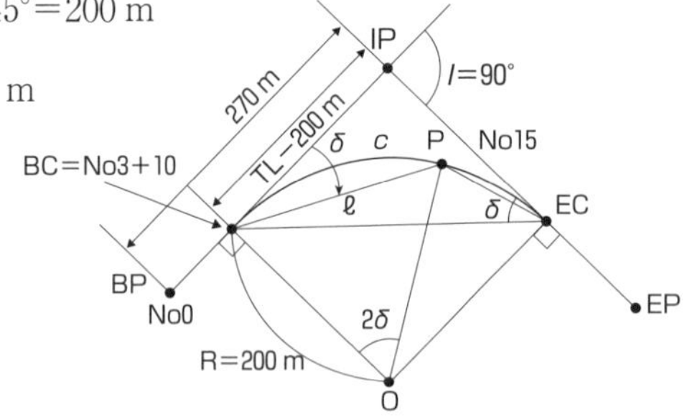

図7・13　偏角測設法

突破のポイント

1．偏角測設法

(1)　交点IPの位置，交角I及び曲線半径が決まると，偏角測設法に必要な接線長TL，曲線長CL，外接長SL及び曲線始点BCからの測点No.1，No.2…に対する偏角δ_1，δ_2…を求める。図７・14において次のとおり。

① 起点BPから交点（IP）までの距離を測定する。

② 接線長（TL），曲線長（CL）を計算する。

③ 始点（BC），終点（EC）の追加距離を求める。

④ 始短弦ℓ_1，弦長ℓ_0 = 20 mに対する偏角δ_1，δ_0を計算する。

⑤ 交点（IP）から接線長（TL）の距離を測り，始点（BC）を測設する。

⑥ 始点（BC）において，セオドライトで中心杭に対する偏角δ_1を測り，その延長線上に始短弦ℓ_1の距離を測り，No.1の杭を測設する。

⑦ No2の偏角$\delta_2 = \delta_1 + \delta_0$, No1より$\ell_0$ = 20 mを測り，No2の杭を測設する。No3=$(\delta_1+\delta_0)+\delta_0$と順次偏角$\delta_0$を加えて，No3，4…の杭を測設する。

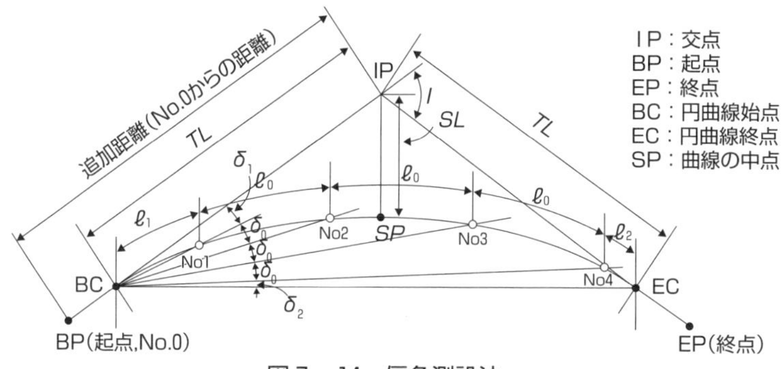

図７・14　偏角測設法

関連問題

円曲線の半径100 m～600 mのRに対する弧長c＝20 mの$c-\ell$（弧長－弦長）を計算した。正しいものはどれか。

	R(m)	100	200	400	600
1．	$c-\ell$ [cm]	1.5	0.4	0.1	0.0
2．	$c-\ell$ [cm]	2.0	0.6	0.1	0.1
3．	$c-\ell$ [cm]	2.6	0.7	0.2	0.1
4．	$c-\ell$ [cm]	3.3	0.8	0.2	0.1
5．	$c-\ell$ [cm]	4.0	1.2	0.3	0.2

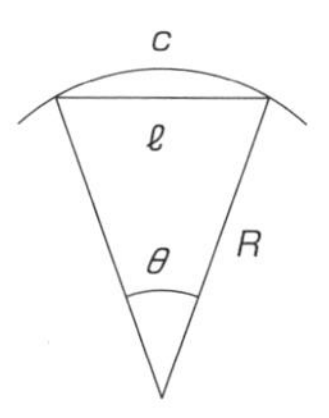

関連問題の解説　弧長と弦長　　解答 4

P301参照。曲線の設置は，弧長cを測定するかわりに弦長ℓによって設置する。弧長と弦長の差は$c-\ell \fallingdotseq c^3/24R^2$（式（７・７））より，$c$ = 20 mとしてRについて求める。

重要問題6 円曲線設置（測設法） 重要度★★

次の文は，路線測量を行うときに設置する円曲線について述べたものである。間違っているものはどれか。

1．交角（I）が一定のとき，接線長（TL）は曲線半径（R）に比例する。
2．交角（I）と曲線半径（R）が与えられれば，円曲線を設置することができる。
3．偏角法の場合の弧長（ℓ）に対する偏角（δ）を求める式は，Rを曲線半径とすると，$\delta=\ell/R$［ラジアン］である。
4．中央縦距法は，円曲線上の2点を結ぶ弦の中点からこの弦に垂直に縦距をとり，曲線を設置する方法である。
5．円曲線を設置する場合，接線長（TL）を計算してから，始点（BC），終点（EC）の位置を求める。

解説 **解答 3**

1．$TL=R\tan(I/2)$ より，接線長（TL）は曲線半径（R）に比例する。
2．式（7・1）～式（7・6）より，交角（I）と曲線半径（R）が与えられれば，円曲線の諸元は計算できる。
3．**偏角**とは，接線と円弧上の任意の点に挟まれた角をいう。偏角$\delta=\ell/2R$［ラジアン］である。
4．**中央縦距法**は，円曲線上を結ぶ弦の中点P_1，P_2，P_3…から弦に垂直に中央縦距M_1，M_2，M_3…を取り曲線を設置する方法である。

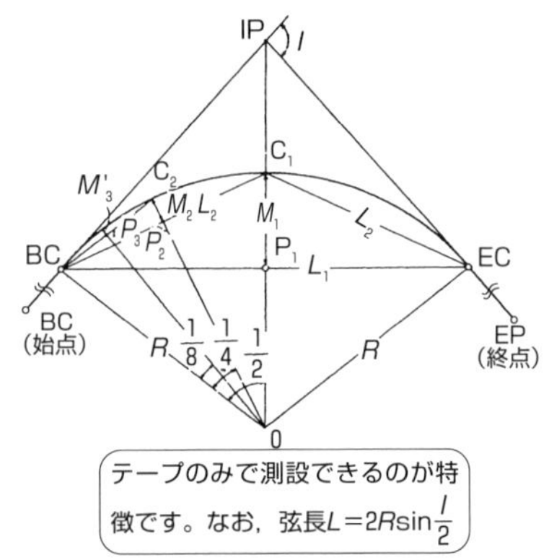

図7・15 中央縦距法

$$\left.\begin{aligned} M_1&=R-R\cos\frac{I}{2}=R\left(1-\cos\frac{I}{2}\right)\\ M_2&=R\left(1-\cos\frac{I}{4}\right)\fallingdotseq\frac{M_1}{4}\\ M_3&=R\left(1-\cos\frac{I}{8}\right)\fallingdotseq\frac{M_2}{4}\end{aligned}\right\}\quad\cdots\cdots\text{式（7・8）}$$

5．接線長（TL）を計算すれば，起点BCから交点（IP）までの追加距離の関係から曲線始点（BC）の位置が求まる。さらに，曲線長（CL）を計算し，曲線終点（EC）の位置が求まる。

（BC）の位置＝(交点IPまでの追加距離)－接線長（TL）

（EC）の位置＝(BC)の位置＋曲線長（CL）

突破のポイント

(1) **単心曲線**は，交角Iと曲線半径Rが決まれば，曲線設置に必要な接線長TL，曲線長CL，外線長SL，中央縦距M，弦長ℓ，偏角δが求められる。

(2) **単心曲線の性質**は，次のとおり。

① 接線と円曲線が交わる角度は90°である。

② 円曲線の内角は交角Iと等しい。

③ ∠AOV，∠VABは交角Iの半分（$I/2$）である。

④ 偏角が微小のとき，弧長c ≒ 弦長ℓとする。

関連問題

交角IPの位置が起点BPから680.00 m，曲線半径R＝300.00 m，交角I＝120°のとき，曲線終点ECの標杭番号はいくらか。

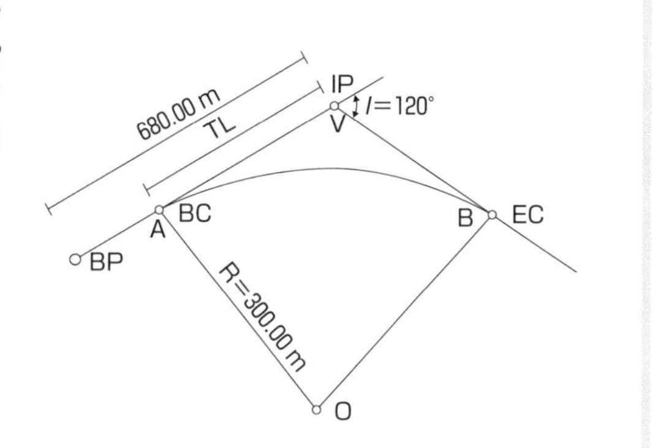

1．No38＋15.38

2．No39

3．No39＋8.38

4．No39＋18.38

5．No40

関連問題の解説　ECの杭番号　　解答 3

接線長$TL=R\tan\dfrac{I}{2}=300.00\times\tan\dfrac{120°}{2}=300.00\times1.73205=519.62$ m

曲線長$CL=RI=\dfrac{\pi I}{180°}\times R=\dfrac{3.14\times120°}{180°}\times300.00=628.00$ m

BCの位置＝IPの位置－接線長＝680.00－519.62＝160.38 m

＝No8＋0.38

ECの位置＝BCの位置＋曲線長＝160.38＋628.00＝788.38 m

＝No39＋8.38 m

重要問題7　障害物がある場合の設置法

重要度★★

図に示す円曲線$\overset{\frown}{AB}$を含む路線の中心線を設置することになったが，交点V（IP）に杭を設置することができない。直線$\overline{FV}$，$\overline{GV}$上に補助点C，Dを設け，$\alpha=135°$，$\beta=105°$，$\overline{CD}=100.0$ mを得た。点B，D間の距離は何mか。

但し，Aは円曲線始点（BC），Bは円曲線終点（EC），Oは円曲線の中心，曲線半径$R=150.0$ mとする。

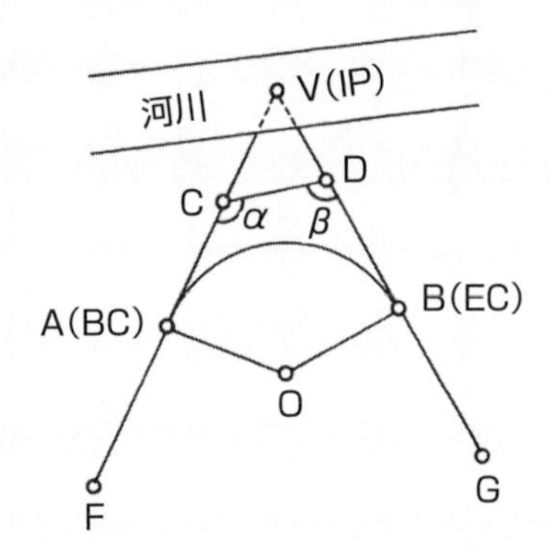

1．118.4 m
2．158.6 m
3．178.2 m
4．218.4 m
5．259.8 m

解説　　**解答 3**

◎　点V（IP）に杭を設置できないため，交角（I）が実測できない。補助基線CDにより，α，βが測定できれば，△CVDにおいて，外角Iと内対角の関係より，$I=\angle VCD+\angle CDV=45°+75°=120°$

(1)　**接線長（TL）の計算**：

$$TL=R\tan\frac{I}{2}=150\times\tan\frac{120°}{2}=259.8\text{ m}$$

(2)　**直線$\overline{DV}$の計算**：

△CDVにおいて，正弦定理から，

$$\frac{\overline{DV}}{\sin 45°}=\frac{100}{\sin 60°}$$

$$\therefore\quad \overline{DV}=\frac{\sin 45°}{\sin 60°}\times 100=81.64\text{ m}$$

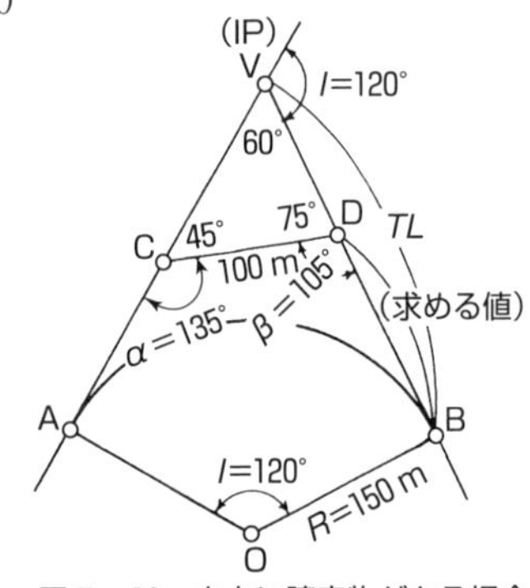

図7・16　交点に障害物がある場合

(3)　**点B，D間の距離の計算**：

点B，D間の距離$\overline{BD}=TL-\overline{DV}=259.80-81.64=178.16\fallingdotseq\underline{178.2\text{ m}}$

[出題傾向と対策]

曲線設置については，公式を覚え，単曲線の性質を理解する。

出題は，①IP杭が設置できない，②障害物による路線変更等に分類される。

突破のポイント

1．交点（IP）に障害物がある場合の測設

図７・17において，**補助基線CD**を設けて，角α，β及び距離ℓを測定し，測設に必要な要素を求める。交角$I=\alpha'+\beta'$，$\gamma=180°-(\alpha'+\beta')$より，

正弦定理より，$\overline{CV}=\dfrac{\sin\beta'}{\sin\gamma}\ell$，$\overline{DV}=\dfrac{\sin\alpha'}{\sin\gamma}\ell$，但し，$\alpha+\alpha'=180°$

$$\therefore\quad \overline{AC}=\overline{AV}-\overline{CV}=R\tan\frac{I}{2}-\frac{\sin\beta'}{\sin\gamma}\ell \qquad \cdots\cdots式（７・９）$$

2．BC（EC）に障害物がある場合の測設

図７・18において，補助基線CDを設けて，角α，β及び距離ℓを測定し，測設に必要な要素を求める。$r=180°-(\alpha+\beta)$より

$\overline{CV}=\dfrac{\sin\beta}{\sin r}\ell$，$\overline{AV}=TL=R\tan\dfrac{I}{2}$，

$$\therefore\quad \overline{CA}=\overline{CV}-TL=\frac{\sin\beta}{\sin r}\ell-R\tan\frac{I}{2} \qquad \cdots\cdots式（７・10）$$

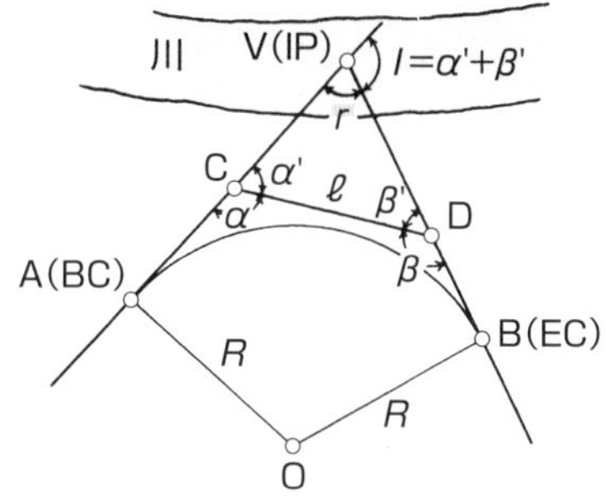

図７・17　IPに障害物がある場合

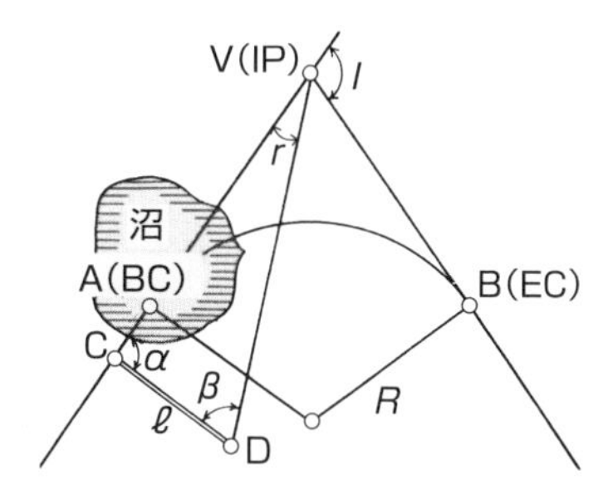

図７・18　BCに障害物がある場合

関連問題

図7·17において，$\alpha=84°\,20'$，$\beta=65°\,40'$，交角$I=90°\,0'$，$\overline{CD}=50$ m，曲線半径$R=60$ mと定めたとき，C点から（BC）までの距離はいくらか。

但し，$\sin 84°\,20'=0.995\,1$，$\sin 65°\,40'=0.911\,2$とする。

1．30.12 m　2．31.12 m　3．32.18 m　4．34.26 m　5．36.42 m

関連問題の解説　ACの距離　　**解答　2**

$\angle CVD=r=180°-(\alpha+\beta)=180°-(84°\,20'+65°\,40')=30°$

$\overline{CV}=\dfrac{\sin\beta}{\sin r}\times\overline{CD}=\dfrac{\sin 65°\,40'}{\sin 30°}\times 50=\dfrac{0.911\,2}{0.5}=91.12$ m

$\therefore\quad \overline{CA}=91.12-60\times\tan(90°/2)=91.12-60\times\tan45°=\underline{31.12\text{ m}}$

重要問題 8 路線変更計画 重要度★

図のように，現道路（R=600 m，I=90°，中心O）を改修してO_0を中心とする交角I_0=60°の新道路を設置したい。新道路の曲線長はいくらか。

但し，新道路の曲線の始点（BC）及び交点（IP）の位置は変わらない。

1．1 016 m　2．1 039 m　3．1 065 m
4．1 088 m　5．1 114 m

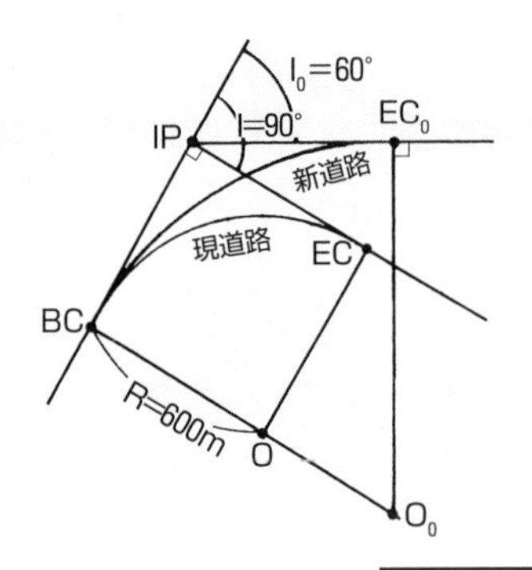

解説 **解答 4**

◎ 現道路の始点（BC）及び交点（IP）の位置が変わらないことから，両道路の接線長（TL）は等しい，$TL=R\tan(I/2)$。

(1) **現道路と新道路の接線長TLの計算**：式（7・1）より，

$$TL=R\tan\frac{I}{2}=600\times\tan\frac{90°}{2}=600\times1=600\ \text{m}$$

(2) **新道路の半径R_0の計算**：

$$TL=R_0\tan\frac{60°}{2}=R_0\tan30°,\quad\therefore\quad R_0=\frac{TL}{\tan30°}=\frac{600}{1/\sqrt{3}}\fallingdotseq1\,039\ \text{m}$$

(3) **新道路の曲線長CL_0の計算**：（式7・2）より

$$CL_0=\frac{\pi}{180°}I°R_0=\frac{3.14}{180°}\times60°\times1039=\underline{1\,088\ \text{m}}$$

突破のポイント

1．路線変更計画

(1) 図7·19は，新道路の曲線を求めるものである。BCの位置及び交角は変わらない場合，2つの道路の接線長から新道路の半径R_0（新道路の記号には添字0を付ける）を求める。

(2) BCは変わらず，一方の接線が旧接線に平行に移動した場合，新道路の接線長TL_0が求まれば，新道路の測設に必要な要素は計算できる。

図7·19において，交角Iは変わらず，交点VをV_0に移動の場合，新道路の接線長TL_0及び半径R_0は，次のとおり。

$$TL_0=TL+\overline{VV_0},\quad TL=R\tan\frac{I}{2},\quad \overline{VV_0}=\frac{e}{\cos(I-90°)},\quad（e：移動量）$$

$\therefore$　接線長 $TL_0 = R\tan\dfrac{I}{2} + \dfrac{e}{\cos(I-90°)}$
……式（7・11）

$TL_0 = R_0\tan\dfrac{I}{2}$，$R_0 = R + e$ より，

$\therefore$ $R_0 = R + e = \dfrac{TL_0}{\tan(I/2)}$　……式（7・12）

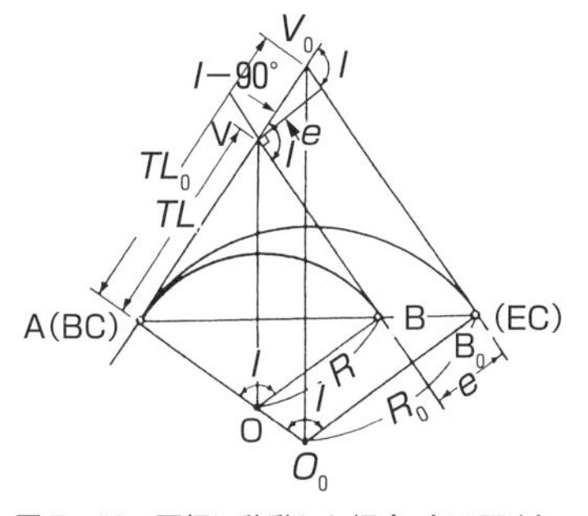

図7・19　平行に移動した場合（BC不変）

関連問題

図に示すように，交角64°，曲線半径400 mである，始点BCから終点ECまでの円曲線からなる道路を計画したが，EC付近で歴史的に重要な古墳が発見された。このため，円曲線始点BC及び交点IPの位置は変更せずに，円曲線終点をEC2に変更したい。

変更計画道路の交角を90°とする場合，当初計画道路の中心点OをBC方向にどれだけ移動すれば変更計画道路の中心O_0となるか。

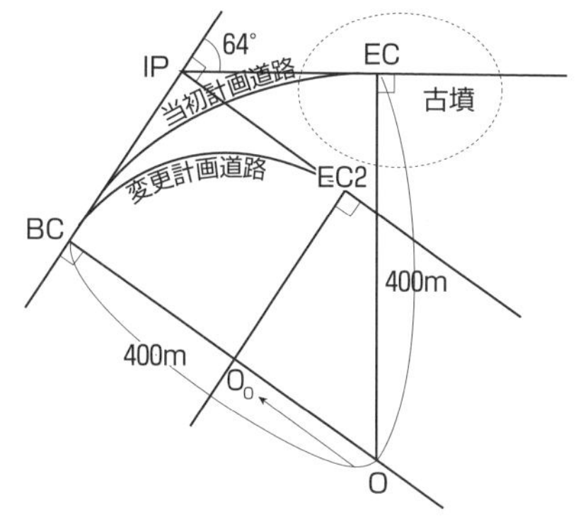

1．116 m
2．150 m
3．188 m
4．214 m
5．225 m

関連問題の解説　路線変更　　　**解答 2**

当初計画道路と変更計画道路のBCと交点IPは変わらないので，接線長TLも変わらない。

接線は同じで，交角を64°から90°に変更の場合，

接線長 $TL = R\tan\dfrac{I}{2} = 400 \times \tan\dfrac{64°}{2} \fallingdotseq 249.95$ m，TL $= R_0\tan\dfrac{90°}{2}$ より，

変更後の $R_0 = \dfrac{249.95}{\tan 45°} = 249.95$ m

$\therefore$　移動距離 $\overline{OO_0} = 400.00 - 249.95 = 150.05$ m $\fallingdotseq$ 150 m

重要問題 9　用地測量の作業工程

重要度★

次のa～eの文は，公共測量における用地測量の作業内容について述べたものである。標準的な作業の順序として最も適当なものはどれか。

a．境界測量の成果に基づき，各筆などの取得用地及び残地の面積を算出し面積計算を作成する。

b．関係権利者立会いの上，境界点を確認して杭を設置する。

c．隣接する境界点間の距離を測定し，境界点の精度を確認する。

d．近傍の4級基準点以上の基準点に基づき境界点を測定し，その座標値を求める。

e．境界杭の位置を確認し，亡失などがある場合は復元するべき位置に杭を設置する。

1．b→e→c→d→a　　2．b→e→d→c→a

3．e→b→c→d→a　　4．e→b→d→c→a

5．e→d→b→c→a

解説

解答 4

(1) **用地測量**は，土地及び境界等について調査し，用地取得に必要な資料及び図面を作成する作業をいう（準則第431条）。作業工程は，次のとおり。

表7・4　用地測量の細分（準則第432条）

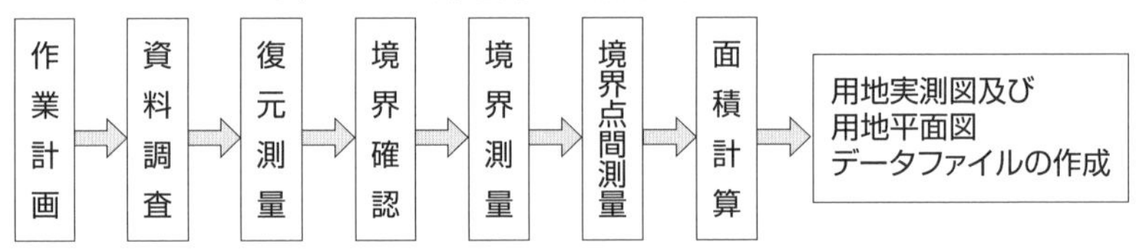

表7・5　各作業の概要（準則第432条）

作業計画 （準則第433条）	測量作業の方法，使用する主要な機器，要員，日程等について適切な作業計画を立案し，これを計画機関に提出して，その承認を得る。また測量を実施する区域の地形，土地の利用状況，植生の状況等を把握し，用地測量の細分ごとに作成する。
資料調査 （準則第434条）	土地の取得等に係わる土地について，用地測量に必要な各資料（公図等の転写，土地の登記記録，建物の登記記録，権利者確認 等）を整理作成する作業をいう。
復元測量 （準則第440条）	境界確認に先立ち，地積測量図等により境界杭の位置を確認し，亡失等があれば，権利関係者に事前説明を実施した後，復元すべき位置に仮杭（復元杭）を設置する作業をいう。

境界確認 (準則第442条)	現地において一筆ごとに土地の境界を権利者立会いの上確認し，標杭を設置する作業をいう。
境界測量 (準則第444条) 用地境界仮杭設置(第446条)	現地において境界点を測定し，その座標値等を求める作業をいう。 ・境界測量は，近傍の4級基準点以上の基準点に基づき，放射法等により行う。但し，やむを得ない場合は，補助基準点を設置し，それに基づいて行う。 ・観測は，TS又はRTK，ネットワーク型RTK法による。 ・用地境界仮杭設置とは，用地幅杭の位置以外の境界線上等に，用地境界杭を設置する必要がある場合に，設置する作業。 ・用地境界仮杭設置は，交点計算等で求めた用地境界仮杭の座標値に基づいて，4級基準点以上の基準点から放射法又は用地幅杭線及び境界線の交点を視通法により行う。 ・用地境界杭設置とは，用地幅杭又は用地境界仮杭と同位置に用地境界杭を置き換える作業。
境界点間測量 (準則第449条)	隣接する境界点間の距離を測定してその精度を確認する作業をいう。境界点間測量は，境界測量が終了した時点で実施する。
面積計算 (準則第451条)	境界測量の成果に基づき，取得用地及び残地の面積を算出する作業をいう。面積計算は，原則として座標法によって行う。
用地実測図・用地平面図データファイル作成	各作業に基づき，用地実測図原図及び用地平面図データを作成する作業をいう。

関連問題

次の文は，公共測量により実施する用地測量について述べたものである。[ア]～[オ]に入る語句の組合せで適当なものはどれか。

a．境界測量は，現地において境界点を測定し，その[ア]を求める。
b．境界確認は，現地において[イ]ごとに土地の境界点を確認する。
c．復元測量は，境界確認に先立ち，地積側量図などに基づき[ウ]の位置を確認し，亡失などがある場合は復元するべき位置に仮杭を設置する。
d．[エ]測量は，現地において隣接する[エ]の距離を測定し，境界点の精度を確認する。
e．面積計算は，取得用地及び残地の面積を[オ]により算出する。

	ア	イ	ウ	エ	オ
1．	座標値	一筆	境界杭	境界点間	座標法
2，	標高	街区	境界杭	基準点	座標法
3．	座標値	一筆	基準点	境界点間	三斜法
4．	座標値	街区	基準点	境界点間	座標法
5．	標高	一筆	境界杭	基準点	三斜法

関連問題の解説 用地測量 **解答 1**

境界点間測量は，TS等を用いて測定し精度を確認する作業である。

重要問題10　面積計算１（座標法）　重要度★★

境界点A，B，C，Dを結ぶ直線で囲まれた四角形の土地の測量を行い，表に示す平面直角座標系の座標値を得た。この土地の面積はいくらか。

なお，関数の数値が必要な場合は，巻末の関数表を使用すること。

1．1,250 m^2
2．1,350 m^2
3．2,500 m^2
4．2,700 m^2
5．2,750 m^2

境界点	X座標［m］	Y座標［m］
A	−15.000	−15.000
B	+35.000	+15.000
C	+52.000	+40.000
D	−8.000	+20.000

解説　　解答　2

(1)　面積計算は，境界測量の成果に基づき，各筆（同一所有者に属する区域）等の取得用地の面積を算出する作業をいう。原則として**座標法**（各測点の座標を使って多角形の面積を求める方法）により行う（準則第452条）。

式（7・11）より，$S=\frac{1}{2}\sum_{t=1}^{n} x_i(y_{i+1}-y_{i-1})$

(2)　多角形の各点のX座標に，その前後のY座標の差を掛けたX_n（$Y_{n+1}-Y_{n-1}$）の和が多角形の２倍の面積（**倍面積**）となる。計算は次のとおり。

表7・6　面積計算表

点	X［m］	Y［m］	$(Y_{i+1}-Y_{i-1})$ m	$X_i(Y_{i+1}-Y_{i-1})$ m^2
A	−15.000	−15.000	15−20=−5.000	75.000
B	35.000	15.000	40−(−15)=55.000	1 925.000
C	52.000	40.000	20−15=5.000	260.000
D	−8.000	20.000	−15−40=−55.000	440.000
			Σ=0	2S=2 700 m^2
				S=1 350 m^2

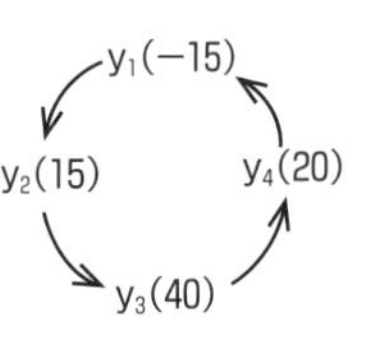

（別解）行列式を用いて計算してもよい（P340，（例）参照）。

$$2S=\begin{vmatrix}-15 & -15\\ 35 & 15\end{vmatrix}+\begin{vmatrix}35 & 15\\ 52 & 40\end{vmatrix}+\begin{vmatrix}52 & 40\\ -8 & 20\end{vmatrix}+\begin{vmatrix}-8 & 20\\ -15 & -15\end{vmatrix}$$

$$=300+620+1360+420=2700$$

表7・7　面積計算表

境界点	X座標［m］	Y座標［m］
A	−15.000	−15.000
B	+35.000	+15.000
C	+52.000	+40.000
D	−8.000	+20.000
A	−15.000	−15.000

（↘＋ ↙−とする）
−15×15−(−15×35)　=300
35×40−(15×52)　=620
52×20−40×(−8)　=1 360
−8×(−15)−20×(−15)=420
合計　$2S$=2 700 m^2
S=1 350 m^2

突破のポイント

(1) 図7・20に示すように，各測点からY軸に下した垂線の交点をA′，B′，C′，D′とすれば，面積Sは次式のとおり。

S＝(台形A′ABB′)＋(台形B′BCC′)－(台形A′ADD′)－(台形D′DCC′)

① (台形A′ABB′)＝$1/2(x_1+x_2)(y_2-y_1)$

② (台形B′BCC′)＝$1/2(x_2+x_3)(y_3-y_2)$

③ (台形A′ADD′)＝$1/2(x_1+x_4)(y_4-y_1)$

④ (台形D′DCC′)＝$1/2(x_4+x_3)(y_3-y_4)$

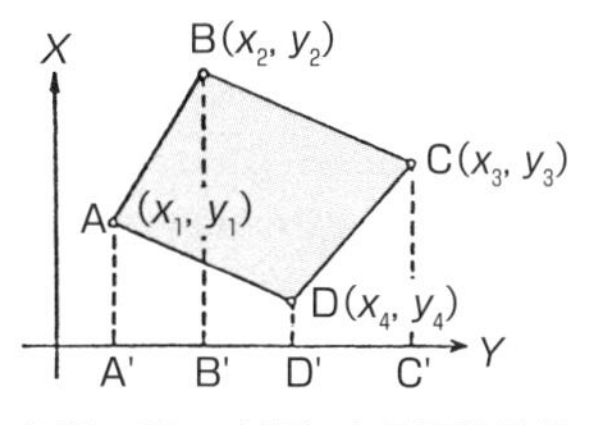

図7・20　座標による面積計算

倍面積　$2S=(x_1+x_2)(y_2-y_1)+(x_2+x_3)(y_3-y_2)$

$-(x_1+x_4)(y_4-y_1)-(x_4+x_3)(y_3-y_4)$

$=x_1(y_2-y_4)+x_2(y_3-y_1)+x_3(y_4-y_2)+x_4(y_1-y_3)$

$$=\sum_{i=1}^{n} x_i(y_{i+1}-y_{i-1})=\sum_{i=1}^{n} y_i(x_{i+1}-x_{i-1})$$

$2S=\Sigma$（その測線のx座標）×（前の線のy座標－次の測線のy座標）

………式（7・11）

但し，x_1，x_2，x_3，x_4，y_1，y_2，y_3，y_4：各測点のx・y座標値

(2) 式（7・11）を展開して，整理すると行列式となる。

表7・8　面積計算（座標法）

測点	X座標	Y座標
A	x_1	y_1
B	x_2	y_2
C	x_3	y_3
D	x_4	y_4
A	x_1	y_1

(計算 ↘ ＋ ↙ －とする)

⇒$x_1y_2-y_1x_2$　―①

⇒$x_2y_3-y_2x_3$　―②

⇒$x_3y_4-y_3x_4$　―③

⇒$x_4y_1-y_4x_1$　―④

2S＝①＋②＋③＋④

$x_1x_2-y_2x_2$は行列式$\begin{vmatrix} x_1 & y_1 \\ x_2 & y_2 \end{vmatrix}$である。故に面積は次のとおり。

$$2S=①+②+③+④=\begin{vmatrix} x_1 & y_1 \\ x_2 & y_2 \end{vmatrix}+\begin{vmatrix} x_2 & y_2 \\ x_3 & y_3 \end{vmatrix}+\begin{vmatrix} x_3 & y_3 \\ x_4 & y_4 \end{vmatrix}+\begin{vmatrix} x_4 & y_4 \\ x_1 & y_1 \end{vmatrix}$$

(3) 重要問題の別解は，次の行列式（P340）を表したものである。

$$2S=\begin{vmatrix} -15 & -15 \\ 35 & 15 \end{vmatrix}+\begin{vmatrix} 35 & 15 \\ 52 & 40 \end{vmatrix}+\begin{vmatrix} 52 & 40 \\ -8 & 20 \end{vmatrix}+\begin{vmatrix} -8 & 20 \\ -15 & -15 \end{vmatrix}$$

$=-15\times15-(-15)\times35+35\times40-15\times52+52\times20-40\times(-8)+(-8)\times(-15)-20\times(-15)=2\,700\ \text{m}^2$

∴　$S=\underline{1\,350\ \text{m}^2}$

重要問題11　面積計算２（座標法）

重要度★

地点A，B，Cで囲まれた三角形の土地の面積を算出するため，公共測量で設置された４級基準点から，トータルステーションを使用して測量を実施した。表は，４級基準点から三角形の頂点に当たる地点A，B，Cを測定した結果を示している。この土地の面積に最も近いものはどれか。

なお，関数の値が必要な場合は，巻末の関数表を使用すること。

1．$324\ \mathrm{m}^2$
2．$348\ \mathrm{m}^2$
3．$372\ \mathrm{m}^2$
4．$396\ \mathrm{m}^2$
5．$420\ \mathrm{m}^2$

地点	方向角	平面距離
A	30° 00′ 00″	30.000 m
B	90° 00′ 00″	12.000 m
C	300° 00′ 00″	20.000 m

解説

解答　4

方向角と平均距離から各地点の座標を求めると

A点の座標 $X = 30\ \mathrm{m}\cos 30° = 26\ \mathrm{m}$

$Y = 30\ \mathrm{m}\sin 30° = 15\ \mathrm{m}$

B点の座標 $X = 12\ \mathrm{m}\cos 90° = 0\ \mathrm{m}$

$Y = 12\ \mathrm{m}\sin 90° = 12\ \mathrm{m}$

C点の座標 $X = 20\ \mathrm{m}\cos 300°$

$= 20\ \mathrm{m}\sin 30° = 10\ \mathrm{m}$

$Y = 20\ \mathrm{m}\sin 300°$

$= 20\ \mathrm{m}(-\cos 30°) \fallingdotseq -17\ \mathrm{m}$（手計算のため整数でまるめる）

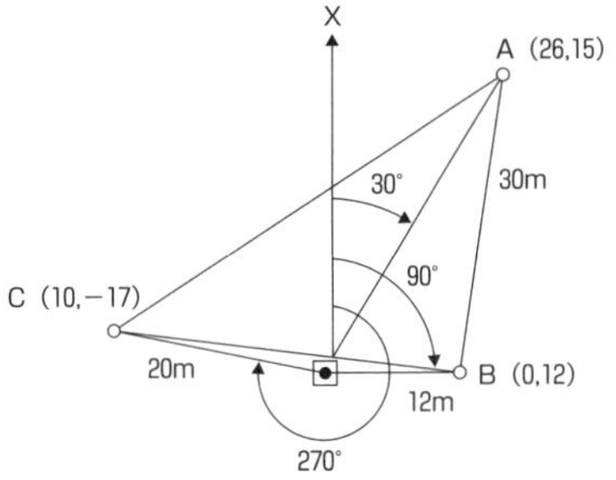

図7・21　座標値の求め方

$$2S = \begin{vmatrix} 26 & 15 \\ 0 & 12 \end{vmatrix} + \begin{vmatrix} 0 & 12 \\ 10 & -17 \end{vmatrix} + \begin{vmatrix} 10 & -17 \\ 26 & 15 \end{vmatrix} = 312 - 120 + 150 + 442$$

$$= 784\mathrm{m}^2 \quad \therefore \quad S = 392\mathrm{m}^2$$

表7・9　面積計算表

地点	X座標	Y座標
A	26	15
B	0	12
C	10	−17
A	26	15

$26\times12-15\times0 = 312$
$0\times(-17)-12\times10 = -120$
$-17\times26-10\times15 = 592$
$2S = 784\ \mathrm{m}^2$
$S = 392\ \mathrm{m}^2$

突破のポイント

１．面積計算（座標法）

⑴　各測点の座標が分かっている場合，その座標値を用いて式（７・７）より面積Sを求める。面積計算は，原則として**座標法**により行う（準則第452条）。

⑵　用地測量における面積計算は，境界測量で確定した座標値を用いて行うのを原則とする。

⑶　三角形の面積計算は，①三斜法，②三辺法（ヘロンの公式），③二辺ときょう角の場合など，現地の状況に応じて求めることができる（P27参照）。

関連問題

点A，B，C，Dで囲まれた土地に杭を設置する。各点の座標値は表のとおり。点Cの座標をX＝26.50 m，Y＝26.40 mと誤って杭を設置した場合，杭に囲まれた面積は正しい値に比べてどれだけの較差を生じるか。

なお，関数の値が必要な場合は，巻末の関数表を使用すること。

１．0.41 m^2
２．0.48 m^2
３．0.82 m^2
４．0.96 m^2
５．1.92 m^2

点	X座標［m］	Y座標［m］
A	＋40.00	＋40.00
B	＋35.50	＋30.20
C	＋26.40	＋26.50
D	＋17.90	＋38.20

関連問題の解説　　**解答　２**

表７・10　面積計算表

点	X座標〔m〕	Y座標〔m〕
A	＋40.00	＋40.00
B	＋35.50	＋30.20
C	＋26.40	＋26.50
D	＋17.90	＋38.20
A	＋40.00	＋40.00

40.0×30.2−40.0×35.5＝−212.0
35.5×26.5−30.2×26.4≒143.5（※１）
26.4×38.2−26.5×17.9≒534.1（※２）
17.9×40.0−38.2×40.0＝−812.0
$2S$＝−346.4
S＝−173.2

C点の座標　X＝26.5 m，Y＝26.4 mのとき

※１　35.5×26.4−30.2×26.5＝136.9

※２　26.5×38.2−26.4×17.9＝539.7　となる。

その差　(136.9−143.5)＋(539.7−534.1)≒−1.0 m^2(＝2S)

∴　|S|≒0.5 m^2（計算は小数点第１位でまるめている）

重要問題12　境界線の整正

重要度★

五角形の土地ABCDEを，同じ面積の長方形AFGEに整正したい。近傍の基準点に基づき，境界点A，B，C，D，Eの平面直角座標系に基づく座標値を求めたところ，表の結果を得た。境界点GのX座標値はいくらか。

境界点	X座標	Y座標
A	−11.520 m	−28.650 m
B	+37.480 m	−28.650 m
C	+26.480 m	+3.350 m
D	+6.480 m	+19.350 m
E	−11.520 m	+11.350 m

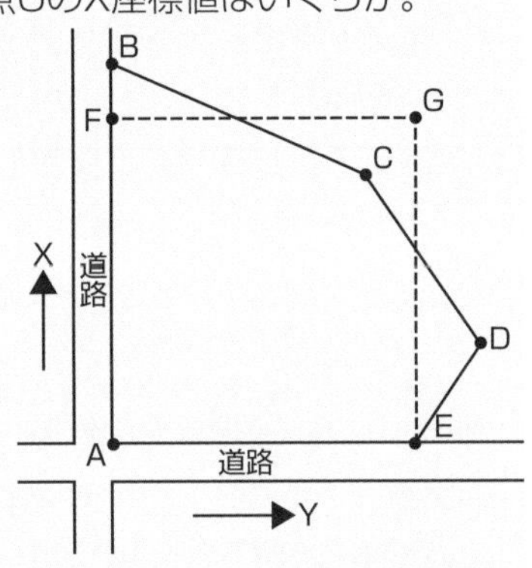

1．+32.680 m　　2．+33.180 m
3．+33.680 m　　4．+34.180 m
5．+34.680 m

解説

解答　1

○ **境界線の整正**とは，屈折した境界線を1本の境界線で等面積に分割する方法をいう。

(1) 五角形ABCDEの面積を同じ面積の長方形AFGEに整正する。五角形の面積を求め，その面積と同じ長方形のG座標を求める。なお，計算し易くするためにA点を原点（0，0）としてもよい。

五角形の面積は，次のとおり。

表7・11　面積計算

	X [m]	Y [m]	$(y_{i+1}-y_{i-1})$	$x_i\ (y_{i+1}-y_{i-1})$
A	−11.520	−28.650	−40.000	460.800
B	37.480	−28.650	32.000	1 199.360
C	26.480	3.350	48.000	1 271.040
D	6.480	19.350	8.000	51.840
E	−11.520	11.350	−48.000	552.960
			$2S$	3 536.000 m²
			S	1 768.000 m²

(2) 五角形の面積1768.000 m²と同じ面積となるよう長方形のG点のX座標を求める。

AE $= Y_E - Y_A = 40$ mより，EG $= 1\,768/40 = 44.2$ m

GのX座標 $X_G = X_E + 44.2 = -11.520 + 44.200 = \underline{32.68\ \text{m}}$

突破のポイント

1．境界線の整正

(1)　図7·22のようなPQ，QRを境界とする甲，乙の土地がある。Pを通り甲，乙の面積を変えずに一つの直線で分割するには，次のようにする。

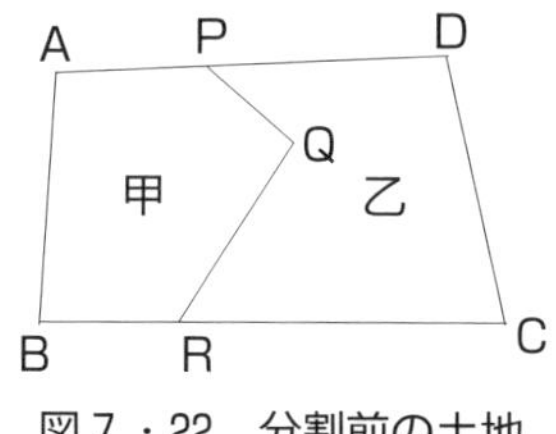

図7・22　分割前の土地

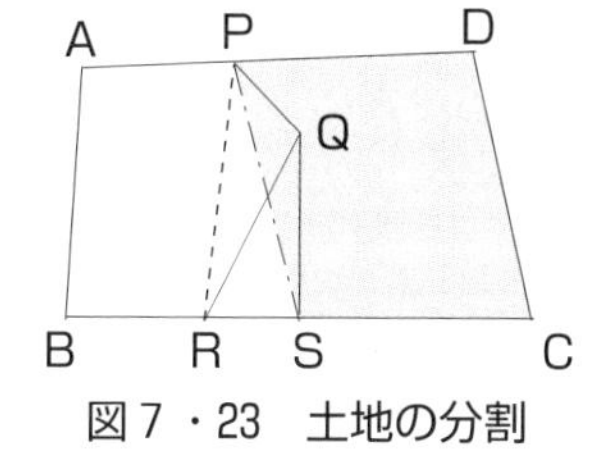

図7・23　土地の分割

(2)　甲，乙の土地の面積を変えずに一つの直線で分割するには，図7·23のようにPRを結び，Q点を通りPRに平行な直線QSを引く。

(3)　△PQRと△PSRについて考えると，底辺PRは共通で，PR∥QSであるから，高さも等しい。故に，△PQRと△PSRの面積は等しくなる。故に，直線PSで分割すればよい。

関連問題

図のように五角形の土地，ABCDEを同じ面積の土地に整形するため，直線EDの延長線上にD′を設け，四角形ABD′Eの土地を作った。DD′間の距離はいくらか。

但し，CD＝45 m，∠BDC＝30°，∠BDE＝100°とする。

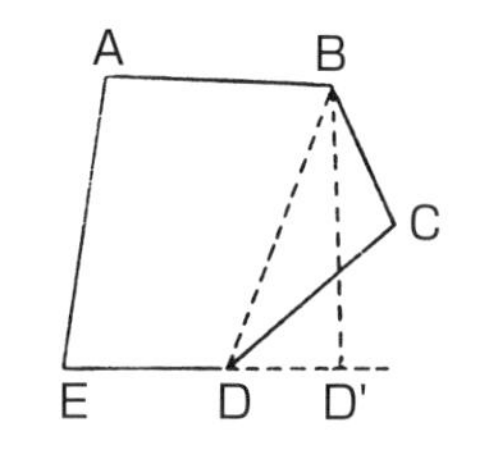

1．22.0 m　　2．22.2 m　　3．22.4 m
4．22.6 m　　5．22.8 m

関連問題の解説　境界線の整正　　**解答　5**

C点を通り，BDに平行な線を引き，EDの延長線と交わる点がD′となる。△DBCと△DBDは同じ面積となる。BDを底辺として，高さhを求めると，

$h = \mathrm{CD} \sin 30°$，$h = \mathrm{DD'} \sin 80°$

$$\therefore \quad \mathrm{CD} \sin 30° = \mathrm{DD'} \sin 80°$$

$$\therefore \quad \mathrm{DD'} = \frac{\mathrm{CD} \sin 30°}{\sin 80°} = \frac{45 \times 0.5}{0.985} \fallingdotseq \underline{22.8 \text{ m}}$$（関数表より，$\sin 80° = 0.985$）

重要問題13　点高法による土量計算

参考事項

長方形の造成予定地において，切取り土量と盛土量を等しくして平たんな土地にしたい。地盤高をいくらにすればよいか。

但し，土量は，この土地を図のように面積の等しい8個の三角形に区分して，点高法により求める。図の数字は各点の地盤高（m単位）を示す。

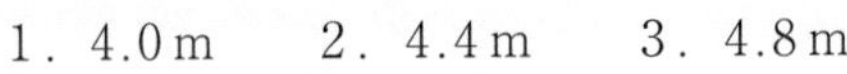

1．4.0 m　　2．4.4 m　　3．4.8 m

4．5.2 m　　5．5.6 m

解説

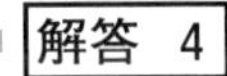

解答　4

式（7・12）より，体積$\sum V=\dfrac{S}{3}(2\sum h_2+8\sum h_8)$

$$=\frac{S}{3}\{2\times(3.8+5.6+5.1+4.3+3.5+4.2+4.8+5.4)+8\times6.5\}=41.8S\ \mathrm{m}^3$$

施工基面$H=\dfrac{\text{全体積}}{\text{全面積}}=\dfrac{41.8S}{8S}\fallingdotseq\underline{5.2\ \mathrm{m}}$

突破のポイント

1．点高法

1．**点高法**は，土地を同じ大きさ（面積S）の三角形，四角形に区分し，その1つの立体の体積Vを求め，全体積ΣVを求める方法である。

① **三角形に区分する方法**：

体積　$V=\dfrac{S}{3}(h_a+h_b+h_c)$　　但し，h_a，h_b，h_c：3隅点の地盤高

全体積　$\sum V=\dfrac{S}{3}(\sum h_1+2\sum h_2+\cdots+6\sum h_6)$

施工基面　$H=\sum V/\sum S$　　…………式（7・12）

但し，$\sum h_1$：1個の三角形だけに関係する点の地盤高の和

$\sum h_2$：2個の三角形に共通する点の地盤高の和

- -

$\sum h_6$：6個の三角形に共通する点の地盤高の和

② **四角形に区分する方法**：

体積　$V=\dfrac{S}{4}(h_a+h_b+h_c+h_d)$　但し，h_a，…，h_d：4隅点の地盤高

全体積　$\sum V=\dfrac{S}{4}(\sum h_1+2\sum h_2+3\sum h_3+4\sum h_4)$

施工基面　$H=\sum V/\sum S$　　……………式（7・13）

但し，S：1個の多角形の面積，ΣS：全体の面積
Σh_1：1個の多角形だけに関係する点の地盤高の和
Σh_2：2個の多角形に共通する点の地盤高の和

Σh_6：6個の多角形に共通する点の地盤高の和

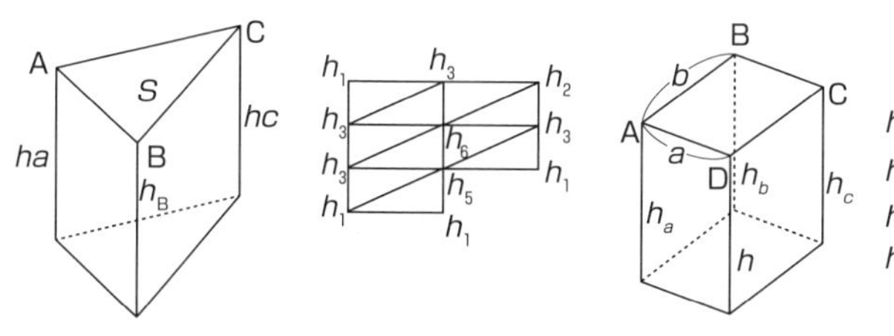

図7・24　三角形に区分する方法

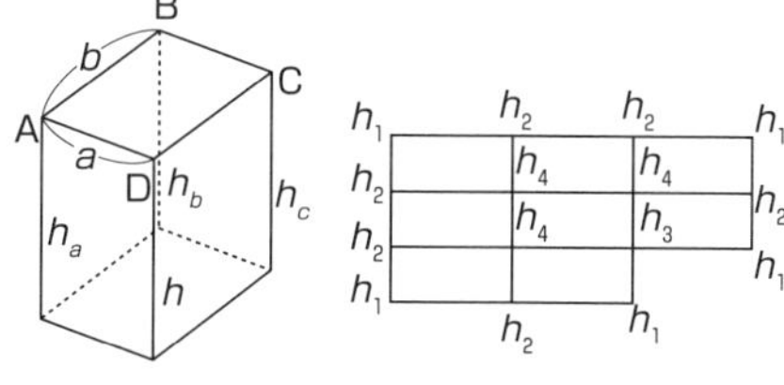

図7・25　四角形に区分する方法

関連問題

図は路線の横断面図のうち，隣接するNo. 5～No. 7の横断面図であり，その断面における切土部の断面積（C.A）及び盛土部の断面積（B.A）を示したものである。中心杭間の距離を20 mとすると，No. 5～No. 7の区間における盛土量と切土量の差はいくらか。式(1)に示した平均断面法により求めなさい。

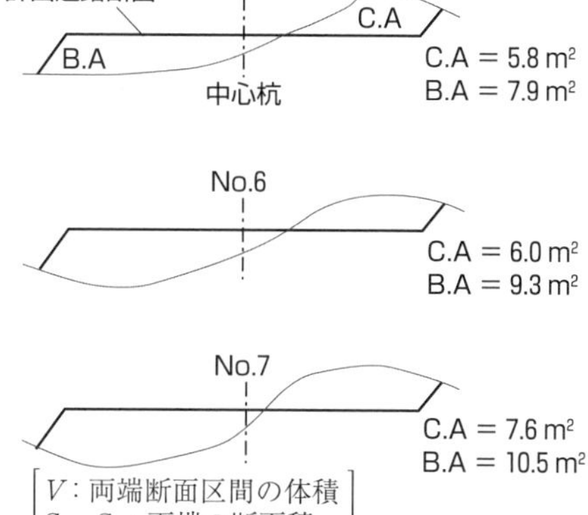

$$V=\frac{S_1+S_2}{2}\times L \cdots\cdots\cdots\cdots\cdots \text{式(1)}$$

［V：両端断面区間の体積
S_1，S_2：両端の断面積
L：両端断面間の距離］

1．105 m^3　2．116 m^3　3．170 m^3　4．178 m^3　5．270 m^3

関連問題の解説　**盛土量と切土量**　**解答 2**

切土量 $=(5.8+6.0)/2\times20+(6.0+7.6)/2\times20=254\ m^3$

盛土量 $=(7.9+9.3)/2\times20+(9.3+10.5)/2\times20=370\ m^3$

盛土量 − 切土量 $=370-254=\underline{116\ m^3}$

重要問題14 河川測量の細分（作業工程） 重要度★★

河川測量について，正しいものはどれか。

1．距離標設置測量は，定期横断測量における水平位置の基準となる距離標を設置する測量である。距離標は，左右の岸どちらかに設置する。
2．水準基標測量は，定期縦断測量の標高の基準となる水準基標を設置する測量である。水準基標は，水位標から十分離れた場所に設置する。
3．定期縦断測量及び定期横断測量は，河川の形状を断面図として作成する測量である。これらは，直線水準測量で実施しなければならない。
4．深浅測量は，河川，湖沼などの，水底部の地形を明らかにする測量である。水深の測定は，音響測深機やロッド，レッドなどを用いて行う。
5．法線測量は，河川又は海岸において，築造物の新設や改修などを行う場合に，等高・等深線図データファイルを作成する測量である。作成する範囲は，前浜と後浜を含む範囲である。

解説 **解答 4**

◎ **河川測量**とは，河川，海岸等の調査及び河川の維持管理に用いる測量をいう（準則第411条）。河川測量の細分は，表7・12に示すとおり。

1．**距離標**は，河床の変動状況を調べるための横断面図等を作成する基準となる点で，河川の両岸に設置する。
2．**水準基標測量**は，定期縦断測量の基準となる水準基標の標高を求める作業をいう。水準基標は，水位標に近傍した位置に設置し，設置間隔は5～20kmまでを標準とする。
3．定期縦断測量は，3級水準測量（平地），4級水準測量（山地）により行う。4級水準測量に代えて間接水準測量により行うことができる。
4．**深浅測量**とは，河川，貯水池等において，水底部の地形を明確にするため，水深，測深位置（船位）及び水位を測定し，**横断面図データファイル**を作成する測量である。水深の測定は，**音響測定機**（水深1m以上）を用いて行う。但し，水深が浅い場合は，**レッド**，**ロッド**により直接測定を行う。
5．等高・等深線図データファイル→線形図データファイル。

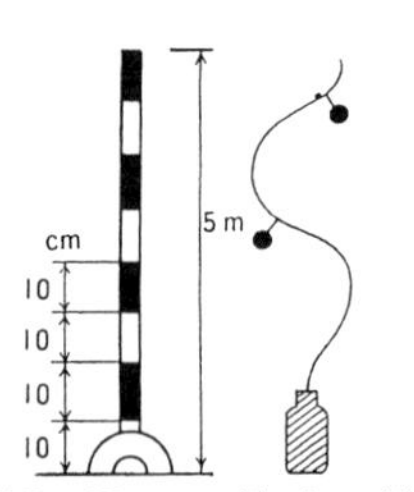

図7・26 ロッド・レッド

表7・12　河川測量の細分（準則第412条）

作業計画（準則第413条）	測量を実施する河川，海岸等の状況を把握し，河川測量の細分ごとに作成する。
距離標設置測量（準則第414条）	河心線の接線に対して直角方向の両岸の堤防法肩又は法面等に距離標を設置する。
水準基標測量（準則第416条）	定期縦断測量の基準となる水準基標の標高を定める。河川の縦断，横断等の高さに係わる基準となる。
定期縦断測量（準則第418条）	定期的に距離標等の縦断測量を実施し，縦断面図データファイルを作成する。
定期横断測量（準則第420条）	定期的に左右距離標の視通線上の横断測量を実施し，横断面図データファイルを作成する。
深浅測量（準則第422条）	河川，貯水池，湖沼，海岸において，水底部の地形を明らかにするため，水深，測深位置又は船位，水位又は潮位を測定し，横断面図データファイルを作成する。
法線測量（準則第424条）	計画資料に基づき，河川又は海岸において，築造物の新設又は改修等を行う場合に現地の法線上に杭を設置し，線形図データファイルを作成する。
海浜（かいひん）測量及び汀線（ていせん）測量（準則第426条）	海浜測量とは，前浜と後浜（海浜）を含む範囲の等高・等深線図データファイルを作成する作業をいう。 汀線測量とは，最低水面と海浜との交線を定め，汀線図データファイルを作成する作業をいう。

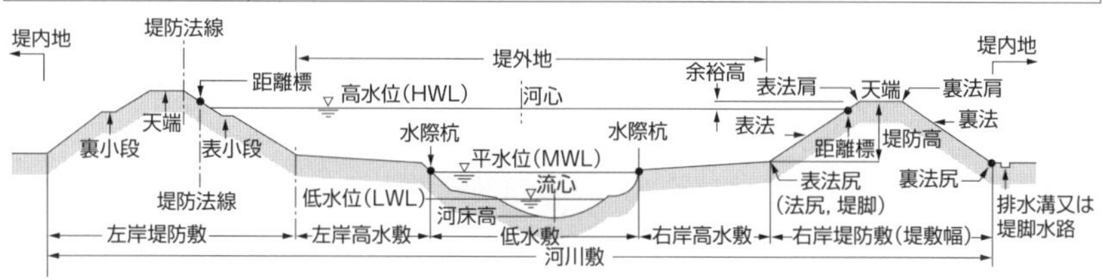

図7・27　河川域

関連問題

河川測量について述べたものである。間違っているものはどれか。

1．河川測量は，河川のほかに湖沼や海岸等についても行う。
2．距離標の設置位置は，両岸の堤防表法肩又は表法面が標準である。
3．水準基標は，２級水準測量により行い水位標の近くに設置する。
4．定期横断測量は，陸部の堤内地20 m～50 mの範囲についても行う。
5．深浅測量は，流水部分の縦断面図を作成するために行う。

関連問題の解説　河川測量（作業工程）　**解答　5**

浅深測量は，流水部分の水面を基準にして，測深位置と水深を測定し，水底部の地形を明らかにし，横断面図データファイルを作成する作業である。

重要問題15 河川測量（河川の基準面） 重要度★

次の文は，公共測量作業規程に基づいて行われる河川測量について述べたものである。間違っているものはどれか。

1．河川に固有の基準面がある場合には，それを水準基標測量の基準面とすることがある。
2．対応する両岸の距離標を見通す線は，河心線にほぼ直交する。
3．横断測量は，対応する両岸の距離標を見通す線に沿って，測点の高低差と距離標から測点までの距離を測定する。
4．水準基標は，堤内地の地盤堅固な場所又は橋台等に設置する。
5．距離標は，努めて堤防の法肩や法面を避けて設置する。

解説 **解答 5**

1．**水準基標**は，河川水系の高さの基準を統一するため，河川の両岸の適切な場所に設けられる。**水準基標測量**の基準面は，東京湾平均海面を基準面としている河川と，各河川固有の基準面を採用している河川がある（表7・13）。
2．対応する両岸の距離標を結ぶ直線は，河心とほぼ直交する。
3．**横断測量**は，左右岸の距離標を結ぶ線上で，各測点の高低差と距離標から各測点までの距離を測定する。
4．**水準基標**は，堤内地の地盤堅固な場所又は橋台等に設けるか，適切な位置に距離標がある場合は，それを併用する。
5．**距離標**は，**有堤部**の場合には，左右両岸の表法肩又は法面に設置し，**無堤部**の場合には，河岸の適切な位置に設置する。

突破のポイント

1．河川固有の基準面

河川水系の高さの基準となる**河川固有の基準面**は，表7·13のとおり。河川固有の基準面は，海岸地形の状況，気圧，風向によって東京湾平均海面のジオイドとは一致しない（P17）。

表7・13　河川固有の基準面〔m〕

河川名	基準面	東京湾平均海面との関係
利根川	YP	-0.840 2
荒川，中川，多摩川	AP	-1.134 4
淀川	OP	-1.300 0
吉野川	AP	-0.833 3
木曽川	OP	±0.000 0

2．距離標の設置

距離標は，流心線（河川の横断面の最深部を連ねた線）に沿って，200 m間隔を標準として設置する。距離標の間隔は，左右両岸で異なる場合がある。

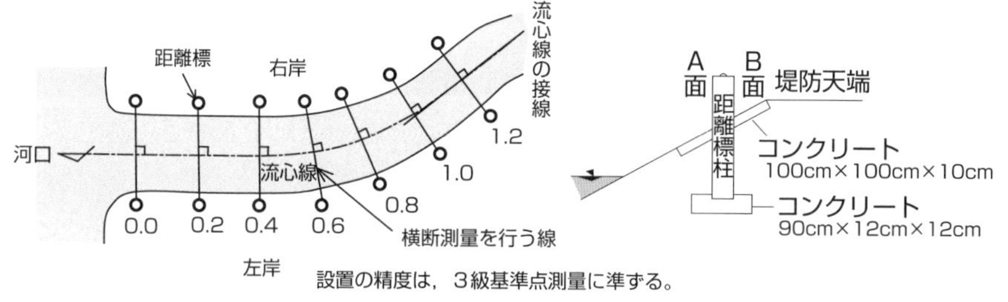

図７・28　距離標の設置　　　図７・29　距離標

3．水準基標

水準基標測量は，定期縦断測量の基準となる水準基標の標高を求める作業をいう。**水準基標**の設置は，設置間隔を５km～20kmとし，堅固な岩盤，橋台などに設置する。河川の両岸に設置する水準基標は，１級以上の水準点を出発点として，２級水準測量を行い，左右両岸を環として閉合させる。

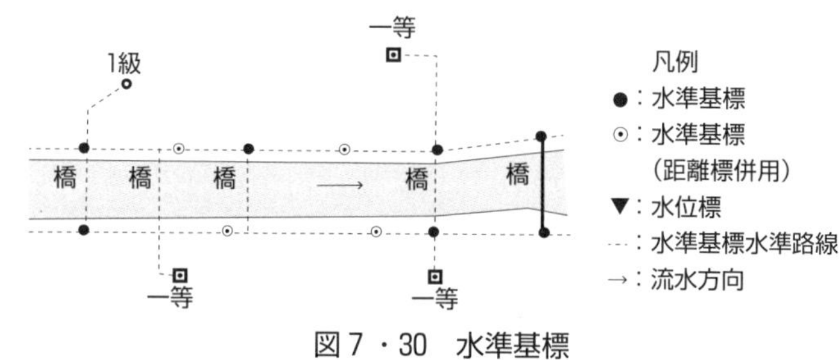

図７・30　水準基標

関連問題

河川測量について，間違っているものはどれか。

1．対応する両岸の距離標を結ぶ直線は，河心線の接線と直交する。
2．距離標は，努めて堤防の法面や法肩を避けて設置する。
3．水準基標の標高を定める作業は，２級水準測量で行う。
4．定期横断測量は，水際杭を境にして，陸部は横断測量，水部は深浅測量により行う。
5．深浅測量における測深位置を，ワイヤーロープ，TS等又はGNSS測量のいずれかを用いて行う。

関連問題の解説　河川測量　　　**解答　2**

距離標は，河心線の接線に対して直角方向の両岸の堤防法肩又は法面等に設置する（準則第414条）。

重要問題16　距離標設置測量　　基本事項

次の文は，公共測量における河川測量の距離標設置測量について述べたものである。[ア]～[エ]に入る語句の組合せとして最も適当なものはどれか。

距離標の設置間隔は，河川の河口又は幹川への合流点に設けた起点から，河心に沿って[ア]を標準とする。距離標は，図上で設定した距離標の座標値に基づいて，近傍の[イ]基準点等からトータルステーションによる[ウ]のほか，キネマティック法，RTK法又はネットワーク型RTK法により設置する。ネットワーク型RTK法による観測は，間接観測法又は[エ]を用いる。

	ア	イ	ウ	エ
1．	500m	3級	放射法	単点観測法
2．	200m	2級	2級基準点測量	単点観測法
3．	200m	2級	2級基準点測量	単独測位法
4．	200m	3級	放射法	単点観測法
5．	500m	2級	2級基準点測量	単独測位法

解説　　解答 4

(1) **距離標設置測量**とは，河心線の接線に対して直角方向の両岸の堤防法肩又は法面等に距離標を設置する作業をいう（準則第414条）。

(2) 距離標設置測量は，あらかじめ地形図上で位置を選定し，その座標値に基づいて，近傍の[イ]3級基準点等から放射法等により設置する（準則第415条）。

① 距離標設置間隔は，河川の河口又は幹川への合流点に設けた起点から，河心に沿って[ア]200 mを標準とする。

② 距離標設置測量の観測は，TS等による[ウ]放射法（水平角・鉛直角0.5対回，距離2回測定）の他，キネマティック法，RTK法又はネットワーク型RTK法（P174，表4・5参照）による。

③ ネットワーク型RTK法による観測は，間接観測法又は[エ]単点観測法（仮想点又は電子基準点を固定点とした放射法による観測）を用いる。任意地点の補正データ（配信事業者）を使用する場合，その地点から距離標までの距離は，3km以内とする。

④ 距離標の位置を示すため，点の記を作成する。

関連問題

水位観測のための水位標を設置するため，水位標の近傍に仮設点が必要となった。図に示すBM１，中間点１及び水位標の近傍に在る仮設点Aとの間で直接水準測量を行い，表に示す観測記録を得た。

高さの基準をこの河川固有の基準面としたとき，仮設点Aの高さはいくらか。但し，この河川固有の基準面の標高は東京湾平均海面（T.P.）に対して1.300 m低い。

1．1.035 m
2．2.335 m
3．3.635 m
4．4.191 m
5．5.226 m

測　点	距　離	後　視	前　視	標　高
BM１	42 m	0.238 m		6.526 m(T.P.)
中間点１	25 m	0.523 m	2.369 m	
仮設点A			2.583 m	

関連問題の解説

解答

① 図において，BM１から仮設点Aの標高を求めると，表のとおり。

② この河川固有の基準面は，T.P.に対して，－1.300 mであるから，この河川固有の基準面の標高＝2.335－(－1.300)＝3.635 m

図７・31　水準測量の結果

表７・14　仮設点Aの標高

測 点	距 離 [m]	後 視 [m]	前 視 [m]	(+) [m]	(-) [m]	標 高 [m]
BM１	42	0.238				6.526
中間点１	25	0.523	2.369		2.131	4.395
仮設点A			2.583		2.060	2.335

第7章 演習問題

（路線測量）

問1　次の文は，公共測量における路線測量の作業工程の一つである中心線測量について述べたものである。明らかに間違っているものはどれか。

1．中心線測量とは，主要点及び中心点を現地に設置し，線形地形図データファイルを作成する作業である。
2．主要点の設置は，近傍の4級基準点以上の基準点，交点IP及び中心点に基づき，放射法等により行う。
3．中心点は，路線の起点から中心線上に一定の間隔で設置する。
4．点検測量は，隣接する中心点等の点間距離を測定し，座標差から求めた距離との比較により行う。
5．主要点には役杭を，中心点には中心杭を設置し，識別のための名称等を記入する。

問2　次の文は，道路を新設するために実施する公共測量における路線測量について述べたものである。間違っているものはどれか。

1．線形決定では，計算などによって求めた主要点及び中心点の座標値を用いて線形図データファイルを作成する。
2．中心線測量における中心点は，近傍の4級基準点以上の基準点，IP及び主要点に基づき，放射法などにより一定の間隔に設置する。
3．引照点杭は，重要な杭が亡失したときに容易に復元できるように設置し，必要に応じて近傍の基準点から測定し，座標値を求める。
4．縦断面図データファイルは，図紙に出力する場合は，高さを表す縦の縮尺を線形地形図の縮尺の2倍で出力することを原則とする。
5．横断測量は，中心杭を基準に，中心線の接線の直角方向の線上に在る地形の変化点及び地物について，中心点からの距離及び地盤高を測定する。

解　答

問1－2　主要点の設置は，近傍の4級基準点以上の基準点に基づき，放射法等により行う（準則第394条）。IP，中心杭は含まれない。

問2－4　縦断面図データファイルを図紙に出力する場合は，縦断面図の距離を表す横の縮尺は線形地形図の縮尺と同一とし，高さを表す縦の縮尺は，線形地形図の縮尺の5倍から10倍までを標準とする（準則第400条）。

問3　図に示すように，曲線半径R＝500 m，交角α＝90°で設置されている，点Oを中心とする円曲線から成る現在の道路（現道路）を改良し，点O′を中心とする円曲線から成る新しい道路（新道路）を建設することとなった。

新道路の交角β＝60°としたとき，新道路BC～EC′の路線長いくらか。

但し，新道路の起点BC及び交点IPの位置は，現道路と変わらないものとし，円周率π＝3.142とする。

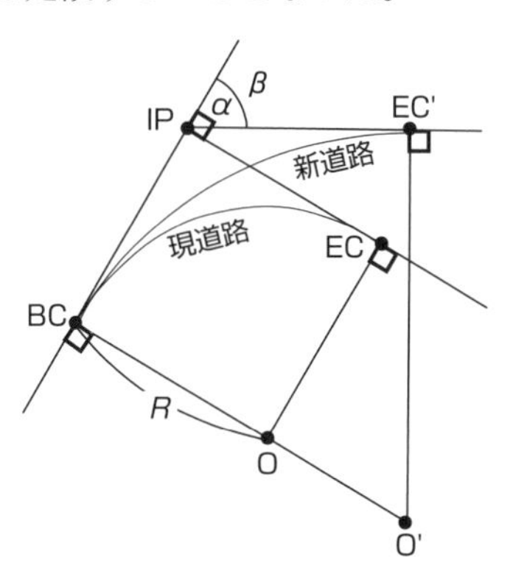

1．866 m　　2．879 m
3．893 m　　4．907 m
5．920 m

問4　図のように，交角は90°，曲線半径は200 mであるような，始点BCから終点ECまでの円曲線からなる道路を計画したところ，EC付近で遺跡が発見された。このため円曲線始点BC及び交点IPの位置は変更せずに，円曲線終点をEC2に変更したい。

変更計画道路の交角を60°とする場合，当初計画道路の中心点Oをどれだけ移動すれば変更計画道路の中心点O′となるか。

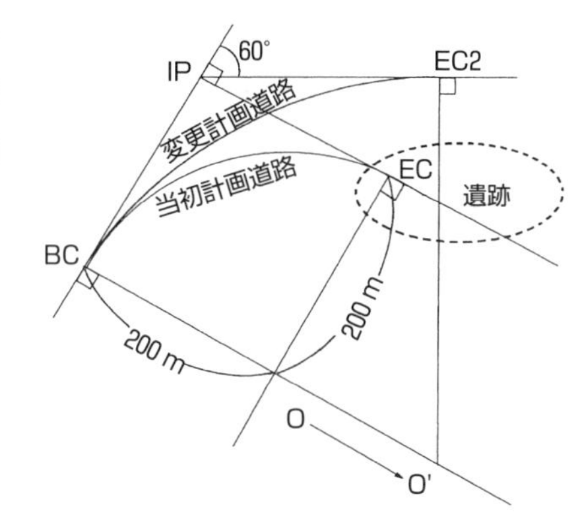

1．146 m　　2．156 m
3．166 m　　4．176 m
5．186 m

解　答

問3－4　BC，IPの位置は変わらないので，接線長TLは変化しない。

$TL = R\tan I/2 = 500\text{ m}\cdot\tan 45° = 500\text{ m}$，新道路の半径$R'$は，

$R' = TL / \tan 30° = 500 / 0.57735 \fallingdotseq 866\text{ m}$，新道路の曲線長$CL$は，

$$CL = R'I = 866\times\frac{\pi}{180°}\times 60° \fallingdotseq \underline{907\text{ m}}$$

（用地測量）

問5　境界杭A，B，C，Dを結ぶ直線で囲まれた四角形の土地の測量を行い，表に示す平面直角座標系の座標値を得た。この土地の面積はいくらか。

1．2 303 ㎡
2．2 403 ㎡
3．2 503 ㎡
4．2 603 ㎡
5．2 703 ㎡

境界杭	X座標［m］	Y座標［m］
A	＋25.000	＋25.000
B	−40.000	＋12.000
C	−28.000	−25.000
D	＋5.000	−40.000

問6　図は，境界点A，B，C，Dの順に直線で結んだ土地を表したものであり，土地を構成する各境界点の平面直角座標系における座標値は表のとおり。

長方形AEFDの面積が土地ABCDの面積の60％であるとき，点FのX座標値はいくらか。

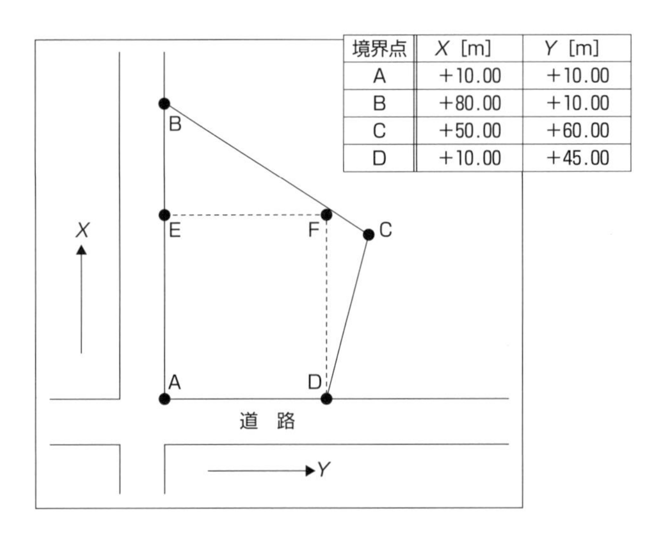

境界点	X［m］	Y［m］
A	＋10.00	＋10.00
B	＋80.00	＋10.00
C	＋50.00	＋60.00
D	＋10.00	＋45.00

1．＋50.00 m　　2．＋52.00 m　　3．＋54.00 m
4．＋56.00 m　　5．＋58.00 m

解　答

問4-1　接線長$TL = R\tan\dfrac{I}{2} = 200 \times \tan\dfrac{90°}{2} = 200$ m

変更後の$R' = 200/\tan 30° = 346$ m，∴移動距離$\overline{OO'} = 346 - 200 = \underline{146\text{ m}}$

問7 図のような境界点，A，B，Cを順に直線で結んだ境界線ABCで区割りされた甲及び乙の土地がある。甲及び乙の土地の面積を変えずに，境界線ABCを直線の境界線APに直したい。PC間の距離はいくらか。

なお，表はトータルステーションを用いて現地で角度及び距離を測定した結果である。

1．12.346 m
2．14.846 m
3．16.346 m
4．18.846 m
5．20.346 m

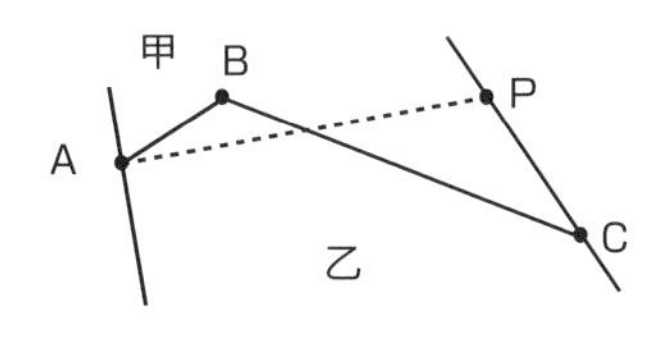

角度及び距離	測 定 値
∠ABC	120° 0′ 0″
∠BCP	30° 0′ 0″
境界点A，B間	20.000 m
境界点B，C間	30.000 m

解 答

問5-3 $S=\frac{1}{2}\sum x_n(y_{n+1}-y_{n-1})=\frac{1}{2}\times 5\,006=\underline{2\,503\ \mathrm{m}^2}$

表7・15 面積計算表

境界点	X[m]	Y[m]	$(y_{i+1}-y_{i-1})$	$x_i(y_{i+1}-y_{i-1})$
A	+25.0	+25.0	+52.0	+1 300.0
B	−40.0	+12.0	−50.0	+2 000.0
C	−28.0	−25.0	−52.0	+1 456.0
D	+5.0	−40.0	+50.0	+ 250.0
			Z_0	2S＝5 006.0 m^2
				S＝2 503.0 m^2

問6-2 面積AEFD＝面積ABCD×0.60＝2450×0.60＝1470 m^2
＝AD×DF＝(Y_D-Y_A)×DF＝(45−10)×DF
DF＝1470／35＝42 m，∴$X_F=X_D$＋DF＝10＋42＝$\underline{52\ \mathrm{m}}$

表7・16 ABCDの面積

点	X[m]	Y[m]	$(y_{i+1}-y_{i-1})$ m	$x_i(y_{i+1}-y_{i-1})$ m^2
A	10.00	10.00	−35.00	−350.00
B	80.00	10.00	50.00	4 000.00
C	50.00	60.00	35.00	1 750.00
D	10.00	45.00	−50.00	−500.00
			Σ＝0	2S＝4 900 m^2
				S＝2 450 m^2

問7-2 ABの延長線をCP上にとりQ点とする。△ABCの面積＝△APCの面積からPC間の距離を求めると14.846 mとなる。

（河川測量）

問8　次の文は，公共測量における河川測量について述べたものである。明らかに間違っているものはどれか。

1．距離標は，両岸の堤防の法肩又は法面に設置する。
2．対応する両岸の距離標を結ぶ直線は，河心線の接線と直交する。
3．水準基標は，できるだけ水位標の近くに設置する。
4．定期縦断測量では，水準基標を基準にして，両岸の距離標の標高を測定する。
5．定期横断測量では，距離標を境にして，陸部は横断測量を，水部は深浅測量を行う。

問9　次の文は，公共測量における河川測量について述べたものである。明らかに間違っているものはどれか。

1．河川測量とは，河川や海岸などの調査や維持管理のために行う測量である。
2．定期横断測量に使用する距離標を20 km間隔で水位標の近辺に設置した。
3．定期縦断測量の基準とする水準基標の高さを一等水準点から２級水準測量で求めた。
4．深浅測量において，船位をGNSS測量機を用いて測定した。
5．深浅測量において，水深をロッド（測深棒）を用いて直接測定した。

解　答

問8－5　定期横断測量は，左右距離標の視通線上の地形の変化等について，距離標からの距離及び標高を測定する。水際杭を境にして，陸部と水部に分け，陸部については地形・地物等の状況を直接水準測量又は間接水準測量により行い，水部については深浅測量を準用する（準則第419，420条）。

問9－2　距離標設置間隔は，河川の河口又は合流点に設けた起点から，河心に沿って200 mを標準とする。定期横断測量は，左右の距離標の視通線上の横断測量を行う（準則第415，420条）。

付録１．ギリシャ文字，接頭語

ギリシャ文字

大文字〔立体〕	大文字〔イタリック〕	小文字	読み方	大文字〔立体〕	大文字〔イタリック〕	小文字	読み方
A	A	α	アルファ	N	N	ν	ニュー
B	B	β	ベータ	Ξ	$\mathit{\Xi}$	ξ	クシー グザイ
Γ	$\mathit{\Gamma}$	γ	ガンマ	O	O	o	オミクロン
Δ	$\mathit{\Delta}$	δ	デルタ	Π	$\mathit{\Pi}$	$\pi\ \varpi$	ピー パイ
E	E	$\varepsilon\ \epsilon$	エプシロン イプシロン	P	P	ρ	ロー
Z	Z	ζ	ゼータ	Σ	$\mathit{\Sigma}$	$\sigma\ \varsigma$	シグマ
H	H	η	エータ イータ	T	T	τ	タウ
Θ	$\mathit{\Theta}$	$\theta\ \vartheta$	シータ テータ	Υ	$\mathit{\Upsilon}$	υ	ウプシロン
I	I	ι	イオタ	Φ	$\mathit{\Phi}$	$\phi\ \varphi$	フィー ファイ
K	K	κ	カッパ	X	X	χ	キー カイ
Λ	$\mathit{\Lambda}$	λ	ラムダ	Ψ	$\mathit{\Psi}$	$\psi\ \phi$	プシー プサイ
M	M	μ	ミュー	Ω	$\mathit{\Omega}$	ω	オメガ

接頭語

10^0	1	10^0	1
10^1	da（デカ）	10^{-1}	d（デシ）
10^2	h（ヘクト）	10^{-2}	c（センチ）
10^3	k（キロ）	10^{-3}	m（ミリ）
10^6	M（メガ）	10^{-6}	μ（マイクロ）
10^9	G（ギガ）	10^{-9}	n（ナノ）
10^{12}	T（テラ）	10^{-12}	p（ピコ）

付録２．測量のための数学公式

１．数と式の計算

(1) 最大公約数，最小公倍数

① ２つ以上の整数に共通な約数のうち，最大のものを最大公約数という。

② ２つ以上の整数に共通な倍数のうち，最小のものを最小公倍数という。

(例) 36, 120, 180の最大公約数（G.C.M），最小公倍数（L.C.M）を求めよ（P23）。
素数2，3，5，7…で分解する。

```
2 ) 36  120  180
2 ) 18   60   90
3 )  9   30   45
     3   10   15
```

共通に含まれる素数 2×2×3

最大公約数$=2^2\times3=\underline{12}$

```
2 ) 36  120  180
2 ) 18   60   90
3 )  9   30   45
3 )  3   10   15
5 )  1   10    5
     1    2    1
```

異なる素数を全部取り出し掛ける

１部でも割れたら割る。他はそのまま残す。

最小公倍数$=2^3\times3^2\times5=\underline{360}$

(2) 計算公式

① 指数法則

n乗してaになる数をaのn乗根という。m, nは正の整数，$a\neq0$, $b\neq0$のとき，

$a^ma^n=a^{m+n}$　　$a^{\frac{m}{n}}=\sqrt[n]{a^m}$　$(a>0)$

$(a^m)^n=a^{mn}$　　$a^0=1$

$(ab)^n=a^nb^n$　　$a^{-n}=1/a^n$

$$a^m\div a^n=\begin{cases}a^{m-n} & (m>n)\\ 1 & (m=n)\\ a^{m-n}=a^{-(n-m)}=\dfrac{1}{a^{n-m}} & (m<n)\end{cases}$$

(例) 大きい数や０に近い数を１桁の数aと指数n (10^n)を使って表す。

$2\,830\,000=2.83\times10^6$

$0.000\,283=2.83\times10^{-4}$

よく使われる指数

$\overset{ロー}{\rho}=2''\times10^5$，$\overset{ミュー}{\mu}=10^6$

(例) 標準温度$t_0=15$℃の鋼巻尺で，外気温度$t=25$℃，距離200mを測定したとき，温度補正C_tはいくらか。
但し，線膨張係数$\alpha=1.2\times10^{-5}$/℃

$C_t=\alpha L\ (t-t_0)$
$=1.2\times10^{-5}$/℃×200m(25℃−15℃)
$=2.4\text{m}\times10^{-5}\times10^2\times10$
$=2.4\text{m}\times10^{-5+2+1}=2.4\text{m}\times10^{-2}$
$=\underline{0.024\text{m}}$

② 対数と真数

$a^{\text{m}}=M$ $(a>0,\ a\neq1)$ のとき，
指数mをaを底とするMの対数といい，Mを対数mの真数という。
$a=10$のとき，常用対数という。

$10^m=M$のとき，$m=\log_{10}M$

$\log_a a=1$，$\log_a 1=0$

$\log_a MN=\log_a M+\log_a N$

$\log_a\dfrac{M}{N}=\log_a M-\log_a N$

(注) コンピュータ普及以前，桁数の多い数値の乗除計算に用いられた。（球面距離，平面距離の換算計算，P114）

③ 整式の基本性質

$A=B$，$B=C$のとき　$A=C$

$A=B$のとき　$A\pm C=B\pm C$

$AC=BC$

$\dfrac{A}{C}=\dfrac{B}{C}$　$(C\neq0)$

$A=B$，$C=\text{D}$ $(\neq0)$ のとき

$A\pm C=B\pm D$

$AC=BD$

$\dfrac{A}{C}=\dfrac{B}{D}$

④ 恒等式

等式の両辺が式として等しい

$(a+b)(c+d)=ac+ad+bc+bd$

$(a+b)(a-b)=a^2-b^2$

$(a\pm b)^2=a^2\pm2ab+b^2$

$(ax+b)(cx+d)=acx^2+(ad+bc)x+bd$

$a^2+b^2=(a+b)^2-2ab$

$4ab=(a+b)^2-(a-b)^2$

$(a+b+c)^2=a^2+b^2+c^2+2bc+2ca+2ab$

$a^3\pm b^3=(a\pm b)(a^2\mp ab+b^2)$

⑶　分数式の性質

$$\frac{mA}{mB}=\frac{A}{B}$$

$$\frac{B}{A}+\frac{C}{A}=\frac{B+C}{A}$$ （加法）

$$\frac{B}{A}-\frac{C}{A}=\frac{B-C}{A}$$ （減法）

$$\frac{A}{B}\times\frac{C}{D}=\frac{AC}{BD}$$ （乗法）

$$\frac{A}{B}\div\frac{C}{D}=\frac{A}{B}\times\frac{D}{C}=\frac{AD}{BC}$$ （除法）

⑷　平方根の性質

２乗して a になる数を a の平方根という。a^2の平方根$(\sqrt{a^2}=(\sqrt{a})^2)$は$a$である。

$(\sqrt{a})^2=a$

$a>0$，$b>0$のとき，

$\sqrt{a}\sqrt{b}=\sqrt{ab}$　　$\dfrac{\sqrt{a}}{\sqrt{b}}=\sqrt{\dfrac{a}{b}}$

$k>0$，$a>0$のとき　$\sqrt{k^2a}=k\sqrt{a}$

絶対値 $\begin{cases} a\geqq 0ならば & \sqrt{a^2}=|a|=a \\ a\leqq 0ならば & \sqrt{a^2}=|a|=-a \end{cases}$　（注）

（注）$\sqrt{-2}\sqrt{-8}=\sqrt{2}\,i\sqrt{8}\,i=\sqrt{16}\,i^2=-4$
　但し，$i^2=-1$　（i：虚数単位）

（例）関数表の利用（p343）
$a\times10^n$（nは偶数）に換算して a を100 以下の数とする。
$\sqrt{0.5}=\sqrt{50\times10^{-2}}=10^{-1}\sqrt{50}$
$=7.071\,07\times10^{-1}=\underline{0.707\,107}$
$\sqrt{0.25}=\sqrt{25\times10^{-2}}=10^{-1}\sqrt{25}=\underline{0.5}$
覚えておこう　$\sqrt{2}=1.414$，$\sqrt{3}=1.732$

⑸　比例式の性質

$\dfrac{a}{b}=\dfrac{c}{d}$，$a:b=c:d$ならば

①　$ad=bc$　（内項の積＝外項の積）

②　$\dfrac{a}{c}=\dfrac{b}{d}$，$\dfrac{d}{b}=\dfrac{c}{a}$　（交換の理）

③　$\dfrac{a\pm b}{b}=\dfrac{c\pm d}{d}$　（合比・除比の理）

④　$\dfrac{a+b}{a-b}=\dfrac{c+d}{c-d}$　（合除比の理）

（例）$a:b=4:3$，$b:c=5:7$のとき
$a:b:c$は，

a：b	＝ 4： 3	
b：c＝		5：7
a：b：c＝	20：15：21	

（例）直接水準測量では，軽重率は測定距離に反比例する。路線長が4km，3 km，6kmのとき，軽重率Pは
$P_1:P_2:P_3=\dfrac{1}{4}:\dfrac{1}{3}:\dfrac{1}{6}=\underline{3:4:2}$
（最小公倍数12を掛ける。p23）

⑹　整式の除法

①　除法の基本　$A(x)\div B(x)$の商を$Q(x)$，余りを$R(x)$とすると

$$A(x)=B(x)Q(x)+R(x)$$

②　因数定理
$P(x)$が $x-a$ で割り切れる ⇔ $P(a)=0$

2．方程式

⑴　１次方程式の解法

①　等式の基本性質：
$a=b$ならば，$a+c=b+c$　$a-c=b-c$
$ma=mb$　特に，$m\neq0$のとき $\dfrac{a}{m}=\dfrac{b}{m}$

②　１元１次方程式：　$ax=b$の解

$a\neq0$のとき　$x=\dfrac{b}{a}$

$a=0$で，

$\begin{cases} b=0のとき & 解は無数（不定） \\ b\neq0のとき & 解はない（不能） \end{cases}$

③　連立２元１次方程式
２直線の交点の座標値（x, y）。元は未知数。（x, y）の数，次はx, yの次数（１次）をいう。

$D=a_1b_2-a_2b_1\neq0$

$$\left.\begin{array}{l} a_1x+b_1y=c_1 \\ a_2x+b_2y=c_2 \end{array}\right\} \Leftrightarrow x=\frac{c_1b_2-b_1c_2}{a_1b_2-a_2b_1}$$

$$y=\frac{a_1c_2-c_1a_2}{a_1b_2-a_2b_1}$$

（p339，行列式より）

(2)　２次方程式

$ax^2+bx+c=0\ (a\neq 0)$ の解

$$x=\frac{-b\pm\sqrt{b^2-4ac}}{2a}$$

判別式　$D=b^2-4ac$

$D>0 \rightleftarrows$ 異なる２実数解

$D=0 \rightleftarrows$ 重根解（実数解）

$D<0 \rightleftarrows$ 異なる２虚数解

３．三角比・三角関数

(1)　三角比・逆三角関数

定義：測量では，縦軸をX，横軸をYとし，角度θはX軸より時計回りを正とする。θの大きさにより第１～４象限の角という。

（数学では，縦軸Y，横軸X，角度θはX軸より反時計回りを正とする）

①　$P(x, y)$，$OP=r$，OPがX軸となす角がθのとき，三角形の辺の比は，次のとおり。

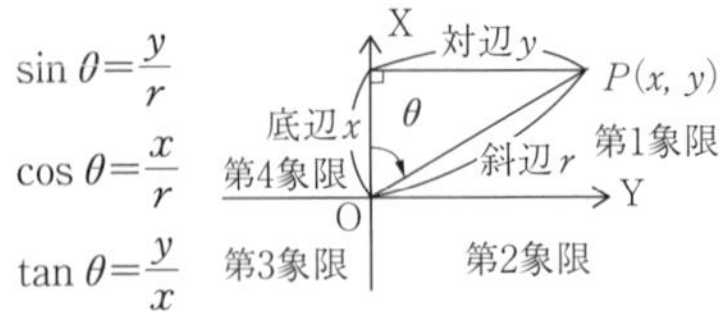

$$\sin\theta=\frac{y}{r}$$

$$\cos\theta=\frac{x}{r}$$

$$\tan\theta=\frac{y}{x}$$

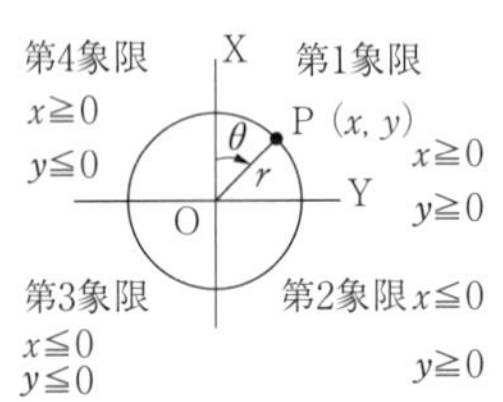

$-1\leqq\sin\theta\leqq 1$，$-1\leqq\cos\theta\leqq 1$，

$r=1$のとき，$\sin\theta=y$，$\cos\theta=x$となる。

②　$\sin\theta$, $\cos\theta$, $\tan\theta$の値の符号は，θがどの象限の角であるかによって決まる（p24）。$P(x,\ y)$の値の符号に注目する。

象限	1	2	3	4
$\sin\theta$	＋	＋	－	－
$\cos\theta$	＋	－	－	＋
$\tan\theta$	＋	－	＋	－

（注）
測量での象限

③　逆三角関数

２辺の比より，θを求める。

$\theta=\sin^{-1}\dfrac{y}{\gamma}$（アークサイン）

$\theta=\cos^{-1}\dfrac{x}{r}$（アークコサイン）

$\theta=\tan^{-1}\dfrac{y}{x}$（アークタンジェント）

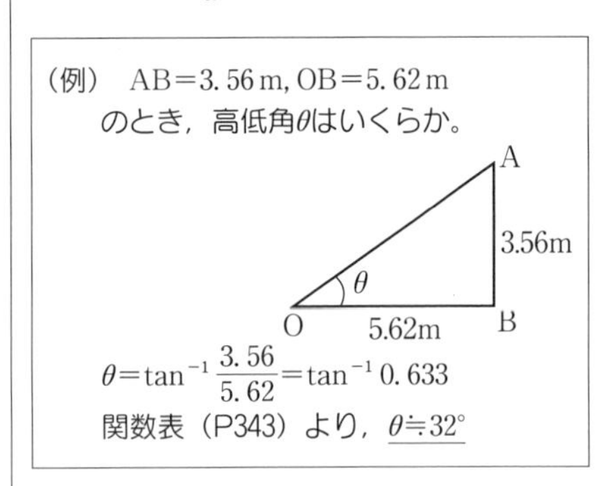

（例）　$AB=3.56\,m$, $OB=5.62\,m$ のとき，高低角θはいくらか。

$\theta=\tan^{-1}\dfrac{3.56}{5.62}=\tan^{-1}0.633$

関数表（P343）より，$\theta\fallingdotseq 32°$

④　三角比の主な値

	0°	30°	45°	60°	90°	120°	150°
$\sin\theta$	0	$\frac{1}{2}$	$\frac{1}{\sqrt{2}}$	$\frac{\sqrt{3}}{2}$	1	$\frac{\sqrt{3}}{2}$	$\frac{1}{2}$
$\cos\theta$	1	$\frac{\sqrt{3}}{2}$	$\frac{1}{\sqrt{2}}$	$\frac{1}{2}$	0	$-\frac{1}{2}$	$-\frac{\sqrt{3}}{2}$
$\tan\theta$	0	$\frac{1}{\sqrt{3}}$	1	$\sqrt{3}$	∞	$-\sqrt{3}$	$-\frac{1}{\sqrt{3}}$

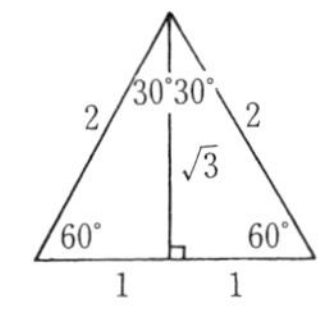

二等辺三角形

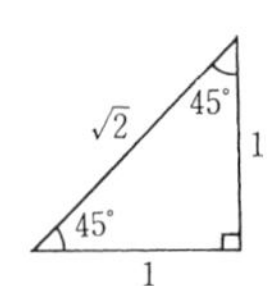

⑤　三角比の相互関係：

$$\tan\theta=\frac{\sin\theta}{\cos\theta}$$

$$\sin^2\theta+\cos^2\theta=1$$

$$1+\tan^2\theta=\frac{1}{\cos^2\theta}$$

(2)　三角形と三角比

①　**正弦定理**：$\dfrac{a}{\sin A}=\dfrac{b}{\sin B}=\dfrac{c}{\sin C}=2R$

（Rは外接円の半径）

②　**余弦定理**：$a^2=b^2+c^2-2bc\cos A$

$$\cos A=\frac{b^2+c^2-a^2}{2bc}$$

（注）$\angle A=90°$のとき，ピタゴラスの定理。

$\cos 90°=0$より，$a^2=b^2+c^2$

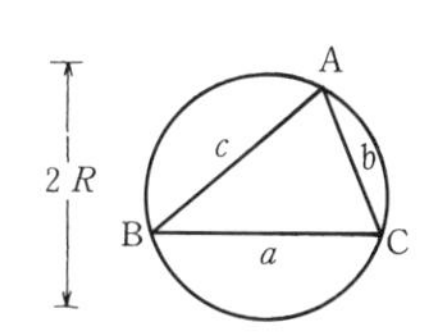

③　三角形の面積：

・２辺とそのはさむ角：$S=\frac{1}{2}bc\sin A$

・ヘロンの公式：$S=\sqrt{s(s-a)(s-b)(s-c)}$

但し，$(2s=a+b+c)$

（例）３辺の長さが25cm，17cm，12cmの三角形の面積は，いくらか（p26）。
$2s=a+b+c=54$，$s=27$
$S=\sqrt{27(27-25)(27-17)(27-12)}$
$=90\text{ cm}^2$

⑶　三角関数（還元公式）

測量と数学では，三角関数の座標のとり方，角の回転の定義は異なるが，関数は同じ。

$\pi=180°$，$\pi/2=90°$

①　$-\theta$ と θ の関係（負角公式）

$\sin(-\theta)=-\sin\theta$
$\cos(-\theta)=\ \cos\theta$
$\tan(-\theta)=-\tan\theta$

②　$90°\pm\theta$ の公式（余角公式）

$\sin(\pi/2\pm\theta)=\ \cos\theta$
$\cos(\pi/2\pm\theta)=\mp\sin\theta$
$\tan(\pi/2\pm\theta)=\mp\cot\theta$

③　$\pi\pm\theta$ の公式（$\pi=180°$）（補角公式）

$\sin(\pi\pm\theta)=\mp\sin\theta$
$\cos(\pi\pm\theta)=-\cos\theta$
$\tan(\pi\pm\theta)=\pm\tan\theta$

④　$2n\pi+\theta$ の公式（一般角）

$\sin(2n\pi+\theta)=\sin\theta$
$\cos(2n\pi+\theta)=\cos\theta$
$\tan(2n\pi+\theta)=\tan\theta$

$\sin\theta$，$\cos\theta$ の周期は2π（360°），
$\tan\theta$の周期はπ（180°）である。

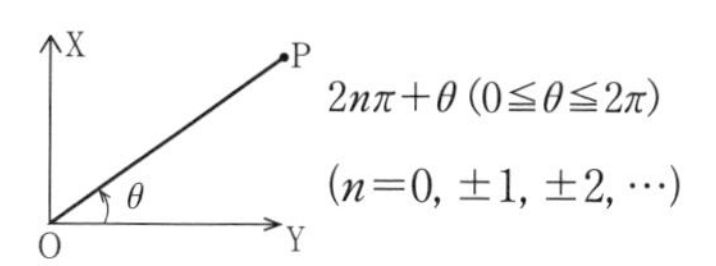

（公式の記憶法）

②について，（$\pi/2$の奇数倍）$\pm\theta$ のとき，
$\sin\to\cos$，$\cos\to\sin$，$\tan\to\cot$

③④について，（πの整数倍）$\pm\theta$ のとき，
$\sin\to\sin$，$\cos\to\cos$，$\tan\to\tan$

$\sin\theta$，$\cos\theta$，$\tan\theta$の値の符号は，θを鋭角（≦90°）と仮定したとき，$(\pi/2\pm\theta)$，$(\pi\pm\theta)$がどの象限の角であるかによって決まる（座標x，yに注目）。

（注）試験で配布される関数表（P343）は90°まで。還元公式によって90°以下にする。

（例）関数表（P343）の利用

$\sin135°=\sin(90°+45°)=\cos45°$
$=\underline{0.70711}$
$\sin210°=\sin(180°+30°)=-\sin30°$
$=\underline{-0.5}$
$\cos210°=\cos(180°+30°)=-\cos30°$
$=\underline{-0.86603}$
$\tan210°=\tan(180°+30°)=\tan30°$
$=\underline{0.57735}$
$\sin150°=\sin(180°-30°)=\sin30°$
$=\underline{0.5}$
$\cos150°=\cos(180°-30°)=-\cos30°$
$=\underline{-0.86603}$

⑷　ラジアン（円の弧と中心角の関係）

①　中心角θとそれに対する円弧ℓの長さは比例する。半径Rの円周上に長さℓ（$=R$）の弧をとり，この中心角θを1ラジアン（rad，単位なし）と定義する。全周$2\pi R$の中心角は360°，$R=1$とすれば$2\pi=360°$，$\pi=180°$となる（πはラジアン）。

$\frac{360°}{2\pi R}=\frac{\theta}{R}$より，

$\theta=1\,[\text{rad}]=\frac{180°}{\pi}\doteqdot57.3°=2''\times10^5$

$1°=\frac{\pi}{180}=0.01745\,[\text{rad}]$

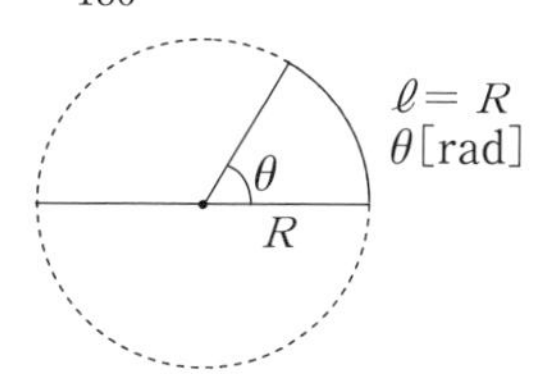

> （注）計算問題では，1ラジアンの角度$\overset{\square-}{\rho}$の記号を用いて表し，$\rho=2''\times10^5$として計算する。

・ラジアンθ→度数a°への変換

$\dfrac{180^\circ}{\pi}$ $(\rho=2''\times10^5)$を掛ける。

$$a^\circ=\frac{180^\circ}{\pi}\theta$$

・度数a°→ラジアンθへの変換

$\dfrac{180^\circ}{\pi}$ $(\rho=2''\times10^5)$で割る。

$$\theta=\frac{a^\circ}{180^\circ/\pi}=\frac{\pi}{180^\circ}a^\circ$$

② 円の半径に等しい弧に対する中心角を1ラジアンとして，角度の単位としたものを**弧度法**という。度数（$1^\circ=60'$，$1'=60''$）を単位として角を測る方法を60進法（**度数法**）という。

> （例）$20^\circ=\dfrac{20^\circ}{180^\circ/\pi}=\dfrac{\pi}{180^\circ}\times20^\circ=\dfrac{20^\circ}{57.3^\circ}$
>
> $\fallingdotseq\underline{0.349}$ [rad]
>
> $2\text{rad}=\dfrac{180^\circ}{\pi}\times2=57.3^\circ\times2$
>
> $\fallingdotseq\underline{114^\circ\ 36'}$

③ 扇形の弧長と面積

半径Rの円において，中心角θ(rad)に対する円弧の長さℓのとき，扇形の面積Sは，次のとおり。

弧長　$\ell=R\theta$

面積　$S=\dfrac{1}{2}R^2\theta$

$=\dfrac{1}{2}\ell R$

R　ℓ　S　θ　R

> （例） 1 km先にある幅10cmをはさむ角度はいくらか（p28）。
>
> θ　ℓ =10cm　L=1km
>
> $\theta\fallingdotseq\sin\theta\fallingdotseq\tan\theta=\dfrac{0.1\,\text{m}}{1\,000\,\text{m}}$
>
> $=10^{-4}(\text{rad})=10^{-4}\times2''\times10^5=\underline{20''}$

4．図形と方程式

(1) **図形の性質**

2直線が交わるとき，対頂角は等しい。

① 直線と角

・対頂角$\alpha=\beta$（図a）

・$\ell\,/\!/\,m\rightleftarrows\alpha=\delta$（同位角）（図b）

$\beta=\delta$（錯角）

$\gamma+\delta=2\angle R$（同側（傍）内角）

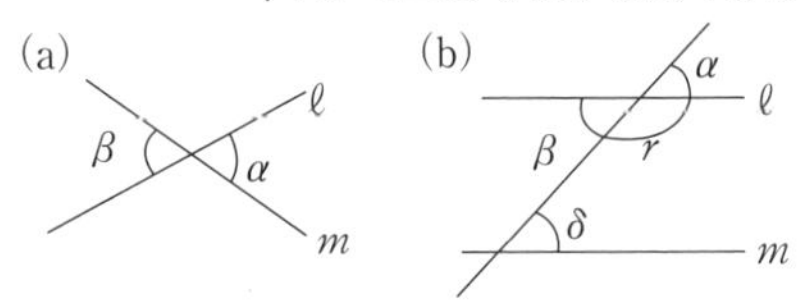

> （例） A点のO点への方位角120°，B点のO点への方向角190°のとき，∠AOBはいくらか（P70）。
>
> $\angle\text{AOB}=60^\circ+10^\circ=\underline{70^\circ}$
>
> 
>
> 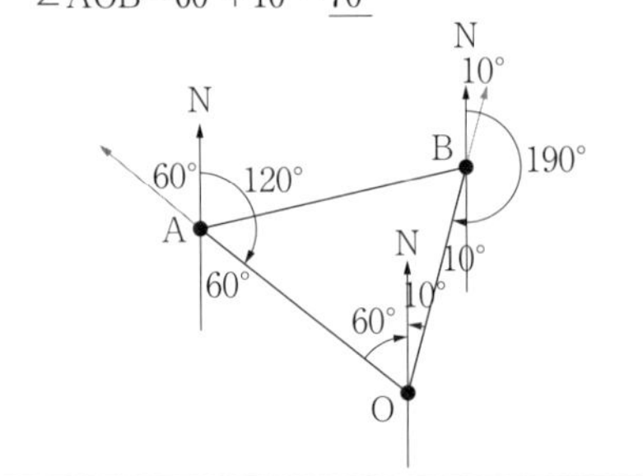
>

② 三角形の角

・三角形の内角の和$=2\angle R$（$\angle R=90^\circ$）

・外角と内対角

$\alpha=\beta+\gamma$，$\alpha>\beta$，$\alpha>\gamma$（図a）

$\angle\text{A}+\angle\text{B}=\angle\text{C}+\angle\text{D}$（図b）

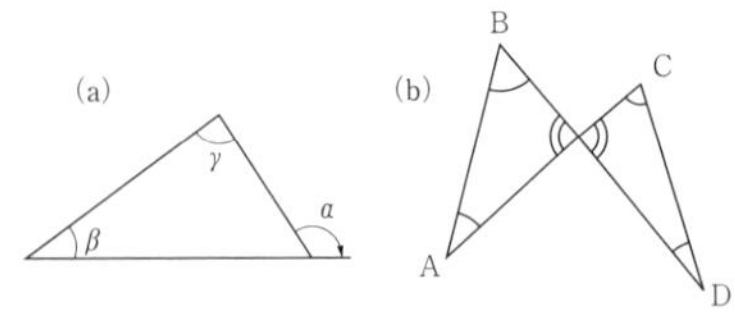

③ **直角三角形**（$\angle c=90^\circ$）：

$c^2=a^2+b^2$（ピタゴラスの定理）

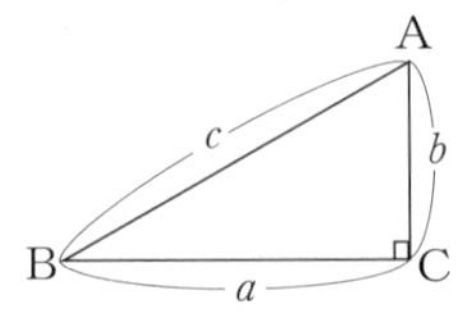

④　多角形の角（$\angle R=90°$）

・４角形の内角の和＝$4\angle R$

・n 角形の内角の和＝$(2n-4)\angle R$

・外角の和＝$4\angle R$

（例）　８角形の内角の和が1 079° 52′のとき，その誤差はいくらか（p21）。
　誤差＝$1\,079°52'-(2\times8-4)\times90°=\underline{8'}$

⑤　三角形の合同条件：

・対応する３組の辺が等しい。

・２組の辺ときょう角が等しい。

・１辺と両端角が等しい。

⑥　三角形の相似条件：

・３組の辺の比が等しい。

・２組の辺の比ときょう角が等しい。

・２組の角が等しい。

⑦　平行四辺形：

・対角は等しい。
　（∠A＝∠C，∠B＝∠D）

・対辺は等しい。（AD＝BC，AB＝CD）

・対角線は互に他を２等分する。
　（AO＝OC，BO＝OD）

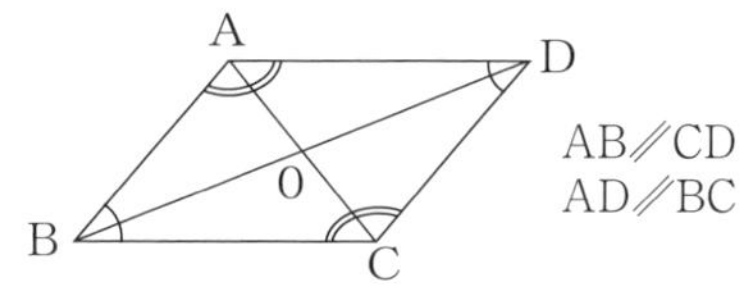

(2)　点・距離

O (0, 0)，A (x_1, y_1)，B (x_2, y_2)のとき

距離　$AB=\sqrt{(x_2-x_1)^2+(y_2-y_1)^2}$

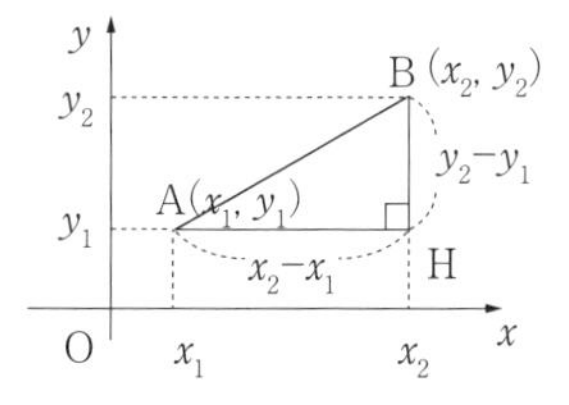

(3)　円（円周角と中心角，接線）

①　円周角θと中心角2θ，接線の関係

$\angle APB=\angle AQB=\dfrac{1}{2}\angle AOB=\theta$

OA⊥AT，

ATは円の接線⇄$\angle TAB=\angle APB=\theta$

接線と弦が成す角は円周角に等しい。

（接弦定理）

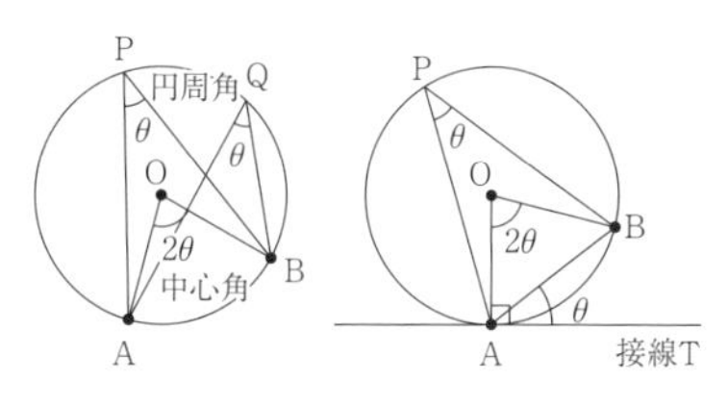

②　円外の点から引いた接線

PA＝PB，∠APO＝∠BPO

∠OAB＝∠OBA，∠AOP＝∠BOP

AM＝BM，OP⊥AB

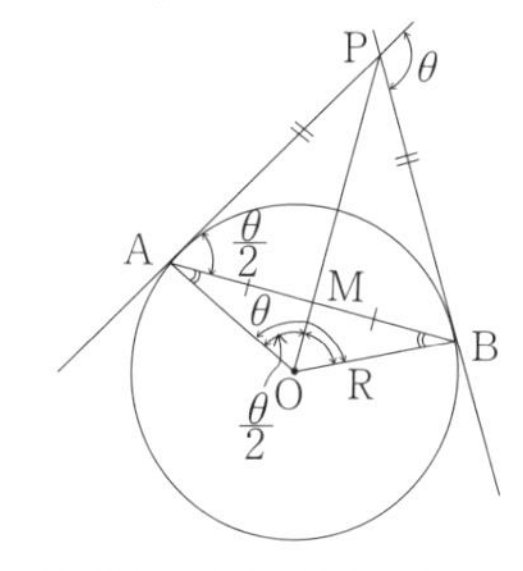

（例）　上図において，$R=100$m，中心角$\theta=60°$のとき，円弧$\overset{\frown}{AB}$，弦長AB，接線長AP，偏角∠PAB，∠APBの外角(I)を求めよ。

$\angle OAB+\angle OBA+\theta°=180°$より

$\angle OAB=90°-\theta°/2$　―①

OA⊥APより

$\angle OAB+\angle BAP=90°$　―②

$\therefore \angle BAP=\theta°/2=30°$

$\overset{\frown}{AB}(=c)=R\theta=100\times\dfrac{\pi\times\theta°}{180°}=\underline{104.7\,\text{m}}$

$AB(=\ell)=AM+BM=2R\sin I/2$
$=2\times100\times\sin30°=\underline{100.0\,\text{m}}$

$AP=R\tan I/2=100\times\tan30°=\underline{57.7\,\text{m}}$

∠APBの外角(I)＝∠PAB＋∠PBA＝$\underline{\theta}$

5．ベクトル

(1)　大きさと向きをもった量をベクトルという。ベクトル$\vec{a}$を一つの平面で考えるとき，平面ベクトルといい，空間で考えるとき，空間ベクトルという。一つの定点を始点とするベクトルを位置ベクトルという。

(2) **ベクトルの和・差**

平行四辺形を作って作図する，

$\overrightarrow{OB}=\overrightarrow{OA}+\overrightarrow{AB}=\vec{a}+\vec{b}$（加法）

$\overrightarrow{BA}=\overrightarrow{OA}-\overrightarrow{OB}=\vec{a}-\vec{b}$（減法）

$\overrightarrow{AB}=\overrightarrow{OB}-\overrightarrow{OA}=\vec{b}-\vec{a}$

$\overrightarrow{BA}=-\overrightarrow{AB}$（逆ベクトル）

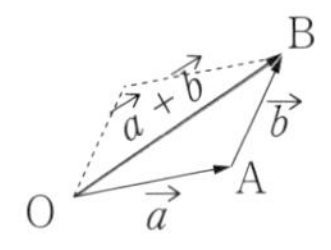

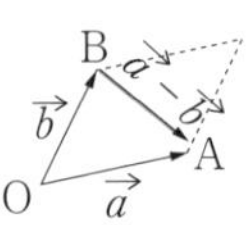

（注）

・$\vec{a}+\vec{b}$は，$\vec{a}$の終点Aを$\vec{b}$の始点として，$\vec{a}$，$\vec{b}$をつぎたすとき，$\vec{a}$の始点から$\vec{b}$の終点Bへ向かうベクトル。

・$\vec{a}-\vec{b}$は，$\vec{a}$，$\vec{b}$の始点を一致させるとき，$\vec{b}$の終点Bから$\vec{a}$の終点Aに向かうベクトル。

(3) **定数倍：伸長・縮小（実数との積）**

$\vec{a}=\overrightarrow{OA}$，$k\vec{a}=\overrightarrow{OP}$ならば，$\overrightarrow{OP}=|k|\overrightarrow{OA}$

（向きが$k>0$なら一致，$k<0$なら逆）

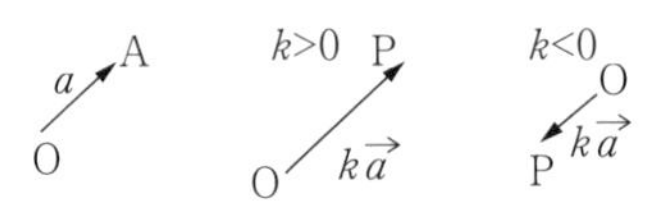

(4) **ベクトルの演算**

① 交換法則　：$\vec{a}+\vec{b}=\vec{b}+\vec{a}$

② 結合法則　：$(\vec{a}+\vec{b})+\vec{c}=\vec{a}+(\vec{b}+\vec{c})$

③ $\vec{0}$の性質　：$\vec{a}+\vec{0}=\vec{0}+\vec{a}=\vec{a}$

④ 逆ベクトル：$\vec{a}+(-\vec{a})=(-\vec{a})+\vec{a}=0$

⑤ h，kは実数$h(k\vec{a})=(hk)\vec{a}$

$(h+k)\vec{a}=h\vec{a}+k\vec{a}$

$h(\vec{a}+\vec{b})=h\vec{a}+h\vec{b}$

(5) **ベクトルの成分（平面ベクトル）**

① ベクトルの成分と大きさ

$\vec{a}=(x,y)$のとき，

$|\vec{a}|=\sqrt{x^2+y^2}$

② ベクトルの相等

$\vec{a}=(x_1,y_1)$，$\vec{b}=(x_2,y_2)$のとき

$\vec{a}=\vec{b}\Leftrightarrow x_1=x_2,\ y_1=y_2$

③ ベクトルの成分による計算

$\vec{a}=(x_1,y_1)$，$\vec{b}=(x_2,\ y_2)$，k：実数

$\vec{a}\pm\vec{b}=(x_1\pm x_2,\ y_1\pm y_2)$

$k\vec{a}=(kx_1,\ ky_1)$

④ ベクトルの成分

$\overrightarrow{OA}+\overrightarrow{AB}=\overrightarrow{OB}$より

$\overrightarrow{AB}=\overrightarrow{OB}-\overrightarrow{OA}$

$\overrightarrow{AB}=(x_2-x_1,\ y_2-y_1)$

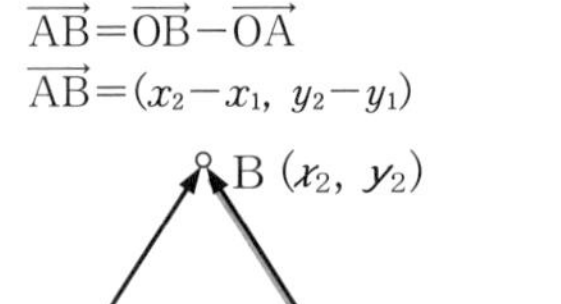
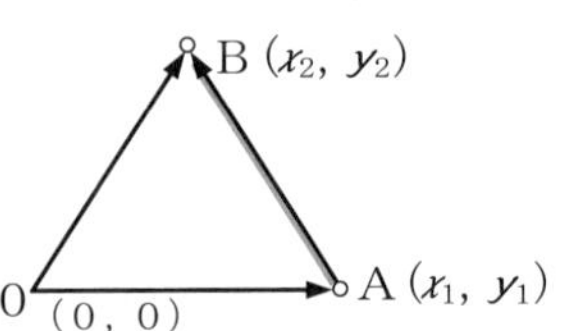

（例）　2つのベクトル$\vec{a}$，$\vec{b}$のなす角60°，大きさ$|\vec{a}|=3$，$|\vec{b}|=5$のとき，$\vec{c}$の大きさと，$\vec{c}$，$\vec{b}$のなす角αはいくらか。

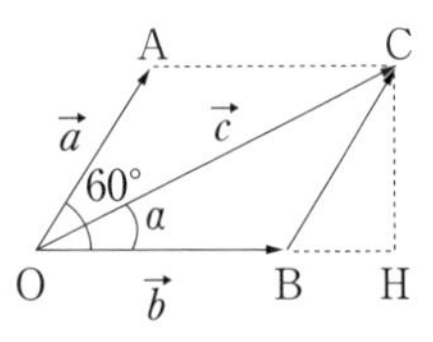

余弦定理より

$$|\vec{c}|=\sqrt{|\vec{a}|^2+|\vec{b}|^2-2|\vec{a}||\vec{b}|\cos 120°}$$

$$=\sqrt{3^2+5^2-2\times3\times5(-\cos 60°)}=7$$

$$\begin{cases}CH=3\sin 60°=1.5\sqrt{3}\\ BH=3\cos 60°=1.5\end{cases}$$

$$\alpha=\tan^{-1}\frac{CH}{OH}\fallingdotseq\tan^{-1}0.400\fallingdotseq\underline{22°}$$

（関数表より逆引き，$0.40403\fallingdotseq\tan 22°$）

⑤ **空間ベクトル**

A点，B点の空間ベクトルの成分が

$A(x_1,y_1,z_1)$，$B(x_2,y_2,z_2)$のとき

$\overrightarrow{OA}+\overrightarrow{AB}=\overrightarrow{OB}$より

$\overrightarrow{AB}=\overrightarrow{OB}-\overrightarrow{OA}=\vec{b}-\vec{a}$

$=(x_2,\ y_2,\ z_2)-(x_1,\ y_1,\ z_1)$

$=(x_2-x_1,\ y_2-y_1,\ z_2-z_1)$

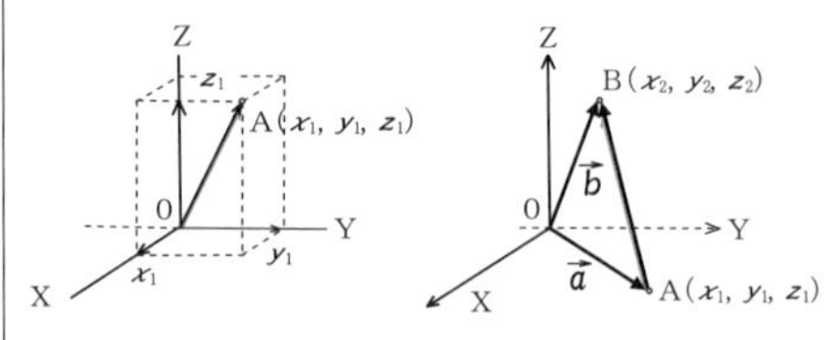

6．行列と行列式

(1) **行列，行（列）ベクトル**

数字や文字を長方形状に並べ，(　) で

くくったものを行列（マトリックス）という。行列は，拡大，縮小，回転等の座標変換を表す（士補では出題されない）。

成分（要素）の横の並びを行，縦の並びを列という。i 行，j 列の成分を（i, j）で表す。i 行，j 列の行列を ij 行列といい，$i=j$ のものを正方行列という。

1行又は1列しかない行列を行ベクトル，列ベクトルという。平面ベクトル，空間ベクトルは，2次，3次元のベクトルである。

⑵　行列と一次変換

①　行列の和と差，実数倍

$$\mathrm{A}=\begin{pmatrix} a & b \\ c & d \end{pmatrix},\ \mathrm{B}=\begin{pmatrix} p & q \\ r & s \end{pmatrix}\text{のとき，}$$

$$\mathrm{A}\pm\mathrm{B}=\begin{pmatrix} a & b \\ c & d \end{pmatrix}\pm\begin{pmatrix} p & q \\ r & s \end{pmatrix}=\begin{pmatrix} a\pm p & b\pm q \\ c\pm r & d\pm s \end{pmatrix}$$

$$k\mathrm{A}=k\begin{pmatrix} a & b \\ c & d \end{pmatrix}=\begin{pmatrix} ka & kb \\ kc & kd \end{pmatrix}$$

②　単位行列

$$\text{正方行列 } E=\begin{pmatrix} 1 & 0 \\ 0 & 1 \end{pmatrix},\ E=\begin{pmatrix} 1 & 0 & 0 \\ 0 & 1 & 0 \\ 0 & 0 & 1 \end{pmatrix}$$

③　行列と列ベクトルの積

行列の列の数と，ベクトルの次元が一致するとき，

$$\begin{pmatrix} a & b \\ c & d \end{pmatrix}\begin{pmatrix} p \\ q \end{pmatrix}=\begin{pmatrix} ap+bq \\ cp+dq \end{pmatrix}$$

④　行列と行列の積

$$\begin{pmatrix} a & b \\ c & d \end{pmatrix}\begin{pmatrix} p & q \\ r & s \end{pmatrix}=\begin{pmatrix} ap+br & aq+bs \\ cp+dr & cq+ds \end{pmatrix}$$

⑤　逆行列（インバース）

行列Aの逆行列 A^{-1}，E は単位行列

$$A\times A^{-1}=A^{-1}\times A=E=\begin{pmatrix} 1 & 0 \\ 0 & 1 \end{pmatrix}$$

$$A=\begin{pmatrix} a & b \\ c & d \end{pmatrix},\ \Delta=ad-bc\neq 0\text{のとき}$$

$$\text{逆行列 } A^{-1}=\frac{1}{\Delta}\begin{pmatrix} d & -b \\ -c & a \end{pmatrix}$$

⑥　1次変換と行列

$$ax+by=p$$
$$cx+dy=q$$

$$A=\begin{pmatrix} a & b \\ c & d \end{pmatrix},\ X=\begin{pmatrix} x \\ y \end{pmatrix},\ B=\begin{pmatrix} p \\ q \end{pmatrix}\text{とおくと，}$$

$$AX=B\quad \therefore X=A^{-1}B$$

$$\begin{pmatrix} p \\ q \end{pmatrix}=\begin{pmatrix} a & b \\ c & d \end{pmatrix}\begin{pmatrix} x \\ y \end{pmatrix}$$

$$x=\frac{\begin{pmatrix} p & b \\ q & d \end{pmatrix}}{\begin{pmatrix} a & b \\ c & d \end{pmatrix}}=\frac{pd-bq}{ad-bc},\quad y=\frac{\begin{pmatrix} a & p \\ c & q \end{pmatrix}}{\begin{pmatrix} a & b \\ c & d \end{pmatrix}}=\frac{aq-pc}{ad-bc}$$

（注）　測量士補試験では，行列は，行ベクトル，列ベクトルまでである。

（例）　ベクトル $\vec{A}$ と $\vec{B}$ の和と差を求めよ（P110）。

$\vec{A}(x_A,\ y_A,\ z_A)$，$\vec{B}(x_B,\ y_B,\ z_B)$

$$\begin{pmatrix} x_A \\ y_A \\ z_A \end{pmatrix}\pm\begin{pmatrix} x_B \\ y_B \\ z_B \end{pmatrix}=\begin{pmatrix} x_A\pm x_B \\ y_A\pm y_B \\ z_A\pm z_B \end{pmatrix}$$

（例）連立2元1次方程式と行列

$7x-5y=9$

$3x+4y=10$　の解を求めよ。

$$A=\begin{pmatrix} 7 & -5 \\ 3 & 4 \end{pmatrix}=28+15=43$$

$$A^{-1}=\frac{1}{43}\begin{pmatrix} 4 & 5 \\ -3 & 7 \end{pmatrix}$$

$$\begin{pmatrix} x \\ y \end{pmatrix}=\frac{1}{43}\begin{pmatrix} 4 & 5 \\ -3 & 7 \end{pmatrix}\begin{pmatrix} 9 \\ 10 \end{pmatrix}$$

$$=\frac{1}{43}\begin{pmatrix} 4\times 9+5\times 10 \\ -3\times 9+7\times 10 \end{pmatrix}=\frac{1}{43}\begin{pmatrix} 86 \\ 43 \end{pmatrix}=\begin{pmatrix} 2 \\ 1 \end{pmatrix}$$

$\therefore$　$x=2,\ y=1$

⑵　行列式（ディターミナント）

行列式は，正方行列（2×2行列，3×3行列等）に対して決まるスカラー（数）をいう。

$$3\text{次の行列A}=\begin{pmatrix} a & b & c \\ d & e & f \\ g & h & i \end{pmatrix}\text{を}|\mathrm{A}|=\begin{vmatrix} a & b & c \\ d & e & f \\ g & h & i \end{vmatrix}$$

と表したものを3次の行列式という。

行列式の計算は次のとおり。i 行，j 列の要素を（i, j）で表す。

付録2　測量のための数学公式

① $(i,\ j)$ 要素の属する行と列を取り除いた小型の行列式と，その $(i,\ j)$ 要素の積をつくる。

② その代数和をつくる（サラスの方法）。

2次行列式

$$|A|=\begin{vmatrix} a & b \\ c & d \end{vmatrix}=ad-bc$$

⊖　⊕

3次行列式

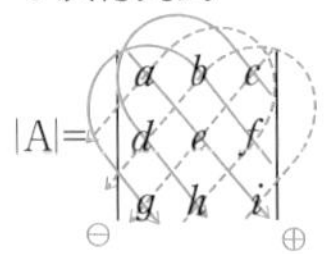

$$=aei+cdh+fbg-ceg-ibd-hfa$$

③ 3次行列式の分割

$(i,\ j)$要素の属する行と列を取り除いた小型の行列式をつくる（余因子展開）。小行列式に符号を与えるため，$(-1)^{1+1}$，$(-1)^{1+2}$，…を掛ける。

(1, 1)要素＋，(1, 2)要素－，……

(2, 1)要素－，(2, 2)要素＋，……

と交互に＋，－を付ける。

$$\begin{vmatrix} a & b & c \\ d & e & f \\ g & h & i \end{vmatrix}=a\begin{vmatrix} e & f \\ h & i \end{vmatrix}-b\begin{vmatrix} d & f \\ g & i \end{vmatrix}+c\begin{vmatrix} d & e \\ g & k \end{vmatrix}$$

$$=a(ei-fh)-b(di-gf)+c(dk-eg)$$

なお，4次以上の行列式は，次数を1つずつ小さく分割し，2次元の行列式にする。

(3) 行列式の性質は次のとおり

① 行と列を入れ替えても行列式の値は変わらない。

② どれか2つの行又は列を入れ替えると逆符号の値となる。

③ どれか2つの行又は列が同じ要素から成っている場合，その行列式の値は0である。

④ どれか1つの行又は列の要素が，すべてk倍のとき，kは行列式の外に出せる。

（例）次の座標内の面積Sを求めよ（P312）。

境界線	X座標	Y座標
A	25m	25m
B	-40m	12m
C	-28m	-25m
D	5m	-40m

$$2S=\begin{vmatrix} x_1 & y_1 \\ x_2 & y_2 \end{vmatrix}+\begin{vmatrix} x_2 & y_2 \\ x_3 & y_3 \end{vmatrix}+\cdots+\begin{vmatrix} x_n & y_n \\ x_1 & y_1 \end{vmatrix}$$

$$2S=\begin{vmatrix} 25 & 25 \\ -40 & 12 \end{vmatrix}+\begin{vmatrix} -40 & 12 \\ -28 & -25 \end{vmatrix}$$

$$+\begin{vmatrix} -28 & -25 \\ 5 & -40 \end{vmatrix}+\begin{vmatrix} 5 & -40 \\ 25 & 25 \end{vmatrix}$$

$$=1\,300+1\,336+1\,245+1\,125=5\,006$$

$$\therefore S=\underline{2\,503\ \mathrm{m}^2}$$

7．微分と近似式

(1) 微分と積分

関数$f(x)$の導関数を $f'(x)$ とすると，

$$f'(x)=\lim_{\Delta x\to 0}\frac{f(x+\Delta x)-f(x)}{\Delta x}=y'$$

$$\frac{d}{dx}f(x)=f'(x) \Leftrightarrow f(x)=\int f'(x)dx$$

微分は，関数 $f(x)$ の微小な変化（傾き）を表し，積分はその結果（合計）を表す。

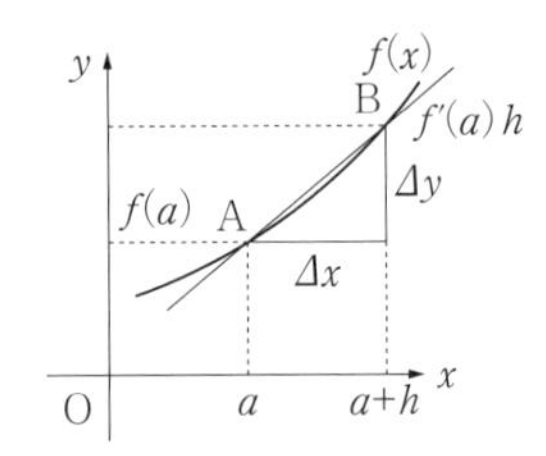

① $y=f(x)=x^n$ のとき，$y'=f'(x)=nx^{n-1}$

② $y=f(x)\pm g(x)$ のとき，

$y'=f'(x)\pm g'(x)$

③ $y=f(x)g(x)$ のとき，

$y'=f'(x)g(x)+f(x)g'(x)$

④ $y=\dfrac{f(x)}{g(x)}$ のとき，

$$y'=\frac{f'(x)g(x)-f(x)g'(x)}{\{g(x)\}^2}$$

⑤ $y=f(u)$，$u=g(x)$ のとき，

$$\frac{dy}{dx}=\frac{dy}{du}\cdot\frac{du}{dx}=f'(u)g'(x)$$

（例）次の微分を求めると，

$y=x^4$

$y'=\underline{4x^3}$

$y=(x^3+1)(2x-1)$

$y'=3x^2(2x-1)+(x^3+1)\cdot 2$

$=\underline{8x^3-3x+2}$

$y=(2x+5)^5$

$u=2x+3$とおくと，$y=u^5$

$y'=5u^4\cdot 2=\underline{10(2x+3)^4}$

⑵　**近似式と近似値**

関数$y=f(x)$において，$x=a$から微小変化 $\varDelta x$に対するyの変化 $\varDelta y$は

$$\varDelta y=\lim_{h\to 0}\frac{f(a+h)-f(a)}{h}$$

$$\varDelta y=f'(a)\varDelta x$$

関数の近似式（２次まで）は，次のとおり。

①　$|h|$が十分小さいとき

$$f(a+h)\fallingdotseq f(a)+f'(a)h$$

②　$|x|$が十分小さいとき

$$f(x)=f(0)+f'(0)x$$

⑶　関数$f(x)=(1+x)^a$　$x<1$の展開を求めると，テーラ展開式より，

$$(1+x)^n=1+nx+\frac{n(n-1)}{1\cdot 2}x^2+\cdots\cdots+\frac{n(n-1)(n-2)\cdots(n-r+1)}{1\cdot 2\cdot 3\cdots\cdots r}x^r$$

（但し，$-1<x<1$）

①　$(1+x)^2=1+2x+\dfrac{2(2-1)}{1\cdot 2}x^2=1+2x+x^2$

②　$(1+x)^{-1}=1-x+\dfrac{-1(-1-1)}{1\cdot 2}x^2-\cdots=1-x+x^2-\cdots\cdots$

③　$(1\pm x)^{\frac{1}{2}}=1\pm\dfrac{1}{2}x-\dfrac{1}{8}x^2\pm\dfrac{1}{16}x^3-\cdots$

④　$(1\pm x)^{-\frac{1}{2}}=1\mp\dfrac{1}{2}x-\dfrac{3}{8}x^2\mp\dfrac{5}{16}x^3+\cdots$

（例）　傾斜補正C_gを求めよ（p75）。

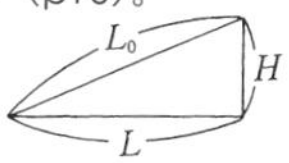

$$L=\sqrt{L_0{}^2-H^2}$$

$$=L_0\left(1-\frac{H^2}{L_0{}^2}\right)^{\frac{1}{2}}$$

$$=L_0\left(1-\frac{H^2}{2L_0{}^2}-\frac{H^4}{8L_0{}^4}\cdots\cdots\right)\fallingdotseq L_0-\frac{H^2}{2L_0}$$

$$\therefore\quad C_g=L_0-L=\underline{\frac{H^2}{2L_0}}$$

⑷　微小角の三角関数（テーラ展開式）

①　$\sin x=x-\dfrac{x^3}{3!}+\dfrac{x^5}{5!}-\quad\cdots\cdots\fallingdotseq x$

②　$\cos x=1-\dfrac{x^2}{2!}+\dfrac{x^4}{4!}-\quad\cdots\cdots\fallingdotseq 1$

③　$\tan x=x+\dfrac{x^3}{3}+\dfrac{2}{15}x^5+\cdots\cdots\fallingdotseq x$

但し，xはラジアン

8．度数分布

⑴　**度数分布**

測定値の精密さを分散，標準偏差で表す。

測定値ℓ_1，ℓ_2，……ℓ_nのとき

①　最確値$M=\dfrac{\ell_1+\ell_2+\cdots+\ell_n}{n}$

②　残差$v=\ell_1-M$

③　分散$V=\dfrac{\Sigma v^2}{(n-1)}=\dfrac{\sum_{i=1}^{n}(\ell_i-M)^2}{(n-1)}$

（残差で表す算術平均の誤差）

④　１観測（ℓ_1，$\ell_2\cdots\ell_n$）の標準偏差m

$$m=\sqrt{\frac{[vv]}{n-1}}=\sqrt{\frac{\sum_{i=1}^{n}(\ell_i-M)^2}{n-1}}$$

$n-1$：自由度

⑤　最確値Mの標準偏差m_0

最確値$M=\dfrac{1}{n}\ell_1+\dfrac{1}{n}\ell_2+\cdots+\dfrac{1}{n}\ell_n$,

ℓ_1，ℓ_2，…ℓ_nは同精度とすれば

誤差の伝播により

$$m_0=\sqrt{m_1{}^2+m_2{}^2+\cdots+m_n{}^2}$$

最確値は，測定値$\Sigma\ell$を測定回数nで割ったもので，$m_0=m/n$となる。

$$m_0{}^2=\left(\frac{m_1}{n}\right)^2+\left(\frac{m_2}{n}\right)^2+\cdots+\left(\frac{m_n}{n}\right)^2=\frac{m^2}{n}$$

$$m_0=\sqrt{\frac{m}{n}}=\sqrt{\frac{[vv]}{n(n-1)}}=\sqrt{\frac{\sum_{i=1}^{n}(\ell_i-M)^2}{n(n-1)}}$$

⑵　**誤差の伝播**

測定値ℓ_1，ℓ_2，……ℓ_nがyの関数で，それぞれの標準偏差をm_1，m_2……m_nとするとき，yの標準偏差Mは次のとおり，

①　$y=a\ell$（a：定数）のとき

$$M=am$$

②　$y=\ell_1\pm\ell_2\pm\cdots\cdots\pm\ell_n$のとき

$$M=\sqrt{m_1^2+m_2^2+\cdots+m_n^2}$$

付録３．関数表の使用方法

1．測量士補試験では，電卓の使用は不可である。日頃から手計算に慣れておくとともに，試験時に配布される関数表の使用方法をマスターしておく必要がある。

① 平方根について

次の場合，$a\times10^{n}$（nは偶数）指数関数に換算して，aを100以下の数とする。

$\sqrt{500}=\sqrt{5\times10^{2}}=10\sqrt{5}=10\times2.23607=22.360\ 7$

$\sqrt{0.5}=\sqrt{50\times10^{-2}}=10^{-1}\sqrt{50}=10^{-1}\times7.07\ 107=0.707\ 107$

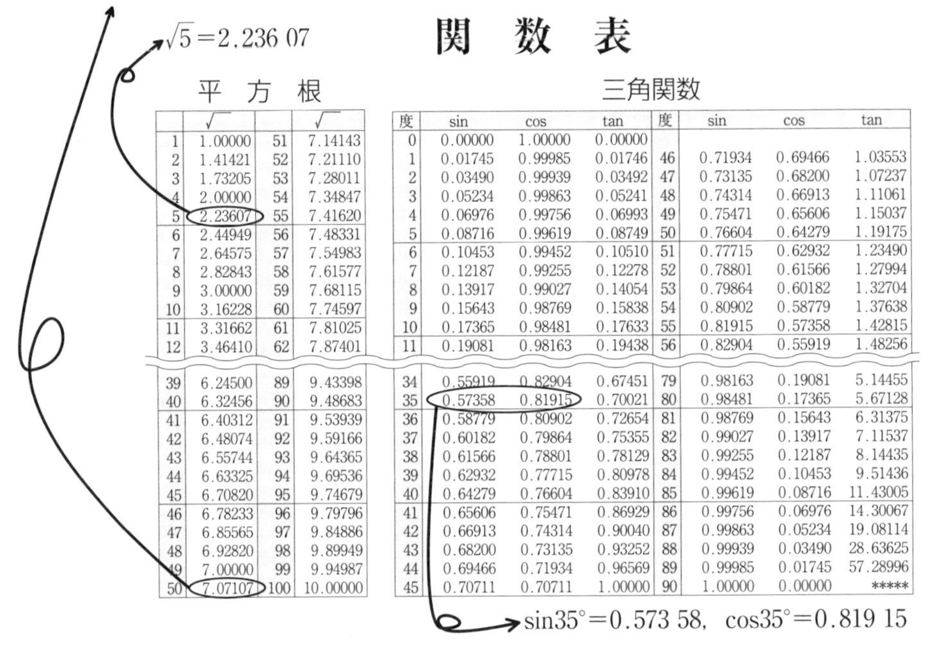

関　数　表

平　方　根

	√		√
1	1.00000	51	7.14143
2	1.41421	52	7.21110
3	1.73205	53	7.28011
4	2.00000	54	7.34847
5	2.23607	55	7.41620
6	2.44949	56	7.48331
7	2.64575	57	7.54983
8	2.82843	58	7.61577
9	3.00000	59	7.68115
10	3.16228	60	7.74597
11	3.31662	61	7.81025
12	3.46410	62	7.87401
39	6.24500	89	9.43398
40	6.32456	90	9.48683
41	6.40312	91	9.53939
42	6.48074	92	9.59166
43	6.55744	93	9.64365
44	6.63325	94	9.69536
45	6.70820	95	9.74679
46	6.78233	96	9.79796
47	6.85565	97	9.84886
48	6.92820	98	9.89949
49	7.00000	99	9.94987
50	7.07107	100	10.00000

三角関数

度	sin	cos	tan	度	sin	cos	tan
0	0.00000	1.00000	0.00000				
1	0.01745	0.99985	0.01746	46	0.71934	0.69466	1.03553
2	0.03490	0.99939	0.03492	47	0.73135	0.68200	1.07237
3	0.05234	0.99863	0.05241	48	0.74314	0.66913	1.11061
4	0.06976	0.99756	0.06993	49	0.75471	0.65606	1.15037
5	0.08716	0.99619	0.08749	50	0.76604	0.64279	1.19175
6	0.10453	0.99452	0.10510	51	0.77715	0.62932	1.23490
7	0.12187	0.99255	0.12278	52	0.78801	0.61566	1.27994
8	0.13917	0.99027	0.14054	53	0.79864	0.60182	1.32704
9	0.15643	0.98769	0.15838	54	0.80902	0.58779	1.37638
10	0.17365	0.98481	0.17633	55	0.81915	0.57358	1.42815
11	0.19081	0.98163	0.19438	56	0.82904	0.55919	1.48256
34	0.55919	0.82904	0.67451	79	0.98163	0.19081	5.14455
35	0.57358	0.81915	0.70021	80	0.98481	0.17365	5.67128
36	0.58779	0.80902	0.72654	81	0.98769	0.15643	6.31375
37	0.60182	0.79864	0.75355	82	0.99027	0.13917	7.11537
38	0.61566	0.78801	0.78129	83	0.99255	0.12187	8.14435
39	0.62932	0.77715	0.80978	84	0.99452	0.10453	9.51436
40	0.64279	0.76604	0.83910	85	0.99619	0.08716	11.43005
41	0.65606	0.75471	0.86929	86	0.99756	0.06976	14.30067
42	0.66913	0.74314	0.90040	87	0.99863	0.05234	19.08114
43	0.68200	0.73135	0.93252	88	0.99939	0.03490	28.63625
44	0.69466	0.71934	0.96569	89	0.99985	0.01745	57.28996
45	0.70711	0.70711	1.00000	90	1.00000	0.00000	*****

② 三角関数について

次の場合は，還元公式により90°以下の値とする。

・$(\theta,\ -\theta$の場合)

$\sin(-35^\circ)=-\sin35^\circ=-0.57\ 358$（負角公式）

$\cos(-35^\circ)=\ \cos35^\circ=-0.819\ 15$（負角公式）

・$(90^\circ\leqq(\pi/2+\theta)\leqq180^\circ$の場合)

$\sin125^\circ=\sin(90^\circ+35^\circ)\ =\cos35^\circ=0.819\ 15$（余角公式）

$=\sin(180^\circ-55^\circ)\ =\sin55^\circ=0.819\ 15$（補角公式）

$\cos125^\circ=\cos(90^\circ+35^\circ)\ =-\sin35^\circ\ =-0.573\ 58$（余角公式）

$=\cos(180^\circ-55^\circ)=-\cos55^\circ=-0.573\ 58$（補角公式）

$\tan125^\circ=\tan(180^\circ-55^\circ)=-\tan55^\circ=-1.428\ 15$（補角公式）

・$(180^\circ\leqq(\pi+\theta)\leqq360^\circ$の場合)

$\sin215^\circ=\sin(180^\circ+35^\circ)\ =-\sin35^\circ=-0.573\ 58$（補角公式）

$\cos215^\circ=\cos(180^\circ+35^\circ)=-\cos35^\circ=-0.819\ 15$（補角公式）

関　数　表

平　方　根

	$\sqrt{\ }$		$\sqrt{\ }$
1	1.00000	**51**	7.14143
2	1.41421	**52**	7.21110
3	1.73205	**53**	7.28011
4	2.00000	**54**	7.34847
5	2.23607	**55**	7.41620
6	2.44949	**56**	7.48331
7	2.64575	**57**	7.54983
8	2.82843	**58**	7.61577
9	3.00000	**59**	7.68115
10	3.16228	**60**	7.74597
11	3.31662	**61**	7.81025
12	3.46410	**62**	7.87401
13	3.60555	**63**	7.93725
14	3.74166	**64**	8.00000
15	3.87298	**65**	8.06226
16	4.00000	**66**	8.12404
17	4.12311	**67**	8.18535
18	4.24264	**68**	8.24621
19	4.35890	**69**	8.30662
20	4.47214	**70**	8.36660
21	4.58258	**71**	8.42615
22	4.69042	**72**	8.48528
23	4.79583	**73**	8.54400
24	4.89898	**74**	8.60233
25	5.00000	**75**	8.66025
26	5.09902	**76**	8.71780
27	5.19615	**77**	8.77496
28	5.29150	**78**	8.83176
29	5.38516	**79**	8.88819
30	5.47723	**80**	8.94427
31	5.56776	**81**	9.00000
32	5.65685	**82**	9.05539
33	5.74456	**83**	9.11043
34	5.83095	**84**	9.16515
35	5.91608	**85**	9.21954
36	6.00000	**86**	9.27362
37	6.08276	**87**	9.32738
38	6.16441	**88**	9.38083
39	6.24500	**89**	9.43398
40	6.32456	**90**	9.48683
41	6.40312	**91**	9.53939
42	6.48074	**92**	9.59166
43	6.55744	**93**	9.64365
44	6.63325	**94**	9.69536
45	6.70820	**95**	9.74679
46	6.78233	**96**	9.79796
47	6.85565	**97**	9.84886
48	6.92820	**98**	9.89949
49	7.00000	**99**	9.94987
50	7.07107	**100**	10.00000

三　角　関　数

度	sin	cos	tan	度	sin	cos	tan
0	0.00000	1.00000	0.00000				
1	0.01745	0.99985	0.01746	**46**	0.71934	0.69466	1.03553
2	0.03490	0.99939	0.03492	**47**	0.73135	0.68200	1.07237
3	0.05234	0.99863	0.05241	**48**	0.74314	0.66913	1.11061
4	0.06976	0.99756	0.06993	**49**	0.75471	0.65606	1.15037
5	0.08716	0.99619	0.08749	**50**	0.76604	0.64279	1.19175
6	0.10453	0.99452	0.10510	**51**	0.77715	0.62932	1.23490
7	0.12187	0.99255	0.12278	**52**	0.78801	0.61566	1.27994
8	0.13917	0.99027	0.14054	**53**	0.79864	0.60182	1.32704
9	0.15643	0.98769	0.15838	**54**	0.80902	0.58779	1.37638
10	0.17365	0.98481	0.17633	**55**	0.81915	0.57358	1.42815
11	0.19081	0.98163	0.19438	**56**	0.82904	0.55919	1.48256
12	0.20791	0.97815	0.21256	**57**	0.83867	0.54464	1.53986
13	0.22495	0.97437	0.23087	**58**	0.84805	0.52992	1.60033
14	0.24192	0.97030	0.24933	**59**	0.85717	0.51504	1.66428
15	0.25882	0.96593	0.26795	**60**	0.86603	0.50000	1.73205
16	0.27564	0.96126	0.28675	**61**	0.87462	0.48481	1.80405
17	0.29237	0.95630	0.30573	**62**	0.88295	0.46947	1.88073
18	0.30902	0.95106	0.32492	**63**	0.89101	0.45399	1.96261
19	0.32557	0.94552	0.34433	**64**	0.89879	0.43837	2.05030
20	0.34202	0.93969	0.36397	**65**	0.90631	0.42262	2.14451
21	0.35837	0.93358	0.38386	**66**	0.91355	0.40674	2.24604
22	0.37461	0.92718	0.40403	**67**	0.92050	0.39073	2.35585
23	0.39073	0.92050	0.42447	**68**	0.92718	0.37461	2.47509
24	0.40674	0.91355	0.44523	**69**	0.93358	0.35837	2.60509
25	0.42262	0.90631	0.46631	**70**	0.93969	0.34202	2.74748
26	0.43837	0.89879	0.48773	**71**	0.94552	0.32557	2.90421
27	0.45399	0.89101	0.50953	**72**	0.95106	0.30902	3.07768
28	0.46947	0.88295	0.53171	**73**	0.95630	0.29237	3.27085
29	0.48481	0.87462	0.55431	**74**	0.96126	0.27564	3.48741
30	0.50000	0.86603	0.57735	**75**	0.96593	0.25882	3.73205
31	0.51504	0.85717	0.60086	**76**	0.97030	0.24192	4.01078
32	0.52992	0.84805	0.62487	**77**	0.97437	0.22495	4.33148
33	0.54464	0.83867	0.64941	**78**	0.97815	0.20791	4.70463
34	0.55919	0.82904	0.67451	**79**	0.98163	0.19081	5.14455
35	0.57358	0.81915	0.70021	**80**	0.98481	0.17365	5.67128
36	0.58779	0.80902	0.72654	**81**	0.98769	0.15643	6.31375
37	0.60182	0.79864	0.75355	**82**	0.99027	0.13917	7.11537
38	0.61566	0.78801	0.78129	**83**	0.99255	0.12187	8.14435
39	0.62932	0.77715	0.80978	**84**	0.99452	0.10453	9.51436
40	0.64279	0.76604	0.83910	**85**	0.99619	0.08716	11.43005
41	0.65606	0.75471	0.86929	**86**	0.99756	0.06976	14.30067
42	0.66913	0.74314	0.90040	**87**	0.99863	0.05234	19.08114
43	0.68200	0.73135	0.93252	**88**	0.99939	0.03490	28.63625
44	0.69466	0.71934	0.96569	**89**	0.99985	0.01745	57.28996
45	0.70711	0.70711	1.00000	**90**	1.00000	0.00000	*****

付録４．測量士補試験　受験案内

受験資格：年齢，性別，学歴，実務経験に関係なく受験できる。
試験日時：**5月中旬（日曜日）**，午後1：30〜4：30（３時間）
受験地：北海道，宮城県，秋田県，東京都，新潟県，富山県，愛知県，大阪府，島根県，広島県，香川県，福岡県，鹿児島県，沖縄県
試験手数料：2 850円

１．試験科目：

(1) 測量に関する法規
(2) 多角測量
(3) 汎地球測位システム測量
(4) 水準測量
(5) 地形測量
(6) 写真測量
(7) 地図編集
(8) 応用測量

（注）本書では(2)，(3)をまとめている

２．受験に関する注意事項：

① 受験願書受付：１月上旬〜下旬
受験願書は，国土地理院及び地方測量部等で入手して下さい。

② 試験当日持参するもの
受験票，鉛筆又はシャープペンシル（ＨＢ又はＢ），消しゴム，直定規（三角定規及び三角スケールは使用できません），鉛筆削り，時計

③ 電卓の使用について（不可）
（注）計算問題については，解答欄に選択肢が与えられていることから概略計算で行うこと。必要に応じて関数表を利用すること。

３．合格発表：

測量士補試験合格者の発表は，７月上旬です。

４．試験問題（形式・出題数），合格基準

①　試験は択一式で，出題数は計28問です。
②　28問中18問以上の正解の者が合格。

５．受験に関する問い合わせ：

国土地理院総務部総務課（試験登録係）
〒305-0811　茨城県つくば市北郷１番
TEL　029(864)8214，8248

※本項記載の情報は変更される可能性もあります。詳しくは試験機関のウェブサイト等でご確認ください。

索　引

む

め

も

ゆ

よ

ら

り

る

れ

ろ

わ

（注）索引の利用法

不明な測量用語は，索引より逆引きして調べると便利です。

本書で使用している記号

- ı　画面の大きさ，鉛直角
- 3　撮影基線長，北緯，セオドライトの中心
- ɔ　主点基線長，後視の読み
- A　盛土面積
- C　円曲線始点
- M　ベンチマーク（水準点）
- 'S　後視
- ⊃　コース間隔，視準軸，補正量，標石中心
- A　切土面積
- $_g$　傾斜補正
- $_h$　投影補正
- $_\ell$　尺定数補正
- $_t$　温度補正
- L　曲線長
- 弧長
-)　距離，経距
- I　誤差，補正量，器械定数
- p　視差差
- r　ひずみ
- 閉合(誤)差，東経
- $_D$　経距の誤差
- $_L$　緯距の誤差
- C　円曲線終点
- 偏心距離，湿度，誤差，調整量
- H　計画高
- S　前視
- 目標高，前視の読み，画面距離，周波数
- H　地盤高
- I　標高，撮影高度，水平軸
- 楕円体高，高低差（比高），気差，球差

- I　交角，緯度
- IH　器械高
- IP　もりかえ点，交点
- i　器械高
- j　等角点
- K　両差，スタジア乗数
- k　高度定数，反射鏡定数，屈折率
- L　距離，緯距，長弦，東経，水準器（気泡管）軸
- ΔL　地上画素寸法
- ℓ　測定値，距離，弦長，位相差，望遠鏡反位
- $\Delta\ell$　素子（画素）寸法
- M　最確値，写真縮尺，中央縦距
- m　標準偏差，縮尺係数
- m_o　最確値の標準偏差
- N　ジオイド高，測線数，波数，真北方向，北緯
- No.　中心杭
- n　測定回数，屈折率，鉛直点
- P　精度，偏心点
- Px, Pz　横視差，縦視差
- p　軽重率，オーバラップ，気圧，主点
- q　サイドラップ
- R　半径，地球半径，閉合比
- r　望遠鏡正位，半径，指標間距離，鉛直点から像までの距離
- S　球面距離，測定長，面積
- SL　外接長
- SP　曲線中点
- s　平面距離

- T　方向角
- TL　接線長
- TP　もりかえ点
- TS　トータルステーション
- TS等　TS，セオドライト，測距儀等
- TS点　補助基準点
- t　測定温度，時間
- t_o　標準温度
- u　最大傾斜角からの傾き
- V　鉛直軸，体積
- Vg　飛行速度
- v　残差
- (v)　鉛直軸誤差
- X　真値，Xベクトル成分
- Y　Yベクトル成分
- Z　Zベクトル成分，天頂角

- α　高低角，方向角，線膨張係数
- β　交角，きょう角
- $\Delta\beta$　閉合誤差
- γ　真北方向角，きょう角
- δ　尺定数，偏角，補正量
- ε　角誤差
- θ　角度，方位，中心角
- κ　旋回角
- μ　10^{-6}
- λ　波長，経度
- π　円周率（3.14）
- ρ　ラジアン（$2'' \times 10^5$）
- ϕ　波長の端数
- φ　偏心角，前後の傾き，緯度
- ω　左右の傾き，閉合差

〈著者略歴〉

國　澤　正　和

立命館大学理工学部土木工学科卒業（1969年）
大阪市立都島工業高等学校（都市工学科）教諭を経て
大阪市立泉尾工業高等学校校長を退職
元大阪産業大学講師
（主な著書）
はじめて学ぶ測量士補受験テキストQ&A（弘文社）
直前突破　測量士補問題集（弘文社）
測量士補合格診断テスト（弘文社）
測量士補計算問題の解法・解説（弘文社）

これで合格　受験のポイント　**新　ザ・測量士補**

著　者　國　澤　正　和　　2020年1月　第1版第1刷発行
印刷・製本　亜細亜印刷㈱

発行所　株式会社　弘　文　社
〒546-0012 大阪市東住吉区中野2丁目1番27号
TEL　(06)6797-7441
FAX　(06)6702-4732
振替口座　00940-2-43630
東住吉郵便局私書箱1号

代表者　岡　崎　　靖